中等职业教育电气设备运行与控制专业系列教材

电机与电力拖动项目教程

（工作页一体化）

（第二版）

主　编　叶云汉

副主编　杨森林

科学出版社

北　京

内 容 简 介

本书主要介绍了常用交/直流电动机的基本原理、拆装与维修技术，电力拖动控制电路的基本原理及电路安装调试技术，典型机床电气控制电路的原理分析及故障排除技术，可编程逻辑控制器（PLC）等方面的内容，深入浅出，尽量使读者轻松理解电动机及电力拖动控制电路的原理、电器元件安装、电路调试与维护等知识，掌握电气安装与调试的步骤与操作规范，掌握电力拖动控制电路的理论与技能操作方法。全书所用电气图形符号和文字符号全部采用新版国家标准。

本书可作为职业院校机电设备类、自动化类相关专业教学用书，也可作为电工初级、中级职业技能教学与培训用书，还可作为相关企业技术人员自学读物。

图书在版编目(CIP)数据

电机与电力拖动项目教程：工作页一体化/叶云汉主编. —2 版 . —北京：科学出版社，2021.11

ISBN 978-7-03-067640-5

Ⅰ.①电… Ⅱ.①叶… Ⅲ.①电机-中等专业学校-教材 ②电力传动-中等专业学校-教材 Ⅳ.①TM3 ②TM921

中国版本图书馆 CIP 数据核字（2020）第 270813 号

责任编辑：陈砺川/责任校对：马英菊

责任印制：吕春珉/封面设计：东方人华平面设计部

科学出版社 出版

北京东黄城根北街 16 号

邮政编码：100717

http://www.sciencep.com

三河市骏杰印刷有限公司印刷

科学出版社发行 各地新华书店经销

*

2008 年 8 月第 一 版 开本：787×1092 1/16

2021 年 11 月第 二 版 印张：19

2021 年 11 月第十七次印刷 字数：433 000

定价：49.00 元

（如有印装质量问题，我社负责调换〈骏杰〉）

销售部电话 010-62136230 编辑部电话 010-62135763-1028

第二版前言

《国务院关于印发国家职业教育改革实施方案的通知》(国发〔2019〕4号)中明确提出“职业教育与普通教育是两种不同教育类型，具有同等重要地位”，职业教育为我国经济与社会发展提供了有力的人才和智力支撑。

为适应新形势，围绕国家重大战略，紧密对接产业升级和技术变革趋势，服务职业教育专业升级和数字化改造，适应结构化、模块化专业课程教学和教材出版要求，编者以真实生产项目、典型工作任务案例为载体组织教学单元，结合专业教学改革实际和“1+X”证书制度试点工作需要，在归纳相应职业类型的“1+X”证书能力考核要求的基础上，编写“工作页一体化”新形态的第二版教材。第二版教材紧密结合职业技能，融通“岗课赛证”，将岗位技能要求、职业技能竞赛、职业技能等级证书标准有关内容有机融入教材中。

第二版教材在编写上更加符合学生认知特点，体现先进职业教育理念，引入新技术、新工艺、新规范、新标准，教材修订后全面引用新的图形符号、文字符号等国家标准，与现行的电气制图软件相适应。通过对电气电路工作原理进行分析，以及对电气电路的安装与调试，不断培养学生工匠精神，提升职业素养。

第二版教材共分10个项目，对第一版教材的内容进行了必要的顺序调整，增加、删除、调整了部分内容，使内容安排更加合理、科学。

在第二版教材中将“单相交流异步电动机”“直流电动机”两个项目调整到教材的前部，将“三相交流异步电动机”项目调整到与后续教学项目比较连续的位置。同时，第二版教材的前三个项目在第一版教材的基础上增加了相关电动机的“电力拖动”的内容，删除了第一版“三相交流异步电动机”项目的“三相异步电动机的铭牌与分类”的内容。在“典型机床电气控制电路及其故障分析与维修”项目中，将M7120平面磨床控制电路、15/3t桥式起重机控制电路调整为CA6140车床电气控制电路、电动葫芦电气控制电路等使用更为广泛的设备控制电路，使知识点满足职业鉴定的需要。在项目10中重点讲解了三菱FX_{3U}系列PLC的使用与编程，示例对应关系明确，更加便于对照自学。

第二版教材的实训内容更加完善，每个实训都配有操作技术要点、操作分解图及文字说明；细化了“任务检查与评价”中的内容，通过选勾表格中的“是”或“否”就能完成自我量化评价。

第二版教材与传统的同类教材相比，在内容组织与结构编排上都做了较大的改革与尝试，并遵循如下原则。

(1)校企双元开发原则：教材中所设立的项目案例均经过与相关企业充分沟通，编写团队由具有丰富教学经验的学校老师及具有丰富行业岗位工作经验的企业人员共同组成，使教材内容确实能满足学生获得可持续发展的职业能力的需要。

（2）重实用原则：重视知识内容的实用性。内容安排贯穿新的国家标准，以实用、够用为原则；层次安排逻辑清晰，采用教学内容和工作页一体化的编写方式，更加便于教学和读者自主学习。

（3）重能力原则：侧重于操作能力方面的训练。在每个任务的知识点之后均安排了相应的实训操作内容，使实训内容更加丰富，将操作能力培养与理论教学完整配套。

（4）重新颖性原则：在总体结构设计上与众不同，采用“项目-任务驱动”教学模式，将电动机、电力拖动相关知识通过10个项目有机地贯穿在一起，将知识点和实训工作页融会贯通，使学生在完成各个任务的过程中学习并消化必备的专业知识，在短期内快速掌握每个操作技能，并能达到“1＋X”基础操作能力和技能考核鉴定的要求。

需要特别指出的是，书名中的“电机”特指电动机，正文中叙述时均采用“电动机”一词。

第二版教材安排了212学时的内容，其中理论内容占80学时，技能操作训练占132个学时，各学校可依据教学实际情况选用书中内容。学时分配方案可参考下表。

学时分配方案表

项目序号	项目名称	理论学时	实训学时
项目1	单相交流异步电动机	6	6
项目2	直流电动机	4	8
项目3	三相交流异步电动机	6	12
项目4	常用低压电器	8	12
项目5	三相交流异步电动机基本控制电路	8	12
项目6	三相交流异步电动机常用控制电路（一）	10	14
项目7	三相交流异步电动机常用控制电路（二）	10	18
项目8	典型机床电气控制电路及其故障分析与维修（一）	10	12
项目9	典型机床电气控制电路及其故障分析与维修（二）	8	20
项目10	可编程逻辑控制器	10	18
合计：212学时		80	132

国家中等职业教育改革发展示范学校缙云县职业中等专业学校叶云汉担任主编，编写了项目1～项目5及项目10，并负责全书统稿；亚龙智能装备集团股份有限公司高级工程师、总工程师杨森林担任副主编，编写了项目6～项目9，并审核了全书的项目案例。

由于编者水平有限，书中难免有疏漏和不妥之处，敬请广大读者批评指正。

编　者

2021年6月

第一版前言

科学技术发展日新月异，知识经济方兴未艾。人才的培养已成为国力竞争的基础和保障。这种新的时代特征对职业教育改革提出了新的要求。《国务院关于大力发展职业教育的决定》（国发〔2005〕35号）明确提出，职业教育应“坚持以就业为导向，深化职业教育教学改革”。与此相适应，对从职业岗位要求出发，以职业能力和技能培养为核心，涵盖新工艺、新方法、新技术的专业教材的需求日趋迫切。

本教材与传统的同类教材相比，在内容组织与结构编排上都做了较大的改革与尝试，特点有三：

一是重实用原则。重视知识内容的实用性，内容安排以实用、够用为原则；以层次性、规范性、职业性为特点，便于学生和电工学习。

二是重能力原则。侧重于操作能力方面的训练。

三是新颖性。在总体结构设计上与众不同，引入项目式教学，将电机、电力拖动相关知识通过八个项目有机地贯穿并结合在一起，并将项目再细分成几个小任务，使学生在完成各个任务的过程中学到并消化必备的专业知识，使学生在短期内快速掌握操作技能，并能达到技能考核鉴定的要求。

学习本教材建议采用238课时，学时分配方案可参考下表。

学时分配方案表

序号	理论课时	实践课时	序号	理论课时	实践课时
项目一	12	6	项目五	36	26
项目二	8		项目六	6	24
项目三	12		项目七	18	26
项目四	30	10	项目八	14	10
合计课时：238					

本书由叶云汉任主编，孙长坚、陈锦珠为副主编，吴钟奎、朱洲锋、卢小明参与编写，浙江万里学院陈伟东主审。

由于编者水平有限，书中难免有疏漏和不妥之处，敬请广大读者批评指正。

编　者

2008年6月

目　　录

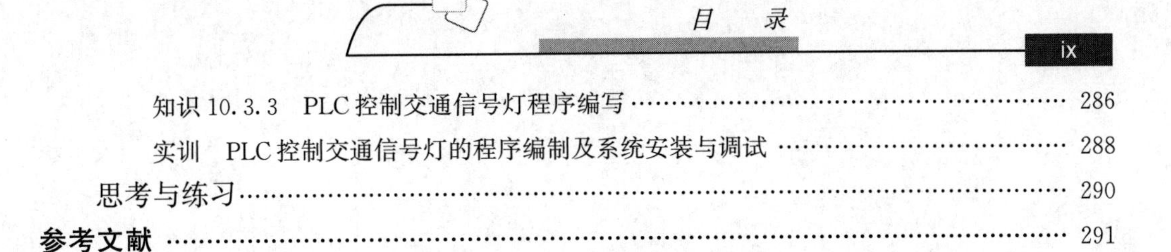

项目1

单相交流异步电动机

单相交流异步电动机，是指采用单相交流 220V 电源供电而运转的异步电动机。因为交流 220V 电源供电非常经济方便，所以单相交流异步电动机不但在生产上用量大，而且也与人们日常生活密切相关。

单相交流异步电动机在生产方面的应用有微型水泵、磨浆机、脱粒机、粉碎机、木工机械、医疗器械，以及小型机械加工设备等；在生活方面的应用有电风扇、吹风机、排气扇、洗衣机、电冰箱等，种类繁多。但单相交流异步电动机工作效率低、功率因数低，一般使用功率在 2000W 以下。

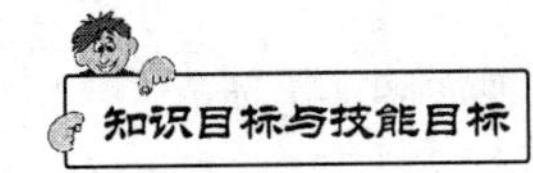

- 了解单相交流异步电动机的结构与工作原理。
- 掌握单相交流异步电动机的电力拖动控制电路基本控制原理。
- 通过单相交流异步电动机的拆装实训认知其结构，掌握其拆装及维护保养技术。
- 通过单相交流异步电动机拖动电路的安装与调试实训，掌握电气安装工艺及调试技能。

任务 1.1　单相交流异步电动机的结构与工作原理

任务目标

- 了解单相交流异步电动机的基本结构。
- 掌握单相交流异步电动机的基本工作原理。
- 掌握单相交流异步电动机的拆装技术要点。

在日常生产、生活中会经常用到单相交流异步电动机。通过本任务的学习与实训，学会判断或解决单相交流异步电动机运行过程中的常见问题和故障。

任务教学方式

教学步骤	时间安排	教学方式
阅读教材	课余	自学、查资料、相互讨论
知识讲解	3 课时	重点讲授单相交流异步电动机的基本结构和基本工作原理
技能操作与练习	3 课时	单相交流异步电动机的拆装实训

学一学

知识 1.1.1　单相交流异步电动机的基本结构

单相交流异步电动机的外观如图 1-1 所示。

图 1-1　单相交流异步电动机的外观

单相交流异步电动机的基本结构及组成如图 1-2所示。

单相交流异步电动机中，专用电动机占有很大比例，它们的结构各有特点，形式繁多。但就其共性而言，单相交流异步电动机都由固定部分（指机座和定子等）、转动部分（指转子）、支撑与附件部分（指端盖，含轴承）三大部分组成。

1. 固定部分

单相交流异步电动机的固定部分主要包括机座、定子（包含定子铁芯和定子绕组）、起动（副）电容器、铭牌、接线盒等，如图 1-3 所示。

（1）机座

机座是用来安装电动机定子、端盖、起动电容器、铭牌、接线盒的基础，也是整

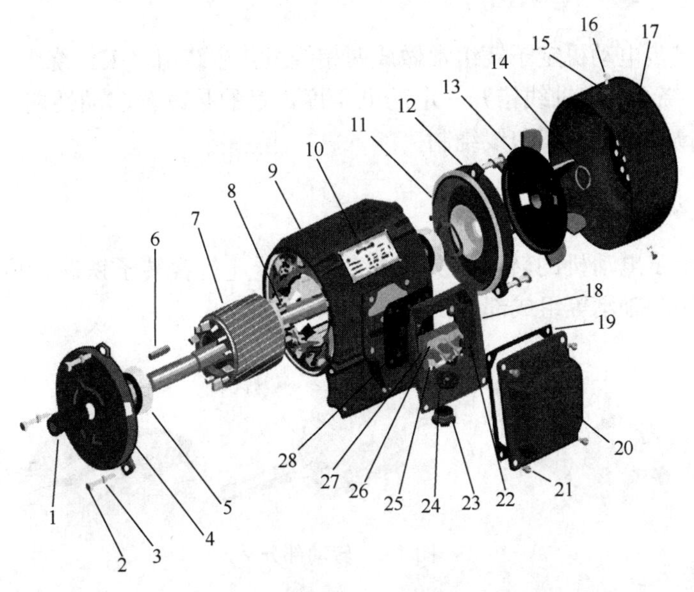

1—电动机轴保护套；2—螺栓；3—弹簧垫圈；4—前端盖；5—轴承；6—键；7—鼠笼转子；
8—定子及定子绕组；9—机座；10—铭牌；11—波形垫圈；12—后端盖；13—风扇叶；
14—风叶卡簧；15—垫圈；16—风扇罩螺丝；17—风扇罩；18—接线盒底座；19—密封垫；
20—接线盒盖；21—螺丝；22—接地标志；23—电线（缆）护套；24—护套螺帽；
25—铜垫片；26—铜连接片；27—接线板；28—橡胶垫。

图 1-2　单相交流异步电动机基本结构及组成

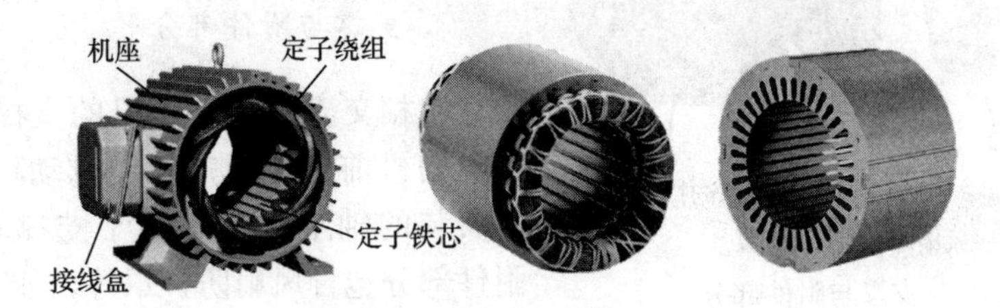

图 1-3　固定部分

个电动机在设备上固定的基础。机座的安装方式有法兰安装式和机脚安装式等多种方式。

机座材料因电动机冷却方式、防护形式、安装方式和用途而异。按其材料分类，机座有铸铁、铸铝和钢板结构等几种。

铸铁机座常带有散热筋。机座与端盖连接，用螺栓紧固。

铸铝机座一般不带有散热筋。

钢板结构机座是由厚为 1.5～2.5mm 的薄钢板卷制、焊接后，再焊上钢板冲压件的底脚而成。

(2) 定子

定子包含定子铁芯和定子绕组，一般以紧配合的方式压进机座中形成固定部分。

定子铁芯是采用具有取向性的硅钢片冲压后叠成规定厚度的铁芯，用以构成电动机的磁路。

单相交流异步电动机定子绕组常做成两相绕组：主绕组（工作绕组）和副绕组（起动绕组），两个绕组的中轴线错开一定的电角度，目的是改善起动性能和运行性能。定子绕组多采用高强度聚酯漆包线绕制。

2. 转动部分

单相交流异步电动机的转动部分主要包含转子［包含转子铁芯、鼠笼转子（或绕组）］、电动机轴和轴承等组成部分，如图 1-4 所示。

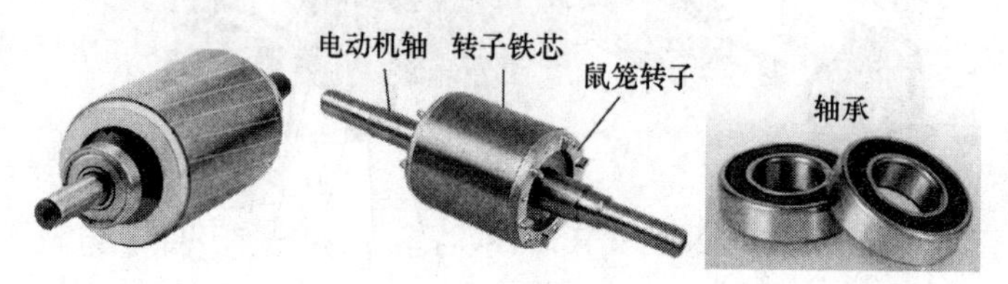

图 1-4　转动部分

鼠笼转子一般采用铝材料压铸成型，并进行静平衡检验调整。电动机轴起到电动机动力输出的重要作用，采用紧配合方式压进转子铁芯中。

转子安装在电动机上，一般在电动机轴的后部再安装上散热风扇叶，用于电动机运行时冷却。

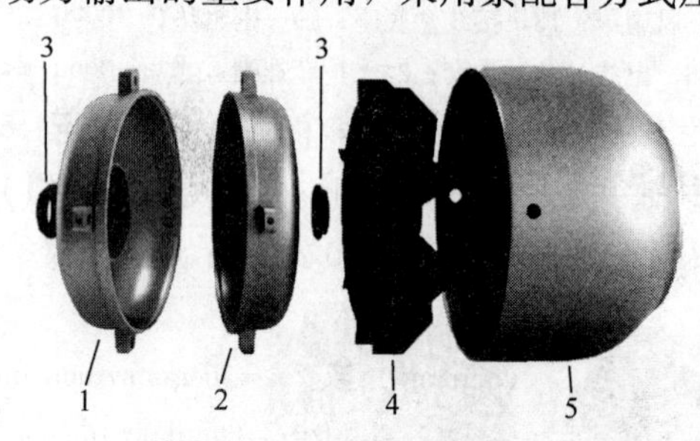

1—前端盖；2—后端盖；3—轴承压盖；
4—风扇叶；5—风扇罩。

图 1-5　支撑与附件部分

3. 支撑与附件部分

单相交流异步电动机的支撑部分主要包括电动机前、后端盖及在电动机前、后端盖上安装的轴承压盖等用于支撑转动的部分。附件部分包含风扇防护罩等，如图 1-5 所示。

知识 1.1.2　单相交流异步电动机的基本工作原理

1. 旋转磁场产生条件

单相交流异步电动机的定子主绕组接通单相交流电时，在定子主绕组的对称两极产生的磁场是一个交变的脉动磁场［见图 1-6（a）、（b）］，磁场的强度大小与方向按正弦规律变化。当转子静止时，两个交替变化的磁场作用在转子上所产生的合成力矩为零，所以转子静止不动。在这样的情况下，单相交流异步电动机是不能自行起动的。

要使单相交流异步电动机能自动旋转起来，要在定子中加上一个起动（副）绕组，

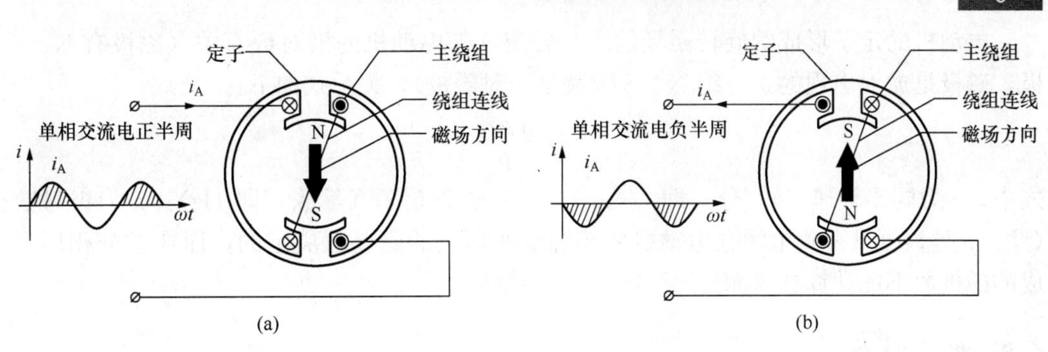

图 1-6 定子主绕组的对称两极产生的交变脉动磁场

起动（副）绕组与主绕组在空间上相差 90°，起动（副）绕组再串接一个合适的电容器，使得与主绕组的电流在相位上近似相差 90°，即所谓的分相原理。理论计算公式如下：

$$i_A = I_{Am}\sin\omega t$$
$$i_B = I_{Bm}\sin(\omega t + 90°)$$

2. 电动机的电流及同步转速

绕组电流波形如图 1-7（a）所示，图中 i_A 是主绕组的电流波形，i_B 是起动（副）绕组的电流波形。

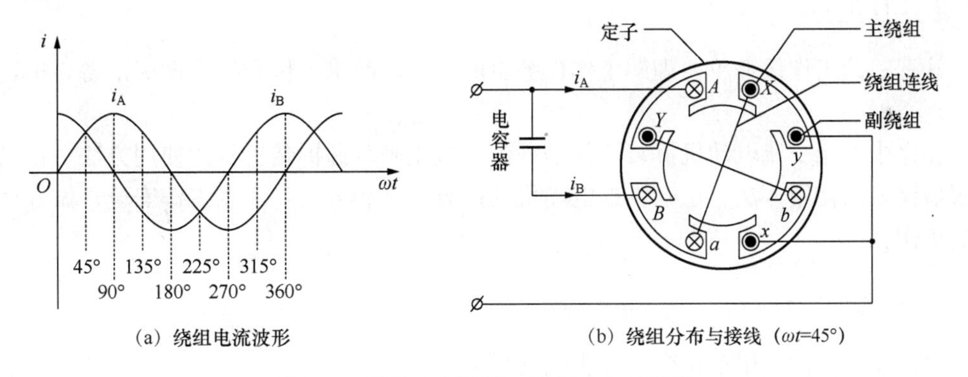

图 1-7 绕组电流波形、绕组分布与接线

图 1-7（b）中 A 为主绕组第一绕组的首端，X 为尾端；a 为主绕组第二绕组的首端，x 为尾端。电流 i_A 由 A 端入⊗，X 端出◉；再从 a 端入⊗，x 端出◉。

B 为起动（副）绕组第一绕组的首端，Y 为尾端；b 为起动（副）绕组第二绕组的首端，y 为尾端。电流 i_B 由 B 端入⊗，Y 端出◉；再从 b 端入⊗，y 端出◉。

这样两个在时间上相差 90°的电流通入两个在空间上相差 90°的绕组，将会在空间上产生（两相）旋转磁场（详见知识 1.2.1 中相关内容），在这个以 n 速度旋转的磁场作用下，处于旋转磁场中的定子鼠笼条就会切割磁力线而产生感生电动势和感生电流，通过感生电流的转子鼠笼条会在定子磁场的作用下产生电磁力矩，带动转子，转子就能自动起动，形成一定转速。

电动机的定子形成的旋转磁场的同步转速 n 与电动机的极对数有关（磁极有 N、S 极，磁极是成对出现的，一组 N、S 极就是一对磁极），关系式如下：

$$n=\frac{120f}{p}$$

式中，n 为同步转速（转/分，即 r/min）；f 为电源频率（赫兹，即 Hz）；p 为极对数（注：p 是根据某一相电源在电动机内部绕组所形成的磁极数决定的，而通过分相后形成的磁极数不能计算在里面）。

实训　单相交流异步电动机的拆装

班级：________姓名：__________学号：__________同组者：____________________

工作时间：____年__月__日（第____周 星期____第____节）实训课时：____课时

工作任务单

了解单相交流异步电动机的外部结构（见图 1-1），学会使用拆装工具和检测仪器、仪表，学会单相交流异步电动机的拆装，熟悉单相交流异步电动机的基本结构和组成（见图 1-2）。

工作准备

认真阅读工作任务单，理解工作任务单的要求，明确工作目标，做好准备，拟定工作计划。

在完成单相交流电动机拆装工作任务前，应正确掌握拆装工具的使用方法，正确掌握仪器仪表的使用方法，正确掌握电动机的拆装工艺和方法，注意工作安全，做好个人防护工作。

1. 实训用器材

（1）设备：拆装用单相交流异步电动机 1 台。

（2）工具：一字螺钉旋具、十字螺钉旋具、开口（梅花）扳手、1 磅（1 磅＝0.454 千克）手锤、紫铜棒、三爪拉马、活动扳手等。

（3）测量仪表：二位半数字万用表、绝缘表（摇表）、钳形表等。

（4）实训用电源工作台 1 台。

（5）耗材：电动机测试用连接导线若干。

2. 质量检查

对所准备的实训用器材进行质量检查。

单相交流异步电动机拆装操作技术要点

1. 拆卸单相交流异步电动机

电动机拆卸是电动机保养和常见故障检修的主要内容之一。拆卸顺序为从外部向内部逐步拆解。

步骤	操作技术要点	操作示意图		
1. 拆卸前	拆卸前，需清理电动机的外表，检查电动机外部的状况，零件是否损坏或缺少，记录好电动机铭牌的技术参数，准备好拆装工具，并在后端盖、接线盒等处做好标记，以便于检修后的装配		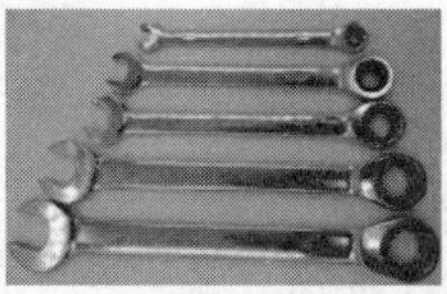	
		实训电动机	开口（梅花）扳手	三爪拉马
		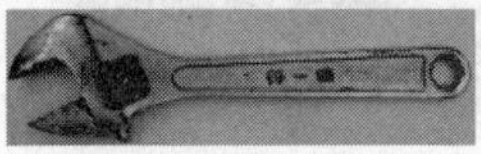	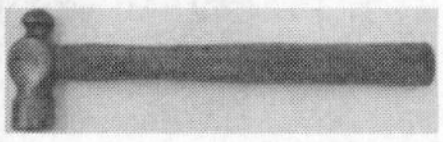	
		活动扳手	手锤	紫铜棒

		绝缘表（摇表）	万用表	钳形表
		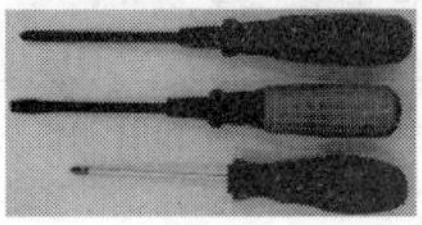		
		螺钉旋具	清洗轴承用毛刷	某型号轴承专用拉具
2. 风扇罩及风扇叶的拆卸	首先拆卸风扇罩，然后根据风扇叶的安装方式拆下风扇叶	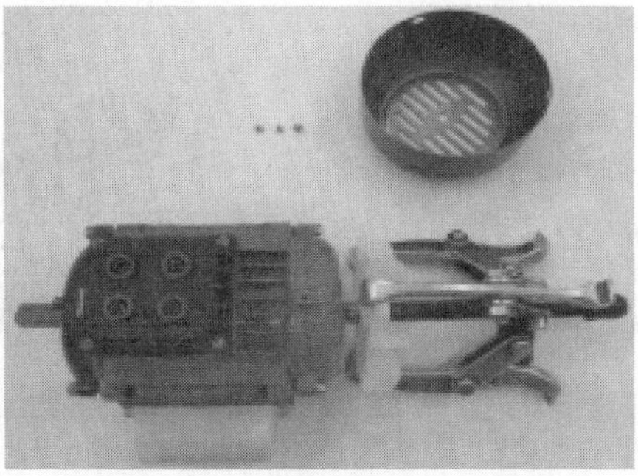		
		采用三爪拉马等工具进行风扇叶拆卸		

续表

步骤	操作技术要点	操作示意图	
3. 拆卸端盖、抽出转子	电动机前端盖若安装有速度继电器（开关），则应先拆卸前端盖，然后再拆卸后端盖。 拆卸端盖螺丝时应选择合适的扳手，优先采用套筒扳手、梅花扳手或开口扳手等。 拆卸端盖优先采用拉马等专用工具进行。 在电动机端盖上安装有轴承盖时，要均匀拆除轴承盖螺栓，拿下轴承盖后再拆卸端盖。 小型电动机抽出转子是靠人工进行的，为防手滑或用力不均碰伤绕组，应用纸板垫在绕组端部进行。 拆卸轴承应先用适宜的专用拉具。拉力应着力于轴承内圈，不能拉外圈，拉具顶端不得损坏转子轴端中心孔（可加些润滑油脂）。 在轴承拆卸完成后，应将轴承用清洗剂洗干净，检查其是否损坏，有无必要更换	进行标记	拆卸端盖螺丝
		拆卸电动机前端盖	观察前端盖速度继电器
		拆卸电动机后端盖	

		不完全拆解的电动机	

2. 装配单相交流异步电动机

装配单相交流异步电动机的步骤基本与拆卸的步骤相反。

<table>
<tr><th>步骤</th><th>操作技术要点</th><th colspan="6">操作示意图</th></tr>
<tr><td rowspan="4">1. 装配前检查</td><td rowspan="4">装配前应先检查电动机绕组的阻值、绝缘、速度继电器（开关）等。
速度继电器（离心开关）动作机构应完整、灵活、触点无烧蚀痕迹。
装配前要检查定子内污物、锈斑是否清除，止口有无损伤，零件是否完整等</td><td colspan="3">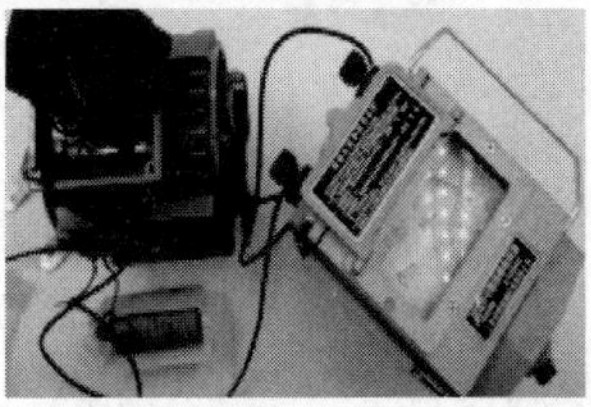</td><td colspan="3"></td></tr>
<tr><td colspan="3">要求绝缘阻值应≥0.5MΩ
测绕组对地绝缘阻值≥200MΩ
测绕组间绝缘阻值≥200MΩ</td><td colspan="3">测主绕组电阻为38.0Ω
测起动绕组电阻为42.0Ω</td></tr>
<tr><td colspan="3"></td><td colspan="3">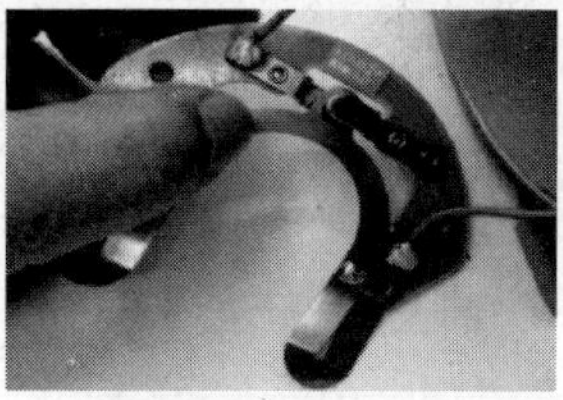</td></tr>
<tr><td colspan="3">速度继电器动作机构检查</td><td colspan="3">速度继电器触点检查</td></tr>
<tr><td rowspan="6">2. 装配</td><td rowspan="6">装配时应将各部件按标记复位，并检查轴承盖配合是否合适。
轴承装配可采用热套法和冷装配法。
安装电动机端盖及散热风扇及风扇罩、接线盒等。
电气检查、机械检查、通电试验</td><td colspan="3"></td><td colspan="3">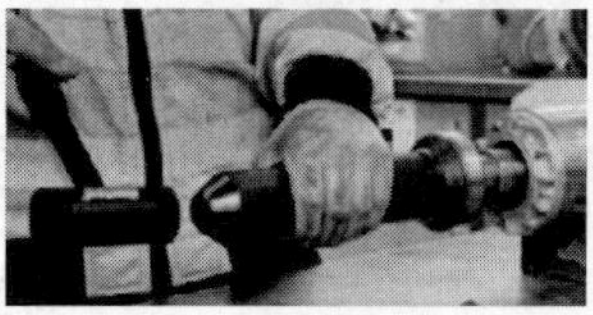</td></tr>
<tr><td colspan="3">清扫电动机内外部</td><td colspan="3">安装轴承</td></tr>
<tr><td colspan="2"></td><td colspan="2"></td><td colspan="2"></td></tr>
<tr><td colspan="2">轴承专用套装工具</td><td colspan="2">安装电动机端盖</td><td colspan="2">安装接线盒</td></tr>
<tr><td colspan="2">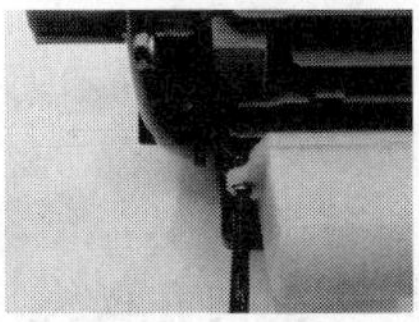</td><td colspan="2">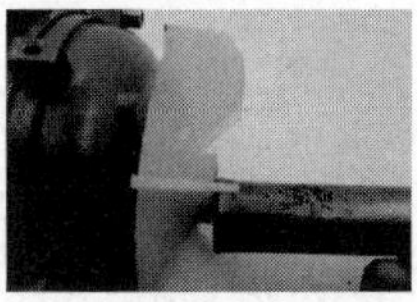</td><td colspan="2"></td></tr>
<tr><td colspan="2">安装起动电容器</td><td colspan="2">安装风扇叶</td><td colspan="2">安装风扇罩</td></tr>
</table>

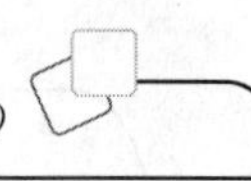

3. 注意事项

（1）拆移电动机后，电动机底座垫片要按原位摆放固定好，以免增加钳工对中的工作量。

（2）拆、装转子时，一定要遵守要求，不得损伤绕组，拆前、装后均应测试绕组绝缘及绕组阻值。

（3）拆、装时不能用手锤直接敲击零件，应垫上铜棒、铝棒或硬木，对称敲打。

（4）安装端盖前应用粗铜丝，从轴承装配孔伸入并钩住内轴承盖，以便于装配外轴承盖。

（5）用热套法装轴承时，只要温度超过100℃，应立即停止加热，工作现场应放置灭火器。

（6）清洗电动机及轴承的清洗剂（汽油或煤油）不准随便乱倒，必须倒入污油池。

（7）检修场地须打扫干净。

（8）**在每次对电容器进行安装、测量前、后都要首先对电容器进行预防性的“放电”处理，以防电容器残余电荷对人体的电击！**

任务实施

步骤	工作计划内容	工作过程记录
1	实训用器材准备	
2	做好电动机外部部件标记	
3	测量电动机绝缘和绕组阻值，确认好首尾端	
4	按拆卸步骤进行电动机的拆卸	
5	检查电动机内部并做好记录	
6	电动机装配	
7	装配后的检查与检测	
8	安全与文明生产	

⚠ 安全提示

在任务实施过程中，应严格遵循安全操作规程，穿戴好工作服、绝缘鞋、安全帽；作业过程中，要文明施工，注意工具、仪器仪表等器材应摆放有序。工位整洁。

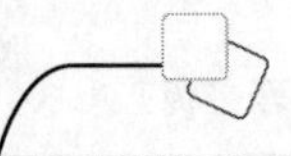

任务检查与评价

序号	评价内容	配分	评价标准	学生评价	老师评价
1	实训用器材准备	5	（1）工具准备完整性　（是 □ 2分） （2）设备、仪表、耗材准备完整性　（是 □ 3分）		
2	做好电动机外部部件标记	5	（1）接线盒、接地端子、前后端盖标记　（是 □ 2分） （2）标记铭牌参数记录　（是 □ 3分）		
3	测量电动机的绝缘和绕组阻值，确认好首尾端	10	（1）电动机主、副绕组阻值测量　（是 □ 3分） （2）电动机主、副绕组绝缘阻值测量　（是 □ 3分） （3）电动机首尾端测量　（是 □ 3分） （4）电容测量　（是 □ 1分）		
4	按拆卸步骤进行电动机的拆卸	20	（1）电动机附件拆卸　（是 □ 3分） （2）电动机出线端子盒与电容器拆卸　（是 □ 5分） （3）电动机前后端盖拆卸　（是 □ 6分） （4）电动机轴承拆卸　（是 □ 6分）		
5	检查电动机内部并做好记录	5	（1）主副绕组数量与分布记录　（是 □ 3分） （2）鼠笼转子分布记录　（是 □ 2分）		
6	电动机装配	30	（1）电动机轴承装配　（是 □ 10分） （2）电动机前后端盖装配　（是 □ 10分） （3）电动机出线端子盒与电容器装配　（是 □ 7分） （4）电动机附件装配　（是 □ 3分）		
7	装配后的检查与检测	20	（1）电动机转轴旋转是否灵活　（是 □ 3分） （2）电动机主、副绕组阻值测量　（是 □ 3分） （3）电动机主、副绕组绝缘阻值测量　（是 □ 3分） （4）电动机首尾端测量　（是 □ 3分） （5）电动机通电运行是否正常　（是 □ 8分）		
8	安全与文明生产	5	（1）环境整洁　（是 □ 1分） （2）工具、仪表摆放整齐　（是 □ 2分） （3）遵守安全规程　（是 □ 2分）		
	合计	100			

议与练

议一议：

（1）拆卸单相交流异步电动机的注意事项有哪些？

（2）如何进行电动机的检查与测量？

练一练：

（1）单相交流异步电动机的拆卸。

（2）单相交流异步电动机的装配。

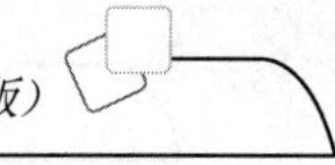

任务1.2 单相交流异步电动机基本拖动电路

任务目标

- 掌握单相交流异步电动机的正反转接线和调速原理。
- 掌握电路接线实际操作技术要点。

单相交流异步电动机在使用中是通过开关、接触器等电器进行起停和正反转控制的，这个控制电路我们称之为“拖动电路”。通过本任务的学习与实训，理解并掌握相应控制电路，判断或解决单相交流异步电动机在拖动运行过程中的常见故障和问题。

任务教学方式

教学步骤	时间安排	教学方式
阅读教材	课余	自学、查资料、相互讨论
知识讲解	3课时	重点讲授单相交流异步电动机起动方式与正反转拖动电路原理
技能操作与练习	3课时	单相交流异步电动机拖动电路的安装与调试实训

学一学

知识1.2.1 单相交流异步电动机的起动方式与正反转拖动

单相交流异步电动机的种类较多，有单相罩极式、单相电容分相起动式、单相电容分相运行式、单相电阻式和单相双电容式等。

1. 单相交流异步电动机的起动方式

（1）单相罩极式交流异步电动机的起动方式

单相罩极式交流异步电动机的旋转磁场产生与其他种类电动机不同，如图1-8（a）所示。这种电动机功率比较小，主要用于小型电动设备，如台式电风扇等。

单相罩极式交流异步电动机的定子铁芯一般采用厚度为0.5～1.0mm硅钢片或铁镍软磁合金薄板冲压成型后压装而成。定子铁芯有成对的磁极，在每个磁极的1/4～1/3处开有小槽，这样就在每个磁极上形成一个磁柱，在这个磁柱上再套上铜制的短路环，就像把这个磁柱罩起来一样，所以就称之为“罩极式电动机”。单相罩极式交流异步电动机就是利用这个短路环起到起动绕组的作用（因此这个短路环也称为起动绕组）。

罩极式电动机的转子仍做成笼型。

单相罩极式交流异步电动机工作原理是当工作绕组通入单相交流电流后，将产生脉振

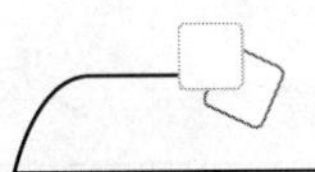

磁动势，所形成的磁通分为两部分，其中一部分磁通 $\dot{\Phi}_1$ 不穿过短路环，另一部分磁通 $\dot{\Phi}_2$ 则穿过短路环。$\dot{\Phi}_1$ 和 $\dot{\Phi}_2$ 都是由工作绕组中的电流产生的，相位相同且 $\dot{\Phi}_1 > \dot{\Phi}_2$。由于 $\dot{\Phi}_2$ 脉振的结果，在短路环中感应电动势 $\dot{E}_2$滞后于 $\dot{\Phi}_2$ 90°，在闭合的短路环中就有滞后于 $\dot{E}_2$ φ 角的电流 $\dot{I}_2$产生，它又产生与 $\dot{I}_2$同相的磁通 $\dot{\Phi}_2'$ 穿过短路环，因此罩极部分穿过的总磁通为 $\dot{\Phi}_3 = \dot{\Phi}_2 + \dot{\Phi}_2'$，如图 1-8（b）所示。由此可见，未罩极部分磁通 $\dot{\Phi}_1$ 与罩极部分磁通 $\dot{\Phi}_3$ 在空间和时间上均有相位差，因此它们的合成磁场将是一个由未罩极部分转向罩极部分所产生的电磁转矩，其方向也由未罩极部分转向罩极部分。

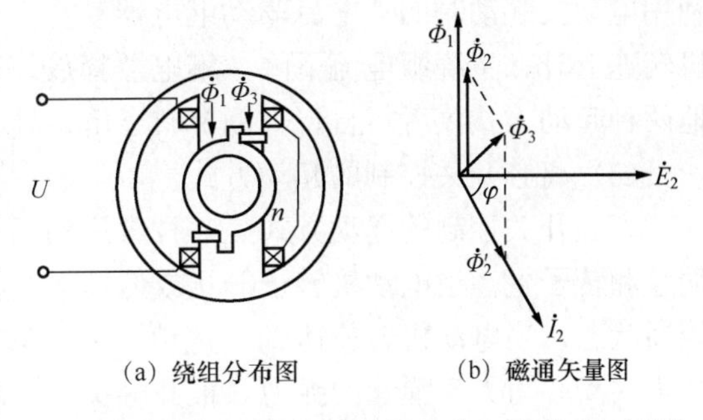

图 1-8　单相罩极式电动机绕组分布及磁通矢量图

单相罩极式交流异步电动机一般采取直接起动的起动方式，并且运转方向是一直朝一个方向。

（2）电磁起动继电器控制的起动方式

电磁起动继电器控制的起动方式主要用于专用单相交流异步电动机，有电流起动型［见图 1-9（a）］、电压起动型［见图 1-9（b）］和差动型［见图 1-9（c）］三种方式。

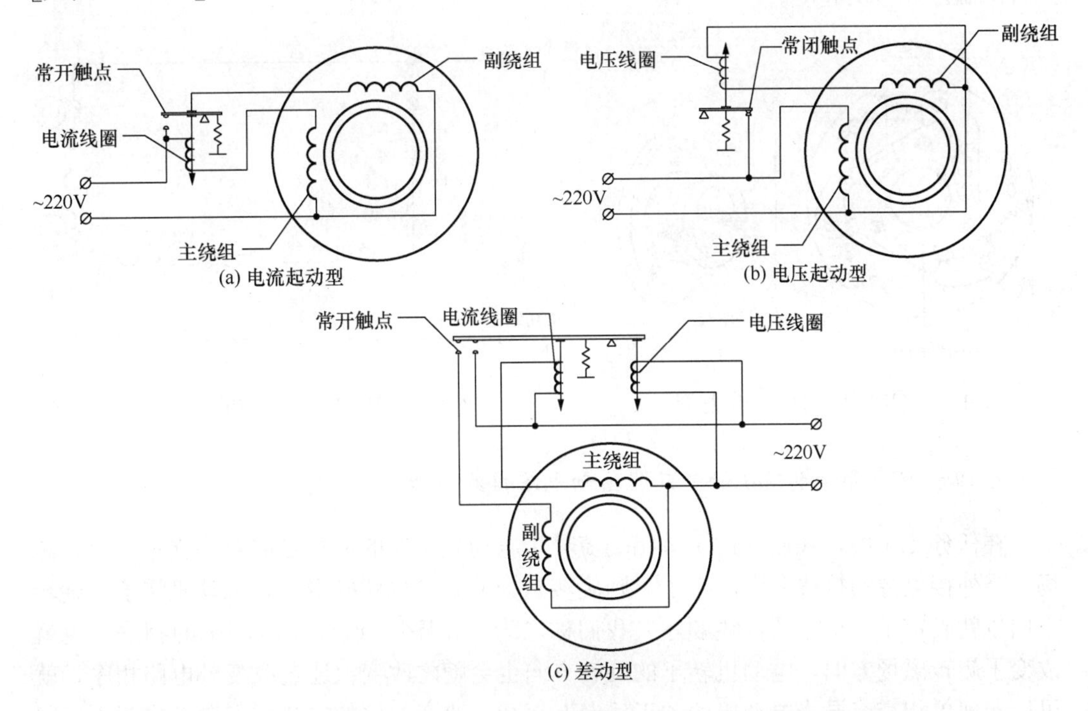

图 1-9　电磁起动继电器控制的三种起动方式

现以电流起动型为例说明。电流起动型是将继电器的绕组与电动机的主绕组串联，

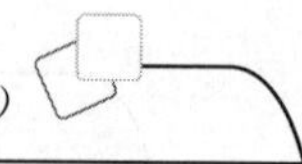

利用电动机起动时的大电流驱动继电器动作，常开触点闭合，接通起动绕组。随着电动机转速上升，主绕组电流下降，继电器释放，触点断开，切断绕组，从而完成起动。其他两种起动方式读者可自行查阅资料了解。

（3）离心开关控制的起动方式

离心开关控制的起动方式是一种常用的起动方式。离心开关一般安装在电动机一侧端盖和转子上。当电动机转子静止或低速运行时，离心开关的触头在弹簧的作用下处于接通状态，当电动机转速达到一定值（额定转速的70%～80%）后，离心开关的配重产生的离心力大于弹簧的弹力，推开触头，切断起动绕组回路，完成起动。离心开关的结构示意图如图1-10所示。

由于离心开关结构较为复杂，容易发生故障，甚至会烧毁起动绕组，而且开关又装在电动机内部，检修不便，所以现在较少使用这种起动方式。

（4）PTC（positive temperature coefficient，正温度系数）元件控制的起动方式

PTC元件是一种以钛酸钡为主要材料，具有正温度系数的半导体元件（热敏元件）。它的电阻随着温度升高而急剧加大。PTC元件串接在电动机的起动绕组上。常温时，PTC元件电阻较低，起动绕组通过电流大，电动机开始起动。随着时间增加，PTC元件所通过的电流使元件发热升温，当达到或超过元件的“居里点”时，其电阻迅速增加，近似于切断起动绕组。运行时起动绕组仍有15mA左右的电流通过，以维持PTC元件的高阻状态，如图1-11所示。停机后，需要间隔3分钟以上时间，使PTC元件降温才能再次起动。

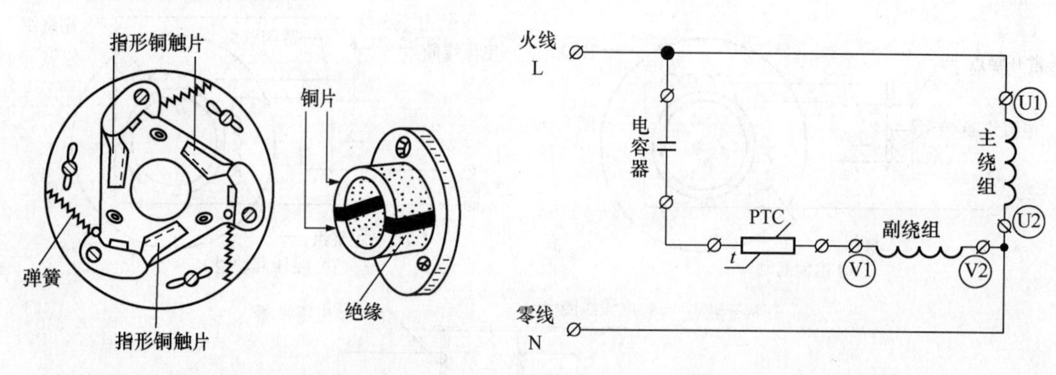

图1-10　离心开关的结构示意图　　　图1-11　PTC元件控制的起动方式

2. 单相交流异步电动机的正反转拖动电路接线原理

在任务1.1中，我们详述了单相交流异步电动机工作的前提是需要建立一个旋转磁场，当外接电源的接线顺序确定了，则旋转磁场的方向也就确定了，电动机转子的旋转方向也就确定了。这个“接线顺序”我们称之为“相序”。改变了电动机的相序，也就改变了旋转磁场方向，电动机转子的旋转方向也会随之改变。通过改变外电路相序，就可以实现单相交流异步电动机的“正反向”运行。改变相序的方法只需调换主绕组或起动（副）绕组其中的一组端头的电源接法即可改变电动机的旋转方向。

有些单相交流异步电动机由于制造工艺不同，不能通过外电路改变相序，这些电动

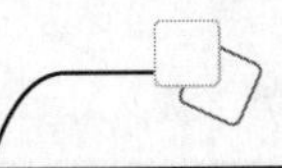

机也就不具备正反向运转的条件，如单相罩极式交流异步电动机。

下面讲解部分具备正反转的单相交流异步电动机。

1）具有主、副绕组完全相同的单相交流异步电动机电气原理图和端子接线示意图如图 1-12 所示。

其中，图（a）为正转电气原理图，图（b）为反转电气原理图，图（c）为使用转换开关切换正反转电气原理图。

图（d）为正转接线示意图，图（e）为反转接线示意图，图（f）为使用转换开关切换正反转接线示意图。

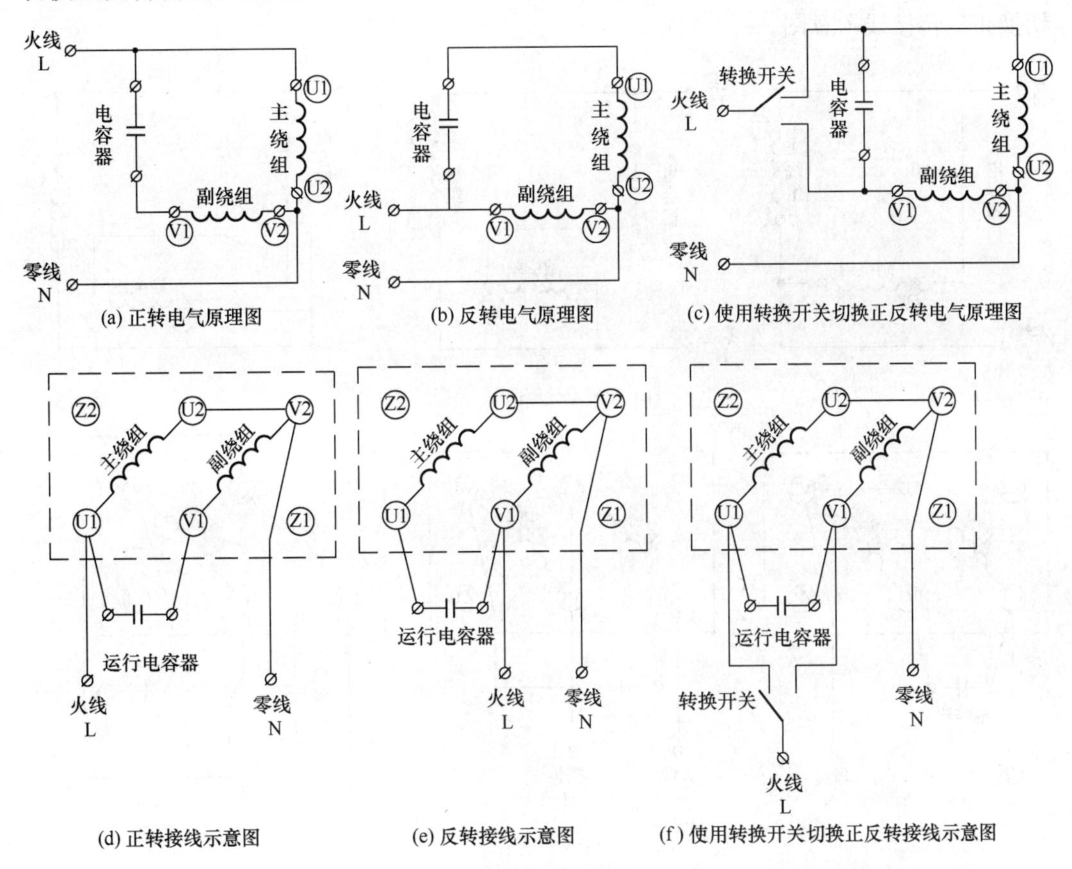

图 1-12　具有主、副绕组完全相同的单相交流异步电动机电气原理图和端子接线示意图

图 1-12（a）的原理与图 1-7（b）是一致的。电源的火线 L 分别接电动机的 U1 端和起动（运行）电容器，电源的零线分别接主绕组和副绕组的 U2、V2 端，副绕组的 V1 端通过电容器接入火线 L。通电后副绕组电流超前主绕组相位角 90°，电动机正向运转。

图 1-12（b）的接线是主绕组的 U1 端通过电容器接入火线 L，而副绕组的 V1 端直接接火线 L，我们改变了绕组的相序，通电后主绕组电流超前副绕组相位角 90°，电动机反向运转。

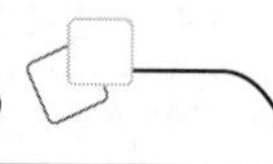

图 1-12（c）是通过转换开关切换电动机的相序，实现电动机的正反转控制。这种电动机控制线路的接法是由于“主、副绕组”的导线横截面积和匝数完全一致，电动机的正反转起动、运行不会受影响。

2）具有起动（副）绕组和主绕组的首尾端全部引出的单相交流异步电动机电气原理图和端子接线示意图，如图 1-13 所示。

其中，图（a）为正转电气原理图，图（b）为反转电气原理图，图（c）为使用转换开关切换正反电气原理图。

图（d）为正转接线示意图，图（e）为反转接线示意图，图（f）为使用转换开关切换正反转接线示意图。

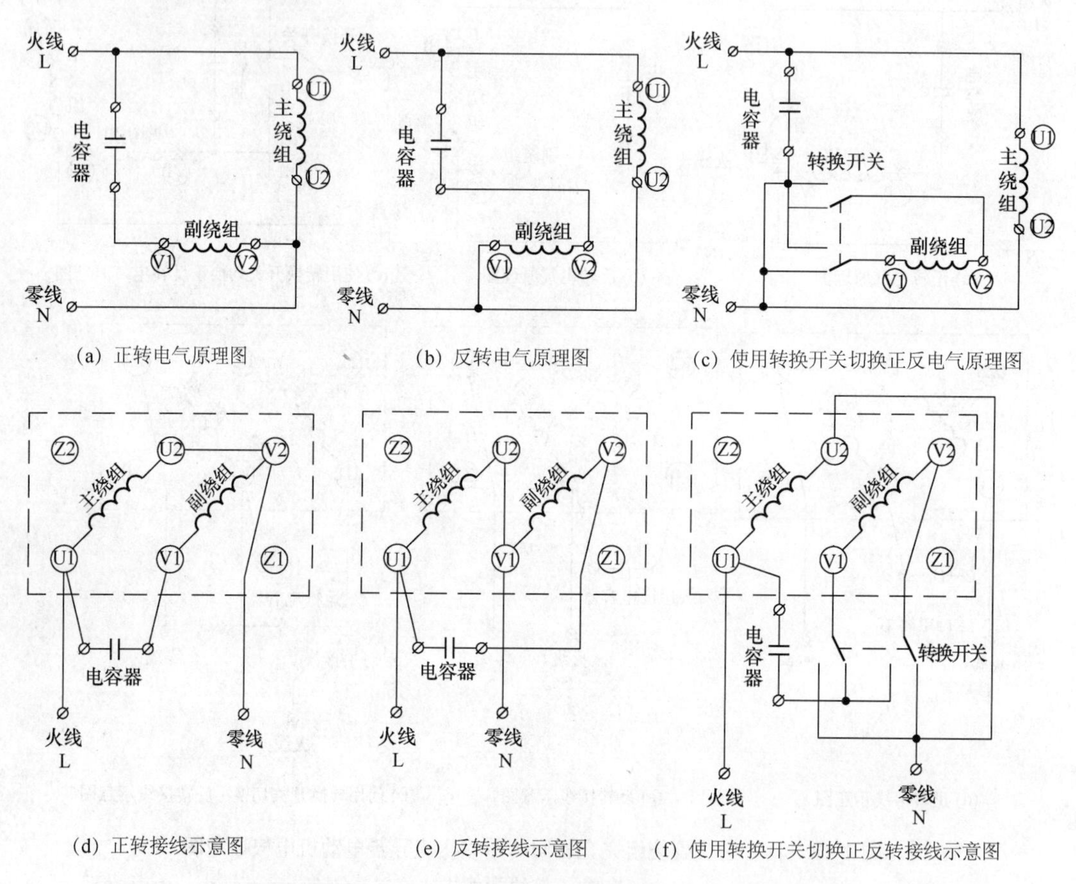

图 1-13　具有起动（副）绕组和主绕组的首尾端全部引出的单相交流异步电动机电气原理图和端子接线示意图

图 1-13（a）的电源火线 L 分别接电动机主绕组 U1 端和起动（运行）电容器；电源的零线 N 分别接主绕组和副绕组的 U2、V2 端，副绕组的 V1 端通过电容器接入火线 L。通电后副绕组电流超前主绕组相位角 90°，电动机正向运转。

图 1-13（b）的电源火线 L 分别接电动机主绕组 U1 端和起动（运行）电容器；电源的零线 N 分别接主绕组和副绕组的 U2、V1 端；而 1 端副绕组的 V2 端通过电容器接

入火线 L。注意，我们通过接线的变化改变了副绕组的相序，使副绕组产生的磁场极性发生变化，使主绕组电流超前副绕组相位角 90°，电动机的旋转磁场反转，于是电动机反向运转。

图 1-13（c）是通过转换开关切换电动机副绕组的相序，实现电动机的正反转控制的。

这种电动机控制线路的接法是由于主、副绕组的导线横截面积和匝数不一致，通过改变电动机副绕组相序实现电动机的正反转起动、运行。

知识 1.2.2　单相交流异步电动机的调速拖动电路与接线

单相交流异步电动机的调速方法主要有 IGBT 变频调速、双向晶闸管调速、串电抗器调速、串电容调速和抽头法调速等。下面简单介绍目前较多采用的串电抗器调速、抽头法调速和双向晶闸管调速。

1. 串电抗器调速

在电动机的电源电路中串联进起分压作用的电抗器，通过调速开关选择电抗器绕组的匝数来调节电抗值，从而改变电动机两端的电压，达到调速的目的，如图 1-14 所示。串电抗器调速的优点是结构简单，容易调整调速比，但消耗的材料多，调速器体积大。

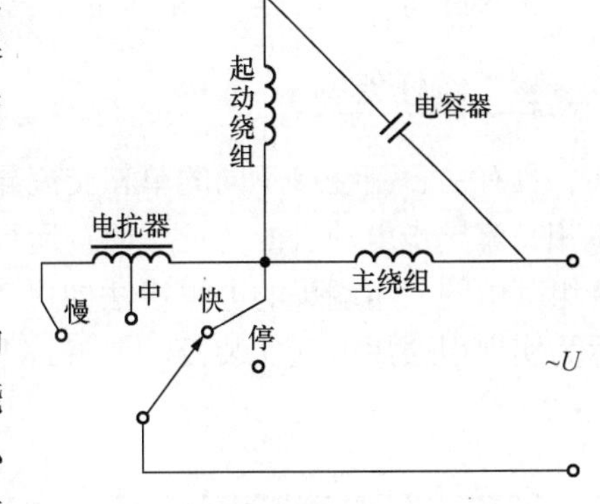

图 1-14　串电抗器调速接线图

2. 抽头法调速

如果将电抗器和电动机结合在一起，在电动机定子铁芯上嵌入一个中间绕组（或称调速绕组），通过调速开关改变电动机气隙磁场的大小及椭圆度，可达到调速的目的。根据中间绕组与主绕组和起动绕组的接线不同，常用的有 T 形接法和 L 形接法，如图 1-15 所示。

抽头法调速与串电抗器调速相比较，抽头法调速用料省，耗电少，但是绕组嵌线和接线比较复杂。

3. 双向晶闸管调速

利用改变双向晶闸管的导通角，来实现加在单相交流异步电动机上的交流电压的大小，从而达到调节电动机转速的目的，这种称为双向晶闸管调速的方法能实现无级调速，缺点是会产生一些电磁干扰，目前常用于吊式风扇的调速上。

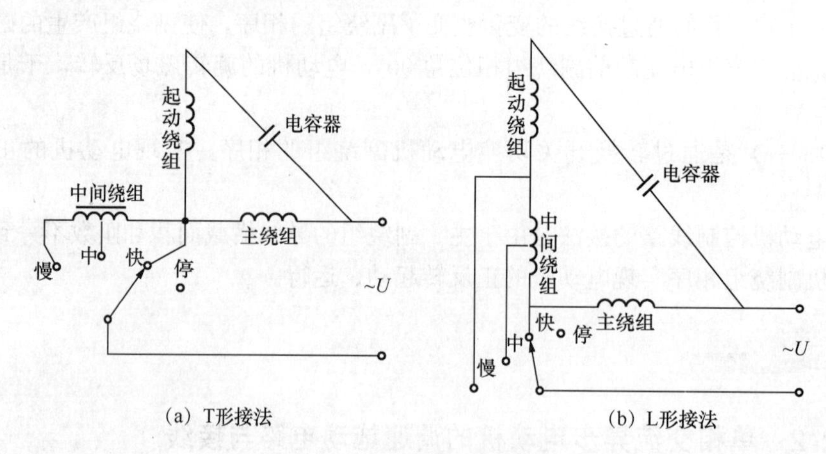

图 1-15 抽头法调速接线图

实训 单相交流异步电动机拖动电路的安装与调试

班级：________ 姓名：________ 学号：________ 同组者：________

工作时间：____年__月__日（第___周 星期___第___节）实训课时：___课时

工作任务单

具有主、副绕组不同的单相交流异步电动机只需通过改变外电路相序，就可以实现单相交流异步电动机的“正反向”运行。改变相序的方法只需调换主绕组或起动（副）绕组其中的一组端头的电源接法即可改变单相交流异步电动机的旋转方向。图 1-16 所示为实训用通用电气安装板，图 1-17 所示为本实训电气控制原理图。

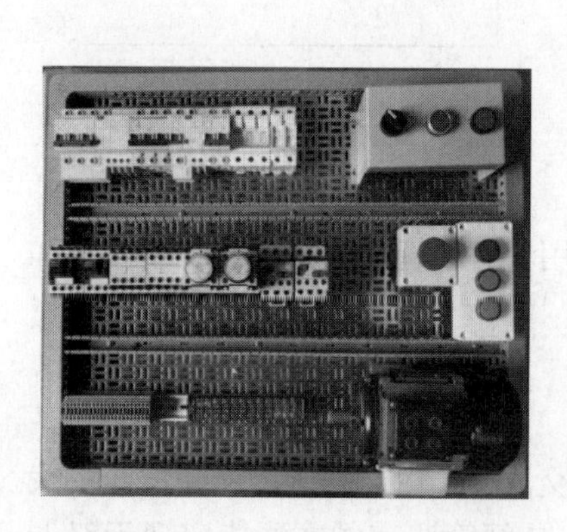

图 1-16 通用电气安装板

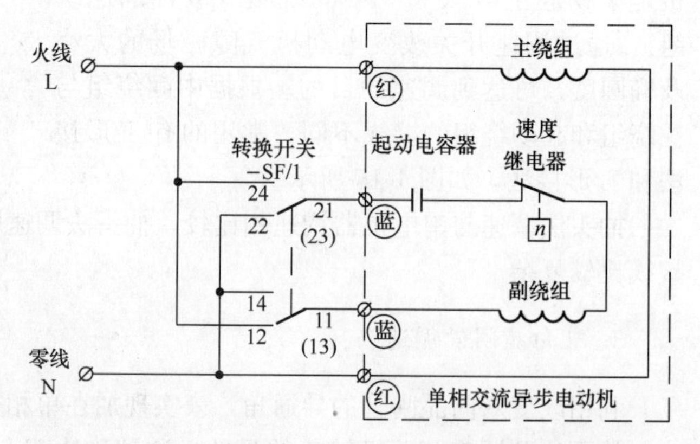

图 1-17 主、副绕组不同的单相交流异步电动机正反转电路电气控制原理图

工作准备

认真阅读工作任务单，理解工作任务单的内容与要求，明确工作目标，做好准备，拟定工作计划。

在完成单相交流异步电动机正反转电路安装调试工作任务前，应正确掌握电工工具的使用方法，正确掌握仪器仪表的使用方法，正确掌握电动机控制电路的电气安装工艺和方法，注意工作安全，做好个人防护工作。

1. 实训用器材

（1）设备、元件：主、副绕组不同的单相交流异步电动机 1 台，转换开关 1 只。

（2）工具：一字螺钉旋具、十字螺钉旋具、尖嘴钳、斜口钳、剥线钳、压线钳等工具。

（3）测量仪表：三位半数字万用表、绝缘表等。

（4）通用电气安装板 1 块，如图 1-16 所示。

（5）耗材：导线、插针、熔芯等。

2. 质量检查

对所准备的实训用器材进行质量检查。

单相交流异步电动机拖动电路安装与调试操作技术要点

步骤	操作技术要点	操作示意图	
1. 接线前检查	检查接线端子、导线、插针、工具、测量仪表是否齐全完备。须清理电动机的外表，检查电动机外部的状况，零件是否损坏或缺少，核对并记录好电动机铭牌的技术参数，测量电动机绕组电阻和绕组对地绝缘。 检查转换开关是否灵活、附件是否完整	 部分实训用器材	
		要求绝缘阻值应≥0.5MΩ 实测绕组对地绝缘阻值≥200MΩ 测起动绕组电阻 42Ω、主绕组电阻 38Ω	转换开关检查

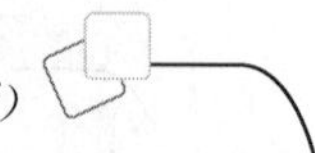

续表

步骤	操作技术要点	操作示意图		
2. 接线	按图 1-17 所示进行电源开关、转换开关、单相交流异步电动机接线。接线完成后，导线要进线槽	剥导线绝缘层	压接导线插针	电源接线
		转换开关接线	转换开关接线	电动机接线
3. 电动机正反转运行调试	（1）电动机正转调试（从电动机轴方向观察，电动机轴按顺时针旋转为正转）：将转换开关旋转到“I”挡，然后合漏电断路器起动，观察电动机运转情况是否正常，如发现不正常应检查线路接线是否正确。 （2）电动机反转调试：将转换开关旋转到“Ⅱ”挡，然后合漏电断路器起动，观察电动机运转情况是否正常，如发现不正常应检查线路接线是否正确	注意： （1）如果仅仅是电动机旋转方向不正确，只需调整电动机的主绕组或起动绕组中相序即可。 （2）电动机正反转转换时应先断开漏电断路器后再调转换开关		

任务实施

步骤	工作计划内容	工作过程记录
1	实训用器材准备	
2	电器元件的选用与检查	

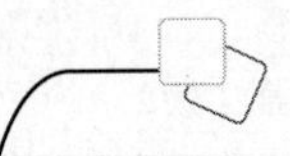

续表

步骤	工作计划内容	工作过程记录
3	导线连接与检查记录	
4	通电调试，观察电动机运行情况与记录	
5	设备恢复、整理现场	
6	安全与文明生产	

安全提示

在任务实施过程中，应严格遵循安全操作规程，穿戴好工作服、绝缘鞋、安全帽；作业过程中，要文明施工，注意工具、仪器仪表等器材应摆放有序。工位整洁。

任务检查与评价

序号	评价内容	配分	评价标准	学生评价	老师评价
1	实训用器材准备	10	（1）工具准备完整性 （是 □ 3分） （2）设备、仪表、耗材准备完整性 （是 □ 7分）		
2	电器元件的选用与检查	15	（1）漏电断路器检查 （是 □ 5分） （2）转换开关检查 （是 □ 7分） （3）端子排、行线槽检查 （是 □ 3分）		
3	导线连接与检查记录	35	（1）插针压接 （是 □ 10分） （2）导线连接与线路检查 （是 □ 20分） （3）安装检查记录 （是 □ 5分）		
4	通电调试，观察电动机运行情况与记录	15	（1）电动机正反转运行 （是 □ 5分） （2）检查与调试记录 （是 □ 10分）		
5	设备恢复、整理现场	20	（1）导线与元件拆卸 （是 □ 15分） （2）清理现场 （是 □ 5分）		
6	安全与文明生产	5	（1）环境整洁 （是 □ 1分） （2）工具、仪表摆放整齐 （是 □ 2分） （3）遵守安全规程 （是 □ 2分）		
合计		100			

议与练

议一议：

（1）可以进行正反转运行的单相交流异步电动机有哪些？

（2）用速度继电器如何切换起动电容？

练一练：

（1）转换开关的安装。

（2）单相交流异步电动机的正反转控制电路连接。

思考与练习

1. 单相交流异步电动机有哪些优缺点？
2. 单相交流异步电动机由哪几部分组成？
3. 单相交流异步电动机主要应用于哪些方面？
4. 单相交流异步电动机旋转磁场的产生有哪些条件？
5. 单相交流异步电动机有哪些调速方法？
6. 电容起动式电动机和电容运转式电动机有什么异同点？
7. 试分别画出电容起动式电动机和电容运转式电动机的原理电路图。
8. 分相起动式电动机和单相罩极式交流异步电动机的转向如何确定？

项目2

直流电动机

直流电动机是将直流电能转换为机械能的电动机。因其具有良好的平滑调速性能和调速范围宽、起动力矩大等特点，而被对调速要求高和起动转矩要求大的机械所广泛使用，如在以往的机械、轧钢、造纸、印染等行业常采用直流电动机来完成电力拖动。直流电动机按励磁方式分为永磁、他励和自励三类，其中自励又分为并励、串励和复励三种。

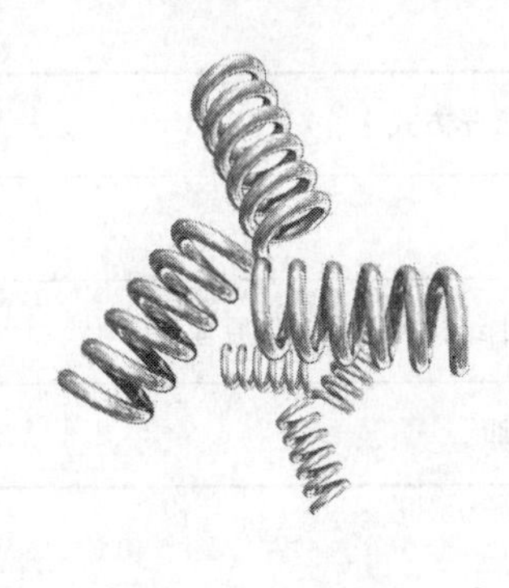

知识目标与技能目标

- 了解直流（他励）电动机的结构与工作原理。
- 掌握直流（他励）电动机的电力拖动控制电路基本原理。
- 通过小型直流（他励）电动机的拆装实训认知其结构。
- 掌握直流（他励）电动机拆装及维护保养技术。
- 通过直流（他励）电动机拖动电路的安装与调试实训，掌握电气安装工艺及调试技能。

任务 2.1 直流电动机的结构与工作原理

任务目标

- 了解直流电动机的基本结构。
- 掌握直流电动机的基本工作原理。
- 熟悉直流电动机的拆装。

直流电动机具有良好的起动转矩特性和调速特性（调速范围广并且平滑），有较强过载能力、抗电磁干扰性好的特点，目前在一些特定场合下还在使用，如矿山常用的架线式矿用机车。随着直流电动机技术向无刷直流电动机和直线直流电动机的发展，直流电动机将得到更广泛的应用。本任务的学习对掌握新型直流电动机技术是很有必要的。

任务教学方式

教学步骤	时间安排	教学方式
阅读教材	课余	自学、查资料、相互讨论
知识讲解	2 课时	重点讲授直流电动机的基本结构和基本工作原理
技能操作与练习	3 课时	小型直流电动机的拆装实训

学一学

知识 2.1.1 直流电动机的基本结构

常见的直流电动机的基本外形如图 2-1 所示。

图 2-1 常见的直流电动机的基本外形

直流电动机的结构如图 2-2 所示。

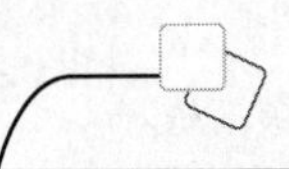

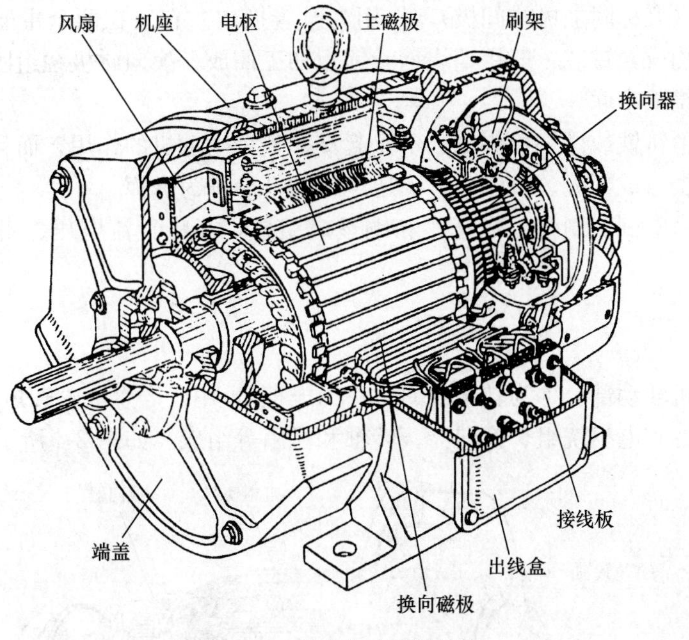

图 2-2　直流电动机的结构

1. 定子

直流电动机静止部分称为定子，用于产生磁场。定子由主磁极、换向磁极、机座和电刷装置等组成，如图 2-3 所示。

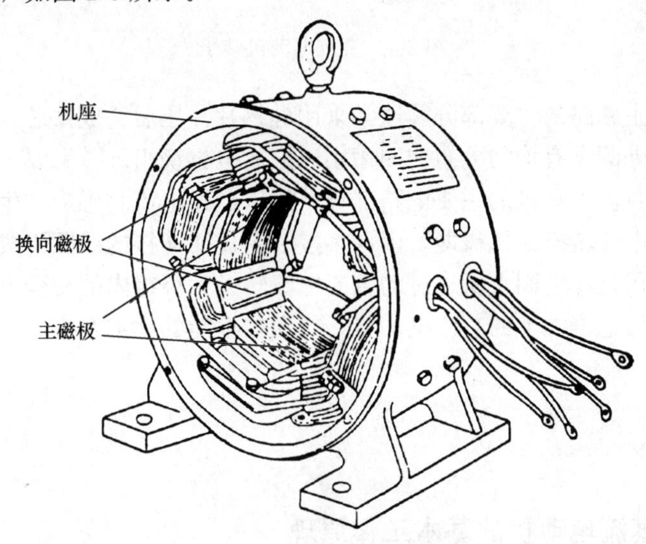

图 2-3　直流电动机定子组成

主磁极用于产生主磁场，它由铁芯、极靴和励磁绕组三部分构成。当励磁绕组通入直流电时，铁芯成为极性固定的磁极。极靴挡住绕在铁芯上的励磁绕组，使磁通密度均匀分布。

换向磁极（又称附加极或间极），作用为改善换向。它装在两个主磁极之间，也是由铁芯和绕组构成，铁芯一般用整块钢或钢板加工而成。换向磁极绕组匝数较少，导线较粗，与电枢绕组串联。

机座通常由铸铁或厚钢板焊成，不仅起支撑整个电动机的作用，而且是构成直流电动机磁路的一个组成部分。机座中有磁通经过的部分称为磁轭。

电刷装置由电刷、刷握、刷杆座和铜丝辫组成，能将直流电压、直流电流引入或引出。

2. 转子

直流电动机转动部分称为转子（通常称为电枢），用于产生电磁转矩和感应电动势。电枢由电枢铁芯和电枢绕组、换向器、转轴和风扇等组成，如图 2-4 所示。

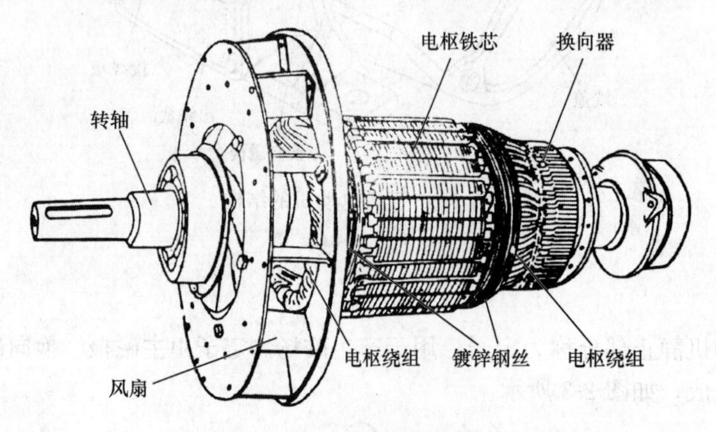

图 2-4　直流电动机转子

电枢铁芯是主磁路的主要部分，通常采用硅钢片冲压后叠成铁芯，构成电动机的磁路。电枢铁芯的外圆上有均匀分布的凹槽用以嵌放电枢绕组。

电枢绕组是直流电动机的主要电路部分，用以通过电流和感应产生电动势以实现机电能量转换，将电能转换成机械能，由许多按一定规律连接的线圈组成。

换向器的作用是将电刷上所通过的直流电流转换为绕组内的交变电流或将绕组内的交变电动势转换为电刷端上的直流电动势。换向器性能的优劣在很大程度上决定了电动机运行的可靠性。

知识 2.1.2　直流电动机的基本工作原理

图 2-5 所示是一个最简单的直流电动机模型。在一对静止的磁极 N 和 S 之间，装设一个可以绕 Z-Z′轴而转动的圆柱形铁芯，在它上面装有矩形的线圈 $abcd$。这个转动的部分就是电枢。线圈的两端 a 和 d 分别接到叫作换向片的两个半圆形铜环 1 和 2 上。换向片 1 和 2 之间是彼此绝缘的，它们和电枢装在同一根轴上，可随电枢一起转动。A 和

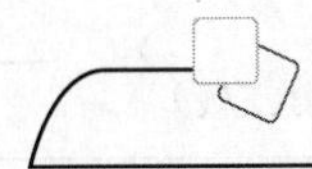

B 是两个固定不动的碳质电刷，它们和换向片之间是滑动接触的。来自直流电源的电流就是通过电刷和换向片流到电枢的线圈里的。

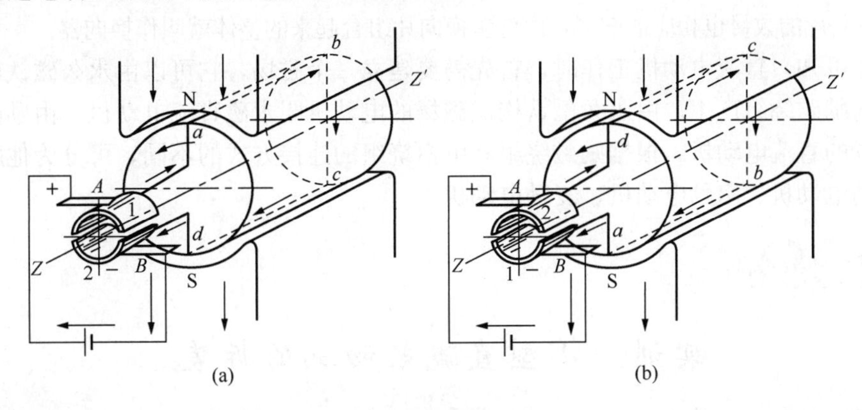

图 2-5　直流电动机模型

当电刷 A 和电刷 B 分别与直流电源的正极和负极接通时，电流从电刷 A 流入，而从电刷 B 流出。这时线圈中的电流方向是从 a 流向 b，再从 c 流向 d。我们知道，载流导体在磁场中要受到电磁力，其方向由左手定则来判定。当电枢在图 2-6（a）所示的位置时，线圈 ab 边的电流从 a 流向 b，用⊕表示，cd 边的电流从 c 流向 d，用⊙表示。根据左手定则可以判断出，ab 边受力的方向是从右向左，而 cd 边受力的方向是从左向右。这样，在电枢上就产生了逆时针方向的转矩，因此电枢就将沿着逆时针方向转动起来。

当电枢转到使线圈的 ab 边从 N 极下面进入 S 极，而 cd 边从 S 极下面进入 N 极时，与线圈 a 端连接的换向片 1 跟电刷 B 接触，而与线圈 d 端连接的换向片 2 跟电刷 A 接触，如图 2-6（b）所示。这样，线圈内的电流方向变为从 d 流向 c，再从 b 流向 a，从而保持在 N 极下面的导体中的电流方向不变。因此转矩的方向也不改变，电枢仍然按照原来的逆时针方向继续旋转。由此可以看出，换向片和电刷在直流电动机中起着改换电枢线圈中电流方向的作用。

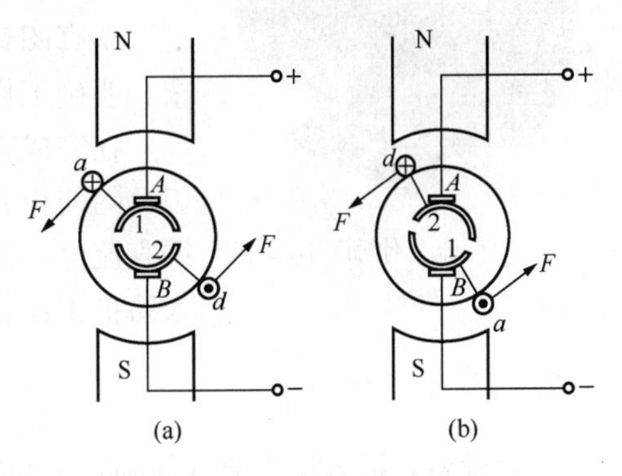

图 2-6　换向器在直流电动机中的作用

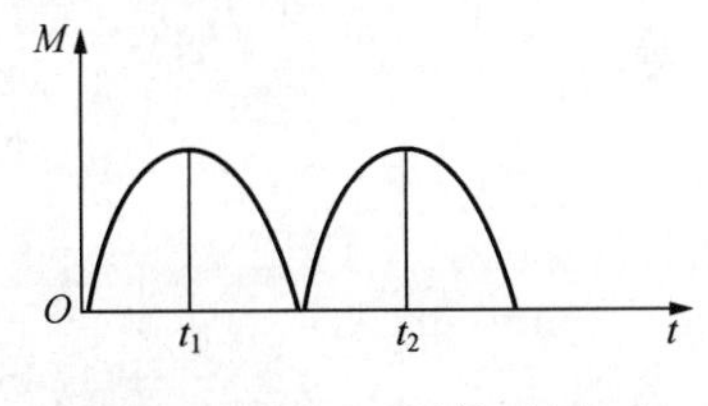

图 2-7　平均电磁转矩的产生

图 2-5 所示的直流电动机模型，只有一匝线圈，它所受到的电磁力是很小的，而且存在较大的脉动。如果由直流电源流入线圈的电流大小不变，磁极磁密在垂直于导体运动方向的空间按正弦规律分布，电枢为匀速转动时，此电动机由电流和磁场产生的电磁转矩 M 随时间 t 变化的波形如图 2-7 所示。由图可以看出，转矩是变化的，除了

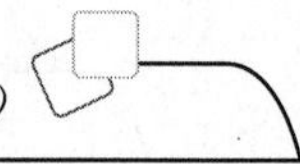

平均转矩外，还包含着交变转矩。为了克服这些缺点，实际的电动机都是由很多匝线圈组成，并且按照一定的连接方法分布在整个电枢表面上，通常称为电枢绕组。随着线圈数目的增加，换向片的数目也相应地增多，由许多换向片组合起来的整体就叫作换向器。

由上可知，直流电动机工作时，首先需要建立一个磁场，它可以由永久磁铁或由直流励磁的励磁绕组产生。由永久磁铁构成磁场的电动机叫永磁直流电动机。由励磁绕组产生磁场的直流电动机，根据励磁绕组和电枢绕组的连接方式的不同，可分为他励电动机、并励电动机、串励电动机、复励电动机。

做一做

实训　小型直流电动机的拆装

班级：________ 姓名：__________ 学号：__________ 同组者：________________

工作时间：____年__月__日（第____周 星期____第____节）实训课时：____课时

工作任务单

了解直流电动机的外部结构，学会使用拆装工具和检测仪器、仪表，学会直流电动机的拆装，熟悉直流电动机的内部结构和组成。图 2-8 所示为在实训所用直流电动机的外观。

图 2-8　直流（他励）电动机外观

工作准备

认真阅读工作任务单，理解工作任务单的内容与要求，明确工作目标，做好准备，拟定工作计划。

在完成直流电动机拆装工作任务前，应正确掌握拆装工具的使用方法，正确掌握仪器仪表的使用方法，正确掌握直流电动机的拆装工艺和方法，注意工作安全，做好个人防护工作。

1. 实训用器材

（1）设备：拆装用直流（他励）电动机 1 台。

（2）工具：一字螺钉旋具、十字螺钉旋具、开口扳手、六角扳手、1 磅手锤、紫铜棒、三爪拉马等。

（3）测量仪表：三位半数字万用表、绝缘表（摇表）等。

（4）实训用电源工作台 1 台。

（5）耗材：直流电动机测试用连接导线若干。

2. 质量检查

对所准备实训用器材进行质量检查。

直流（他励）电动机拆装操作技术要点

1. 拆卸直流（他励）电动机

步骤	操作技术要点	操作示意图		
1. 拆卸前检查	拆卸前，须清理直流电动机的外表，检查直流电动机外部的状况，零件是否损坏或缺少，记录好直流电动机铭牌的技术参数，准备好拆装工具，并在前后端盖、接线盒等处做好标记，以便于检修后的装配。 电动机拆卸顺序为：联轴器→碳刷端盖→碳刷→电动机前端盖→电动机后端盖→轴承		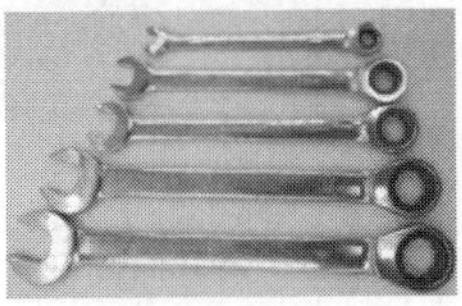	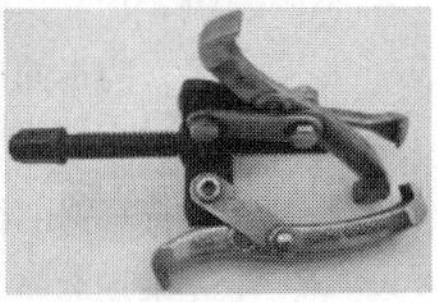
		实训电动机	开口（梅花）扳手	三爪拉马
		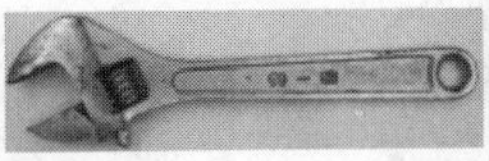		
		活动扳手	手锤	紫铜棒
		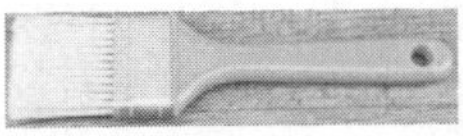	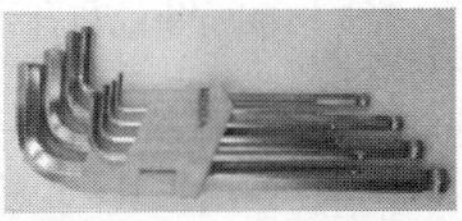	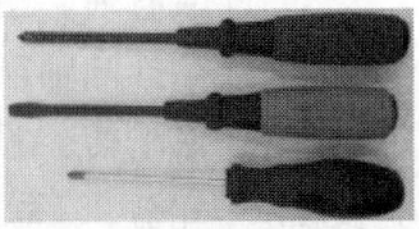
		轴承清洗用毛刷	六角扳手	螺钉旋具（改锥）
				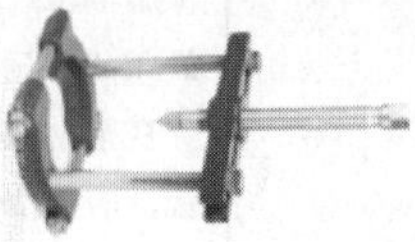
		绝缘表（摇表）	万用表	某型号轴承专用拉具
2. 拆卸联轴器	首先拆卸直流电动机前端的联轴器		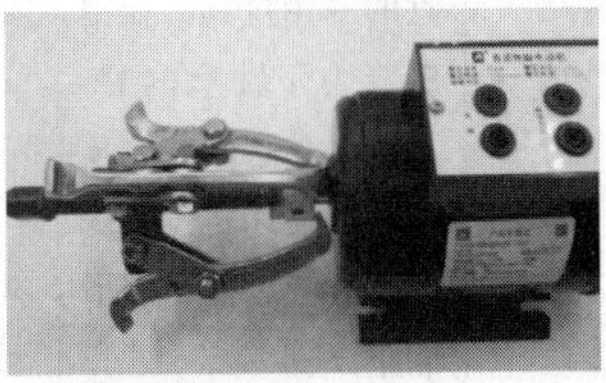	
		拆卸联轴器紧固螺栓	用拉马拆卸联轴器	

续表

<table>
<tr><th>步骤</th><th>操作技术要点</th><th colspan="6">操作示意图</th></tr>
<tr><td rowspan="7">3. 拆卸端盖及轴承</td><td rowspan="7">电动机后部安有碳刷，应先拆卸碳刷端盖，再拆卸后端盖。
拆卸端盖螺栓时应选择合适的扳手，优先采用套筒扳手、梅花扳手或开口扳手等。
注：本实训用直流电动机采用的是半圆头长杆螺钉安装。
拆卸端盖优先采用拉马等专用工具进行。
在电动机端盖上安装有轴承盖时，要均匀拆除轴承盖螺栓，拿下轴承盖，再拆卸端盖。
小型电动机抽出转子是靠人工进行的，为防手滑或用力不均碰伤绕组，应用纸板垫在绕组端部进行。
在轴承拆卸完成后，应用清洗剂将轴承洗干净，检查它是否损坏，有无必要更换。
拆卸轴承应先用适宜的专用拉具。拉力应着力于轴承内圈，不能拉外圈，拉具顶端不得损坏转子轴端中心孔（可加些润滑油脂）</td><td colspan="2">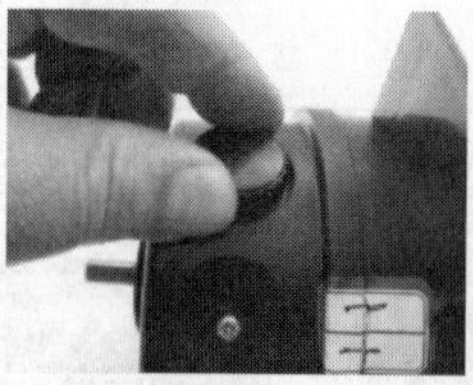</td><td colspan="2"></td><td colspan="2"></td></tr>
<tr><td colspan="2">做好标记、拆卸碳刷端盖</td><td colspan="2">取下碳刷端盖</td><td colspan="2">取出碳刷</td></tr>
<tr><td colspan="2"></td><td colspan="2"></td><td colspan="2"></td></tr>
<tr><td colspan="2">拆卸电动机前端盖螺栓</td><td colspan="2">用三爪拉马拆卸电动机后端盖</td><td colspan="2">观察电动机内部</td></tr>
<tr><td colspan="3">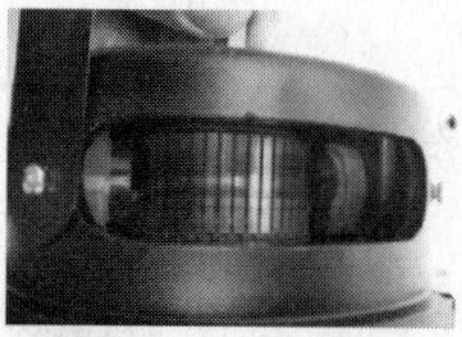</td><td colspan="3"></td></tr>
<tr><td colspan="3">换向器（未取出转子）</td><td colspan="3">换向器（取出转子）</td></tr>
<tr><td colspan="6">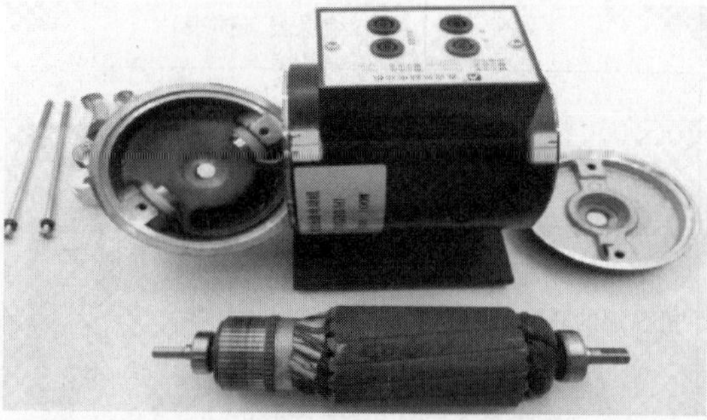
不完全拆解的电动机</td></tr>
</table>

2. 装配直流（他励）电动机

<table>
<tr><th>步骤</th><th>操作技术要点</th><th colspan="6">操作示意图</th></tr>
<tr><td rowspan="2">1. 装配前检查</td><td rowspan="2">装配前应先检查电动机绕组的电阻、绝缘、转子换向器、碳刷等。
换向器及碳刷应完整、光滑，无明显烧蚀痕迹</td><td colspan="3">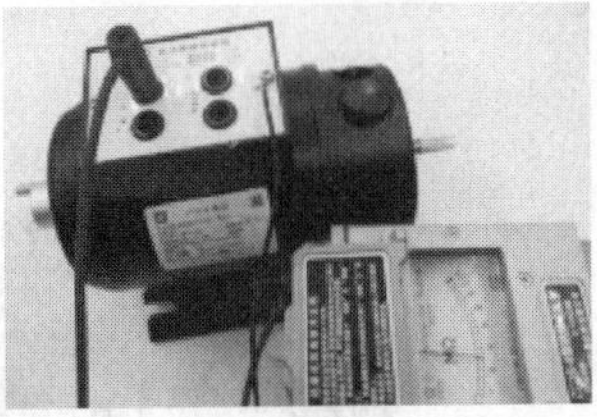</td><td colspan="3">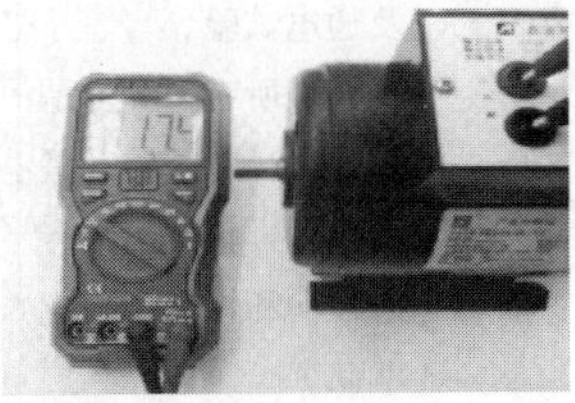</td></tr>
<tr><td colspan="3">要求绝缘阻值≥0.5MΩ
测绕组对地绝缘阻值≥10MΩ
测绕组间绝缘阻值≥10MΩ</td><td colspan="3">测励磁绕组阻值为 17.4Ω
测电枢绕组阻值为 401Ω</td></tr>
<tr><td rowspan="6">2. 装配</td><td rowspan="6">装配电动机的步骤基本与拆卸相反。
装配前要检查定子内是否有污物，锈斑是否清除，止口有无损伤，检查零件的完整性等。
装配时各部件按标记复位，并检查轴承盖配合是否合适。
轴承装配可采用热套法和冷装配法。
应尽量选用轴承专用拆装工具进行轴承安装。安装电动机端盖。安装电动机碳刷（刷握）、碳刷压盖、散热风扇及风扇罩、接线盒等</td><td colspan="6">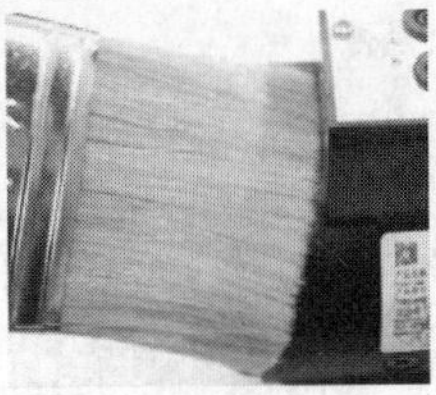</td></tr>
<tr><td colspan="6">清扫电动机内、外部</td></tr>
<tr><td colspan="2">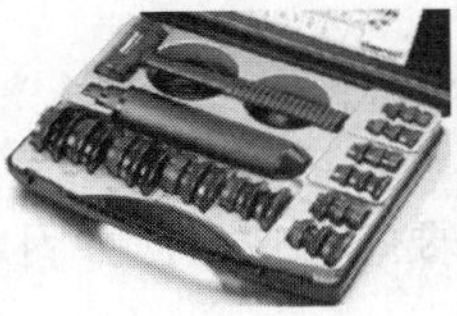</td><td colspan="2">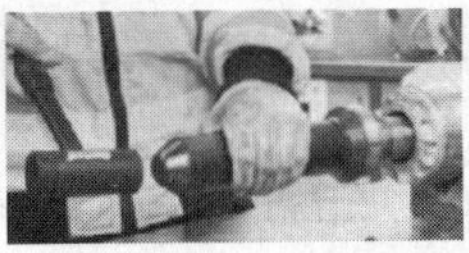</td><td colspan="2"></td></tr>
<tr><td colspan="2">轴承专用套装工具</td><td colspan="2">安装轴承</td><td colspan="2">安装电动机端盖</td></tr>
<tr><td colspan="2"></td><td colspan="2"></td><td colspan="2"></td></tr>
<tr><td colspan="2">安装电动机端盖</td><td colspan="2">安装碳刷及碳刷压盖</td><td colspan="2">安装联轴器等附件</td></tr>
</table>

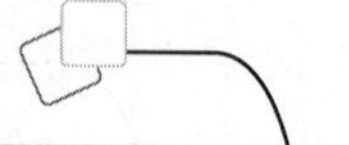

续表

步骤	操作技术要点	操作示意图
3. 装配后检查	装配后检查，包含电气检查、机械检查及通电试验。 检查所有紧固件是否拧紧，转子转动是否灵活，轴伸出端有无径向和轴向摆动或串动。 测量励磁绕组和电枢绕组对电动机外壳绝缘电阻。 检查合格后，连接好地线，根据铭牌规定的电压接通电源，测量电动机电流是否符合要求。 检查电动机转速是否符合要求，电动机电磁噪声和轴承噪声是否正常。 电刷与换向器火花是否正常	安装后对电动机进行检查 通电顺序：先通励磁绕组电源，再通电枢绕组电源。 断电顺序：先断电枢绕组电源，再断励磁绕组电源

3. 注意事项

（1）拆移电动机后，电动机底座垫片要按原位摆放并固定好，以免增加钳工对中的工作量。

（2）拆、装转子时，一定要遵守要点的要求，不得损伤绕组。拆前装后均应测试绕组绝缘及绕组电阻。

（3）拆、装时不能用手锤直接敲击零件，应垫上铜棒、铝棒或硬木，对称敲打。

（4）安装端盖前应用粗铜丝，从轴承装配孔伸入钩住内轴承盖，以便于装配外轴承盖。

（5）用热套法装轴承时，只要温度超过100℃，应立即停止加热。工作现场应放置灭火器。

（6）不准随便乱倒清洗电动机及轴承的清洗剂（汽油或煤油），必须将其倒入污油池。

（7）检修场地须打扫干净。

任务实施

步骤	计划工作内容	工作过程记录
1	实训用器材准备	
2	做好电动机外部部件标记	
3	测量电动机的绝缘电阻和绕组电阻，确认好电动机的定子绕组、电枢绕组端子	
4	按拆卸步骤进行电动机的拆卸	
5	检查电动机内部，并做好记录	
6	电动机装配	
7	装配后的检查与检测	
8	安全与文明生产	

⚠安全提示

在任务实施过程中，应严格遵循安全操作规程，穿戴好工作服、绝缘鞋、安全帽；作业过程中，要文明施工，注意工具、仪器仪表等器材应摆放有序。工位应整洁。

任务检查与评价

序号	评价内容	配分	评价标准	学生评价	老师评价
1	实训用器材准备	5	(1) 工具准备完整性 (是 □ 2分) (2) 设备、仪表、耗材准备完整性 (是 □ 3分)		
2	做好电动机外部部件标记	5	(1) 前后端盖标记 (是 □ 2分) (2) 接线盒与接地端子标记、铭牌参数记录 (是 □ 3分)		
3	测量电动机的绝缘电阻和绕组电阻，确认好电动机的定子绕组、电枢绕组端子	10	(1) 电动机励磁、电枢绕组阻值测量 (是 □ 5分) (2) 电动机励磁、电枢绝缘阻值测量 (是 □ 5分)		
4	按拆卸步骤进行电动机的拆卸	20	(1) 电动机附件拆卸 (是 □ 3分) (2) 电动机出线端子盒与电刷拆卸 (是 □ 5分) (3) 电动机前后端盖拆卸 (是 □ 6分) (4) 电动机轴承拆卸 (是 □ 6分)		
5	检查电动机内部，并做好记录	5	(1) 励磁绕组数量与分布记录 (是 □ 2分) (2) 电枢绕组数量与分布记录 (是 □ 3分)		
6	电动机装配	30	(1) 电动机轴承装配 (是 □ 10分) (2) 电动机前后端盖装配 (是 □ 10分) (3) 电动机出线端子盒与电刷装配 (是 □ 7分) (4) 电动机附件装配 (是 □ 3分)		

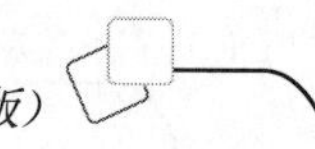

续表

序号	评价内容	配分	评价标准	学生评价	老师评价
7	装配后的检查与检测	20	（1）电动机转轴旋转是否灵活（是 □ 4分） （2）电动机励磁、电枢绕组阻值测量（是 □ 4分） （3）电动机励磁、电枢绕组绝缘阻值测量（是 □ 4分） （4）电动机通电运行是否正常（是 □ 8分）		
8	安全与文明生产	5	（1）环境整洁（是 □ 1分） （2）工具、仪表摆放整齐（是 □ 2分） （3）遵守安全规程（是 □ 2分）		
合计		100			

议与练

议一议：

（1）直流电动机有哪些种类？它们的工作特性有何不同？

（2）电刷与换向器的火花过大是什么原因？

练一练：

（1）直流电动机的拆卸。

（2）直流电动机碳刷的更换。

任务 2.2 直流电动机的基本拖动电路

- 掌握直流电动机的电力拖动控制电路。
- 掌握他励直流电动机电力拖动控制电路的工作特点。
- 熟悉他励直流电动机电力拖动控制电路的安装与调试。

直流电动机的直流供电方式及固有工作特性决定了直流电力拖动控制电路与交流电力拖动控制电路不同。例如，直流电动机励磁电源突然失效，会直接致使直流电动机转速快速提高，容易引发事故；再如，直流电源不同于交流电源有“过零点”，通断电源时会在接触器等动、静触点上产生不易熄灭的电弧，容易使动、静触点严重烧蚀，这样在控制较大功率的直流电动机时，控制用开关电器（含接触器）就不能与交流用的相关电器混用。通过本任务的学习，掌握直流电动机拖动电路及其工作特点。

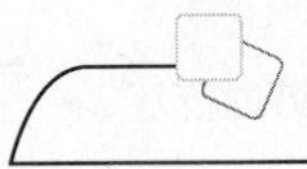

任务教学方式

教学步骤	时间安排	教学方式
阅读教材	课余	自学、查资料、相互讨论
知识讲解	2 课时	重点讲授单直流电动机的电力拖动控制电路原理
技能操作与练习	5 课时	他励直流电动机拖动电路的安装与调试实训

知识 2.2.1　他励直流电动机的手动起动控制拖动电路

直流电动机手动起动控制拖动电路比较简单，多用于小功率直流电动机的起动控制。

图 2-9 所示是典型的他励直流电动机的手动起动控制电路原理图。对其工作原理分析如下。

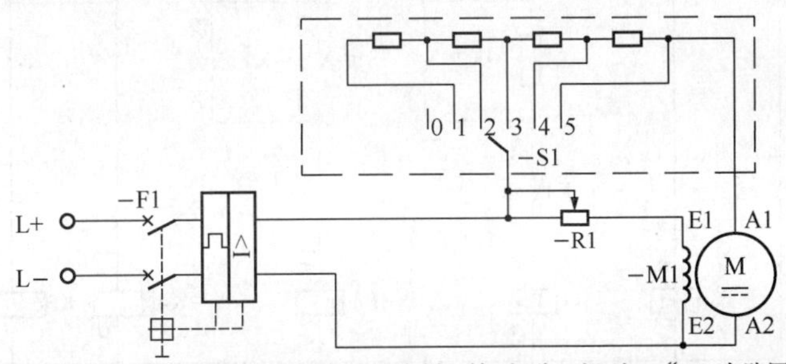

注：GB/T 6988.1—2008《电气技术用文件的编制　第1部分：规则》“7.4 电路图”中规定：电路图应包括参照代号；GB/T　5094.1—2018《工业系统、装置与设备以及工业产品结构原则与参照代号　第1部分：基本规则》“6.2.1单层参照代号规则”中规定：基于产品面结构的项目参照代号为“－**”，示例“－B1”。依据以上规定，本书中的文字符号前加“－”。

图 2-9　他励直流电动机的手动起动控制电路原理图

合上进线直流断路器－F1，励磁绕组通过－R1 得电（调节励磁调整电位器－R1 可使励磁电流达到合适值），直流电动机励磁建立。

手动操作起动电阻箱－S1，使－S1 从起始位置“0 挡位”逐步向“1 挡位”～“5 挡位”上调，逐步切换减小起动电阻器阻值至 0Ω，直流电动机由处于停机状态（“0 挡位”）逐步加速到所需转速，即完成他励直流电动机的起动过程。起动过程可表示为：

合－F1→经－R1→－M1 励磁绕组得电→开－S1→从“0 挡位”～“5 挡位”→－M1 变速起动运行。

停机则与开机相反。首先要逐步减小挡位至“0 挡位”，然后关断直流断路器－F1。

知识 2.2.2　他励直流电动机的常用拖动电路

他励直流电动机电枢回路串电阻二级起动控制电路是一种典型的直流电动机电力拖

动控制电路。

1. 他励直流电动机电枢回路串电阻二级起动控制电路

图 2-10 所示是他励直流电动机电枢回路串电阻二级起动控制电路原理图。对其工作原理分析如下。

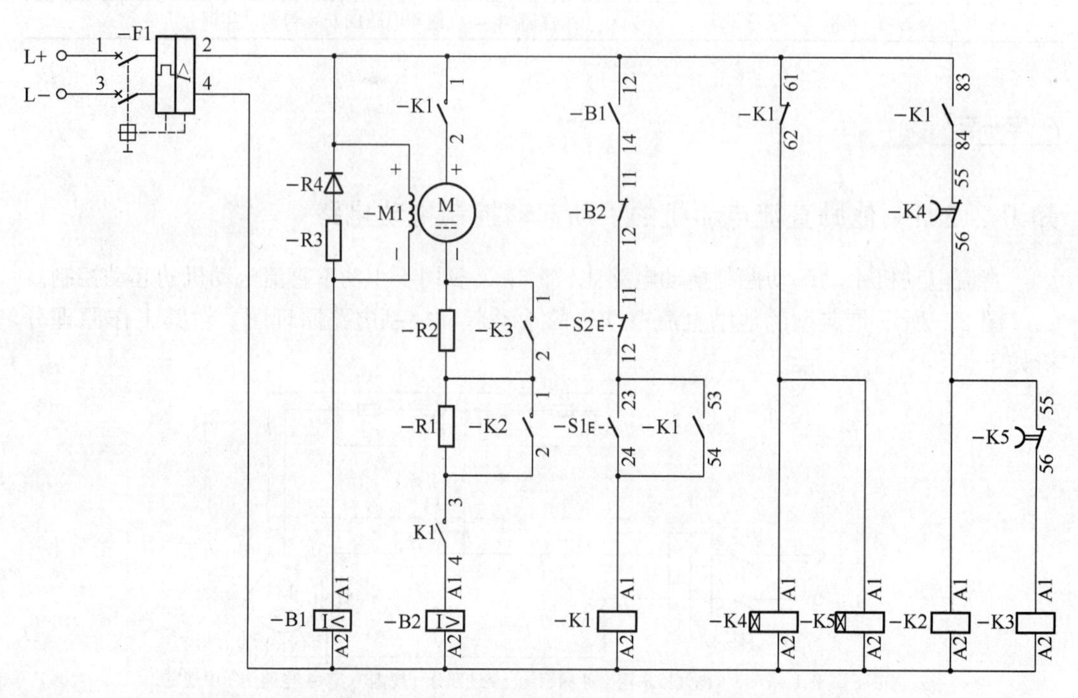

图 2-10　他励直流电动机电枢回路串电阻二级起动控制电路原理图

合上进线直流断路器－F1，励磁绕组得电，欠电流继电器－B1 得电，－B1 常开触点闭合；此时，起动按钮－S1 没有按下，直流接触器－K1 失电，常开触点处于断开状态，常闭触点处于吸合状态；与此同时缓慢吸合时间继电器－K4、－K5 得电，其常闭触点断开，直流接触器－K2、－K3 线圈失电，常开触点断开。这个工作过程可表示为：

合－F1→－M1 励磁绕组得电→－B1 吸合→－K4、－K5 吸合，延时闭合触点断开→－K2、－K3 回路断开。

按下起动按钮－S1，直流接触器－K1 得电，辅助常开触点闭合自锁，直流接触器－K1 主触点由常开变为闭合，直流电源经直流电动机的电枢绕组通过电阻器－R1、－R2和过电流继电器－B2 线圈构成回路，直流电动机电枢回路串二级电阻进行降压起动。此时，直流接触器－K1 常闭触点断开，缓慢吸合时间继电器－K4、－K5 线圈失电，其常闭触点开始延时吸合。

由于缓慢吸合时间继电器－K4 的延时时间（整定值）比－K5 的延时时间短，时间继电器－K4 常闭触点先行闭合，直流接触器－K2 线圈得电，－K2 常开触点闭合，短接起动电阻器－R1，直流电动机电枢回路串一级电阻进行加速起动。

当时间继电器－K5 延时一段时间后，常闭触点闭合，直流接触器－K3 线圈得电，

－K3 常开触点闭合，短接起动电阻器－R2，至此直流电动机电枢回路所串电阻器全部切除，直流电动机进入正常工作状态。这个工作过程可表示为：

按－S1→－K1 吸合→－M1 电枢得电→经－R1、－R2、－B2→－M1 串电阻降压起动→－K4、－K5 失电，其触点延时吸合→－K2 首先得电→－R1 被短接→－M1 串电阻加速起动→－K3 得电→－R2 被短接→－M1 全压运行。

欠电流继电器－B1 可起励磁保护作用，当励磁减弱或断开时，－B1 线圈失电，常开触点释放，切断直流接触器－K1 回路，－K1 常开触点断开，切断直流电动机电枢回路，直流电动机停转。这个工作过程可表示为：

－B1 欠电流动作→－K1 失电→－M1 停车。

过电流继电器－B2 起电枢保护作用，当直流电动机电枢故障或严重过载时（电枢回路电流过大），过电流继电器－B2 动作，－B2 常闭触点断开，切断直流接触器－K1 回路，－K1 常开触点断开，切断直流电动机电枢回路，直流电动机停转。这个工作过程表示为：

－B2 过电流动作→－K1 失电→－M1 停车。

2. 他励直流电动机正反转控制电路

他励直流电动机正反转控制电路有电枢绕组反接法和励磁绕组反接法两种方法。

我们以他励直流电动机电枢绕组反接法为例进行该种电路工作原理分析。图 2-11 所示是他励直流电动机正反转控制电路原理图。对其工作原理分析如下。

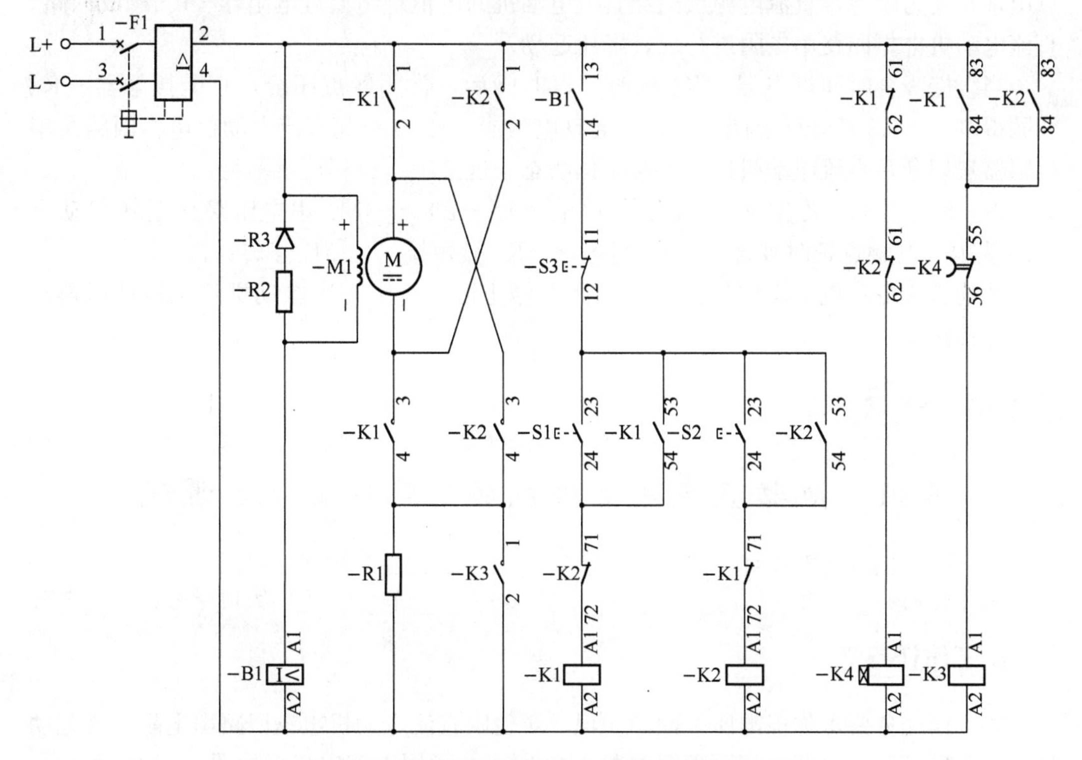

图 2-11　他励直流电动机正反转控制电路原理图

合上进线直流断路器－F1，励磁绕组得电，欠电流继电器－B1 得电，－B1 常开触点闭合；－S3 为直流电动机停止按钮，此时，按钮－S3 常闭触点闭合。正转起动按钮－S1 和反转起动按钮－S2 没有按下，正转控制直流接触器－K1 和反转控制直流接触器－K2 失电，－K1、－K2 的常开触点处于断开状态，常闭触点处于吸合状态；与此同时缓慢吸合时间继电器－K4 得电，其常闭触点断开，直流接触器－K3 线圈失电，常开触点断开。这个工作过程可表示为：

合－F1→－M1 励磁绕组得电→－B1 吸合→－K4 吸合，延时闭合触点断开→－K3 回路断开。

按下正转起动按钮－S1，直流接触器－K1 得电，辅助常开触点闭合自锁；辅助常闭触点断开，切断反转控制直流继电器－K2 控制回路形成互锁，缓慢吸合时间继电器－K4 线圈失电，－K4 常闭触点开始延时吸合；同时，正转控制直流接触器－K1 主触点由常开变为闭合，直流电源经直流电动机的电枢绕组通过电阻器－R1 构成回路，直流电动机电枢回路串电阻进行降压起动。

当缓慢吸合时间继电器－K4 延时一段时间后，常闭触点闭合，直流继电器－K3 线圈得电，－K3 常开触点闭合，短接起动电阻器－R1，至此直流电动机电枢回路所串电阻器切除，直流电动机进入正常工作状态。

按下反转起动按钮－S2，直流接触器－K2 得电，辅助常开触点闭合自锁；辅助常闭触点断开，切断正转控制直流接触器－K1 控制回路形成互锁，缓慢吸合时间继电器－K4 线圈失电，－K4 常闭触点开始延时吸合；同时，反转控制直流接触器－K2 主触点由常开变为闭合，直流电源反向经直流电动机的电枢绕组通过电阻器－R1 构成回路，直流电动机电枢回路串电阻进行反转降压起动。

当缓慢吸合时间继电器－K4 延时一段时间后，常闭触点闭合，直流接触器－K3 线圈得电，－K3 常开触点闭合，短接起动电阻器－R1，至此直流电动机电枢回路所串电阻器被切断，直流电动机进入正常工作状态。这个工作过程可表示为：

按－S1→－K1 吸合→－M1 电枢得电→经－R1→－M1 串电阻降压正转起动→－K4失电，其触点延时吸合→－K3 得电→－R1 被短接 →－M1 正转运行。

他励直流电动机正反向换向时应先按下停止按钮－S3。当电动机停止转动后再进行正反转转换。

实训　他励直流电动机拖动电路的安装与调试

班级：________ 姓名：________ 学号：________ 同组者：________

工作时间：____年__月__日（第____周 星期____ 第____节）实训课时：____课时

工作任务单

本工作任务要求你根据所掌握的知识，对他励直流电动机电枢回路串电阻二级起动控制电路进行安装与调试。原理图如图 2-10 所示，通用电气安装板如图 2-12 所示。

图 2-12　通用电气安装板

注意：在完成他励直流电动机电枢回路串电阻二级起动控制电路安装调试工作任务时，应正确掌握电工工具的使用方法，正确掌握仪器仪表的使用方法，正确掌握直流电动机控制电路的电气安装工艺和方法，注意工作安全，做好个人防护工作。

工作准备

认真阅读工作任务单，理解工作任务单的内容与要求，明确工作目标，做好准备，拟定工作计划。详细阅读他励直流电动机电枢回路串电阻二级起动控制电路工作原理。

1. 实训用器材

(1) 设备、元件：

序号	设备、元件名称	型号	数量	备注
1	他励直流电动机	120W/110V	1台	实训专用
2	直流断路器	CN65N-DC/C6A/2P	1只	可用交流小型断路器替代
3	过/欠交直流电流继电器	GRI8-05B	2只	
4	直流接触器	NC1-0910Z/DC110V	3只	可用交流接触器替代
5	接触器辅助触头	F5-T2/0.1～30s	2只	
		F4-22	1只	
6	按钮	LA38/11Z	2只	红绿各一只
7	电阻器	25Ω/100W	2只	
8	通用电气安装底板	750mm×600mm	1块	不锈钢金属网孔板
9	端子排	TD-1510	1组	
10	导轨	TH35-7.5mm	1m	

(2) 工具：一字螺钉旋具、十字螺钉旋具、尖嘴钳、斜口钳、剥线钳、压线钳等

工具。

（3）测量仪表：三位半数字万用表等。

（4）实训用电源工作台：1 台。

（5）耗材：

序号	耗材名称	型号	数量	备注
1	行线槽	2025	3m	
2	导线	0.75mm^2	20m	
3	插针	E7508/E1008	50 只	冷压绝缘端子
4	螺钉		若干	

2. 质量检查

对所准备实训用器材进行质量检查。

他励直流电动机电枢回路串电阻二级起动控制电路安装与调试操作技术要点

<table>
<tr><th>步骤</th><th>操作技术要点</th><th colspan="2">操作示意图</th></tr>
<tr><td rowspan="7">1. 接线前检查</td><td rowspan="7">检查电器元件、接线端子、导线、插针、工具、测量仪表是否按要求齐全完备。
须清理电动机的外表，检查电动机外部的状况，零件是否损坏或缺少，核对并记录好电动机铭牌的技术参数，测量电动机励磁及电枢绕组电阻和绕组对地绝缘阻值。
检查各电器元件型号参数是否符合要求、元件是否完整</td><td colspan="2">部分实训用器材</td></tr>
<tr><td rowspan="3"></td><td>要求绝缘阻值应≥0.5MΩ</td></tr>
<tr><td>绕组对地绝缘阻值≥10MΩ</td></tr>
<tr><td>绕组间绝缘阻值≥10MΩ</td></tr>
<tr><td rowspan="2"></td><td>测励磁绕组阻值为 17.4Ω</td></tr>
<tr><td>测电枢绕组阻值为 401Ω</td></tr>
</table>

续表

<table>
<tr><th>步骤</th><th>操作技术要点</th><th colspan="3">操作示意图</th></tr>
<tr><td rowspan="12">2. 接线</td><td rowspan="12">按图 2-10 所示电路原理图完成电源开关、起动按钮、时间继电器、电流继电器、接触器、起动降压电阻器及他励直流电动机接线等工作。
接线顺序为：
（1）先接主回路，依次为断路器、接触器主触点、起动降压电阻器、电流继电器、直流电动机等。励磁绕组按主回路先行接线；
（2）再接控制回路，依次为电流继电器输出触点、起停按钮触点、接触器辅助触点、时间继电器触点、接触器和时间继电器线圈；
（3）接线完成，导线要进线槽。
注意：
（1）布线方式采用板前布线，在接线时均采用 0.75～1mm² 多股软导线进行，导线要接插针，按图 2-10 中规定的元件端子号进行接线。
（2）过电流继电器在做过电流测量时不需短接 Y1/Y2 点，做欠电流测量时要短接 Y1/Y2 点。
（3）电流继电器须单独接入直流工作电源（原理图未做表示）。
（4）对过/欠电流继电器、时间继电器进行整定。整定：指将保护装置的动作值调整到设计值或实验数据的过程</td><td>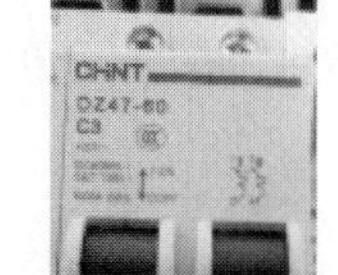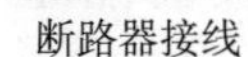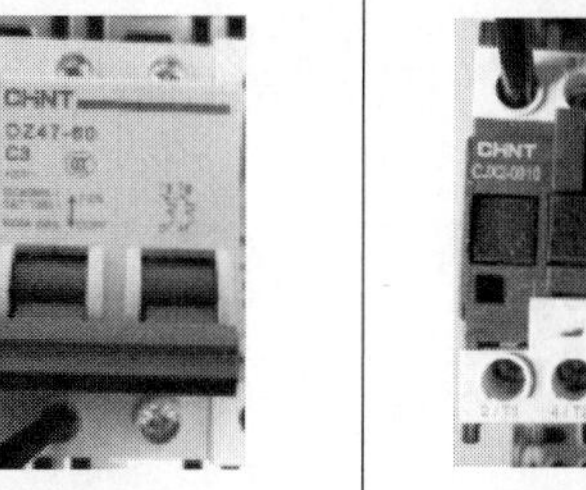</td><td></td><td>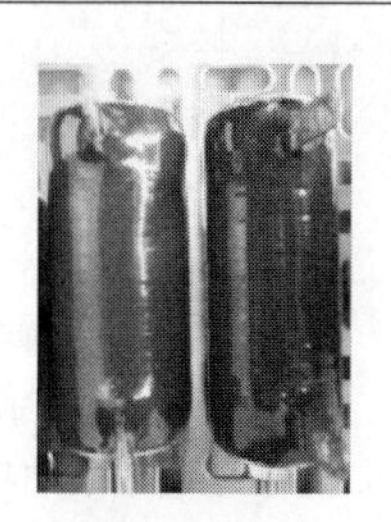</td></tr>
<tr><td>断路器接线</td><td>接触器主触点接线</td><td>降压电阻器接线</td></tr>
<tr><td rowspan="2">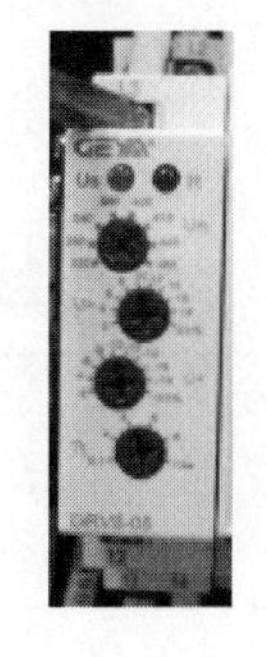</td><td colspan="2"></td></tr>
<tr><td colspan="2">直流电动机接线</td></tr>
<tr><td>电流继电器主触点接线</td><td rowspan="2">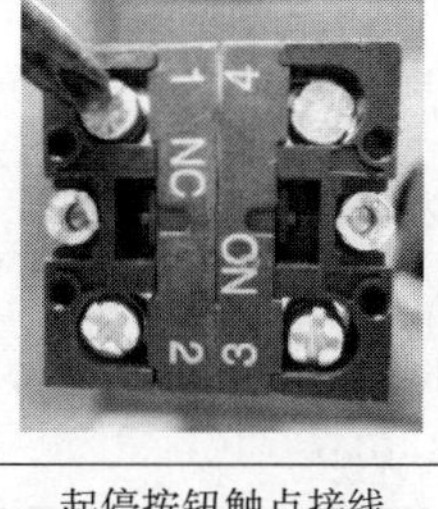</td><td rowspan="2"></td></tr>
<tr><td rowspan="3">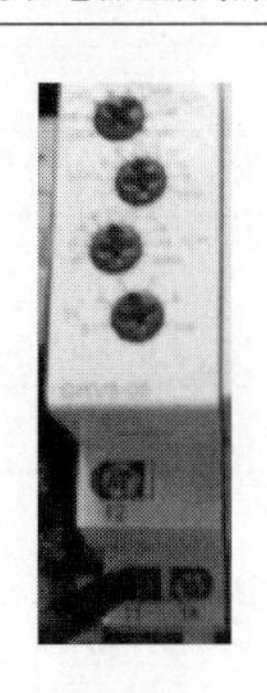</td></tr>
<tr><td>起停按钮触点接线</td><td>接触器辅助触点接线</td></tr>
<tr><td></td><td>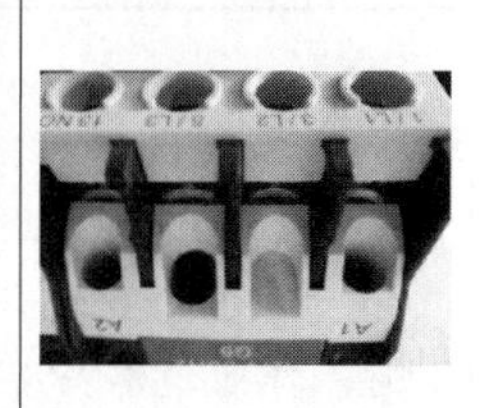</td></tr>
<tr><td>电流继电器辅助触点接线</td><td>时间继电器辅助触点接线</td><td>接触器线圈接线</td></tr>
<tr><td>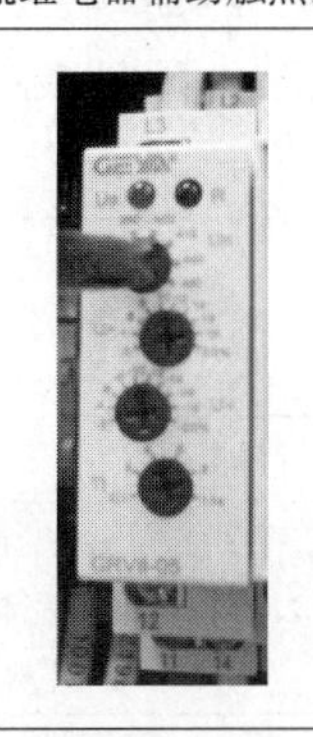</td><td colspan="2">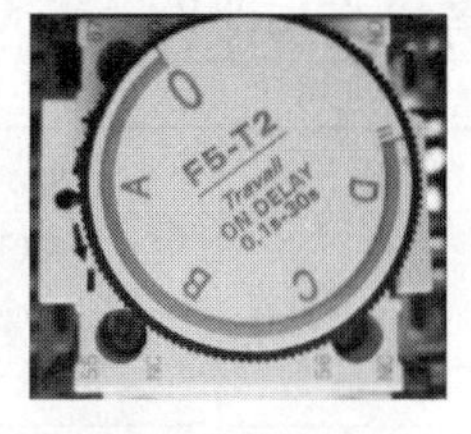</td></tr>
<tr><td>整定电流继电器</td><td colspan="2">整定时间继电器</td></tr>
</table>

续表

步骤	操作技术要点	操作示意图
3. 运行调试	（1）过/欠电流继电器调整，先调整保护电流值，再调整保护时间。 （2）时间继电器调整，按原理图时间继电器K4时间整定为2～3s，K5时间整定为5～6s。 （3）起动运行应注意观察电动机是否运行正常，如发现有异常情况应立即停车检查	注意： 如要求电动机旋转方向变化只需调整电枢或励磁绕组的电源极性即可实现

任务实施

步骤	计划工作内容	工作过程记录
1	实训用器材准备	
2	电器元件的选用与检查	
3	导线连接与检查记录	
4	通电调试观察电动机运行情况与记录	
5	设备恢复、整理现场	
6	安全与文明生产	

⚠ 安全提示

在任务实施过程中，应严格遵循安全操作规程，穿戴好工作服、绝缘鞋、安全帽；作业过程中，要文明施工，注意工具、仪器仪表等器材应摆放有序。工位应整洁。

任务检查与评价

序号	评价内容	配分	评价标准	学生评价	老师评价
1	实训用器材准备	10	（1）工具准备完整性（是 □ 3分） （2）设备、元件、仪表、耗材准备完整性（是 □ 7分）		

续表

序号	评价内容	配分	评价标准	学生评价	老师评价
2	电器元件的选用与检查	25	(1) 断路器检查　(是 □ 5 分) (2) 电流继电器检查　(是 □ 5 分) (3) 接触器及辅助触头检查　(是 □ 10 分) (4) 按钮及时间继电器检查　(是 □ 5 分)		
3	导线连接与检查记录	25	(1) 插针压接　(是 □ 5 分) (2) 导线连接与线路检查　(是 □ 15 分) (3) 安装检查记录　(是 □ 5 分)		
4	通电调试观察电动机运行情况与记录	15	(1) 电流继电器整定　(是 □ 5 分) (2) 时间继电器整定　(是 □ 5 分) (3) 检查与调试记录　(是 □ 5 分)		
5	设备恢复、整理现场	20	(1) 导线拆卸　(是 □ 10 分) (2) 元件拆卸　(是 □ 5 分) (3) 清理现场　(是 □ 5 分)		
6	安全与文明生产	5	(1) 环境整洁　(是 □ 1 分) (2) 工具、仪表摆放整齐　(是 □ 2 分) (3) 遵守安全规程　(是 □ 2 分)		
合计		100			

议与练

议一议：

(1) 缓慢吸合时间继电器与缓慢释放时间继电器的差别在哪里？

(2) 欠电流继电器是如何工作的？

练一练：

(1) 拆装直流接触器。

(2) 连接直流电枢回路串电阻二级起动控制电路。

思考与练习

1. 直流电动机有何用途？
2. 直流电动机有哪些主要部件？各有何作用？一般采用什么材料制造？
3. 请简述直流电动机的工作原理。
4. 请简述直流电动机的励磁方式。

项目 3

三相交流异步电动机

三相交流电动机分为同步电动机和异步电动机。异步电动机是现代化生产中应用最广泛的一种动力机械，它将电能转换成机械能，广泛应用于拖动各种机床、轧钢设备、起重机、鼓风机等设备。

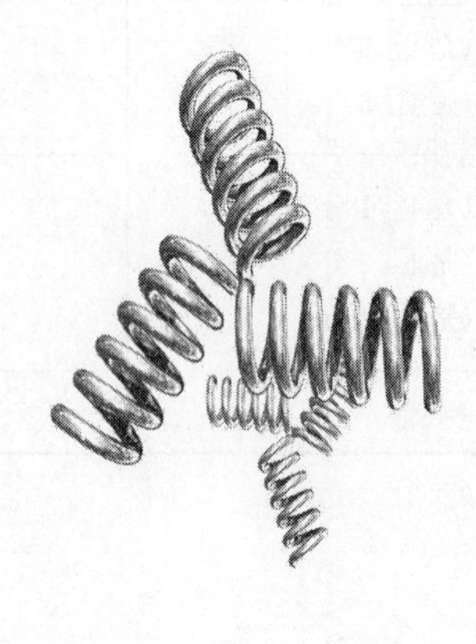

知识目标与技能目标

- 熟悉三相交流异步电动机的结构和绕组。
- 理解三相交流异步电动机的工作原理。
- 通过三相交流异步电动机的拆装实训，掌握三相交流异步电动机常规维护保养的基本技能。
- 通过三相交流异步电动机的绕组绕制与嵌线实训，掌握三相交流异步电动机生产和大修的基本技能。
- 通过三相交流异步电动机的转速测量及相序变换接线实训，进一步理解异步电动机的“异步”概念，以及通过改变相序可以改变电动机旋转磁场方向的概念。

任务 3.1　三相交流异步电动机的结构

任务目标

- 掌握三相交流异步电动机的结构组成及各组成部分的作用。
- 掌握定子绕组的两种接法。
- 掌握拆装三相交流异步电动机的操作技术要点。

三相交流异步电动机是企业生产中使用最多的一种电动机。通过本任务的学习与实训，掌握相应的技术技能，对三相交流异步电动机运行过程中的常见故障分析与解决有非常大的帮助。

任务教学方式

教学步骤	时间安排	教学方式
阅读教材	课余	自学、查资料、相互讨论
知识讲解	1 课时	重点讲授三相交流异步电动机的结构组成、作用及绕组接线方法
技能操作与练习	2 课时	三相交流异步电动机的实物拆装与维护实训

学一学

知识　三相交流异步电动机的基本结构

三相交流异步电动机的种类很多，按用途分类，可分为驱动用电动机和控制用电动机；按转子的结构分类，可分为笼型感应电动机和绕线转子感应电动机；按运转速度分类，可分为高速电动机、低速电动机、恒速电动机、调速电动机等。但各类三相交流异步电动机的基本结构是相同的，它们都由定子和转子这两大基本部分组成。封闭式三相交流异步电动机（笼型）结构图如图 3-1 所示。

1. 定子部分

定子是用来产生旋转磁场的。三相交流异步电动机的定子由外壳、定子铁芯、定子绕组等部分组成。

（1）外壳

三相交流异步电动机外壳一般由铸铁（钢）或铸铝浇铸成型机座、端盖、轴承盖等部件。

机座：它的作用是保护和固定三相交流异步电动机的定子铁芯和定子绕组。中、小

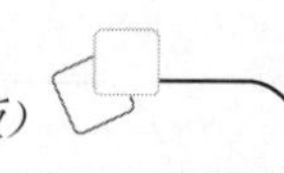

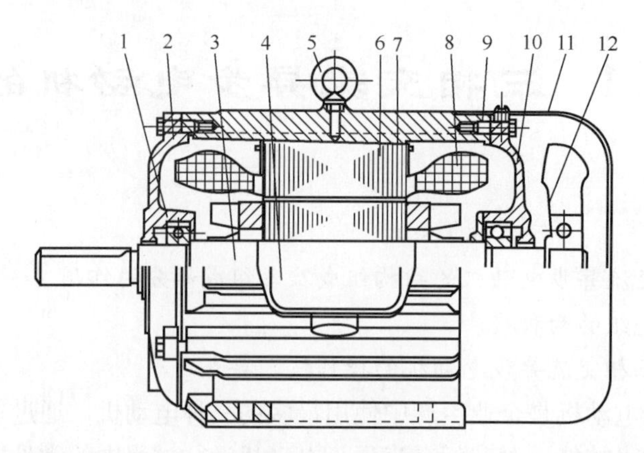

1—轴承；2—前端盖；3—转轴；4—接线盒；5—吊环；6—定子铁芯；
7—转子；8—定子绕组；9—机座；10—后端盖；11—风罩；12—风扇。

图 3-1　封闭式三相交流异步电动机（笼型）结构图

型三相交流异步电动机的机座还有两个端盖支承着转子，机座的外表要求散热性能好，所以一般都铸有散热片。

端盖：端盖除起保护作用外，在端盖上装有轴承，可把转子固定在定子内腔中心，使转子能够在定子中旋转。

轴承盖：它的作用是固定转子，使转子不能轴向移动，另外可起存放润滑油和保护轴承的作用。

接线盒：它的作用是保护和固定绕组的引出线端子。

吊环：安装在机座的上端，用来起吊、搬抬电动机。

（2）定子铁芯

三相交流异步电动机定子铁芯是电动机磁路的一部分，由薄硅钢片冲裁成定子冲片叠压而成，如图 3-2 所示。由于硅钢片较薄而且片与片之间是绝缘的，所以减少了由于交变磁通的通过而引起的铁芯涡流损耗。铁芯内筒有均匀分布的槽口，用来嵌放定子绕组。

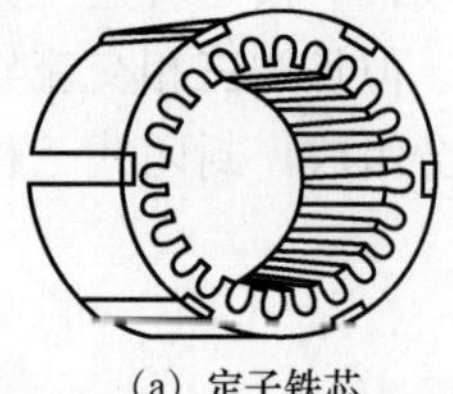

(a) 定子铁芯

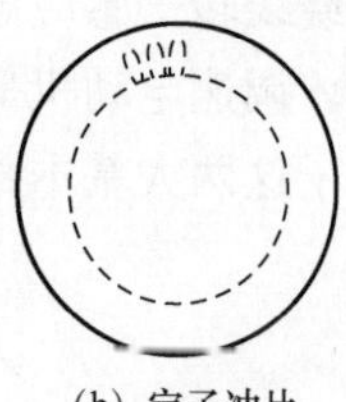

(b) 定子冲片

图 3-2　定子铁芯及冲片示意图

（3）定子绕组

定子绕组是电动机的电路部分，由三相绕组组成，通入三相对称电流时，就会产生旋转磁场。三相绕组由三个彼此独立的绕组组成，且每个绕组又由若干线圈连接而成。每个绕组即为一相，每个绕组在空间相差 120°电角度。线圈由绝缘铜导线或绝缘铝导线绕制。中、小型三相电动机多采用圆漆包线，大、中型电动机的定子线圈则用较大截面的绝缘扁铜线或扁铝线绕制并按一定规律嵌入定子铁芯槽内。三相绕组的六个出线端都引至接线盒上，首端分别标为 U1、V1、W1，末端分别标为 U2、V2、W2。这六个出线端在接线盒里的排列如图 3-3 所示，可以接成星形（Y）或三角形（△）。

2. 转子部分

(1) 转子铁芯

转子铁芯由 0.5mm 厚的硅钢片叠压而成，套在转轴上，作用和定子铁芯相同，一方面作为电动机磁路的一部分，另一方面用来安放转子绕组。

(2) 转子绕组

转子绕组分为绕线绕组与笼型绕组两种，由此分为绕线转子异步电动机与笼型异步电动机。

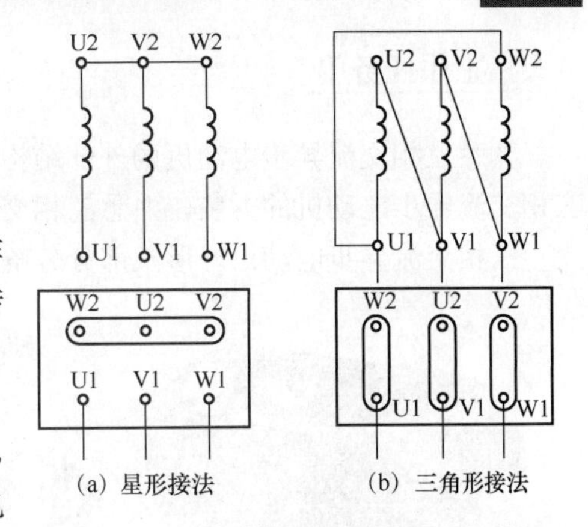

(a) 星形接法　(b) 三角形接法

图 3-3　定子绕组的联结

1) 绕线绕组。与定子绕组一样也是一个三相绕组，一般接成星形，三相引出线分别接到转轴上的三个与转轴绝缘的集电环上，通过电刷装置与外电路相连，这就有可能在转子电路中串接电阻器以改善电动机的运行性能，如图 3-4 所示。

2) 笼型绕组。在转子铁芯的每一个槽中插入一根铜条，在铜条两端各用一个铜环(称为端环)把导条连接起来，称为铜排转子，如图 3-5 (a) 所示。也可用铸铝的方法，把转子导条和端环风扇叶片用铝液一次浇铸而成，称为铸铝转子，如图 3-5 (b) 所示。100kW 以下的三相交流异步电动机一般采用铸铝转子。

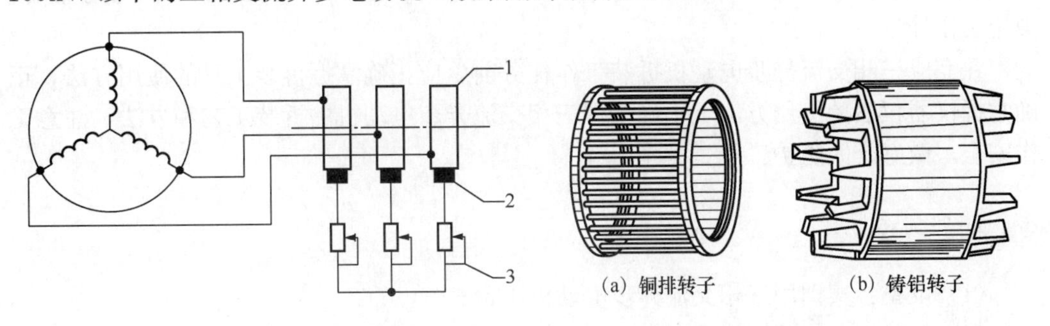

1—集电环；2—电刷；3—变阻器。

图 3-4　绕线形转子与外加变阻器的连接

(a) 铜排转子　(b) 铸铝转子

图 3-5　笼型转子绕组

3. 其他部分

其他部分包括风扇罩、风扇接电盒等。风扇则用来通风冷却电动机。

实训　三相交流异步电动机的实物拆装与维护

班级：________姓名：__________学号：__________同组者：________________

工作时间：____年__月__日 (第____周 星期____第____节) 实训课时：____课时

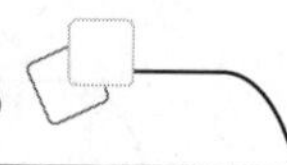

工作任务单

熟悉三相交流异步电动机的外部结构，学会使用拆装工具和检测仪器、仪表，学会三相交流异步电动机的拆装，熟悉三相交流异步电动机的内部结构和组成。

三相交流异步电动机外形及部分分解示意图如图 3-6 所示。

图 3-6　三相交流异步电动机外形及部分分解示意图

工作准备

认真阅读工作任务单，理解工作任务单的内容与要求，明确工作目标，做好准备，拟定工作计划。

在完成三相交流异步电动机拆装工作任务前，应正确掌握拆装工具的使用方法，正确掌握仪器仪表的使用方法，正确掌握三相交流异步电动机的拆装工艺和方法，注意工作安全，做好个人防护工作。

1. 实训用器材

（1）设备：实训用三相交流异步电动机 1 台。

（2）工具：一字螺钉旋具、十字螺钉旋具、开口扳手、1 磅手锤、紫铜棒、三爪拉马等。

（3）测量仪表：三位半数字万用表、绝缘表（摇表）、钳形表等。

（4）实训用电源工作台：1 台。

（5）耗材：电动机测试用连接导线若干。

2. 质量检查

对所准备的实训用器材进行质量检查。

三相交流异步电动机拆装操作技术要点

1. 拆卸三相交流异步电动机

步骤	操作技术要点	操作示意图		
1. 拆卸前检查	拆卸前，须清理电动机的外表，检查电动机外部的状况，零件是否损坏或缺少，记录好电动机铭牌的技术参数，准备好拆装工具，并在后端盖、接线盒等处做好标记，以便于检修后的装配		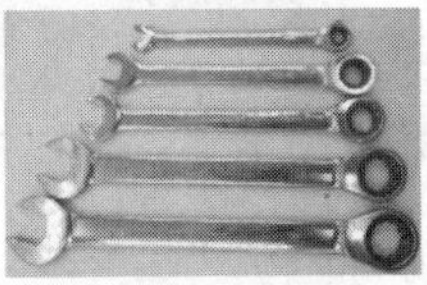	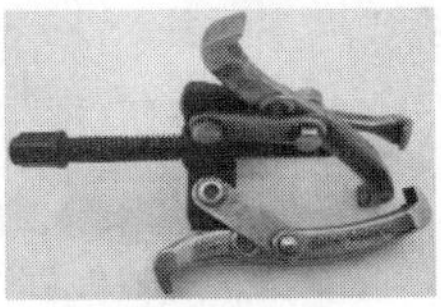
		实训电动机	开口（梅花）扳手	三爪拉马
		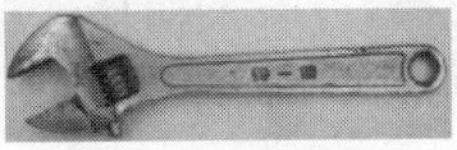		
		活动扳手	手锤	紫铜棒
		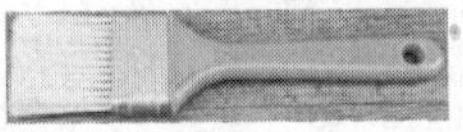		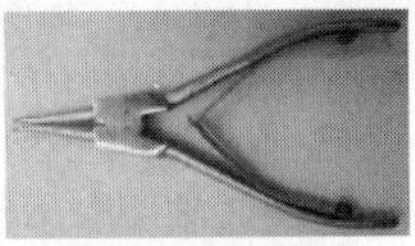
		毛刷	某型号轴承专用拉具	直嘴式轴用挡圈钳

		绝缘表（摇表）	万用表	钳形表
		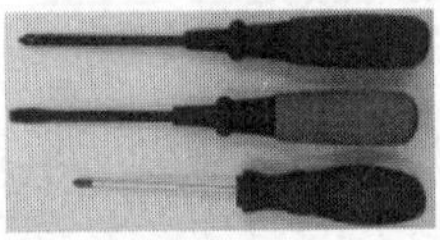		
		螺钉旋具		
2. 风扇罩及风扇叶的拆卸	首先拆卸风扇罩，然后根据风扇叶的安装方式拆下风扇叶			
		采用三爪拉马等工具进行风扇叶拆卸		

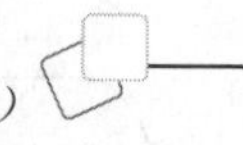

续表

<table>
<tr><th>步骤</th><th>操作技术要点</th><th colspan="3">操作示意图</th></tr>
<tr><td rowspan="6">3. 拆解电动机</td><td rowspan="6">拆卸端盖螺栓时应选择合适的扳手，优先采用套筒扳手、梅花扳手或开口扳手等。
拆卸端盖优先采用拉马等专用工具。
在电动机端盖上安装有轴承盖时，要均匀拆除轴承盖螺栓，拿下轴承盖，再拆卸端盖。
小型电动机抽出转子是靠人工进行的，为防手滑或用力不均碰伤绕组，应用纸板垫在绕组端部进行。
在轴承拆卸后，应将轴承用清洗剂洗干净，检查它是否损坏，有无必要更换。
拆卸轴承应先用适宜的专用拉具。拉力应着力于轴承内圈，不能拉外圈，拉具顶端不得损坏转子轴端中心孔（可加些润滑油脂）</td><td></td><td></td><td></td></tr>
<tr><td>进行标记</td><td>拆卸端盖螺栓</td><td>拆卸电动机前端盖</td></tr>
<tr><td></td><td></td><td></td></tr>
<tr><td>拆卸电动机后端盖</td><td colspan="2">电动机定子</td></tr>
<tr><td colspan="3"></td></tr>
<tr><td colspan="3">不完全拆解后的电动机</td></tr>
</table>

2. 装配三相交流异步电动机

<table>
<tr><th>步骤</th><th>操作技术要点</th><th colspan="2">操作示意图</th></tr>
<tr><td rowspan="2">1. 装配前检查</td><td rowspan="2">装配前应先检查电动机绕组的电阻、绝缘情况等。
注意：
（1）测量时断开各相端子之间连接片。
（2）应测量各绕组对地、各绕组之间的绝缘电阻值</td><td></td><td></td></tr>
<tr><td>要求绝缘阻值均应≥0.5MΩ
测各相绕组对地绝缘阻值均≥200MΩ
测各相绕组间绝缘阻值均≥200MΩ</td><td>测三相绕组阻值分别为 18.8Ω</td></tr>
</table>

续表

步骤	操作技术要点	操作示意图		
2. 装配及检查	装配前要检查定子内污物，锈斑是否清除，止口有无损伤，检查零件的完整性等。 装配时应将各部件按标记复位，并检查轴承盖配合是否合适。 轴承装配可采用热套法和冷装配法。 安装电动机端盖及散热风扇及风扇罩、接线盒等。 电气检查、机械检查、通电试验	清扫电动机内外部	轴承专用套装工具	安装轴承
		安装电动机端盖	安装风扇叶	安装风扇罩

3. 注意事项

（1）拆移电动机后，电动机底座垫片要按原位摆放固定好，以免增加钳工对中的工作量。

（2）拆、装转子时，一定要遵守要点的要求，不得损伤绕组，拆前、装后均应测试绕组绝缘及绕组电阻。

（3）拆、装时不能用手锤直接敲击零件，应垫上铜棒、铝棒或硬木，对称敲打。

（4）安装端盖前应用粗铜丝，从轴承装配孔伸入钩住内轴承盖，以便于装配外轴承盖。

（5）用热套法装轴承时，只要温度超过 100℃，应停止加热，工作现场应放置灭火器。

（6）清洗电动机及轴承的清洗剂（汽油或煤油）不准随便乱倒，必须倒入污油池。

（7）检修场地须打扫干净。

任务实施

实施步骤	计划工作内容	工作过程记录
1	实训用器材准备	
2	做好电动机外部部件标记	
3	测量电动机的绝缘和绕组电阻，确认好首尾端	
4	按拆卸步骤进行电动机的拆卸	
5	检查电动机内部并做好记录	
6	电动机装配	
7	装配后的检查与检测	
8	安全与文明生产	

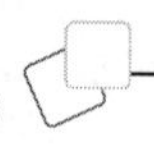

⚠ 安全提示

在任务实施过程中，应严格遵循安全操作规程，穿戴好工作服、绝缘鞋、安全帽；作业过程中，要文明施工，注意工具、仪器仪表等器材应摆放有序。工位整洁。

任务检查与评价

序号	评价内容	配分	评价标准	学生评价	老师评价
1	实训用器材准备	5	（1）工具准备完整性（是 □ 2 分） （2）设备、仪表、耗材准备完整性（是 □ 3 分）		
2	做好电动机外部部件标记	5	（1）前后端盖标记（是 □ 2 分） （2）接线盒与接地端子标记铭牌参数记录（是 □ 3 分）		
3	测量电动机的绝缘和绕组电阻，确认好首尾端	12	（1）电动机三相绕组阻值测量（是 □ 3 分） （2）电动机三相绕组相间绝缘电阻测量（是 □ 3 分） （3）电动机三相绕组对地绝缘电阻测量（是 □ 3 分） （4）电动机首尾端测量（是 □ 3 分）		
4	按拆卸步骤进行电动机的拆卸	18	（1）电动机附件拆卸（是 □ 3 分） （2）电动机出线端子盒拆卸（是 □ 3 分） （3）电动机前后端盖拆卸（是 □ 6 分） （4）电动机轴承拆卸（是 □ 6 分）		
5	检查电动机内部并做好记录	5	（1）绕组数量与分布记录（是 □ 3 分） （2）绕组接线记录（是 □ 2 分）		
6	电动机装配	30	（1）电动机轴承装配（是 □ 10 分） （2）电动机前后端盖装配（是 □ 10 分） （3）电动机出线端子盒装配（是 □ 7 分） （4）电动机附件装配（是 □ 3 分）		
7	装配后的检查与检测	20	（1）电动机转轴旋转是否灵活（是 □ 3 分） （2）电动机三相绕组阻值测量（是 □ 3 分） （3）电动机三相绕组绝缘电阻测量（是 □ 3 分） （4）电动机首尾端测量（是 □ 3 分） （5）电动机通电运行是否正常（是 □ 8 分）		
8	安全与文明生产	5	（1）环境整洁（是 □ 1 分） （2）工具、仪表摆放整齐（是 □ 2 分） （3）遵守安全规程（是 □ 2 分）		
	合计	100			

议与练

议一议：

三相交流异步电动机拆卸时注意事项有哪些？

练一练：

（1）三相交流异步电动机的拆卸。

（2）三相交流异步电动机的组装。

任务3.2　三相交流异步电动机的绕组

- 了解交流绕组的构成原则和常用术语。
- 掌握三相交流异步电动机的绕组主要类别。
- 掌握三相交流异步电动机绕组的绕制与嵌线方法。

三相交流异步电动机不同的交流绕组决定了电动机的损耗、功率因数、电磁噪声等。单层绕组由于工艺相对简单、槽满率高的特点，一般用于小功率电动机；双层绕组较为有效地改善了电动机的磁场波形和性能。在比较复杂和特殊的电动机制造过程中，还采用人工嵌线的方法。本任务目标是通过初步掌握电动机绕组的绕组类别和嵌线方法，使学生具备一定的生产制造、维护维修电动机的基本技能。

 **任务教学方式**

教学步骤	时间安排	教学方式
阅读教材	课余	自学、查资料、相互讨论
知识讲解	3课时	重点讲授交流绕组的基本知识和主要类别
技能操作与练习	8课时	三相交流异步电动机的绕组绕制与嵌线实训

知识3.2.1　交流绕组的基本知识

1. 交流绕组的构成原则

三相交流异步电动机与三相同步电动机内部有一个相同构件，就是三相对称交流绕组，它是电动机实现能量转换及传递的关键部分。虽然交流绕组形式多样，但其构成原则却基本相同，具体的要求如下。

1）绕组的合成电动势和合成磁动势要接近于正弦波，幅值要大。

2）对三相绕组，各相的电动势和磁动势要对称（大小相等，相位差 120°），电阻、电抗要相等。

3）绕组的铜耗要小，用铜量要省。

4）绝缘要可靠，机械强度要高，散热条件要好，制造方便。

2. 交流绕组的分类

交流绕组可按相数、绕组层数、每极下每相槽数和绕法来分类。从相数来看，交流绕组可分为单相和多相绕组；根据槽内层数，可分为单层和双层绕组；按每极下每相槽数可分为整数槽绕组和分数槽绕组；按绕法可分为叠绕组和波绕组。

3. 交流绕组的常用术语

线圈（绕组元件）：构成绕组的线圈称为绕组元件，由导线串联而成，分单匝和多匝两种，如图 3-7 所示。

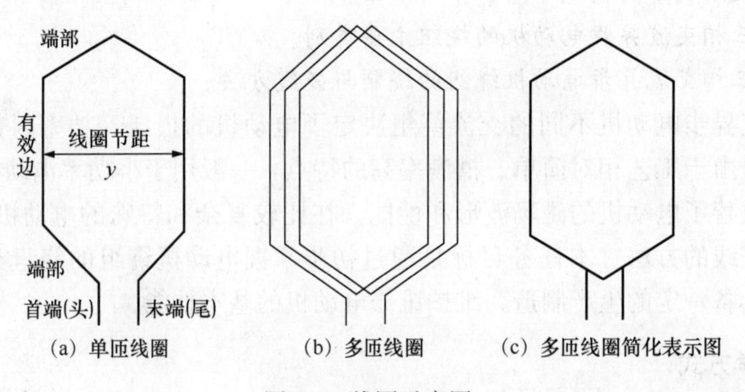

(a) 单匝线圈　(b) 多匝线圈　(c) 多匝线圈简化表示图

图 3-7　线圈示意图

线圈引出线首、末端：每一个线圈有两个有效边，有两个引出端，分别称为首端（头）和末端（尾）。

槽数 z：反映线圈边嵌入的圆周铁芯槽的总数目。其中，用 z_1 表示定子铁芯槽数，用 z_2 表示转子铁芯槽数。

极距 τ：相邻两个主磁极轴线沿定子表面之间的距离。表示为

$$\tau = \frac{\pi D}{2p}$$

也可用槽数表示，即

$$\tau = \frac{z_1}{2p}$$

式中，p 为极对数。

线圈节距 y：一个元件的两条有效边在定子表面跨过的距离（槽数）。$y<\tau$ 时，线圈称为短距线圈；$y=\tau$ 时，线圈称为整距线圈；$y>\tau$ 时，线圈称为长距线圈。

极相槽数 q：指在电动机定子中每一相所占的槽数对应该相的磁极，表示为

$$q = \frac{z_1}{2pm}$$

式中，p 为极对数，m 为相数。当 q 为整数时，称绕组为整数槽绕组；当 q 为分数时，则称为分数槽绕组。

电角度：一个定子铁芯圆周对应的几何角度为 360°，这样划分的角度又称为 360°机械角度。从磁场观点来看，转子每转一周，一对磁极对应于一个交变周期。如果把一对磁极所对应的机械角度定为 360°电气角度（电角度），当电动机为 p 对磁极时，则

$$电角度 = p \times 机械角度$$

极相组：一个磁极下属同一相的线圈串连成的线圈组。

浮边与沉边：单层绕组在定子铁芯槽中只有一个线圈边，先嵌入的线圈边（有效边）被后嵌入的线圈边（有效边）所叠压，先嵌入的线圈边称为沉边；后嵌入的边“浮”在沉边的上面，称为浮边。

交叠法嵌线：在嵌线时，一个线圈的某一有效边先嵌入，另一个有效边暂时不嵌入，当前槽的沉边（单层绕组）嵌入后，才能将此边嵌入。其绕组端部呈交叠状分布。这种嵌线法叫交叠法嵌线。

吊边：采用交叠法嵌线时，线圈的一个有效边嵌入槽中，另一有效边要等前槽沉边嵌入后再嵌入，在未嵌入之前为方便前槽嵌线不受损伤，需要将其垫起或用绑扎绳将其吊起，这个工艺步骤叫吊边。

退式嵌线：在用交叠法嵌线时，嵌线的顺序是当嵌入某线圈后，在嵌入下一槽时，才有“后退式”方法。即单独嵌线时，电动机定子是水平于操作者面前放置的，线圈的浮边向前倒，嵌线进程方向为向操作者怀里退，这个工艺步骤叫退式嵌线。

知识 3.2.2　绕组类别

1. 单层绕组

（1）什么是单层绕组

单层绕组是指铁芯每个槽内只嵌放一个线圈元件边的绕组，整个绕组的线圈数等于总槽数的一半，如图 3-8 所示。单层绕组嵌线方便，工艺简单，无层间绝缘，不存在层间击穿，槽利用率高（即槽内铜填充系数高），有利于嵌线自动化。缺点是不易采用短距绕组来改善磁势波形，故磁势和电动势波形较双层短距绕组差，导致损耗及噪声大，起动性能不良。

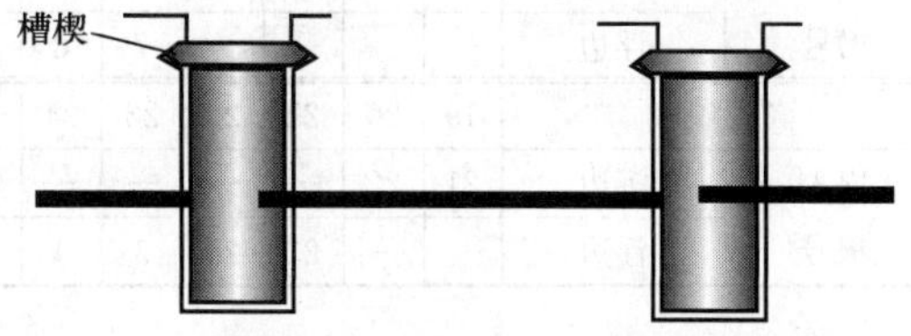

图 3-8　单层绕组示意图

另外，由于单层绕组端部交叠变形较大，所以一般用于功率较小（10kW 以下）的异步电动机中。

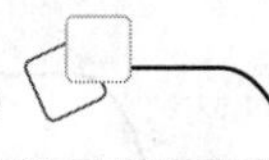

（2）单层绕组分类

按照线圈的形状和端部连接方法的不同，单层绕组又分为同心式、链式和交叉式等。

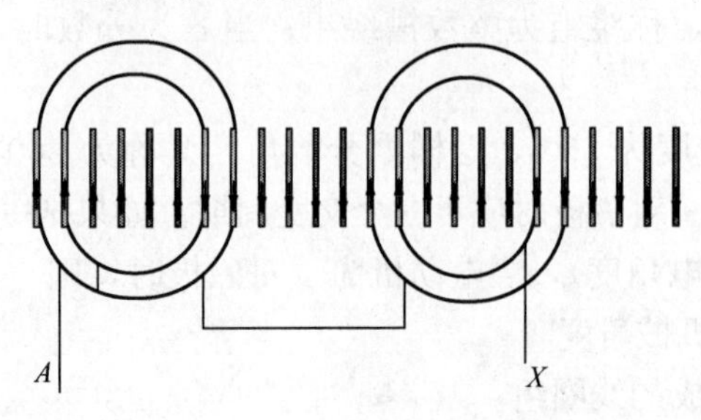

图 3-9 同心式绕组示意图

1）同心式绕组是由不同节距的线圈同心地套在一起串联组成的一个线圈组，如图 3-9 所示。

2）链式绕组的线圈具有相同的节距，就整个绕组外形来看，一环套一环，形如长链，故称链式绕组，如图 3-10 所示。线圈组间采用显极接法。

3）交叉式绕组实质是同心式绕组和链式绕组的综合，如图 3-11 所示。

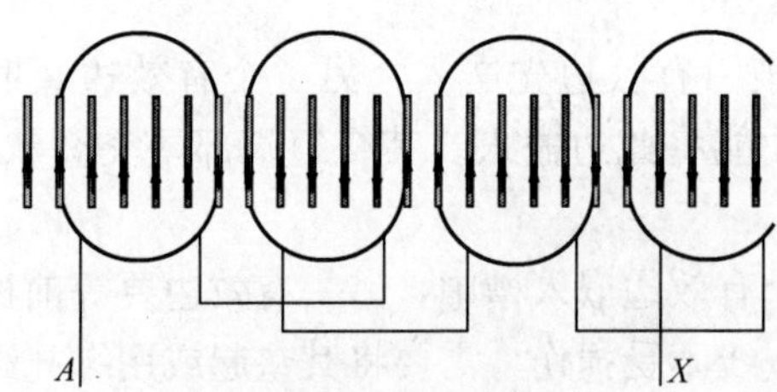

图 3-10 链式绕组示意图

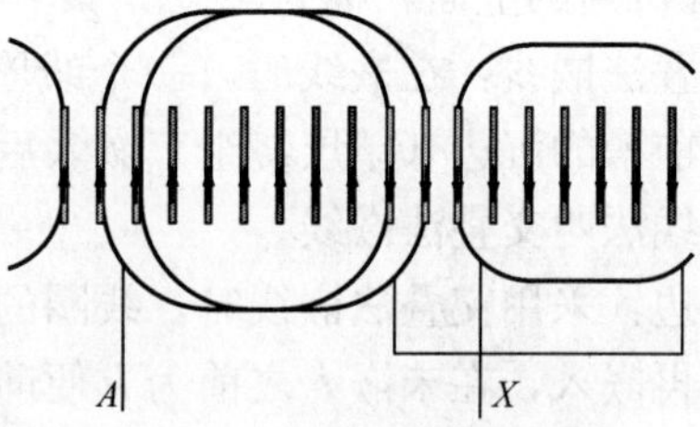

图 3-11 交叉式绕组示意图

（3）单层绕组基本嵌线规律

三相单层绕组不同的绕组形式有不同的嵌线规律，但基本嵌线规律是相同的。

规律一：线圈嵌线后的分布为“一边倒”，呈多米诺骨牌推倒状。

规律二：每次连续嵌入槽数 $x \leqslant q$。

规律三：吊边数 $=q$。

规律四：“嵌槽－空槽”为一个操作周期，每个操作周期 $t=q$。

现以三相 24 槽 4 极电动机单层链式短节距绕组介绍嵌线的基本操作规律，如表 3-1 及图 3-12 所示。

表 3-1 单层链式短节距嵌线法

嵌线顺序		1	2	3	4	5	6	7	8	9	10	11	12	13	14	15	16	17	18
嵌入槽号	沉边	1	2	5	6	—	—	9	10	—	—	13	14	—	—	17	18	—	—
	浮边	—	—	—	—	7	8	—	—	11	12	—	—	15	16	—	—	19	20
嵌线顺序		19	20	21	22	23	24	线圈总数 W				12	极距 τ			6	槽数		24
嵌入槽号	沉边	21	22	—	—	—	—	极相槽数 q				2	线圈节距 y			6	极对数		2
	浮边	—	—	23	24	3	4	极相组数 u				2	单层链式短节距嵌线法						

经计算，$q=2$，即一个绕组元件为 2 个线圈，当每次连续绕组（设定）$x=2$ 时，吊边数 $=2$；一个操作周期 $t=2$。

因此，嵌线规律为：嵌 2 槽、吊 2 边、空 2 槽；嵌 2 槽、收 2 边、吊 2 边……重复到最后，直到嵌线结束。

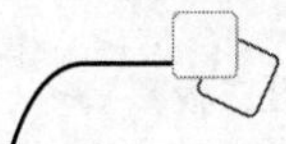

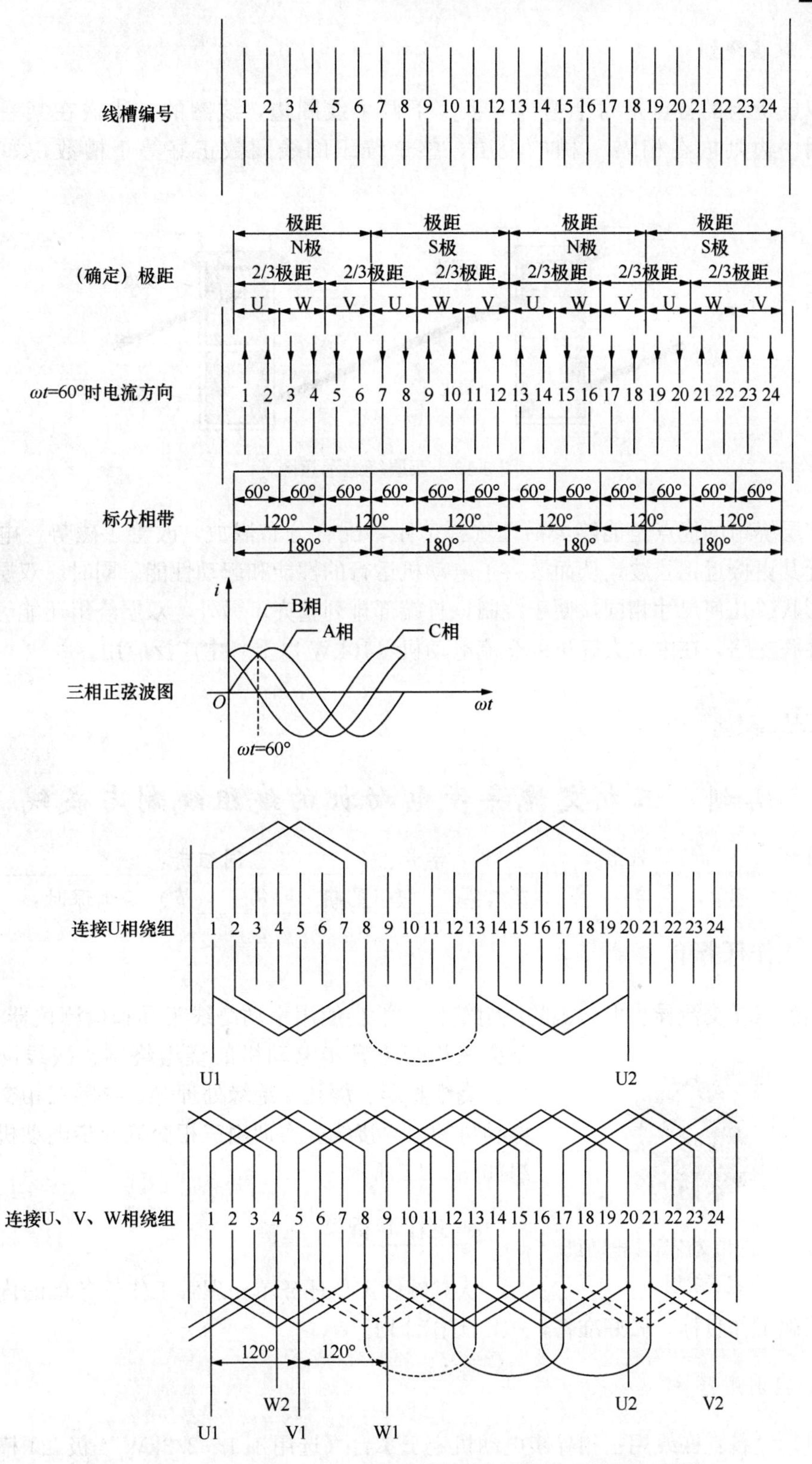

图 3-12　三相 24 槽 4 极电动机单层链式短节距绕组嵌线解析图

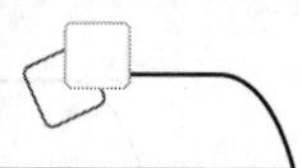

2. 双层绕组

双层绕组的特点是每个槽内有上、下两个线圈边，线圈的一边嵌在某一槽的下层，另一边则嵌在相隔 y_1 槽的上层，整个绕组的线圈数正好等于槽数，如图 3-13 所示。

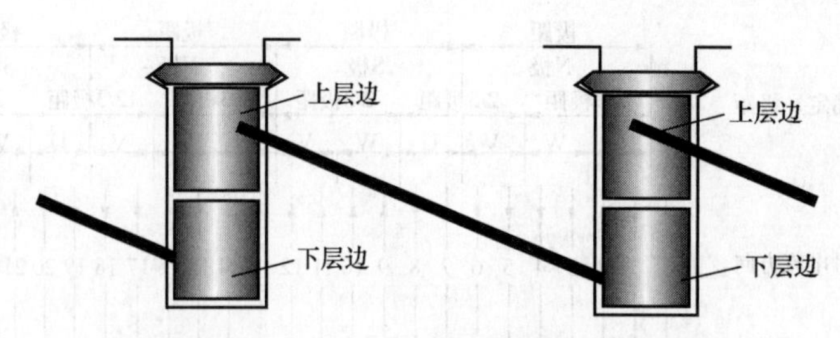

图 3-13　双层绕组示意图

双层绕组的优点是能够灵活地选择节距，配合分布嵌放，改善了磁势、电动势波形，让其更接近正弦波，从而改善了电动机运行的性能和起动性能。同时，双层绕组的线圈形状、几何尺寸相同，便于绕制，且端部排列整齐。另外，双层绕组还能够组成较多的并联支路，在中、大容量的交流电动机（10kW 以上）中广泛应用。

实训　三相交流异步电动机的绕组绕制与嵌线

班级：＿＿＿＿姓名：＿＿＿＿学号：＿＿＿＿同组者：＿＿＿＿＿＿
工作时间：＿＿年＿＿月＿＿日（第＿＿周 星期＿＿ 第＿＿节）实训课时：＿＿课时

工作任务单

熟悉三相交流异步电动机的绕组结构，学会使用手动绕线工具和检测仪器、仪表，学会三相交流异步电动机的绕组绕制、嵌线准备、嵌线、绕组整形、绑扎、绝缘处理等，熟悉三相交流异步电动机的内部接线。实训用三相交流异步电动机定子绕组如图 3-14 所示。

图 3-14　三相交流异步电动机定子绕组

工作准备

认真阅读工作任务单，理解工作任务单的内容与要求，明确工作目标，做好准备，拟定工作计划。

1. 实训用器材

（1）设备：嵌线用三相异步电动机定子 1 台（选用 1.1～2.2kW/4 极/24 槽定子）、绕线机。

（2）工具：棉线绳（或 PP 尼龙绑扎绳）、软布、绕线模板、线轴架、槽楔、划线板、压线板（脚）、橡皮锤、长口剪刀、嵌线架、端部检查样板、尖嘴钳及绕组端部（开口）整形工具等。

（3）测量仪表：三位半数字万用表、绝缘表（摇表）等。

（4）实训用电源工作台：1 台。

（5）耗材：漆包线、绝缘材料（按绝缘等级准备，如聚酯薄膜、青壳纸、复合绝缘带等）、黄蜡管。

2. 质量检查

对所准备的实训用器材进行质量检查。技术参考资料参见表 3-1 及图 3-12。

三相交流异步电动机绕组绕制与定子嵌线操作技术要点

1. 三相交流异步电动机绕组绕制

步骤	操作技术要点	操作示意图
1. 绕组绕线前的准备工作	准备绕制电动机绕组所需的技术资料（表 3-1、图 3-12）、漆包线、PP 尼龙绑扎绳（或棉线绳）、绕线工具等； 检查漆包线规格，将整轴漆包线放在线轴架上； 检查调整线模尺寸，并将其安装在绕线机主轴上； 调整绕线机转速比，校对计数器并清零； 将漆包线起始端头固定在绕线机主轴上，然后适当拉紧漆包线（用软布垫在手与漆包线间，以免损坏漆包线的绝缘层）	 整轴漆包线、漆包线技术参数 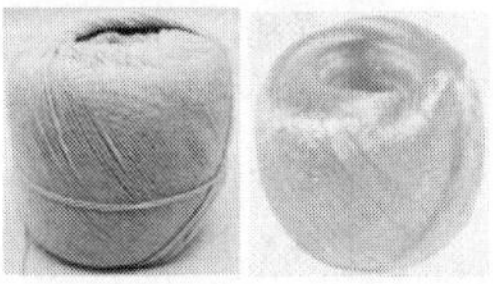 棉线绳、PP 尼龙绑扎绳 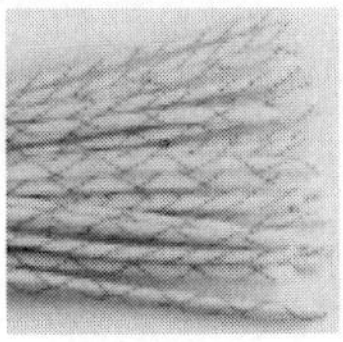 黄蜡管 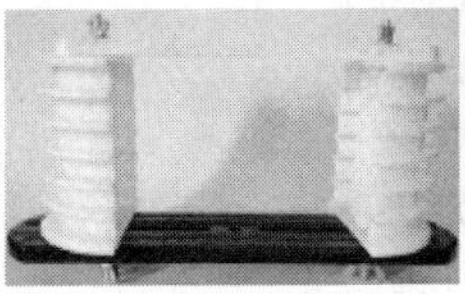 绕线模板 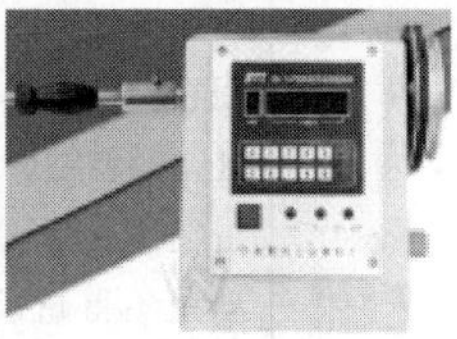 计数绕线机 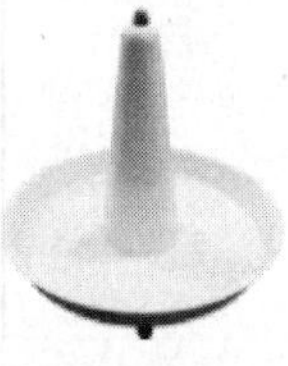 线轴架  安装绕线模板  已安装好的绕线模板

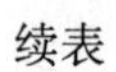

续表

步骤	操作技术要点	操作示意图
2. 绕组绕制	转动绕线机，绕制第一个绕组。导线在槽中自左向右排绕，要排列整齐、紧密，避免交叉、打结，在计数到规定匝数时停机，需要时进行第二绕组等剩余绕组的绕制； 绕制完成后，预留出足够长度的末端引线，剪断漆包线； 拆下绕线模板，逐个取出绕组线圈，在取出的线圈顶端进行绑扎，以免绕组混乱； 拆下绕组后将绕组整齐排列在工位（器具）上	第一包绕组起头绕制；绕线；已绕成的绕组； 绑扎绕组；已卸下绕成的绕组
3. 绕组检查	检查每只绕组线圈匝数是否符合要求； 每只绕组线圈的导线接头数不得超过 1 处，每相绕组线圈不得超过 2 处，每台电动机不得超过 4 处，接头必须在端部斜边处，绝缘处理符合要求； 每只绕组线圈几何尺寸应符合技术要求； 绕制好的绕组线圈必须经过检查合格后方可使用	

2. 三相交流异步电动机定子嵌线

<table>
<tr><th>步骤</th><th>操作技术要点</th><th colspan="2">操作示意图</th><th>说明</th></tr>
<tr><td rowspan="10">1. 绕组嵌入前准备工作</td><td rowspan="10">准备电动机绕组嵌入所需的技术资料、绝缘材料、工具等；
裁剪好槽绝缘、相间绝缘，准备好适宜长度的槽楔，按技术要求计算好绕组线圈节距，做好嵌入顺序准备；
清理定子线槽，槽内不得有毛刺、杂物；
将定子放置在嵌线架上，并调整好定子位置；
将槽绝缘放入定子线槽内，两端伸出的定子铁芯长度相等；
在槽绝缘纸两侧嵌入引槽纸，方便绕组线包嵌入定子线槽，避免绕组线包绝缘损坏</td><td></td><td></td><td>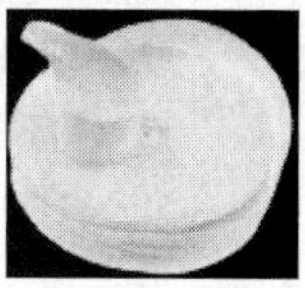</td></tr>
<tr><td>环氧树脂槽楔或竹槽楔</td><td>复合绝缘带或无纺布带</td><td>电工白布带</td></tr>
<tr><td>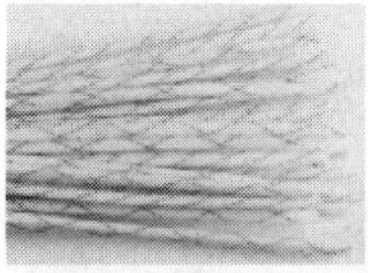</td><td>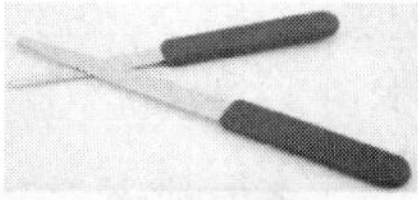</td><td></td></tr>
<tr><td>黄蜡管</td><td>划线板</td><td>长口剪刀</td></tr>
<tr><td>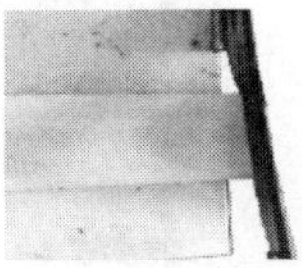</td><td></td><td></td></tr>
<tr><td>裁剪槽绝缘纸、引槽纸、封槽纸</td><td>裁纸刀</td><td>压线脚</td></tr>
<tr><td>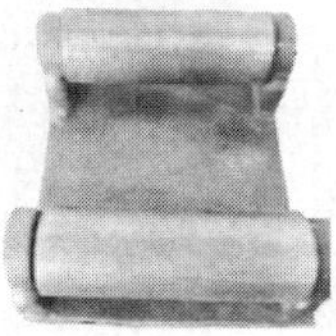</td><td></td><td></td></tr>
<tr><td>嵌线架</td><td>在嵌线架上的定子</td><td>安放好槽绝缘的定子</td></tr>
<tr><td></td><td></td><td>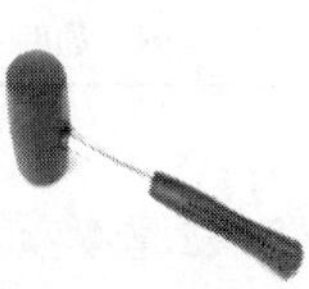</td></tr>
<tr><td>整形板</td><td>线圈整形器</td><td>橡皮锤等</td></tr>
</table>

续表

<table>
<tr><th>步骤</th><th>操作技术要点</th><th colspan="2">操作示意图</th><th>说明</th></tr>
<tr><td rowspan="6">2. 嵌线</td><td rowspan="6">顺齐第一相绕组第一包线圈，手把绕组线圈一边两头，将导线沿顺槽纸嵌入槽内，如遇绕组线包不好入槽时，用划线板沿线槽顺齐漆包线至绕组第一包导线全部入槽；入槽导线应顺直无交叉。
封槽法：
（1）槽绝缘纸宽度宽于定子槽的周长，用剪刀沿定子线槽外沿剪齐槽绝缘纸外边，然后将槽绝缘纸向线槽内相互折入，用压线板（脚）压实槽内绕组线圈，顺压线板（脚）插入槽楔，使槽楔两端略出线槽（短于槽绝缘纸），本绕组的线包的一边嵌入完成。
（2）槽绝缘纸宽度不宽于定子槽的周长，线入槽后用封槽纸进行封槽，然后揳入槽楔，使槽楔两端略出线槽（短于槽绝缘纸），本绕组的线包的一边嵌入完成。
嵌入顺序以三相24槽4极电动机单层链式短节距绕组为例，如图3-12所示</td><td>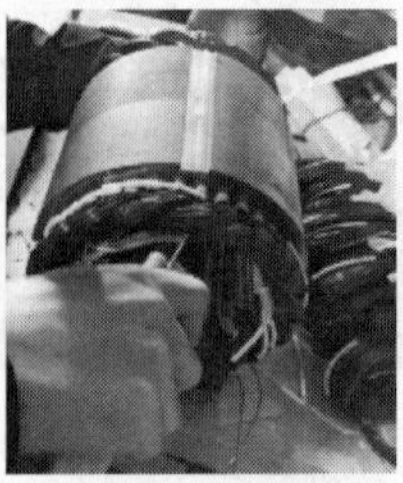</td><td></td><td></td></tr>
<tr><td>用划线板划线入槽</td><td>一边已入槽的绕组</td><td>另一边也入槽的绕组</td></tr>
<tr><td></td><td></td><td>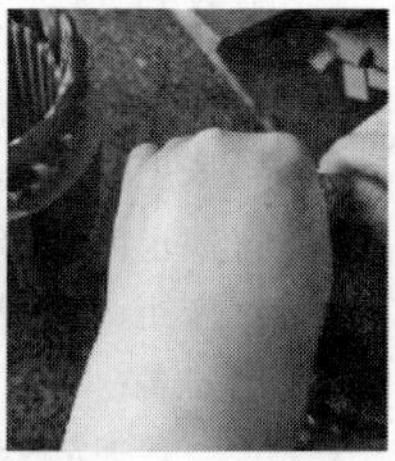</td></tr>
<tr><td>揳入槽楔</td><td>槽楔全部揳好</td><td>绕组整形</td></tr>
<tr><td></td><td></td><td></td></tr>
<tr><td>加绕组间绝缘</td><td>绑扎绕组</td><td>已绑扎好的定子绕组</td></tr>
</table>

3. 注意事项

（1）绕组在绕制过程中出现导线长度不够、断线等情况时，允许在处理好局部绝缘后进行焊接连接。

（2）焊接处应保持接触良好，有足够的机械强度，表面光洁无毛刺。

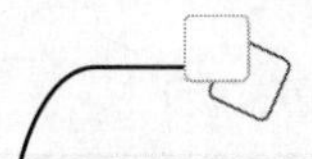

（3）接头处应套上绝缘套管（黄蜡管），套管长度大于接头处长度 15mm 以上。

（4）在使用电动绕线机时，绕线机应可靠接地。

（5）女学生在操作电动绕线机时，应将长头发盘起，戴好工作帽，防止头发卷入机器。

（6）在完成绕组元件绕线、嵌线工作任务时，应正确掌握绕线、嵌线工具的使用方法，正确掌握仪器仪表的使用方法，正确掌握绕组元件的绕线、嵌线工艺和方法，注意工作安全，做好个人防护工作。

任务实施

步骤	计划工作内容	工作过程记录
1	实训用器材准备	
2	绕组元件绕制	
3	嵌线前准备	
4	嵌线	
5	槽绝缘处理嵌入槽楔	
6	绕组整形绑扎	
7	嵌线后的检查	
8	安全与文明生产	

⚠ 安全提示

在任务实施过程中，应严格遵循安全操作规程，穿戴好工作服、绝缘鞋、安全帽；作业过程中，要文明施工，注意工具、仪器仪表等器材应摆放有序。工位应整洁。

任务检查与评价

序号	评价内容	配分	评价标准	学生评价	老师评价
1	实训用器材准备	10	（1）工具准备完整性（是 □ 3 分） （2）设备、仪表、耗材准备完整性（是 □ 7 分）		
2	绕组元件绕制	15	（1）模板选定与调整（是 □ 3 分） （2）绕组元件绕制（是 □ 9 分） （3）绕组元件整理与绑扎（是 □ 3 分）		
3	嵌线前准备	8	（1）槽绝缘纸等准备（是 □ 3 分） （2）引槽纸准备（是 □ 1 分） （3）槽楔准备（是 □ 3 分） （4）吊把线准备（是 □ 1 分）		
4	嵌线	27	（1）U 相绕组一边嵌入（另一边吊把）（是 □ 4 分） （2）V 相绕组一边嵌入（另一边吊把）（是 □ 5 分） （3）W 相绕组一边嵌入（另一边吊把）（是 □ 6 分） （4）相关绕组顺序嵌入（是 □ 12 分）		

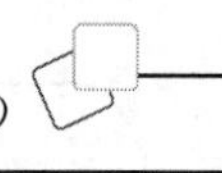

续表

序号	评价内容	配分	评价标准	学生评价	老师评价
5	槽绝缘处理嵌入槽楔	15	（1）槽绝缘剪边折入槽内　（是 □ 5 分） （2）揳入槽楔　（是 □ 10 分）		
6	绕组整形绑扎	15	（1）绕组整形　（是 □ 8 分） （2）绕组相间绝缘处理　（是 □ 4 分） （3）绕组绑扎　（是 □ 3 分）		
7	嵌线后的检查	5	（1）电动机三相绕组阻值测量　（是 □ 2 分） （2）电动机三相绕组绝缘阻值测量　（是 □ 2 分） （3）电动机首尾端测量　（是 □ 1 分）		
8	安全与文明生产	5	（1）环境整洁　（是 □ 1 分） （2）工具、仪表摆放整齐　（是 □ 2 分） （3）遵守安全规程　（是 □ 2 分）		
合计		100			

议与练

议一议：

（1）绕线时应注意的事项有哪些？
（2）嵌线前应准备哪些技术资料？
（3）嵌线时应注意哪些事项？
（4）绕组连线与整形应注意哪些事项？
（5）电动机绝缘等级是如何划分的？

练一练：

（1）电动机绕组元件绕组的绕制。
（2）电动机绕组元件的嵌入。

任务 3.3　三相交流异步电动机的基本工作原理

任务目标

- 理解三相交流异步电动机的转动原理和转差率的概念。
- 掌握三相交流异步电动机的转速公式和调速方法。
- 掌握三相交流异步电动机的正反转的接线方法。

本任务的目标是通过学习并掌握三相交流异步电动机工作原理，提高学生对三相交流异步电动机电力拖动控制电路的学习能力。

任务教学方式

教学步骤	时间安排	教学方式
阅读教材	课余	自学、查资料、相互讨论
知识讲解	2 课时	重点讲授三相交流异步电动机的工作原理
技能操作与练习	2 课时	三相交流异步电动机的转速测量及相序变换接线实训

学一学

知识 3.3.1　三相交流异步电动机旋转磁场的产生和转动原理

三相交流异步电动机转子之所以会旋转、实现能量转换，是因为定子与转子间气隙内有一个旋转磁场。下面来讨论旋转磁场的产生原理。

U1、U2，V1、V2，W1、W2 为三相定子绕组，在空间上彼此相隔 120°，将三相定子绕组的尾端 U2、V2、W2 连接在一起，形成 Y 形。三相绕组的首端 U1、V1、W1 接在三相对称电源上，有三相对称电流通过三相绕组。设电源的相序为 U—V—W，各相电流之间的相位差是 120°，以 i_u为参考量，则

$$i_u = I_m \sin\omega t$$
$$i_v = I_m \sin(\omega t - 120°)$$
$$i_w = I_m \sin(\omega t + 120°)$$

其波形图如图 3-15 所示。

正弦电流流过三相绕组，根据电流的磁效应可知，每个绕组都要产生一个按正弦规律变化的磁场。为了确定某一瞬时绕组中的电流方向及所产生的磁场方向，我们规定三相交流电为正半周时（电流为正值），电流由绕组的首端流向末端，图中由首端流进纸面（用⊕表示），由末端流出纸面（用⊙表示）；反之电流由末端流向首端。对 t_1、t_2、t_3 时刻磁场方向分析如下。

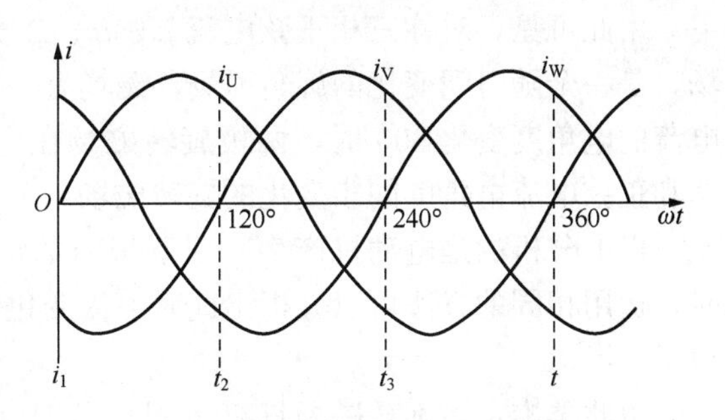

图 3-15　三相交流电流波形图

1）图 3-16（a）所示，当 $t=t_1=0$ 时，$\omega t=0$，$i_u=0$，U 相绕组中因没有电流而不产生磁场；$i_v<0$，V 相绕组中的电流由末端 V2 流向首端 V1；$i_w>0$，W 相绕组中的电流由首端 W1 流向末端 W2。由右手螺旋定则可以确定磁场方向由右指向左（右边为 N 极，左边为 S 极）。

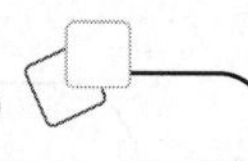

2）图 3-16（b）所示，当 $t=t_2$，$\omega t=120°$，$i_u>0$，U 相绕组中的电流由首端 U1 流向末端 U2；$i_v=0$，V 相绕组中无电流；$i_w<0$，W 相绕组中的电流由末端 W2 流向首端 W1。与 $t=t_1=0$ 时比较，由右手螺旋定则确定的合成磁场方向在空间顺时针旋转了 120°。

3）图 3-16（c）所示，当 $t=t_3$ 时，$\omega t=240°$，用同样的方法分析可知，合成磁场的方向又顺时针旋转了 120°。当 $t=t_4$ 时，$\omega t=360°$，合成磁场则回到 $\omega t=0$ 的位置，在空间顺时针旋转了 360°，如图 3-16（d）所示。

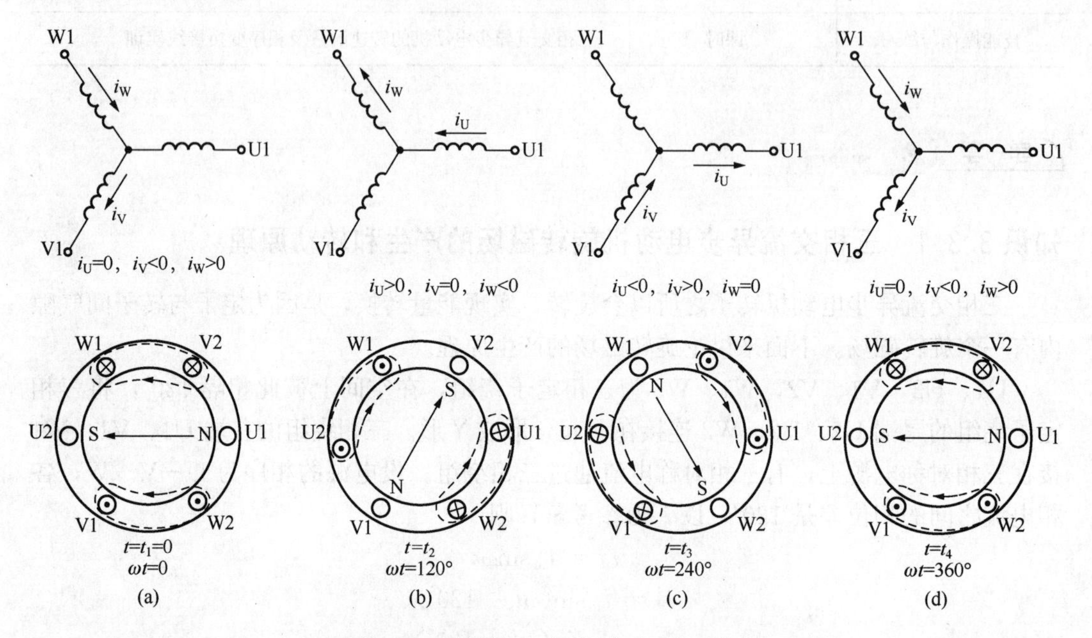

图 3-16　不同瞬时时三相合成两极磁场

由此可见，对称三相正弦电流 i_u、i_v、i_w 分别通入对称三相绕组时所形成的合成磁场，是一个随时间变化的旋转磁场。磁场有一对磁极，因此又叫两极旋转磁场。当正弦电流的电角度变化 360°时，两极旋转磁场在空间上也正好旋转 360°，这样就形成了一个和正弦电流电角度同步变化的旋转磁场。

以上分析的是电动机产生一对磁极时的情况，当定子绕组连接形成的是两对磁极时，运用相同的方法可以分析出此时电流变化一个周期，磁场只转动了半圈，即转速减慢了一半。

由此类推，当旋转磁场具有 p 对极数时（即磁极数为 $2p$），交流电每变化一个周期，其旋转磁场就在空间转动 $1/p$ 转。因此，三相电动机定子旋转磁场每分钟的转速 n_1、定子电流频率 f 及磁极对数 p 之间的关系是

$$n_1=\frac{60f}{p}$$

式中，n_1 为旋转磁场的转速，单位为 r/min。

三相交流电通入定子绕组后，便形成了一个旋转磁场，其转速为同步转速。旋转磁场的磁力线被转子导体切割，根据电磁感应原理，转子导体产生感应电动势。转子绕组

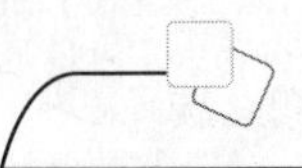

是闭合的，则转子导体有电流流过。设旋转磁场按顺时针方向旋转，且某时刻上为北极N，下为南极S，如图3-17所示。由于定子产生的旋转磁场与转子绕组之间存在相对运动，根据右手螺旋定则，在上半部转子导体的电动势和电流方向由里向外，用⊙表示；在下半部则由外向里，用⊗表示。

流过电流的转子导体在磁场中要受到电磁力作用，力 F 的方向可用左手定则确定。电磁力作用于转子导体上，对转轴形成电磁转矩，使转子按照旋转磁场的方向旋转起来，转速为 n。

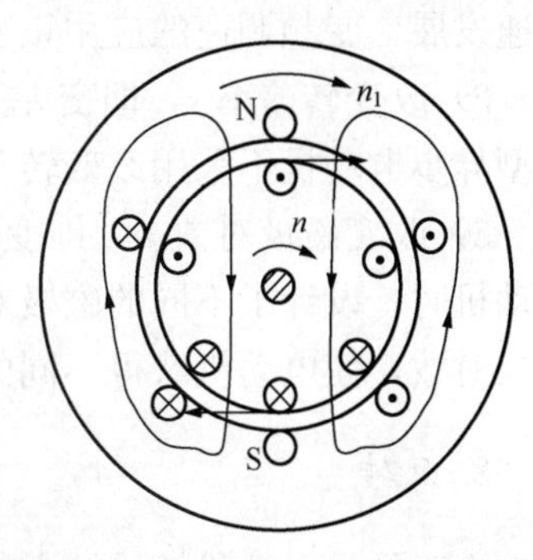

图 3-17　三相交流异步电动机的转动原理示意图

重要的一点是，三相交流异步电动机的转子转速 n 始终不会加速到旋转磁场的转速 n_1（同步转速）。因为只有这样，转子绕组与旋转磁场之间才会有相对运动而切割磁力线，转子绕组导体中才能产生感应电动势和电流，从而产生电磁转矩，使转子按照旋转磁场的方向继续旋转。由此可见，$n_1 \neq n$ 且 $n_1 < n$，是异步电动机工作的必要条件，“异步”的名称由此而来。所以把这类电动机叫作异步电动机；又因为这种电动机是应用电磁感应原理制成的，所以也叫作感应电动机。

学一学

知识 3.3.2　转差率、调速与反转

1. 转差率

异步电动机的旋转磁场转速 n_1（同步转速）与转子转速 n 之差，即 n_1-n 叫作转速差。转速差与同步转速之比称为异步电动机的转差率，用 s 表示，即

$$s=\frac{n_1-n}{n_1}$$

转差率是异步电动机的一个重要参数，一般用百分数表示，对分析和计算异步电动机的运行状态及其机械特性有着重要的意义。当异步电动机处于电动状态运行时，电磁转矩 T_{em} 和转速 n 同向。转子尚未转动时，$n=0$，$s=\frac{n_1-n}{n_1}=1$；当 $n_1=n$ 时，$s=\frac{n_1-n}{n_1}=0$。可知，异步电动机处于电动状态时，转差率的变化范围总在0和1之间，即 $0<s\leqslant 1$。一般情况下，电动机额定运行时转差率 $s=1\%\sim 5\%$。异步电动机转子的转速可表达为

$$n_2=(1-s)n_1$$

2. 调速

许多机械设备在工作时需要改变运动速度。在负载不变的情况下，改变异步电动机的转速叫作调速。由公式

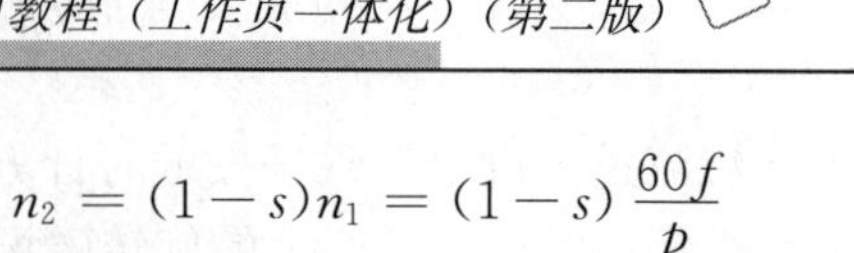

$$n_2 = (1-s)n_1 = (1-s)\frac{60f}{p}$$

可知，有三种方法可以改变电动机转速：

1）改变电源频率 f，即变频调速。这是一种很有效的调速方法。随着变频技术的飞速发展，变频调速的应用正变得越来越广泛。

2）改变转差率 s，即变差调速。笼型异步电动机的转差率是不易改变的，因此，笼型异步电动机不采用改变转差率来实现调速。

3）改变磁极对数 p，即变极调速。这种方法用在多速电动机调速中。在制造多速电动机时，设计了不同的磁极对数，可根据需要改变定子绕组的接线方式，以此来改变磁极对数，使电动机获得不同的转速。

3. 反转

由于异步电动机的旋转方向与磁场的旋转方向一致，而磁场的旋转方向决定于三相电源的相序，所以，要使电动机反转，只需要使旋转磁场反转。为此，只要将接在三相电源的三根相线中的任意两相对调即可实现异步电动机的反转。

实训　三相交流异步电动机的转速测量及相序变换接线

班级：________ 姓名：__________ 学号：__________ 同组者：______________

工作时间：____年__月__日（第____周 星期____第____节）实训课时：____课时

工作任务单

使用接触式（或非接触式）转速测量仪对三相交流异步电动机转速进行测量，实测空载条件下三相交流异步电动机的实际转速，并计算该电动机的转差率有多少。

通过改变三相交流异步电动机的任意两相的相序，观察电动机的旋转方向变化。

本实训所用通用电气安装板及参考电路如图 3-18 所示。

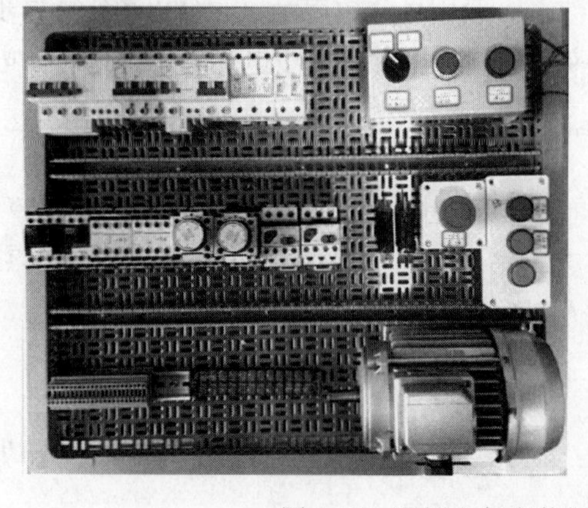

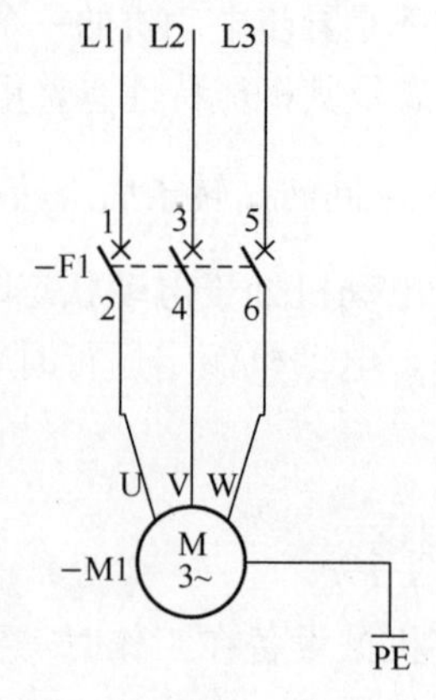

图 3-18　通用电气安装板及参考电路

工作准备

认真阅读工作任务单，理解工作任务单的内容与要求，明确工作目标，做好准备，拟定工作计划。

在完成工作任务前，应正确掌握电工工具的使用方法，正确掌握仪器仪表的使用方法，正确掌握电动机控制电路的电气安装工艺和方法，注意工作安全，做好个人防护工作。

1. 实训用器材

（1）设备、元件：实训用三相交流异步电动机 1 台，三相漏电断路器（空气开关）1 只。

（2）工具：一字螺钉旋具、十字螺钉旋具、尖嘴钳、斜口钳、剥线钳、压线钳等工具。

（3）测量仪表：三位半数字万用表、激光转速测速仪（表）1 台等。

（4）通用电气安装板：1 块。

（5）耗材：导线、插针等。

2. 质量检查

对所准备的实训用器材进行质量检查。

三相交流异步电动机拖动电路安装与调试操作技术要点

<table>
<tr><th>步骤</th><th>操作技术要点</th><th colspan="2">操作示意图</th></tr>
<tr><td rowspan="4">1. 接线前准备</td><td rowspan="4">检查接线端子、导线、插针、工具、测量仪表是否齐全完备；
需清理电动机的外表，检查附件是否完整，核对并记录好电动机铭牌的技术参数；
按电动机铭牌参数计算出同步转速；
检查电源开关是否正常</td><td>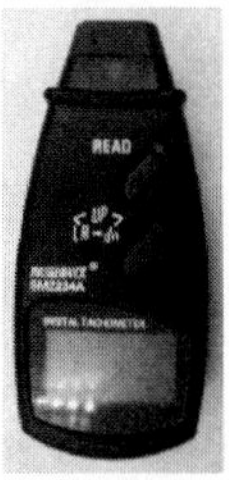</td><td></td></tr>
<tr><td>手持式激光转速测速仪（表）</td><td>三相交流异步电动机</td></tr>
<tr><td>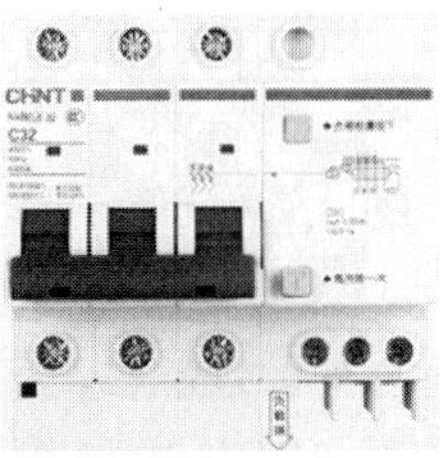</td><td>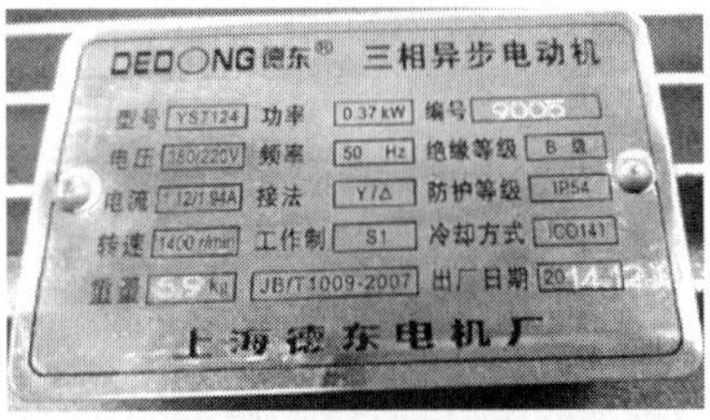</td></tr>
<tr><td>三相漏电断路器（空气开关）</td><td>电动机铭牌</td></tr>
</table>

续表

<table>
<tr><th>步骤</th><th>操作技术要点</th><th colspan="2">操作示意图</th></tr>
<tr><td rowspan="2">2. 三相交流异步电动机转速测量</td><td rowspan="2">在电动机轴上粘贴好测速用反光纸，电动机通电运转（正反转均可）。将激光转速测速仪的激光头对准电动机轴的测速纸方向，按测速仪开关，稳定测速并读出转速</td><td colspan="2">
</td></tr>
<tr><td colspan="2">用激光转速测速仪进行测速</td></tr>
<tr><td rowspan="2">3. 电动机的旋转方向改变</td><td rowspan="2">通过改变三相交流异步电动机电源线的任意两相的相序，可使电动机的旋转磁场方向发生变化。观察电动机的旋转方向变化</td><td>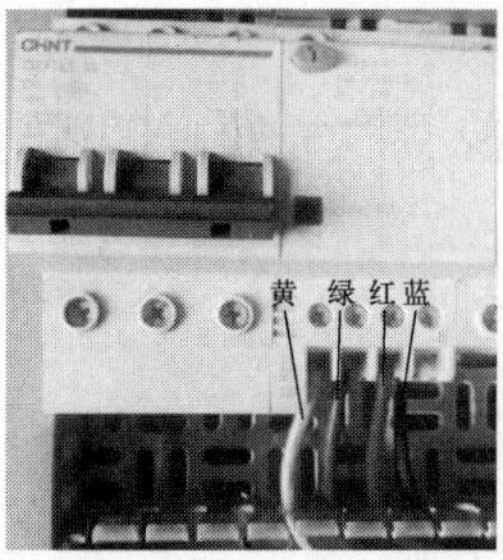
</td><td>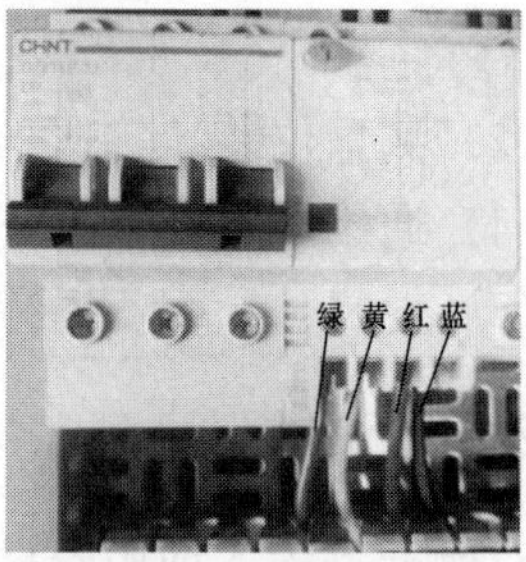
</td></tr>
<tr><td>漏电断路器接线：黄（A 相）、绿（B 相）、红（C 相）、蓝（中性线）</td><td>漏电断路器接线的黄、绿 2 根导线接线位置进行了互换</td></tr>
</table>

任务实施

步骤	计划工作内容	工作过程记录
1	实训用器材准备	
2	电器元件的选用与检查	
3	导线连接与检查记录	
4	通电调试观察电动机运行情况与记录	
5	设备恢复、整理现场	
6	安全与文明生产	

安全提示

在任务实施过程中，应严格遵循安全操作规程，穿戴好工作服、绝缘鞋、安全帽；作业过程中，要文明施工，注意工具、仪器仪表等器材应摆放有序。工位应整洁。

任务检查与评价

序号	评价内容	配分	评价标准	学生评价	老师评价
1	实训用器材准备	10	(1) 工具准备完整性 (是 □ 3 分) (2) 设备、仪表、耗材准备完整性 (是 □ 7 分)		
2	电器元件的选用与检查	15	(1) 漏电断路器检查 (是 □ 5 分) (2) 三相交流异步电动机检查 (是 □ 5 分) (3) 端子排、行线槽检查 (是 □ 5 分)		
3	导线连接与检查记录	15	(1) 插针压接 (是 □ 4 分) (2) 导线连接与线路检查 (是 □ 7 分) (3) 安装检查记录 (是 □ 4 分)		
4	通电调试观察电动机运行情况与记录	40	(1) 电动机转速测量 (是 □ 10 分) (2) 转速数据记录与转差率计算分析 (是 □ 15 分) (3) 观察电动机第一次接线旋转方向 (是 □ 5 分) (4) 观察电动机改变相序的旋转方向 (是 □ 5 分) (5) 记录与分析 (是 □ 5 分)		
5	设备恢复、整理现场	15	(1) 导线与元件拆卸 (是 □ 10 分) (2) 清理现场 (是 □ 5 分)		
6	安全与文明生产	5	(1) 环境整洁 (是 □ 1 分) (2) 工具、仪表摆放整齐 (是 □ 2 分) (3) 遵守安全规程 (是 □ 2 分)		
合计		100			

议与练

议一议：

(1) 电动机转速的测量方法有哪些？

(2) 电动机转子的旋转方向由什么来决定？

练一练：

(1) 测量电动机转速。

(2) 改变三相交流异步电动机的任意两相的相序，观察电动机转向的变化。

思考与练习

1. 三相交流异步电动机的用途是什么？
2. 三相交流异步电动机由哪些部分组成？
3. 交流绕组如何进行分类？
4. 三相交流异步电动机的旋转磁场是怎样产生的？

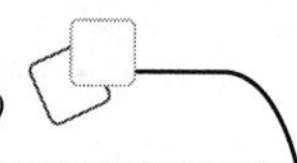

5. 试阐述三相交流异步电动机的转动原理。

6. 什么叫转差率？如何计算转差率？

7. 如何才能实现三相交流异步电动机的反转？

8. 三相交流异步电动机的铭牌和技术指标包含了哪些内容？

9. 三相交流异步电动机如何分类？

10. 已知一台三相交流异步电动机的额定转速为 $n_N=720\mathrm{r/min}$，电源频率 f 为 50Hz。试问：该电动机是几极的？额定转差率为多少？

项目 4

常用低压电器

低压电器是一种能根据外界的信号和要求，手动或自动地接通、断开电路，以实现对电路或非电对象的切换、控制、保护、检测、变换和调节的元件或设备。低压电器按其工作电压的高低，以交流1200V、直流1500V为界，可划分为高压控制电器和低压控制电器两大类。总的来说，低压电器可以分为配电电器和控制电器两大类，是成套电气设备的基本组成元件。

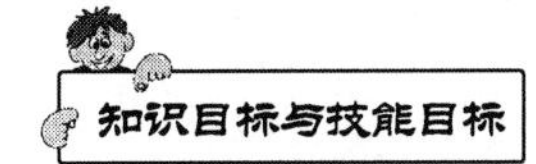

- 常用低压开关、熔断器、主令电器、接触器、继电器的基本认知。
- 通过对低压开关、熔断器、主令电器、接触器、继电器的拆装检查实训，掌握常用低压电器生产与维护的基本技能。

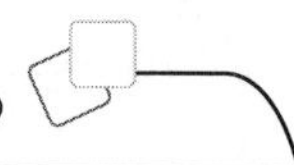

任务 4.1 常用低压开关

任务目标

- 了解刀开关、转换开关、低压断路器的结构和原理。
- 掌握刀开关、转换开关、低压断路器的图形符号及用途、型号和使用方法。
- 学会拆装及检查常用低压断路器。

低压开关是日常使用最频繁的开关电器。通过本任务的学习，掌握低压开关电器在电力拖动电路中的作用和正确的使用、维护方法。

任务教学方式

教学步骤	时间安排	教学方式
阅读教材	课余	自学、查资料、相互讨论
知识讲解	0.5 课时	重点讲授刀开关的结构和原理
知识讲解	0.5 课时	重点讲授转换开关的结构和原理
知识讲解	0.5 课时	重点讲授低压断路器的结构和原理
技能操作与练习	2 课时	低压断路器拆装检查实训

学一学

知识 4.1.1 刀开关

刀开关又名闸刀，常用于不需经常切断与闭合的交流额定电压 500V、直流额定电压 440V、额定电流 1500A 以下的配电设备中，在额定电压下其工作电流不能超过额定值。由于刀开关没有或只有简易的灭弧装置，所以刀开关一般用作电源隔离开关或作为不频繁手动接通和切断小负荷负载开关控制，不能用来接通或切断较大负荷的工作电流。

刀开关按照极数可以分为单极刀开关、双极刀开关和三极刀开关等；按照转换方式可以分为单投式刀开关、双投式刀开关；按操作方式可分为手柄直接操作式和杠杆式刀开关。

常用的刀开关有 HD 型单掷刀开关、HS 型双掷刀开关（刀形转换开关）、HR 型熔断器式刀开关、HK 型开启式刀开关、HH 型铁壳开关和 HY 型倒顺开关等，如图 4-1 所示。

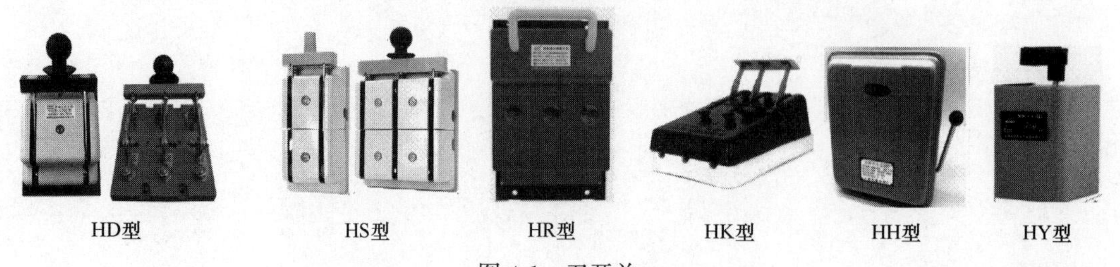

图 4-1 刀开关

1. 刀开关的用途

刀开关的用途：通、断小负荷电流，用作电源隔离开关。

2. 刀开关的型号与含义

刀开关的型号与含义如下：

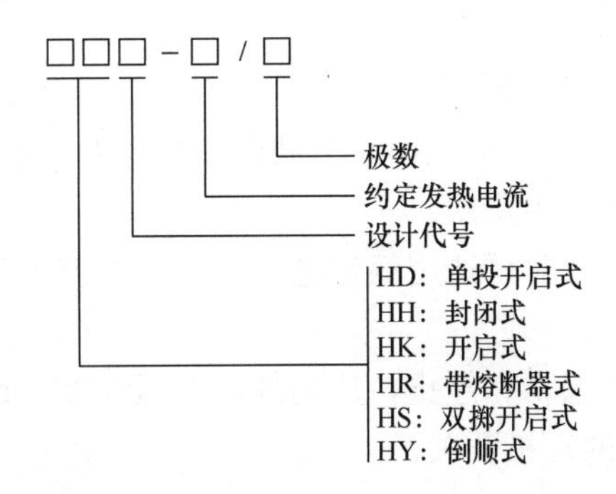

3. 刀开关的结构

1）HK 型刀开关的结构如图 4-2 所示。

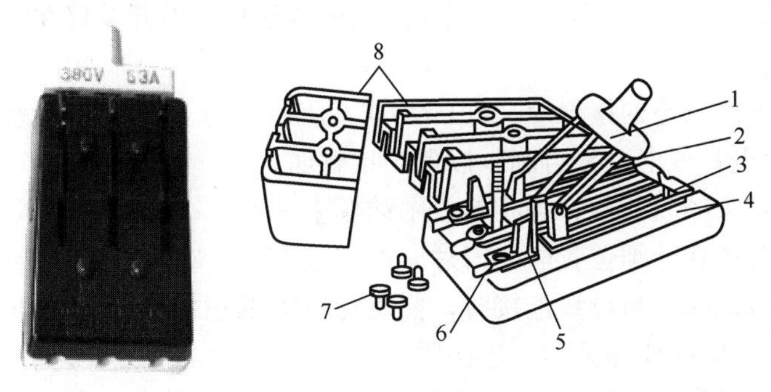

1—瓷质手柄；2—动触刀；3—出线座；4—瓷底座；5—静触座；6—进线座；7—胶盖紧固螺钉；8—胶盖。

图 4-2　HK 型刀开关结构

2）HD 型刀开关的结构如图 4-3 所示。

刀开关通常由绝缘底板、动触刀、静触座、灭弧装置、安全挡板和操作机构组成。只作为电源隔离用的刀开关则不需要灭弧装置。

刀开关在电路中要求能承受短路电流产生的电动力和热的作用。因此，在刀开关的结构设计时，要确保在很大的短路电流作用下，触刀不会弹开、焊牢或烧毁。对要求分断负载电流的刀开关，则装有快速刀刃或灭弧室等灭弧装置。

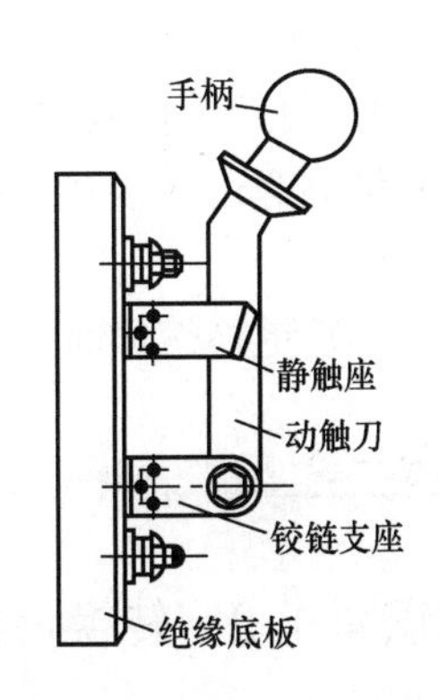

图 4-3　HD 型刀开关结构

4. 刀开关的图形符号和文字符号

刀开关的图形符号和文字符号如图 4-4 所示。

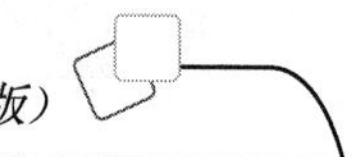

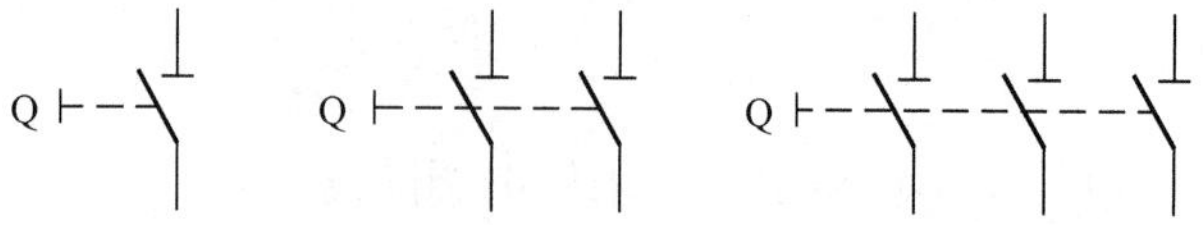

(a) 单极　(b) 双极　(c) 三极

图 4-4　刀开关图形符号与文字符号

5. 刀开关的选用

刀开关适用于接通或断开有电压而小负载电流的电路，在一般的照明电路或功率小于 5.5kW 电动机的控制电路中采用。

1）用于照明和电热负载时可选用额定电压 220V 或 250V，额定电流大于或等于电路最大工作电流的双极开关。

2）用于电动机的直接起动和停止，选用额定电压 380V 或 500V，额定电流大于或等于电动机额定电流 3 倍的三极开关。

6. 刀开关的安装与使用

1）刀开关应垂直安装，最大倾斜度不得超过 5°，并使静触座位于上方，以避免支座松动时，动触刀在自身重力作用下误合闸而造成事故。刀开关仅在不切断电流的情况下尚可水平安装。

2）动触刀与静触座的接触应良好，大电流使用的刀开关，在静触座、动触刀上可适当涂一薄层导电膏或电力复合脂，以保护接触面。

3）有消弧触头的刀开关，各相的分闸动作应一致。

4）双投刀开关在分闸位置时，刀片应可靠地固定，应使刀片不能自行合闸。

5）刀开关接线端子与母线连接时，要避免过大的扭应力，以防止刀开关在长期扭应力作用下受损，同时要保证两者连接紧密可靠。

6）安装杠杆操作机构时，应调节好连杆长度和传动机构，保证操作灵活、可靠，合闸到位。

7）安装完毕，将灭弧罩装牢，拧紧所有紧固螺钉，整理好进出导线和控制线路。

8）如有必要，应进行试验。

9）刀开关控制照明和电热负载使用时，要装接熔断器作为短路和过载保护。接线时应将电源进线接在上端，负载接在下端，这样拉闸后刀片与电源隔离，可防止意外事故发生。

10）更换熔体时，必须在闸刀断开的情况下按原规格更换。

学一学

知识 4.1.2　转换（组合）开关

转换开关又称组合开关，与刀开关的操作不同，它是左右旋转的平面操作。转换开关具有多触点、多位置、体积小、性能可靠、操作方便、安装灵活等优点。

1. 转换（组合）开关的用途

图 4-5　转换（组合）开关

转换（组合）开关如图 4-5 所示，多用于机床电气控制线路中电源的引入开关，起着隔离电源的作用，还可作为直接控制5kW 以下小容量异步电动机不频繁起动和停止的控制开关。

2. 转换（组合）开关的型号与含义

转换（组合）开关的型号与含义如下。

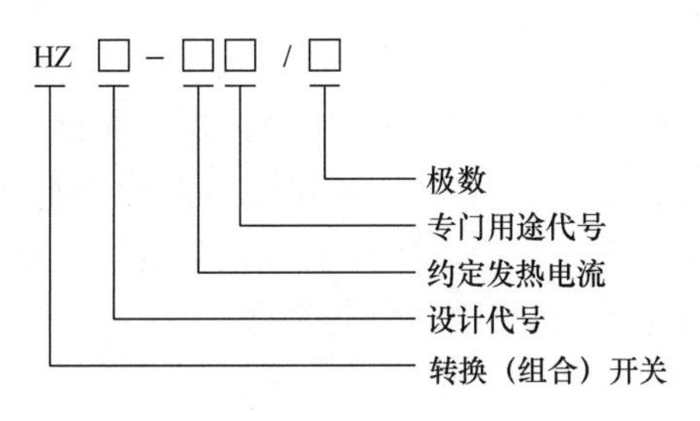

3. 转换（组合）开关结构

转换（组合）开关结构如图 4-6 所示，由动触点（动触片）、静触点（静触片）、转轴、手柄、凸轮定位机构及外壳等部分组成。其动触点、静触点分别叠装于数层绝缘垫板之间，各自附有连接线路的接线柱。当转动手柄时，每层的动触点随方形转轴一起转动，从而实现对电路的接通、断开控制。

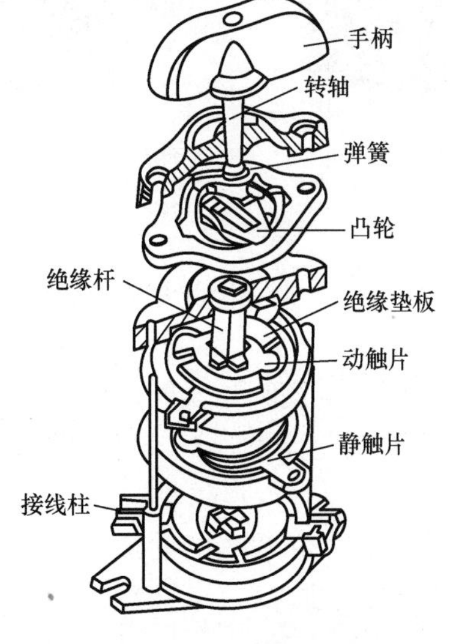

图 4-6　转换（组合）开关结构

4. 转换（组合）开关的图形符号和文字符号

转换（组合）开关的图形符号和文字符号如图 4-7 所示。

S　　S　　S

(a) 单极　　(b) 双极　　(c) 三极

图 4-7　转换（组合）开关图形符号与文字符号

5. 转换（组合）开关的选用

常用的转换（组合）开关有 HZ5、HZ10 等系列，它有单极、双极和三极之分，额定电压为交流 380V、直流 220V，额定电流有 6A、10A、25A、60A、100A。

转换（组合）开关的选用较简单，只要根据电压、电流、控制功率、通断能力等技术参数就可确定。

另外，选择和使用转换（组合）开关时还应注意以下事项。

1）转换（组合）开关虽然有一定的通断能力，但不能用来分断故障电流。

2）当用于控制电动机正反转时，应在电动机完全停止转动后，才可反方向接通，否则会因电流过大而烧坏触头。

3）转换（组合）开关本身没有过载、短路、欠压等保护功能。如果需要这些保护功能，应另外装设相应的保护装置。

知识 4.1.3　低压断路器

低压断路器又称自动空气开关或自动空气断路器，简称断路器。它是一种既有手动开关作用，又有自动进行失压、欠压、过载和短路保护的低压电器。它可用来分配电能，也可不频繁地起动小功率异步电动机等负载，对电源线路及电动机等实行保护。其功能相当于熔断器式开关与过/欠热继电器等组合。

1. 断路器的分类

断路器的外观及分类如图 4-8 所示。

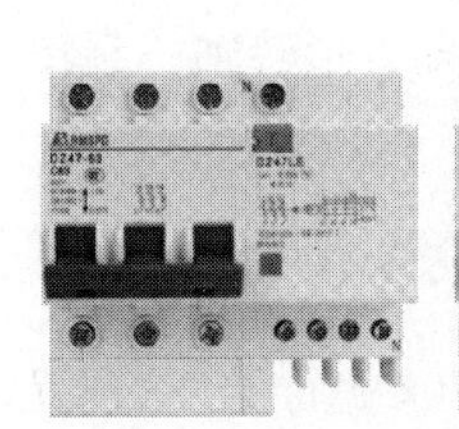
小型断路器

塑料壳式断路器

智能断路器

框架式断路器

图 4-8　断路器的外观及分类

低压断路器以结构形式分类，有开启式和装置式两种。开启式又称为框架式或万能式；装置式又称为塑料壳式。

1）装置式断路器有绝缘塑料外壳，内装触点系统、灭弧室及脱扣器等，可手动或电动（对大容量断路器而言）分合闸。有较高的分断能力和动稳定性，有较完善的选择性保护功能，广泛应用于配电线路中。

2）框架式断路器一般容量较大，具有较高的短路分断能力和较高的动稳定性。适合在交流 50Hz、额定电流 380V 的配电网络中作为配电干线的主保护。

2. 断路器的型号与含义

断路器的型号与含义如下：

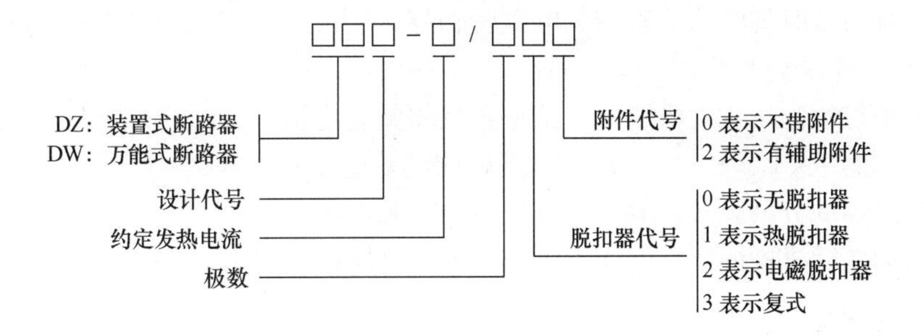

3. 断路器的结构

图 4-9 所示为 DZ47 系列小型断路器结构。

4. 断路器的图形符号和文字符号

断路器的图形符号和文字符号如图 4-10 所示。

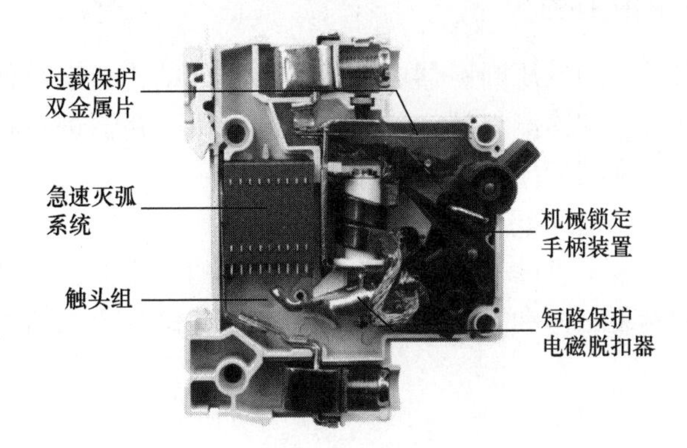

图 4-9 DZ47 系列小型断路器结构

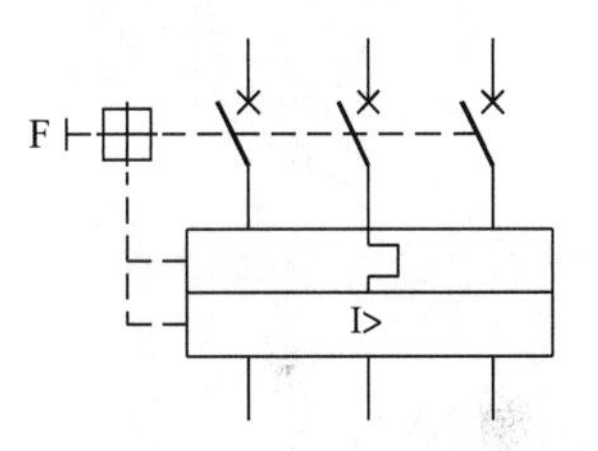

图 4-10 带电磁脱扣、热脱扣功能的小型三极断路器图形符号和文字符号

注：一般断路器文字符号单字母符号为 Q（GB/T 5094.2—2018）。

5. 断路器的选用

选择断路器的一般原则如下。

1）断路器的额定工作电压≥线路额定电压。

2）断路器的额定电流≥线路计算负荷电流。

3）断路器的额定短路通断能力≥线路中可能出现的最大短路电流（有效值）。

如果选用的断路器额定电流符合要求，但额定短路通断能力小于断路器安装点的线路最大短路电流，则必须重选断路器。

4）线路末端单相对地短路电流≥1.25 倍断路器瞬时（或短延时）脱扣整定电流。

5）断路器欠电压脱扣器额定电压≤线路额定电压。

是否需要欠电压脱扣器应根据具体情况而定，有时可不用或可带有适当延时。

6）具有短延时的断路器若带欠电压脱扣器，则欠电压脱扣器必须带延时，其延时时间不小于短路延时时间。

7）用于控制电动机的断路器，其瞬时脱扣整定电流按下式选取：$I_Z \geqslant KI_{st}$。式中，K 为安全系数，取 1.5～ 1.7；I_{st}为电动机的起动电流。

8）断路器的分励脱扣器额定电压＝控制电源电压。

9）电动传动机构的额定电压等于控制电源电压。

实训　低压断路器拆装检查

班级：________姓名：__________学号：__________同组者：____________________

工作时间：____年__月__日（第____周 星期____第____节）实训课时：____课时

图 4-11　常用低压断路器

工作任务单

熟悉常用低压断路器电器的内、外部结构；学会使用拆装工具和检测仪器、仪表对常用低压断路器进行检查。本实训用低压断路器如图 4-11 所示。

在完成常用低压断路器检查使用工作任务时，应正确掌握拆装工具的使用方法、仪器仪表的使用方法、断路器的拆装工艺和方法。注意工作安全，做好个人防护工作。

工作准备

认真阅读工作任务单，理解工作任务单的内容与要求，明确工作目标，做好准备，拟定工作计划。

1. 实训用器材

（1）元件：拆装用断路器（DZ10 或 DZ15、DZ20 等）1 台。

（2）工具：一字螺钉旋具、十字螺钉旋具、尖嘴钳、六角扳手、套筒扳手等常用电工工具。

（3）测量仪表：三位半数字万用表、绝缘表（摇表）等。

（4）耗材：按需准备。

2. 质量检查

对所准备的实训用器材进行质量检查。

低压断路器拆装检查操作技术要点

<table>
<tr><th>步骤</th><th>操作技术要点</th><th colspan="3">操作示意图</th></tr>
<tr><td rowspan="2">1. 检查前准备</td><td rowspan="2">检查断路器前，应清理断路器的外表，检查外部、附件是否损坏或缺少，检查拆装用工具、测量仪表是否齐全完备。
核对并记录好断路器铭牌的技术参数。
检查操作手柄是否开闭灵活</td><td></td><td></td><td>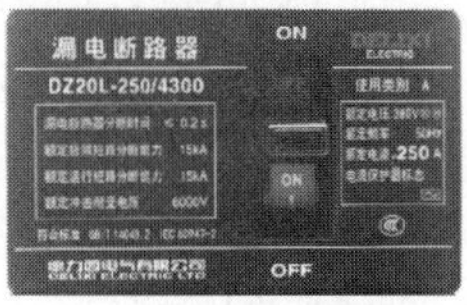
</td></tr>
<tr><td colspan="2">外形</td><td>铭牌</td></tr>
<tr><td rowspan="7">2. 检查</td><td rowspan="7">打开断路器上盖进行常规检查：
取出灭弧罩，检查动触点、静触点是否烧蚀严重；
检查灭弧罩及各相中的绝缘是否有碳化、金属粉末附着现象；
检查各防护隔离板是否完整，是否有断裂、破碎、碳化、金属粉末附着、烧蚀现象；
检查漏电装置的零序互感器、电源信号电路板、电磁线圈是否有烧蚀、损坏情况；
检查漏电试验触点是否接触正常，检查试验电阻器是否有损坏、烧蚀现象；
断开断路器电源回路，用绝缘表进行绝缘检查；
检查断路器内部零件是否有松动现象等。
动触点、静触点烧蚀面积≥50%时应予以维修或更换；对有轻微烧蚀和金属粉末附着处应进行清除，严重时应予以更换或报废；绝缘阻值测量≥0.5MΩ。
对常规检查有问题的断路器在修复前不得再次安装使用，确保断路器能够安全可靠地运行</td><td>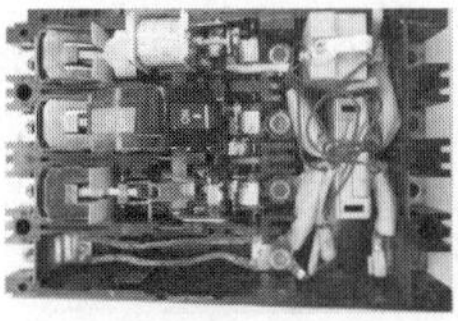</td><td></td><td></td></tr>
<tr><td>开盖后的断路器结构</td><td>取灭弧罩</td><td>断路器静触点</td></tr>
<tr><td>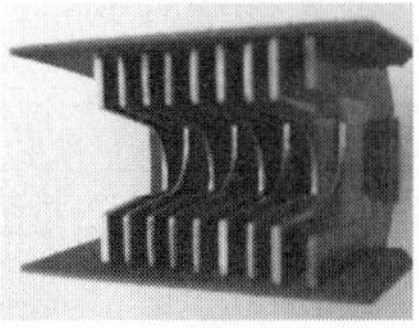</td><td></td><td>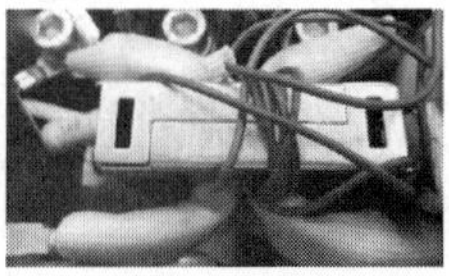</td></tr>
<tr><td>灭弧罩结构</td><td>防护隔板</td><td>零序互感器</td></tr>
<tr><td></td><td></td><td></td></tr>
<tr><td>漏电检测控制板
（带降压整流电路）</td><td>电磁脱扣线圈</td><td>漏电检测控制板防护罩及漏电试验触点组</td></tr>
<tr><td colspan="2">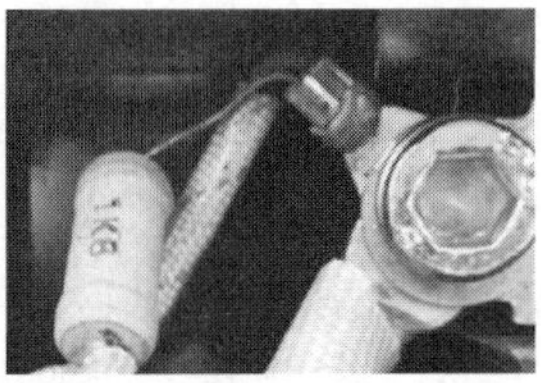</td><td>漏电试验电阻器（注：本断路器标定漏电试验电流为 150mA）</td></tr>
</table>

续表

步骤	操作技术要点	操作示意图	
3. 漏电试验	新安装（或修复后安装）的断路器要进行漏电试验。 接入进线电源后通电，按漏电试验按钮，断路器能可靠分断		按下漏电试验按钮

任务实施

步骤	计划工作内容	工作过程记录
1	实训用器材准备	
2	做好拆装检查的低压断路器外部部件标记	
3	按拆卸步骤进行拆卸	
4	按操作要点要求，逐一对元件进行检查	
5	断路器的组装与试验	
6	安全与文明生产	

注意：

（1）拆卸时，应备有盛放零件的容器，以防丢失零件。

（2）拆卸过程中，不允许硬撬，以防损坏电器。

（3）拆卸过程中，遇到安装复杂的元件、组件或黏合、铆接成整体的元件不要再进行进一步拆解，避免设备无法恢复。

⚠ 安全提示

在任务实施过程中，应严格遵循安全操作规程，穿戴好工作服、绝缘鞋、安全帽；作业过程中，要文明施工，注意工具、仪器仪表等器材应摆放有序，工位整洁。

任务检查与评价

序号	评价内容	配分	评价标准	学生评价	老师评价
1	实训用器材准备	5	（1）工具准备完整性　（是 □ 3分） （2）元件、仪表、耗材准备完整性　（是 □ 2分）		

续表

序号	评价内容	配分	评价标准	学生评价	老师评价
2	做好拆装检查的低压漏电断路器外部部件标记	5	（1）电器外壳标记 （是 □ 2 分） （2）记录铭牌参数 （是 □ 3 分）		
3	按拆卸步骤进行拆卸	5	（1）拆卸断路器面板紧固螺钉，打开面板 （是 □ 3 分） （2）取下灭弧罩 （是 □ 2 分）		
4	按操作要点要求，逐一对元件进行检查	65	（1）动、静触点烧蚀面积检查与记录 （是 □ 5 分） （2）灭弧罩检查与记录 （是 □ 5 分） （3）操动机构检查与记录 （是 □ 5 分） （4）各相绝缘体检查与记录 （是 □ 5 分） （5）防护隔离板检查与记录 （是 □ 3 分） （6）零序互感器检查与记录 （是 □ 3 分） （7）电源信号电路板检查与记录 （是 □ 3 分） （8）电磁线圈检查与记录 （是 □ 3 分） （9）漏电试验触点检查与记录 （是 □ 3 分） （10）试验电阻检查与记录 （是 □ 3 分） （11）损坏的动、静触点修理或更换 （是 □ 7 分） （12）定位或储能弹簧检查与记录 （是 □ 5 分） （13）严重损坏灭弧罩的修理或更换 （是 □ 5 分） （14）热继电器检查与记录 （是 □ 5 分） （15）相间绝缘电阻检查与记录 （是 □ 5 分）		
5	断路器的组装与试验	15	（1）安装复位灭弧罩 （是 □ 3 分） （2）安装复位绝缘隔板等 （是 □ 3 分） （3）安装复位断路器面板 （是 □ 3 分） （4）安装进线电源 （是 □ 3 分） （5）漏电试验 （是 □ 3 分）		
6	安全与文明生产	5	（1）环境整洁 （是 □ 1 分） （2）工具、仪表摆放整齐 （是 □ 2 分） （3）遵守安全规程 （是 □ 2 分）		
合计		100			

议与练

议一议：

各种低压开关拆装时的顺序。

练一练：

（1）怎样拆装各种低压开关？

（2）在拆装各种低压开关时应注意哪些问题？

（3）在拆装各种低压开关过程中应掌握哪些技巧？

任务 4.2　常用熔断器

任务目标

- 了解常用熔断器的结构特点及文字和图形符号。
- 掌握常用熔断器的用途、型号和选择方法。
- 学会拆装及检查低压小型封闭式熔断器。

熔断器是最为常见的一种保护类电器，常用于短路保护。通过学习掌握这类电器在电动机拖动电路中的作用，掌握其维护、维修方法。

任务教学方式

教学步骤	时间安排	教学方式
阅读教材	课余	自学、查资料、相互讨论
知识讲解	0.5 课时	重点讲授熔断器的结构形式
技能操作与练习	1 课时	低压小型封闭式熔断器拆装检查实训

学一学

知识 4.2.1　熔断器的分类与结构

熔断器在线路中起保护作用，当线路发生短路故障时，能自动快速地熔断，切断电源回路，从而保护线路和电气设备。熔断器尚可作过载保护，但作过载保护时可靠性不高。熔断器的保护特性必须与被保护设备的过载特性有良好的配合。

根据保护对象的不同，熔断器可分为保护变压器用和一般电气设备用的熔断器、保护电压互感器的熔断器、保护电力电容器的熔断器、保护半导体元件的熔断器、保护电动机的熔断器和保护家用电器的熔断器等。

熔断器根据使用电压可分为高压熔断器和低压熔断器。常见低压熔断器有插入式熔断器、螺旋式熔断器、封闭式熔断器、快速熔断器、自复熔断器等。

（1）插入式熔断器

插入式熔断器（图 4-12），常用于 380V 及以下电压等级的线路末端，作为配电支线或电气设备的短路保护用。

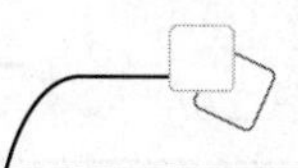

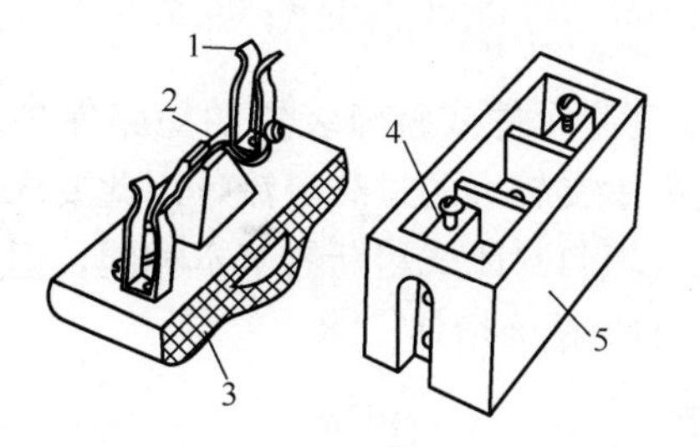

1—动触点；2—熔体；3—瓷盖；4—静触点；5—瓷座。

图 4-12　插入式熔断器外形与结构

(2) 螺旋式熔断器

螺旋式熔断器（图 4-13）熔体的上端盖有一熔断指示器，一旦熔体熔断，指示器马上弹出，可透过瓷帽上的玻璃孔观察到。螺旋式熔断器常用于机床电气控制设备中。

螺旋式熔断器分断电流较大，可用于电压等级 500V 及其以下、电流等级 200A 以下的电路中，作短路保护用。

(3) 封闭式熔断器

封闭式熔断器（图 4-14 和图 4-15）分有填料熔断器和无填料熔断器两种。有填料熔断器一般用方形瓷管，内装石英砂及熔体，分断能力强，用于电压等级 500V 以下、电流等级 1kA 以下的电路中。无填料密闭式熔断器将熔体装入密闭式圆筒中，分断能力稍小，用于 500V 以下、600A 以下电力网或配电设备中。

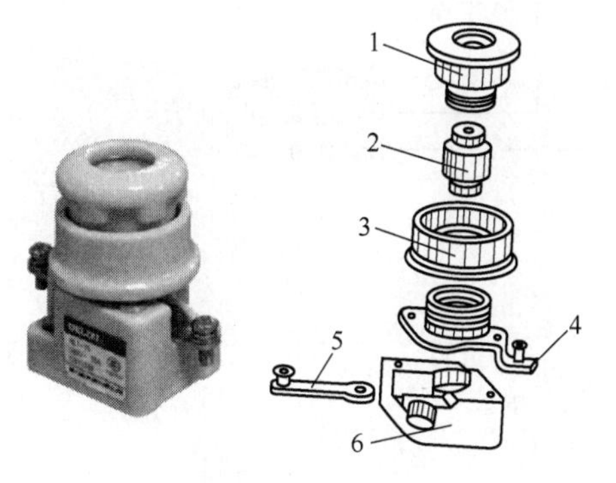

1—瓷帽；2—熔芯；3—瓷套；4—上接线端；5—下接线端；6—底座。

图 4-13　螺旋式熔断器外形与结构

图 4-14　常见小型封闭式熔断器外形与结构（RT18 型）

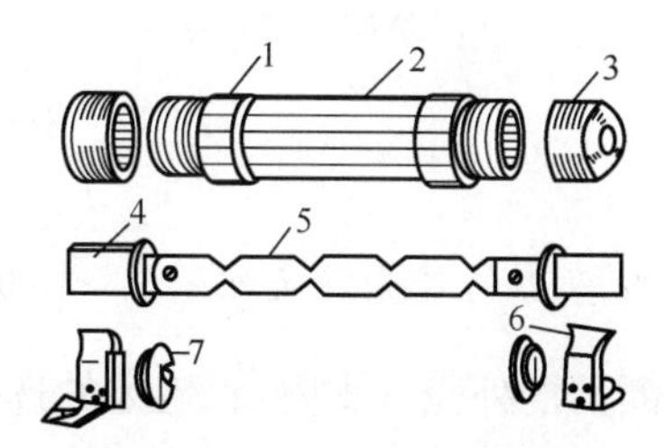

1—黄铜圈；2—纤维管；3—黄铜帽；4—刀型接触片；5—熔片；6—刀座；7—垫圈。

图 4-15　封闭式熔断器外形与结构

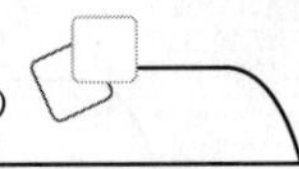

（4）快速熔断器

快速熔断器（图 4-16）主要用于半导体整流元件或整流装置的短路保护。由于半导体元件的过载能力很低，只能在极短时间内承受较大的过载电流，因此要求短路保护具有快速熔断的能力。快速熔断器的结构和有填料封闭式熔断器基本相同，但熔体材料和形状不同，它是以银片冲制的有 V 形深槽的变截面熔体。

图 4-16 快速熔断器

（5）自复熔断器

自复熔断器采用金属钠作熔体，在常温下具有高电导率。当电路发生短路故障时，短路电流产生高温使钠迅速气化，气态钠呈现高阻态，从而限制了短路电流。当短路电流消失后，温度下降，金属钠恢复原来的良好导电性能。自复熔断器只能限制短路电流，不能真正分断电路。其优点是不必更换熔体，能重复使用。

知识 4.2.2 熔断器的型号和含义

熔断器的型号和含义如下：

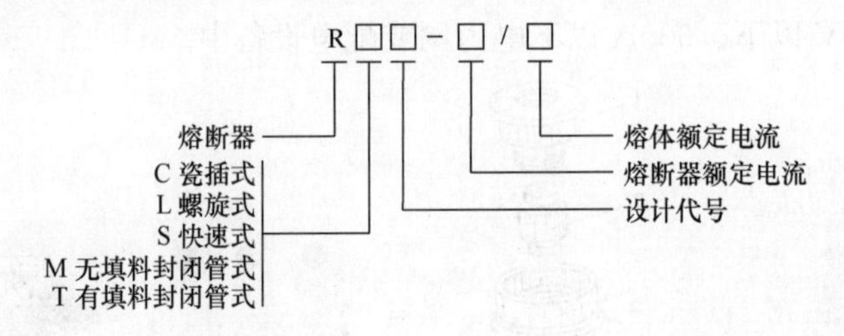

1. 熔断器的图形符号和文字符号

熔断器的图形符号和文字符号如图 4-17 所示。

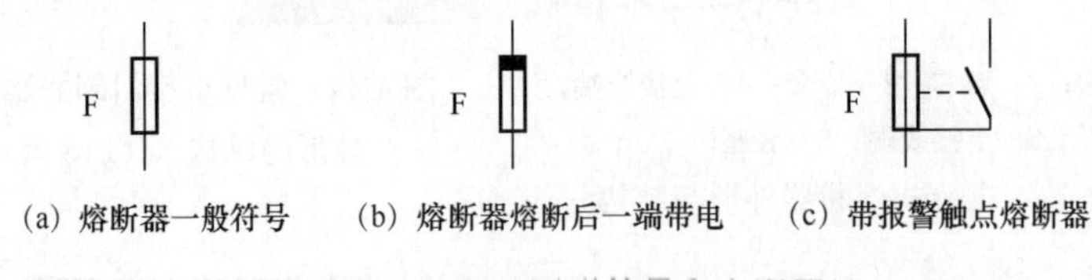

（a）熔断器一般符号 （b）熔断器熔断后一端带电 （c）带报警触点熔断器

图 4-17 熔断器的图形符号和文字符号

2. 熔断器的外壳（支座）、熔体的选用

熔断器的外壳（支座）、熔体的选用应遵从如下原则。

1）应根据使用场合合理选择熔断器类型；一般场合多使用 RT18 系列熔断器配合断路器使用，电网配电保护一般使用有填料管式熔断器；熔断器最大分断电流应大于被保护线路或负载的最大短路电流。

2）熔断器的额定电压≥线路电压；熔断器的额定电流≥所保护电路或负载电流。

3）一般照明线路熔体的额定电流不应超过负荷电流的 1.5 倍；动力线路熔体的额定电流不应超过负荷电流的 2.5 倍；熔断器（或熔断管）的额定电流不应小于熔体的额定电流。

4）运行中的单台电动机采用熔断器保护时，熔体电流规格应为电动机额定电流的 1.5～2.5 倍。多台电动机在同一条线路上采用熔断器保护时，熔体的额定电流应为其中最大一台电动机额定电流的 1.5～2.5 倍，再加上其余电动机额定电流的总和。

5）电力电容器在用作熔断器保护时，单台熔体额定电流应按电容器额定电流的 1.5～2.5 倍选用；成组装置的电容器的电流，按电容器组额定电流的 1.3～1.8 倍选用。

知识 4.2.3　熔断器的安秒特性

熔断器的安秒特性是指熔断时间与熔体电流成反比。特性曲线如图 4-18 所示。图中，t 为时间，I_f 为熔体电流，I_N 为熔断器额定电流。从图中可看出，熔体电流小于等于 I_N 时，不会熔断，可以长期工作。熔断器的熔体电流与熔断时间的关系如表 4-1 所示 。

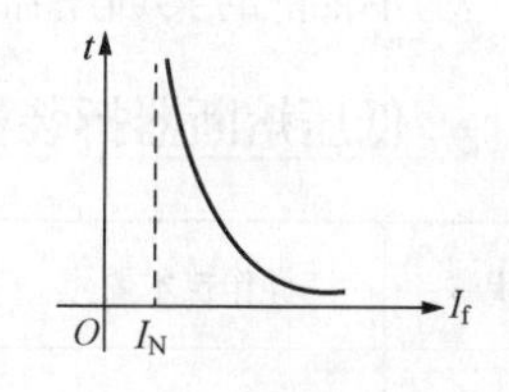

图 4-18　熔断器的安秒特性曲线

表 4-1　熔断器熔化电流与熔断时间的关系

熔体电流/A	$1.25I_N$	$1.6I_N$	$2.0I_N$	$2.5I_N$	$3.0I_N$	$4.0I_N$	$8.0I_N$
熔断时间/s	∞	3600	40	8	4.5	2.5	1

做一做

实训　低压小型封闭式熔断器拆装检查

班级：________姓名：________学号：________同组者：________

工作时间：____年__月__日（第____周 星期____第____节）实训课时：____课时

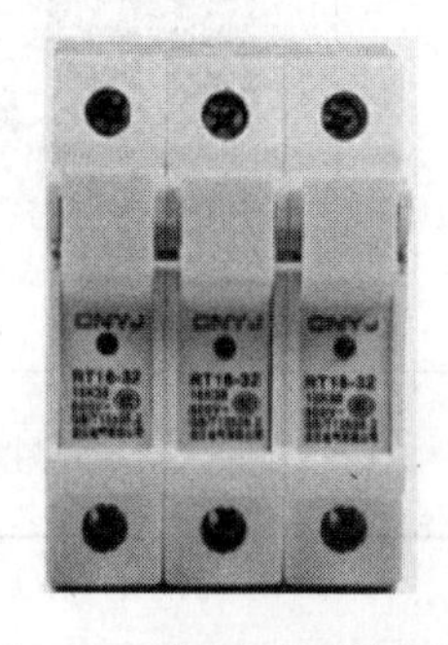

图 4-19　常用低压熔断器

工作任务单

熟悉常用低压熔断器的内、外部结构；学会使用检测仪器、仪表对常用低压熔断器进行检查。

本实训用低压熔断器如图 4-19 所示。

工作准备

认真阅读工作任务单，理解工作任务单的内容与要求，明确工作目标，做好准备，拟定工作计划。

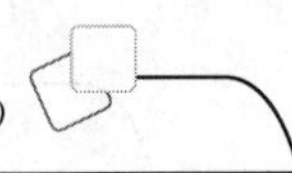

在完成常用低压熔断器检查使用工作任务前，正确掌握仪器仪表的使用方法，正确掌握熔断器的拆装工艺和方法。注意工作安全，做好个人防护工作。

1. 实训用器材

（1）元件：实训用小型封闭式熔断器（RT-18/32）1只（配2～6A熔芯）。
（2）工具：一字螺钉旋具、十字螺钉旋具、尖嘴钳等常用电工工具。
（3）测量仪表：三位半数字万用表等。
（4）实训用电源工作台：1台。
（5）耗材：熔芯等。

2. 质量检查

对所准备的实训用器材进行质量检查。

低压熔断器拆装检查操作技术要点

步骤	操作技术要点	操作示意图		
1. 检查前准备	检查熔断器应先清理熔断器的外表及外部，检查附件是否损坏或缺少，操作手柄是否开闭灵活。检查测量仪表是否齐全完备； 核对并记录熔断器铭牌的技术参数； 不同型号适配的熔芯不一样	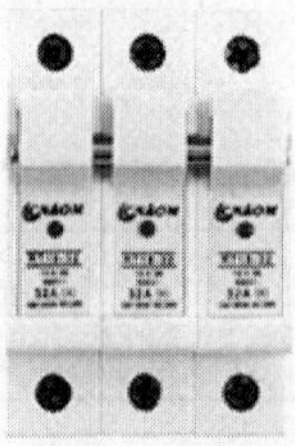 三极熔断器外形图	 技术参数	 熔芯
2. 检查	打开熔断器上盖进行常规检查，取出熔芯，检查动触点、静触点是否有烧蚀现象； 检查绝缘是否有碳化、金属粉末附着； 测量熔芯是否熔断； 装好熔芯检查整体通断	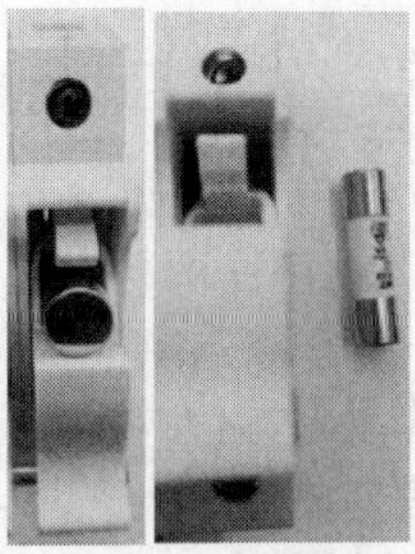 打开熔断器、取出熔芯	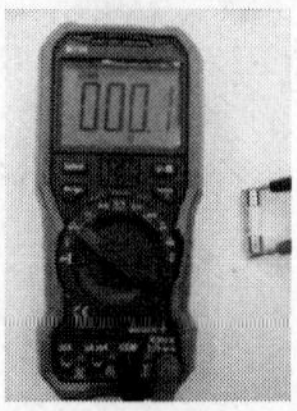 所测0.1Ω阻值属于表笔和熔芯的接触电阻 检测熔芯电阻	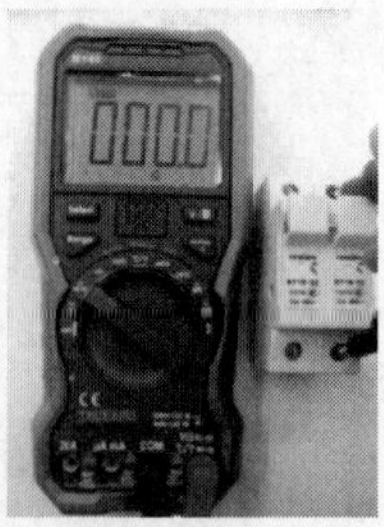 装入熔芯后测量

任务实施

实施步骤	计划工作内容	工作过程记录
1	实训用器材准备	
2	外部检查，参数记录	
3	按拆卸步骤进行拆卸	
4	检查机构是否灵活、是否有烧蚀或损坏情况，检查熔芯是否有熔断等情况，按组装步骤恢复熔断器	
5	安全与文明生产	

注意：

（1）拆卸熔断器时，应备有盛放零件的容器，以防丢失零件。

（2）拆卸过程中，不允许硬撬，以防损坏电器。遇到安装复杂的元件、组件或黏合、铆接成整体的元件不要再进行进一步拆解，避免电器元件无法恢复。

⚠安全提示

在任务实施过程中，应严格遵循安全操作规程，穿戴好工作服、绝缘鞋、安全帽；作业过程中，要文明施工，注意工具、仪器仪表等器材应摆放有序。工位应整洁。

任务检查与评价

序号	评价内容	配分	评价标准	学生评价	老师评价
1	实训用器材准备	10	（1）工具准备完整性　（是 □ 5分） （2）元件、仪表、耗材准备完整性　（是 □ 5分）		
2	外部检查，参数记录	10	（1）外表和检查　（是 □ 5分） （2）铭牌参数记录　（是 □ 5分）		
3	按拆卸步骤进行拆卸	5	（1）开启熔断器　（是 □ 3分） （2）取出熔芯　（是 □ 2分）		
4	检查机构是否灵活、是否有烧蚀或损坏情况，检查熔芯是否有熔断等情况，按组装步骤恢复熔断器	70	（1）导电体的目测检查与记录　（是 □ 10分） （2）机构检查与记录　（是 □ 10分） （3）静触点烧蚀、损坏检查与记录　（是 □ 15分） （4）配件检查与记录　（是 □ 10分） （5）熔芯通断检查与记录　（是 □ 15分） （6）其他检查与记录　（是 □ 10分）		
5	安全与文明生产	5	（1）环境整洁　（是 □ 1分） （2）工具、仪表摆放整齐　（是 □ 2分） （3）遵守安全规程　（是 □ 2分）		
合计		100			

议与练

议一议：

说出螺旋式熔断器熔体的特点。

练一练：

（1）怎样选择各种规格的熔断器？

（2）各种型号的熔断器有哪些适用场合？

（3）更换各种规格熔断器的熔体时有哪些应注意的问题？

任务 4.3 常用主令电器

主令电器是一类通过触点的闭合或断开，发出指令或动作程序进行电气控制的开关电器。它包括按钮开关、位置开关、主令控制器（主令开关）、脚踏开关、接近开关、倒顺开关、紧急开关、钮子开关、万能转换开关等。

任务目标

- 掌握按钮开关的结构和原理。
- 掌握位置开关的结构和原理。
- 了解万能转换开关的结构和原理。
- 了解主令控制器的结构和原理。
- 学会拆装并检查常用主令电器。

主令电器类型繁多，结构、功能差别较大，有的主要用于发出“指令”，有的直接用于电力拖动电路切换。通过本任务的学习，掌握几种常用主令电器的结构、原理及在电力拖动电路中的作用，这是学习并理解电力拖动电路的基础。

任务教学方式

教学步骤	时间安排	教学方式
阅读教材	课余	自学、查资料、相互讨论
知识讲解	0.5 课时	重点讲授按钮开关的结构和原理
知识讲解	0.5 课时	重点讲授位置开关的结构和原理
知识讲解	0.5 课时	重点讲授万能转换开关的结构和原理
知识讲解	0.5 课时	重点讲授主令电器的结构和原理
技能操作与练习	4 课时	主令电器拆装检查实训

知识 4.3.1　按钮开关

1. 按钮开关的用途

按钮开关是主令电器中最常见的电器之一，如图 4-20 所示。一般情况下，按钮开关不直接控制主电路的通断，而是向控制电路发出“指令”去控制接触器或继电器。

图 4-20　按钮开关

2. 按钮开关结构

按钮开关的结构示意图如图 4-21 所示，其结构分解图及触头部分如图 4-22 所示。

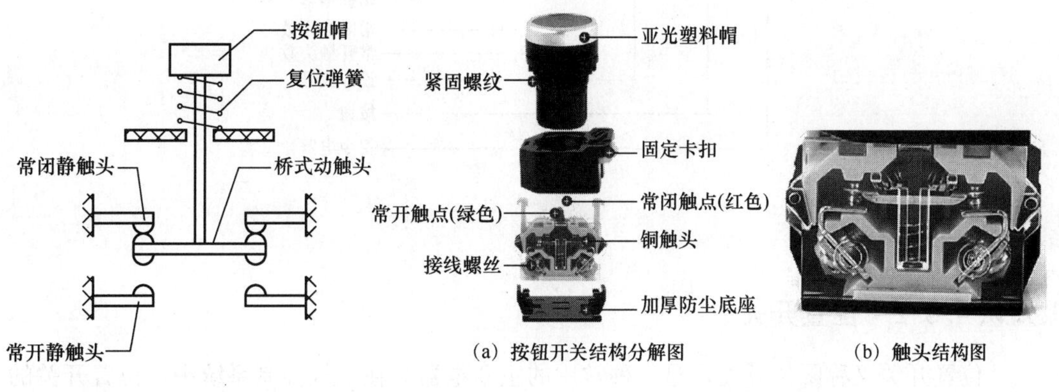

(a) 按钮开关结构分解图　(b) 触头结构图

图 4-21　结构示意图　　图 4-22　按钮开关的结构

3. 按钮开关的图形符号和文字符号

按钮开关的图形符号和文字符号如图 4-23 所示。

SE　SE　SE　S

(a) 按钮开关的常开触点　(b) 按钮开关的常闭触点　(c) 按钮开关的复合(常开+常闭)触点　(d) 紧急停止按钮开关

图 4-23　按钮开关的图形符号

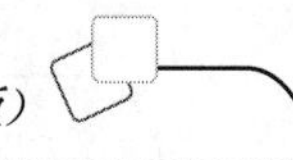

4. 按钮开关的选用

按钮开关允许通过的电流通常不超过5A。

按钮开关选用的基本要求如下。

1）根据使用场合和具体用途选择按钮开关的种类。

2）根据工作状态指示和工作情况要求，选择按钮的颜色。按钮颜色有红、黄、蓝、绿、白、黑等，可根据辨别和操作的需要进行选择。起动按钮选用绿色或黑色，停止按钮或紧急停止按钮则选用红色。返回的起动、移动出界、正常工作循环或移动开始时去抑制危险情况的按钮选用黄色，以上颜色未包括的特殊功能可选用白色或蓝色按钮。

5. 按钮开关的型号与含义

按钮开关的主要技术参数包括规格、结构形式、触头数及按钮颜色等。

按钮开关的结构形式有K—开启式、S—防水式、J—紧急式、X—旋钮式、H—保护式、F—防腐式、Y—钥匙式、D—带指示灯式。

按钮开关动作形式分为按钮式、钥匙锁式、扳把式等。

按钮开关的型号与含义如下：

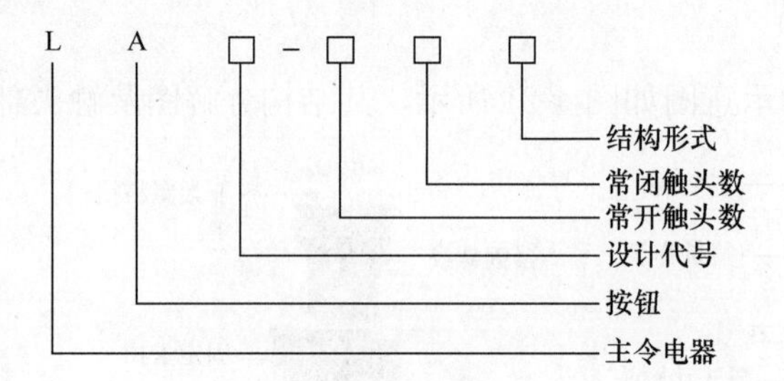

知识4.3.2 位置开关

位置开关又称限位开关，是一种常用的主令电器。在电气控制系统中，位置开关的作用是实现定位控制、顺序控制和位置状态的检测，用于控制机械设备的行程及限位保护。

一类位置开关为以机械行程直接接触驱动作为输入信号的行程开关和微动开关；另一类位置开关为以电磁信号等（非接触式）方式作为输入动作信号的接近开关。

1. 行程开关

(1) 行程开关的作用

行程开关是位置开关的主要种类。其作用与按钮相同，能将机械信号转换为电气信号，只是触点的动作不靠手动操作，而是用生产机械运动部件的碰撞使触点动作来实现接通和分断控制电路，达到一定的控制目的。通常被用来限制机械运动的位置或行程，使运动机械按一定位置或行程实现自动停止、反向运动、变速运动或自动往返运动等功能。

行程开关按其结构可分为直动式、滚轮式、微动式，如图 4-24 所示。

直动式　　滚轮式　　微动式

图 4-24　行程开关的几种结构

（2）行程开关的结构

行程开关主要由外壳保护部分、触点系统部分、操作头部分组成。图 4-25 所示是直动式行程开关的结构。

（3）行程开关的图形符号

行程开关的图形符号如图 4-26 所示。

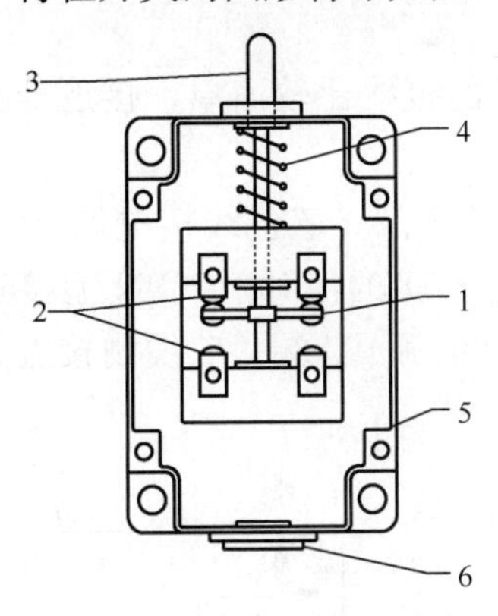

1—动触头；2—静触头；3—推杆；
4—复位弹簧；5—外壳；6—出线孔。

图 4-25　直动式行程开关的结构

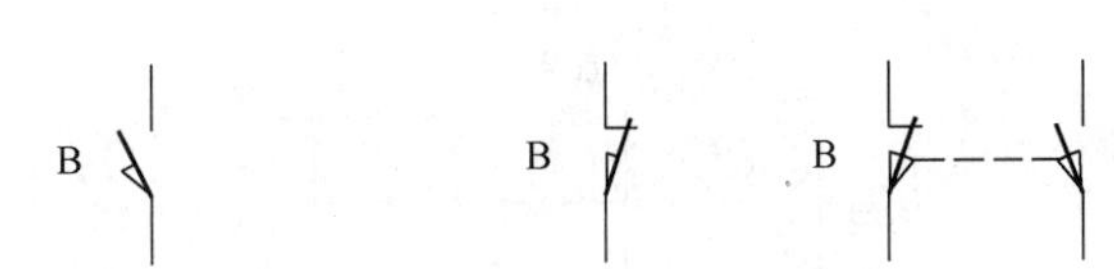

带动合触点行程开关　带动断触点行程开关　组合行程开关

图 4-26　行程开关的图形符号

2. 接近开关

接近开关是一种无须与运动部件进行机械式直接接触就可以操作的位置开关，如图 4-27所示。当物体接近到开关的感应面动作距离时，不需要机械接触及施加任何压力即可使开关动作，从而驱动继电器或为自动装置提供控制指令。

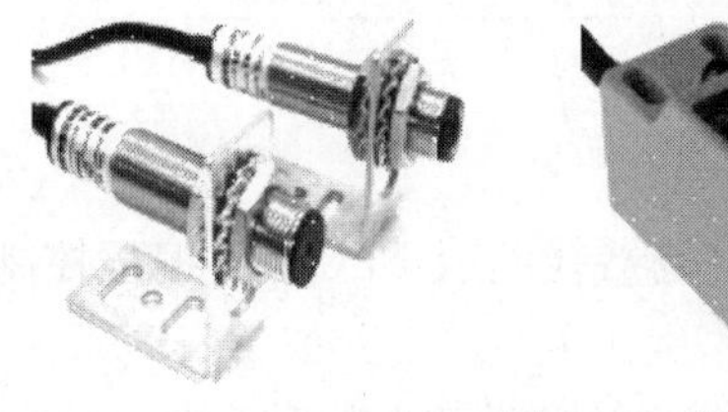
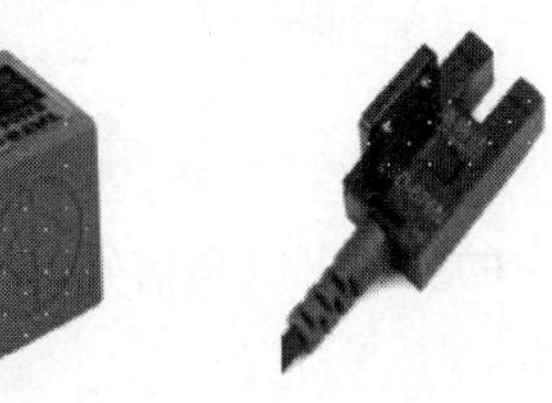

图 4-27　接近开关

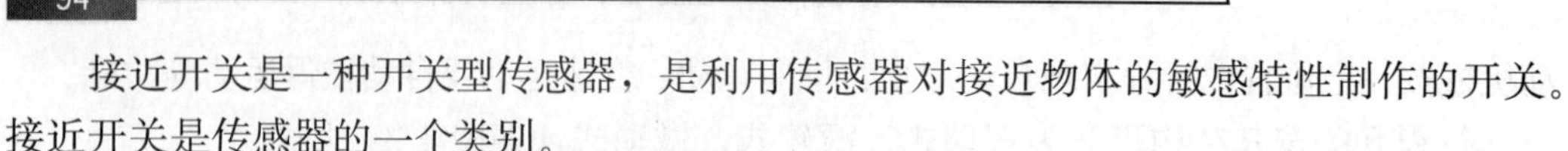

接近开关是一种开关型传感器，是利用传感器对接近物体的敏感特性制作的开关。接近开关是传感器的一个类别。

（1）接近开关的作用

接近开关多用于距离检测和位置检测、物品（长、宽、高和体积）的尺寸检测、转速与速度检测、计数检测、物品异常检测、物品材质识别、物品编码识别等。

（2）接近开关的种类

接近开关分为有无源（干簧管）接近开关、涡流（电感）式接近开关、电容式接近开关、霍尔接近开关、光电式接近开关、热释电式接近开关、超声波式接近开关、微波式接近开关等。接近开关按其外形形状可分为圆柱形、方形、沟形、穿孔（贯通）形和分离形等。

（3）接近开关的图形符号

接近开关的图形符号如图 4-28 所示。

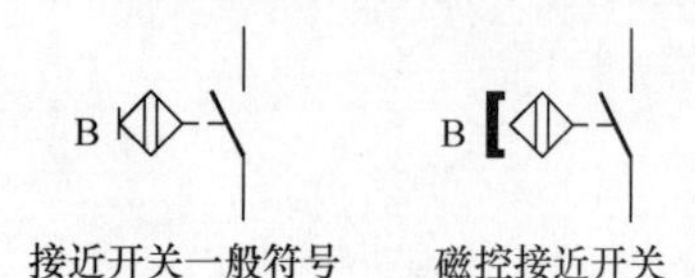

图 4-28　接近开关的图形符号

（4）接近开关的使用与接线

1）接近开关有两线制和三线制之区别，三线制接近开关又分为 NPN 型和 PNP 型，它们的接线方式是不同的。

2）两线制接近开关的接线比较简单，接近开关与负载串联后接到电源即可。

3）三线制接近开关的接线：红（或棕）色线接电源正端；蓝色线接电源 0V 端；黄（或黑）色线为信号，应接负载。负载的另一端是这样接的：对于 NPN 型接近开关，应接到电源正端；对于 PNP 型接近开关，则应接到电源 0V 端。三线制接近开关接线示意图如图 4-29 所示。

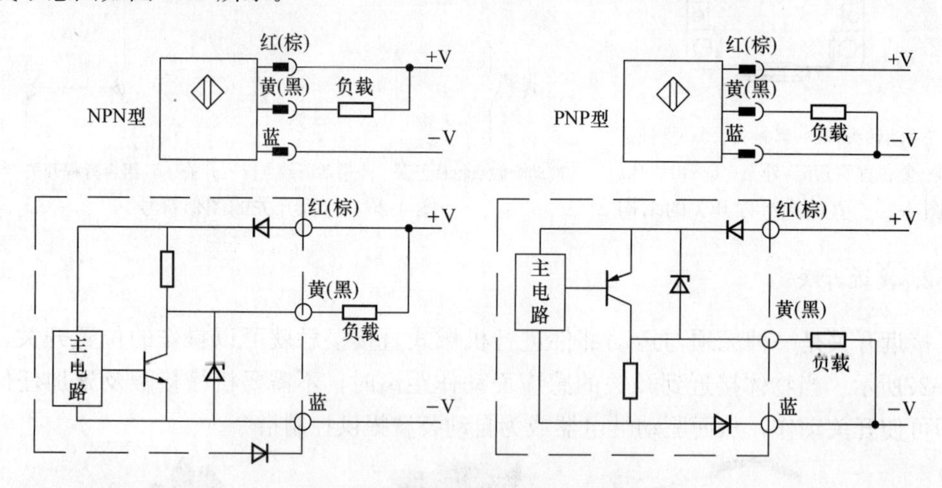

图 4-29　三线制接近开关示意图

4）接近开关的负载可以是信号灯、继电器线圈或 PLC（可编程控制器）的数字量输入端（或模块）。

5）需要特别注意：接到 PLC 数字输入端的三线制接近开关的型式选择。PLC 的数字量输入模块一般可分为两类：一类的公共输入端为电源负极，电流从输入端流出，此时，一定要选用 NPN 型接近开关；另一类的公共输入端为电源正极，电流从输入端流入，此时，一定要选用 PNP 型接近开关。千万不要选错了。

6）两线制接近开关受工作条件的限制，导通时开关本身产生一定压降，截止时又有一定的剩余电流流过，选用时应予以考虑。三线制接近开关虽多了一根线，但不受剩余电流之类不利因素的困扰，工作更为可靠。

7）有的厂商将接近开关的“常开”和“常闭”信号同时引出，或增加其他功能，此种情况，请按产品说明书具体接线。

知识 4.3.3　万能转换开关

万能转换开关主要适用于交流 50Hz、额定工作电压 380V 及以下、直流电压 220V 及以下，额定电流 5～160A 的电气线路中，通过多组、多挡位切换，对电路进行转换和控制。

（1）万能转换开关的作用

万能转换开关如图 4-30 所示。主要用于各种控制线路的转换、电压表的换相测量控制、配电装置线路的转换和遥控等。万能转换开关还可以用于直接控制小容量电动机的起动、调速和换向。

图 4-30　万能转换开关

（2）万能转换开关的结构

万能转换开关的结构如图 4-31 所示，它是由多组相同结构的触点组件叠装而成的多回路控制电器。它由操作机构、凸轮定位装置、触点系统、转轴、旋转手柄等部件组成。

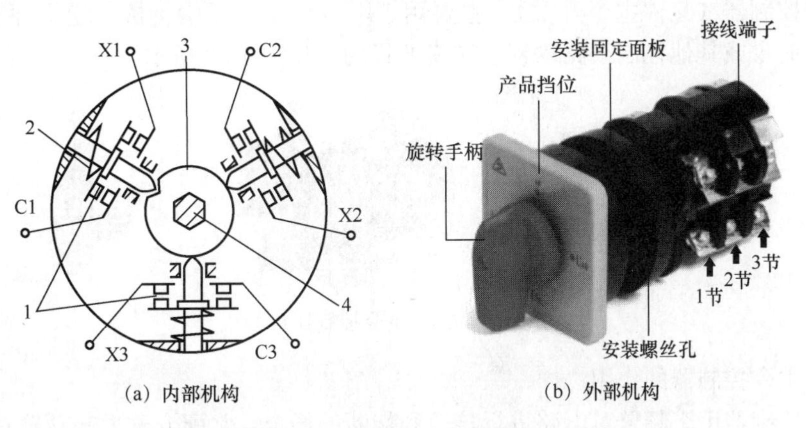

1—触点系统；2—工作弹簧；3—凸轮机构；4—转轴。

图 4-31　万能转换开关的结构

（3）万能转换开关图形画法及触点通断表

以转换开关LW5D-16/9 D0723为例，万能转换开关图形画法及触点通断表如图4-32所示。

在触点通断表中“×”记号表示在该位置触点是接通的。

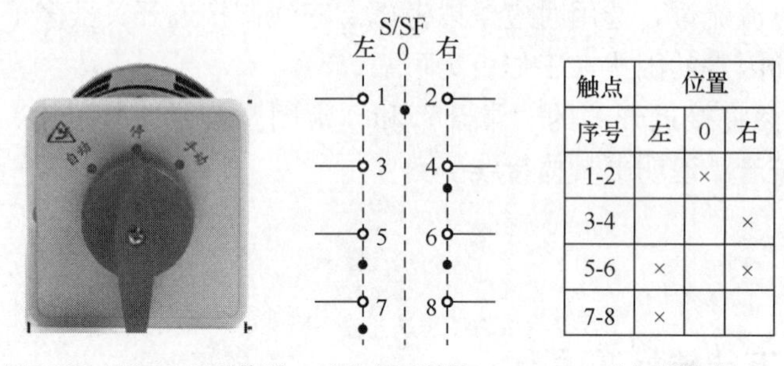

触点序号	位置 左	位置 0	位置 右
1-2		×	
3-4			×
5-6	×		×
7-8	×		

(a) LW5D-16/3 D0723型外形　(b) 图形符号　(c) 接线表

图4-32　万能转换开关

（4）万能转换开关的型号和含义

万能转换开关的型号和含义如下：

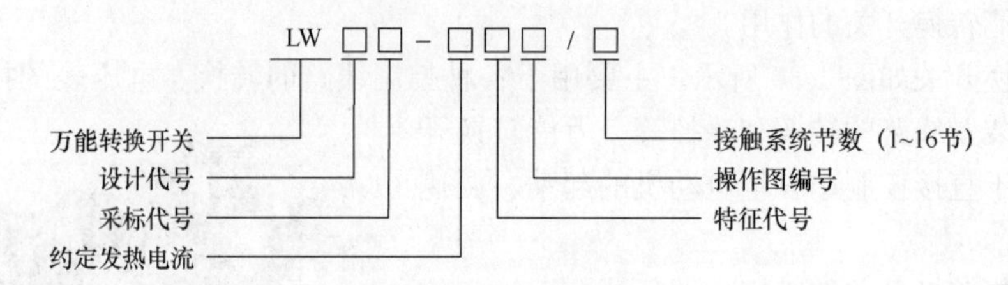

知识4.3.4　主令控制器

主令控制器（又称主令开关），主要用于电力传动装置中，按一定顺序分合触头，达到发布命令或其他控制线路联锁、转换的目的，如图4-33所示。

图4-33　主令控制器

（1）主令控制器的作用

主令控制器用于频繁对电路进行接通和切断的场合，常配合磁力起动器对绕线式异步电动机的起动、制动、调速及换向实行远距离控制，广泛应用于各类起重机械的拖动电动机的控制系统中。

(2) 主令控制器的结构

主令控制器按其结构形式（凸轮能否调节）可分为两类：一类是凸轮可调式主令控制器；另一类是凸轮固定式主令控制器。

主令控制器一般由触头系统、操作机构、转轴、齿轮减速机构、凸轮、外壳等几部分组成，如图 4-34 所示。

主令控制器的动作原理与万能转换开关相同，都是靠凸轮来控制触头系统的通断。但与万能转换开关相比，它的触点容量大些，操纵挡位也较多。不同形状凸轮的组合可使触头按一定顺序动作，而凸轮的转角是由控制器的结构决定的，凸轮数量的多少则取决于控制线路的要求。

用于二次回路控制的主令控制器其触头工作电流不大，一般为 5A。

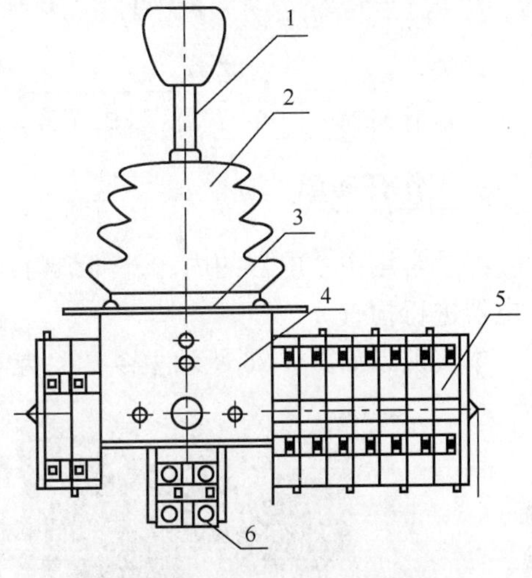

1—手柄；2—密封罩；3—装饰板；
4—机构架；5—触头盒；6—按钮触头盒。
图 4-34　主令控制器结构

(3) 主令控制器图形画法及触点接通点

以 LK1-12/90 型主令控制器为例，主令控制器图形画法及触点接通点如图 4-35 所示。

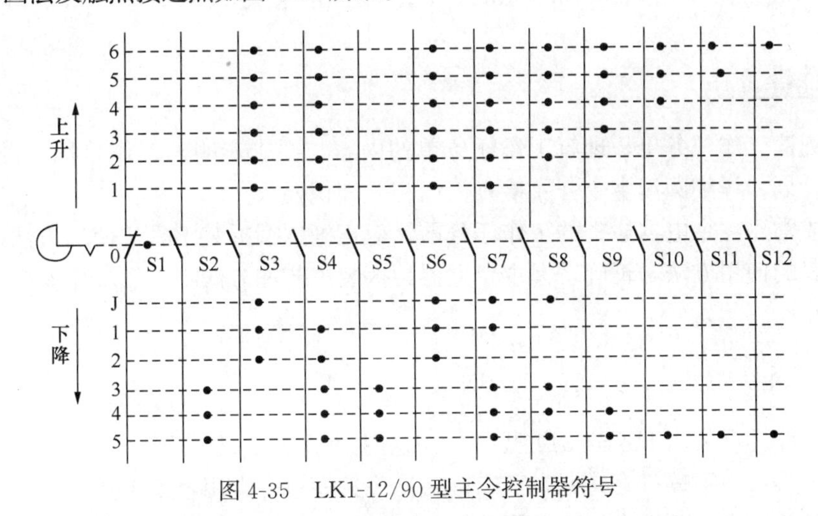

图 4-35　LK1-12/90 型主令控制器符号

(4) 主令控制器的型号和含义

主令控制器的型号和含义如下：

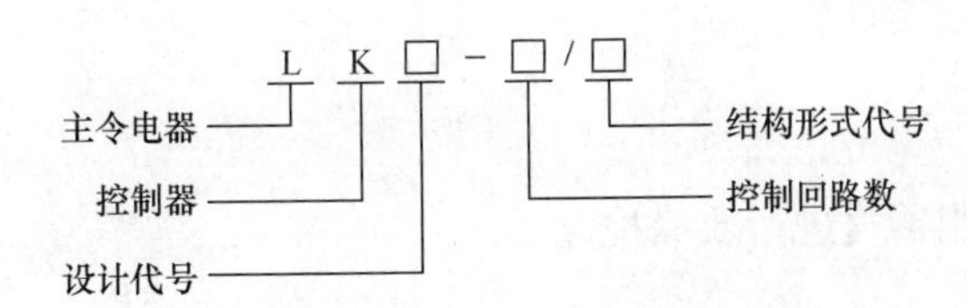

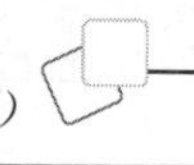

做一做

实训　主令电器拆装检查

班级：________ 姓名：__________ 学号：__________ 同组者：__________
工作时间：____年__月__日（第____周 星期____第____节）实训课时：____课时

工作任务单

熟悉常用主令电器的内、外部结构；学会使用拆装工具和检测仪器、仪表对常用主令电器进行检查。

本实训以如图 4-36 所示主令开关为例来完成。

图 4-36　HKB2-314 型（4A4B）主令开关

工作准备

认真阅读工作任务单，理解工作任务单的内容与要求，明确工作目标，做好准备，拟定工作计划。详细阅读主令开关检查使用相关知识要求。

在完成常用主令电器检查的工作任务前，应正确掌握拆装工具的使用方法，正确掌握仪器仪表的使用方法，正确掌握主令电器的拆装工艺和方法，注意工作安全，做好个人防护工作。

1. 实训用器材

（1）元件：拆装用 HKB2-314 型（4A4B）主令开关 1 只。
（2）工具：一字螺钉旋具、十字螺钉旋具、尖嘴钳等常用电工工具。
（3）测量仪表：三位半数字万用表等。
（4）实训用电源工作台：1 台。
（5）耗材：螺帽、垫片等。

2. 质量检查

对所准备的实训用器材进行质量检查。

主令开关拆装检查操作技术要点

步骤	操作技术要点	操作示意图		
1. 检查前准备	清理主令开关、检查附件是否损坏或缺少，检查拆装用工具、测量仪表是否齐全完备。核对记录主令开关铭牌的技术参数。 检查操作手柄是否开闭灵活			
		主令开关外观、参数、操作机构检查		
2. 检查	拆解主令开关进行常规检查。 拆卸操纵杆球头；拆卸橡胶防护套。 拆卸安装螺帽和橡胶垫；拆卸操动机构；拆卸触点组；检查动作机构零件是否有损坏、变形；检查触点组（片）触点动作是否正常；检查触点是否有烧蚀、损坏情况；检查接触是否良好。 注意： 触点组（片）的防护盖有可能已经和本体进行黏合，这样的触点组（片）不需要再进行分解	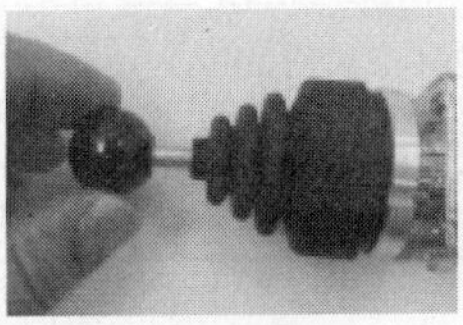	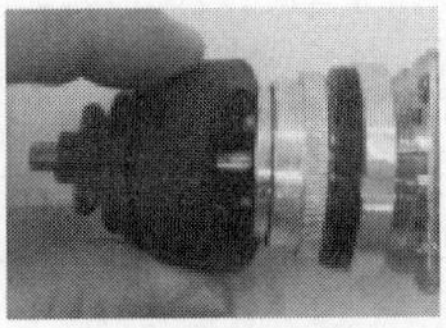	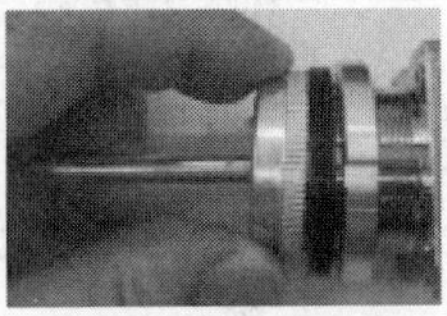
		拆下球头	拆下防护套	拆下安装螺帽
			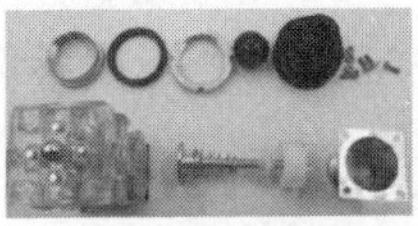	
		拆下动作机构	部分分解后零部件	分解触点组组件
				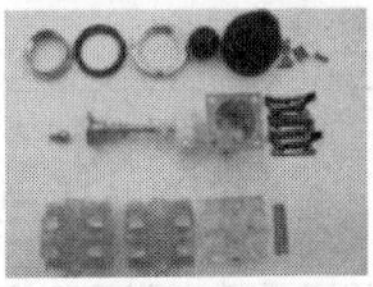
		触点组组件分解后部件	分解触点组	分解后零部件
3. 组装及复检	检查各零部件完好后进行组装，组装完成后要复检。 检查动作机构是否灵活、可靠。 将开关操纵杆转向一侧，检查该侧动断触点、动合触点接触是否良好	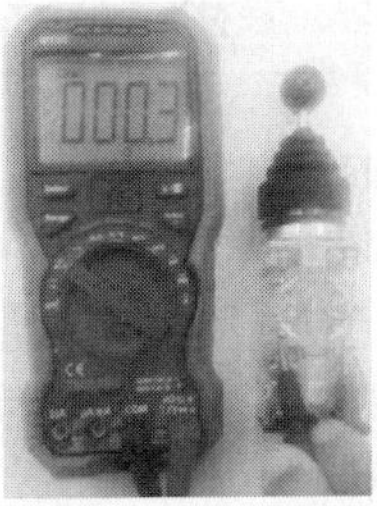	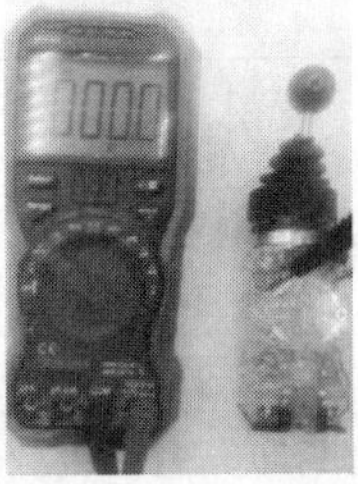	
		触点通断测量		

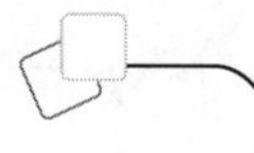

任务实施

步骤	计划工作内容	工作过程记录
1	实训用器材准备	
2	做好主令电器外部部件的标记	
3	按拆卸步骤拆卸主令电器	
4	测量所拆卸主令电器的绝缘情况，检查电器外壳是否正常，检查动作机构是否灵活或损坏，检查动触点、静触点是否有严重烧蚀或损坏，检查配件是否完整等	
5	按组装步骤进行主令电器组装和通电检查	
6	安全与文明生产	

注意：

（1）拆卸主令开关时，应备有盛放零件的容器，以防丢失零件。

（2）拆卸过程中，不允许硬撬，以防损坏电器。遇到安装复杂的元件、组件或黏合、铆接成整体的元件不要再进一步拆解，避免电器元件无法恢复。

⚠安全提示

在任务实施过程中，应严格遵循安全操作规程，穿戴好工作服、绝缘鞋、安全帽；作业过程中，要文明施工，注意工具、仪器仪表等器材应摆放有序。工位应整洁。

任务检查与评价

序号	评价内容	配分	评价标准	学生评价	老师评价
1	实训用器材准备	5	（1）工具准备完整性（是 □ 2分） （2）元件、仪表、耗材准备完整性（是 □ 3分）		
2	做好主令电器外部部件的标记	5	（1）主令电器的识别（是 □ 2分） （2）电器外壳标记及铭牌参数记录（是 □ 3分）		
3	按拆卸步骤拆卸主令电器	20	（1）拆卸操纵杆头及防滑橡胶套等（是 □ 5分） （2）拆卸安装螺母、橡胶垫（是 □ 5分） （3）拆卸动作机构（组件）（是 □ 5分） （4）拆卸触点组（是 □ 5分）		

续表

序号	评价内容	配分	评价标准	学生评价	老师评价
4	测量所拆卸主令电器的绝缘情况，检查电器外壳是否正常，检查动作机构是否灵活或损坏，检查动触点、静触点是否有严重烧蚀或损坏，检查配件是否完整等	45	（1）绝缘检查与记录　（是 □ 5 分） （2）外壳检测与记录　（是 □ 5 分） （3）动作机构检查与记录　（是 □ 5 分） （4）动触点、静触点检查与记录　（是 □ 5 分） （5）配件检查与记录　（是 □ 5 分） （6）通断检查与记录　（是 □ 5 分） （7）其他检查与记录　（是 □ 5 分） （8）对损坏的动触点、静触点进行修理或更换　（是 □ 5 分） （9）对定位或复位弹簧检查与记录　（是 □ 5 分）		
5	按组装步骤进行主令电器组装和通电检查	20	（1）安装动触点、静触点（组件）　（是 □ 5 分） （2）安装动作机构等　（是 □ 5 分） （3）安装其他附件等　（是 □ 5 分） （4）通断检查　（是 □ 5 分）		
6	安全与文明生产	5	（1）环境整洁　（是 □ 1 分） （2）工具、仪表摆放整齐　（是 □ 1 分） （3）遵守安全规程　（是 □ 3 分）		
合计		100			

议与练

议一议：

主令开关的测量方法。

练一练：

（1）怎样选择各种规格的主令电器？

（2）各种型号的主令电器有哪些适用场合？

（3）主令开关的测量有哪些注意问题？

任务 4.4　接　触　器

任务目标

- 掌握交流接触器结构和原理。
- 了解直流接触器与交流接触器的差别
- 学会拆装并检查常用接触器。

接触器是一种依靠电磁力作用使触头闭合或分断来接通或断开电动机（或其他用电

设备）电路的控制电器，广泛应用于电力、配电与电气控制系统中。在广义上接触器是指工业电气中利用线圈流过电流产生磁场，使触头闭合，以达到控制负载的电器。

接触器根据控制电流的不同，在结构和功能上差别较大。掌握接触器的结构、原理及在电力拖动电路中的作用，是学习并理解电力拖动电路的基础。

任务教学方式

教学步骤	时间安排	教学方式
阅读教材	课余	自学、查资料、相互讨论
知识讲解	0.5 课时	重点讲授交流接触器的结构和原理
知识讲解	0.5 课时	重点讲授直流接触器的结构和原理
技能操作与练习	3 课时	接触器的拆装检查实训

知识　接触器基本知识

接触器分为交流接触器（所控制回路为交流电压）和直流接触器（所控制回路为直流电压）。

1. 接触器的作用

接触器适用于远距离接通和分断交（直）流回路。主要用作控制交（直）流回路电动机的起动、停止、反转、调速，并可与热继电器或其他适当的保护装置组合，保护电动机在可能发生的过载或断相情况下免于受损，也可用于控制其他电力负载如电热器、电照明、电焊机等。常用的交流接触器及直流接触器如图 4-37 所示。

(a) 常用交流接触器

(b) 单触点直流接触器

图 4-37　接触器

接触器常采用双断口电动灭弧、纵缝灭弧和栅片灭弧三种灭弧方法，用以消除动触头、静触头在分、合过程中产生的电弧。额定电流在 10A 以上的接触器都有灭弧装置。

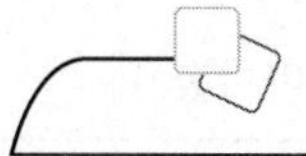

2. 接触器的结构

接触器的结构一般如图 4-38 所示。

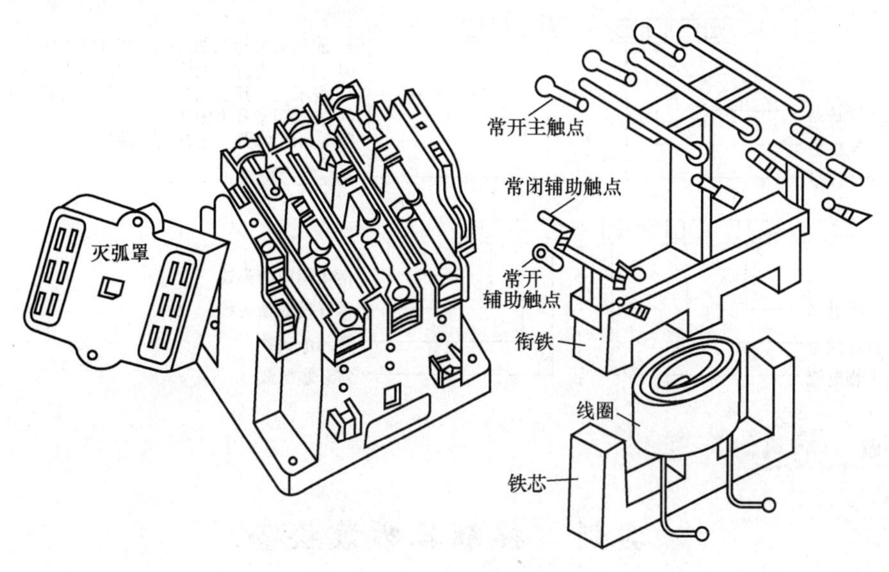

图 4-38　交流接触器结构

接触器还有反作用弹簧、缓冲弹簧、触头压力弹簧、传动机构、底座及接线柱等辅助部件。

3. 接触器的图形符号和文字符号

接触器的图形符号和文字符号如图 4-39 所示。

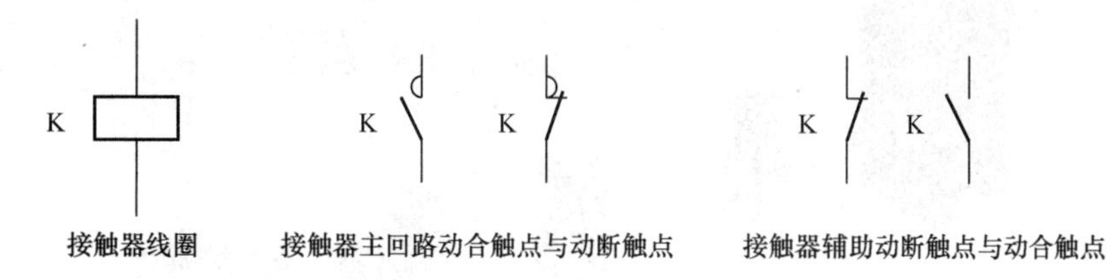

图 4-39　接触器的图形符号和文字符号

4. 接触器的工作原理

接触器工作原理是，当接触器的电磁线圈通电后，会产生很强的磁场，使铁芯产生电磁吸力吸引衔铁，并带动触头动作：常闭触头断开，常开触头闭合，两者是联动的；当电磁线圈断电时，电磁吸力消失，衔铁在释放弹簧的作用下释放，使触头复原：常闭触头闭合，常开触头断开。

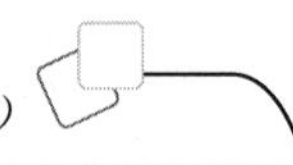

5. 常用接触器的型号与含义

常用接触器的型号与含义如下：

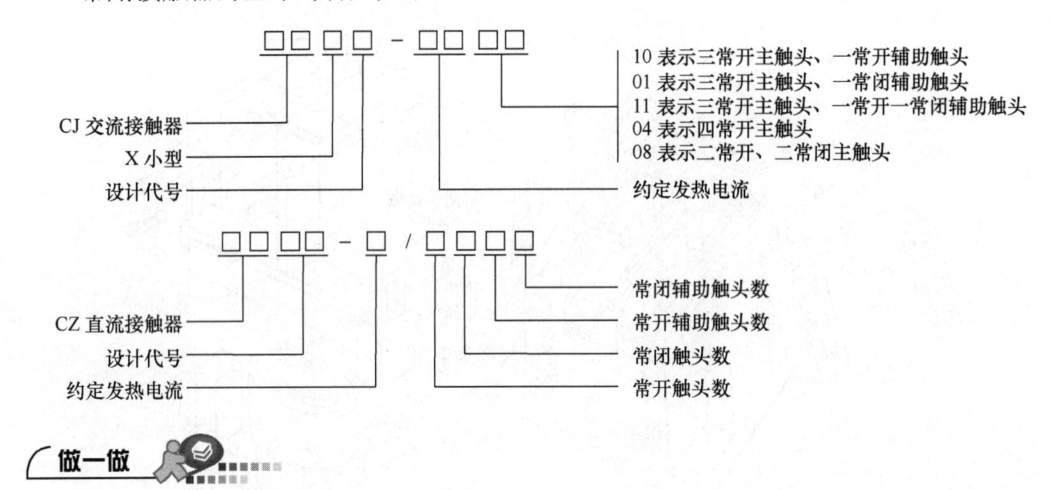

做一做

实训　接触器拆装检查

班级：________姓名：__________学号：__________同组者：__________________

工作时间：____年__月__日（第____周 星期____ 第____节）实训课时：____课时

工作任务单

熟悉常用接触器的内、外部结构如图 4-40 所示，学会使用拆装工具和检测仪器、仪表对常用接触器进行拆装检查。

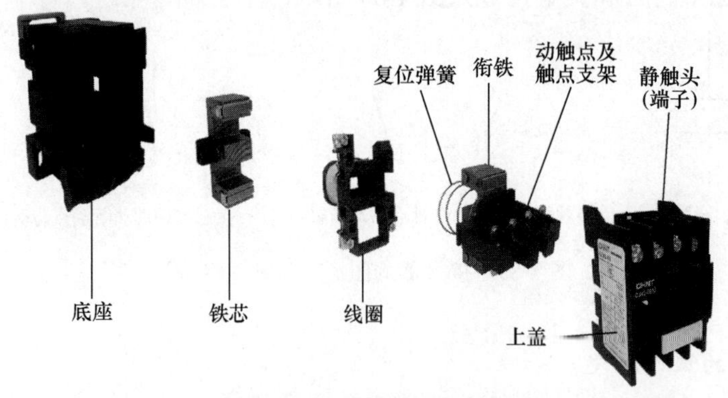

图 4-40　常用接触器拆解图

工作准备

认真阅读工作任务单，理解工作任务单的内容与要求，明确工作目标，做好准备，拟定工作计划。

在完成常用接触器拆装检查工作任务前，应正确掌握拆装工具的使用方法，正确掌握仪器、仪表的使用方法，正确掌握接触器的拆装工艺和方法，注意工作安全，做好个人防护工作。

1. 实训用器材

（1）元件：拆装用接触器（CJX1、CJX2、CJ20）任选2只。
（2）工具：一字螺钉旋具、十字螺钉旋具、尖嘴钳等常用电工工具。
（3）测量仪表：三位半数字万用表等。
（4）实训用电源工作台：1台。
（5）耗材：按需提供。

2. 质量检查

对所准备的实训用器材进行质量检查。

接触器拆装检查操作技术要点

步骤	操作技术要点	操作示意图		
1. 拆解前检查	清理接触器的外表，检查外部、附件是否损坏或缺少，检查拆装用工具、测量仪表是否齐全完备。 核对并记录好接触器铭牌的技术参数。 检查动触点及衔铁、触点支架所组成的动作机构是否动作灵活	接触器俯视图及铭牌	接触器正面图	接触器底部图
2. 接触器常规拆解检查	检查接触器各相绝缘间隔是否有碳化、金属粉末附着；检查动触点、静触点是否完整和有烧蚀情况；检查电磁线圈是否有绝缘损坏或过热现象；检查衔铁与铁芯接触面是否有油污、锈蚀现象等。 动触点、静触点烧蚀面积≥50%时应予以维修或更换；对有轻微烧蚀和金属粉末附着处则进行清除，严重时应予以更换或报废；测量绝缘电阻值≥0.5MΩ。	取下端子防护罩		旋下端子螺栓
		用尖嘴钳抽出触点	拆下壳体安装螺栓	取下上壳体

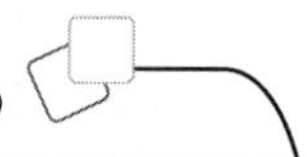

续表

步骤	操作技术要点	操作示意图		
2. 接触器常规拆解检查	对检查有问题的接触器在修复前不得再安装使用，确保接触器能够安全可靠地运行			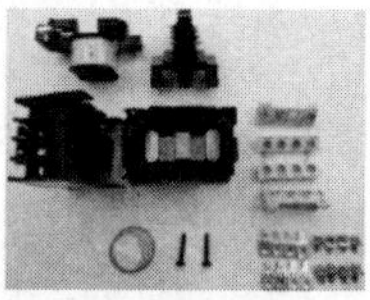
		取下动触点及衔铁、触点支架所组成的动作机构	取下复位弹簧	取出铁芯、减震垫

		分解后的零部件	动触点及衔铁、触点支架所组成的动作机构	线圈
3. 通电试验	修复后的接触器要进行通电试验检查	动作可靠		

任务实施

步骤	计划工作内容	工作过程记录
1	实训用器材准备	
2	做好所拆装检查的接触器的外部部件标记	
3	按步骤拆卸接触器	
4	测量接触器是否绝缘，检查电器外壳是否正常，检查动作机构是否灵活或损坏，检查动触点、静触点是否有严重烧蚀或损坏的情况，检查衔铁、线圈是否完整等	
5	按组装步骤进行接触器组装和通电试验	
6	安全与文明生产	

注意：

（1）拆卸接触器时，应备有盛放零件的容器，以防丢失零件。

（2）拆卸接触器的过程中，不允许硬撬，以防损坏电器。

⚠ 安全提示

在任务实施过程中，应严格遵循安全操作规程，穿戴好工作服、绝缘鞋、安全帽；作业过程中，要文明施工，注意工具、仪器仪表等器材应摆放有序。工位应整洁。

任务检查与评价

序号	评价内容	配分	评价标准	学生评价	老师评价
1	实训用器材准备	5	（1）工具准备完整性　（是 □ 2分） （2）元件、仪表、耗材准备完整性　（是 □ 3分）		
2	做好所拆装检查接触器的外部部件标记	5	（1）接触器识别　（是 □ 2分） （2）外壳标记及铭牌参数记录　（是 □ 3分）		
3	按步骤拆卸接触器	20	（1）取下端子防护罩　（是 □ 5分） （2）卸下静触点端子螺栓，取下静触点（是 □ 5分） （3）拆卸接触器壳体螺栓，取下上壳体及取下动触点组（动衔铁）　（是 □ 5分） （4）取下复位弹簧和线圈组及下衔铁　（是 □ 5分）		
4	测量接触器是否绝缘，检查电器外壳是否正常，检查动作机构是否灵活或损坏，检查动触点、静触点是否有严重烧蚀或损坏的情况，检查衔铁、线圈是否完整等	45	（1）电器外壳检测与记录　（是 □ 5分） （2）各相绝缘间隔检查与记录　（是 □ 5分） （3）动触点、静触点检查与记录　（是 □ 5分） （4）衔铁检查与记录　（是 □ 5分） （5）电磁线圈检查与记录　（是 □ 5分） （6）通断检查与记录　（是 □ 5分） （7）其他检查与记录　（是 □ 5分） （8）对衔铁动触点、静触点进行修理或更换　（是 □ 5分） （9）对定位或复位弹簧检查与记录　（是 □ 5分）		
5	按组装步骤进行接触器组装和通电试验检查	20	（1）动触点恢复安装　（是 □ 5分） （2）安装衔铁、线圈、复位弹簧，螺栓等　（是 □ 5分） （3）安装静触点、防护盖、紧固螺栓　（是 □ 5分） （4）通电试验检查　（是 □ 5分）		
6	安全与文明生产	5	（1）环境整洁　（是 □ 1分） （2）工具、仪表摆放整齐　（是 □ 2分） （3）遵守安全规程　（是 □ 2分）		
合计		100			

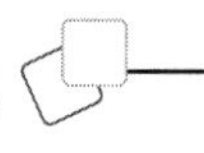

议与练

议一议：

交流接触器的拆卸与装配工艺流程。

练一练：

（1）怎样选择交流接触器？

（2）直流接触器与交流接触器相比，在结构上有哪些主要区别？

（3）交流接触器的拆卸与装配时有哪些注意事项？

任务4.5 常用继电器

- 掌握交流中间继电器的结构和原理。
- 掌握小型继电器的结构和原理。
- 熟悉时间继电器的结构和原理。
- 熟悉热继电器的结构和原理。
- 了解速度继电器的结构和原理。
- 学会拆装并检查交流中间继电器。

继电器是类型繁多，结构、功能差别较大的一类电器元件。在电力拖动电路中应用最为复杂（用作触点扩展或自动控制）。通过掌握继电器的结构、原理及在电力拖动电路中的作用，才能更好地学习并理解电力拖动电路。

任务教学方式

教学步骤	时间安排	教学方式
阅读教材	课余	自学、查资料、相互讨论
知识讲解	0.5课时	重点讲授交流中间继电器的结构和原理
知识讲解	0.5课时	重点讲授小型继电器的结构和原理
知识讲解	1课时	重点讲授时间继电器的结构和原理
知识讲解	0.5课时	重点讲授热继电器的结构和原理
知识讲解	0.5课时	重点讲授速度继电器的结构和原理
技能操作与练习	2课时	交流中间继电器拆装检查实训

知识 4.5.1 继电器及其分类

继电器是一种电气控制元件，是当输入量的变化达到规定要求时，在电气输出回路中使被控量发生预定的阶跃变化的一种电器，通常应用于自动化的控制电路中。它实际上是用小电流去控制大电流运作的一种“自动开关”，故在电路中起着自动调节、安全保护、转换电路等作用。

继电器分类方法多，功能特点丰富。以下按继电器的工作特征对其进行分类。

1）电磁继电器：利用输入电路在电磁铁铁芯与衔铁间产生的吸力作用而工作的一种继电器，如交流中间继电器。

2）固体继电器：指电子元件履行其功能而无机械运动构件的、输入和输出隔离的一种继电器。

3）温度继电器：当外界温度达到给定值时而动作的继电器。

4）舌簧继电器：利用密封在管内，具有触点簧片和衔铁磁路双重作用的舌簧动作来开、闭或转换线路的继电器。

5）时间继电器：当加上或除去输入信号时，输出部分须延时或限时到规定时间才闭合或断开其被控线路的继电器。

6）高频继电器：用于切换高频/射频线路而具有最小损耗的继电器。

7）极化继电器：有极化磁场与控制电流通过控制线圈所产生的磁场综合作用而动作的继电器。继电器的动作方向取决于控制线圈中流过的电流方向。

8）其他类型的继电器：如光继电器、声继电器、热继电器、仪表式继电器、速度继电器、霍尔效应继电器，差动继电器等。

常用继电器的型号与含义如下：

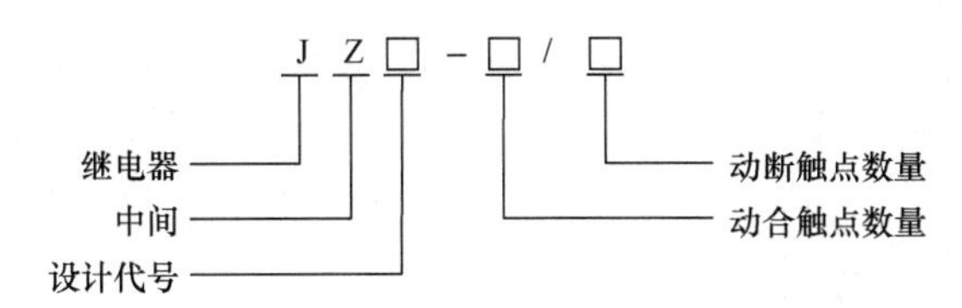

知识 4.5.2 交流中间继电器

交流中间继电器通常用来传递信号和同时控制多个电路，也可用来直接控制小容量电动机（电动机额定电流小于 5A）或其他电器执行元件。

1. 交流中间继电器的作用

交流中间继电器的作用与交流接触器基本相同。与交流接触器的主要区别是可扩大

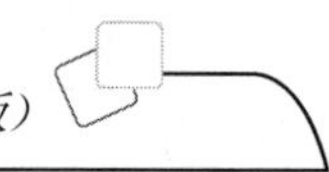

信号的传递，提高控制点数量。它输入的是线圈得电、失电信号，输出的是触头合、断信号。由于触头的额定电流比线圈的额定电流大，故可以将开关信号放大；由于触头数量较多，又可以同时控制多个电路，使控制信号的数量增加。

在选用交流中间继电器时，主要需考虑电压等级和触点数目。

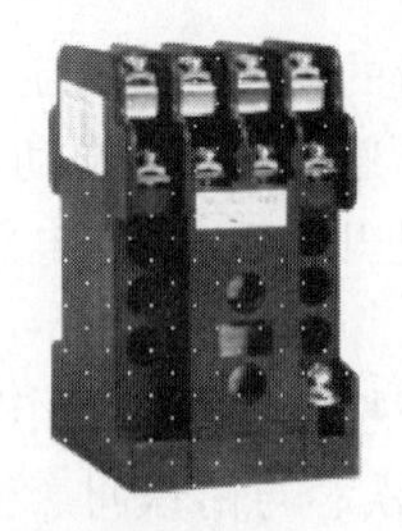

图 4-41　JZ7 系列交流中间继电器

JZ7 系列交流中间继电器如图 4-41 所示，主要用于交流 50Hz（派生后可用于 60Hz）、额定工作电压至 380V 或直流额定电压至 220V 的控制电路中，用来控制各种电磁线圈，以使信号扩大或将信号同时传给有关控制元件。

2. 交流中间继电器的结构及工作原理

交流中间继电器和交流接触器结构基本一样，如图 4-42 所示，都是由常开/常闭触头、铁芯、衔铁、缓冲弹簧、反作用弹簧、线圈等组成。交流中间继电器的工作原理为：当电磁线圈通电后，衔铁产生电磁吸力吸引衔铁，并带动触头动作，使常闭触头断开、常开触头闭合，两者是联动（先断后合）的；当电磁线圈断电时，电磁吸力消失，衔铁在释放弹簧的作用下释放，使触头复原：常闭触头闭合、常开触头断开。

3. 交流中间继电器的图形符号和文字符号

交流中间继电器的图形符号和文字符号如图 4-43 所示。

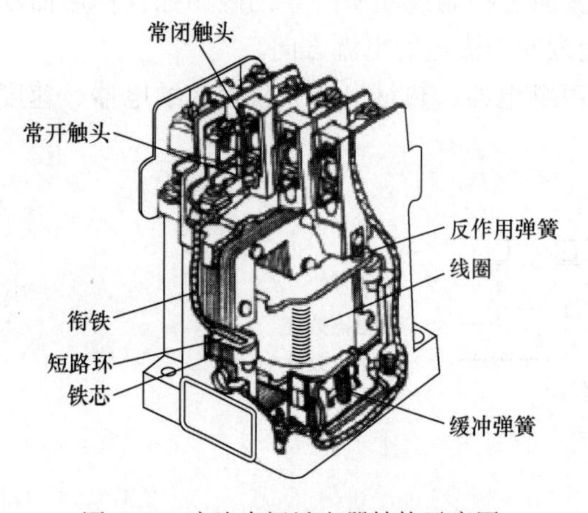

图 4-42　交流中间继电器结构示意图

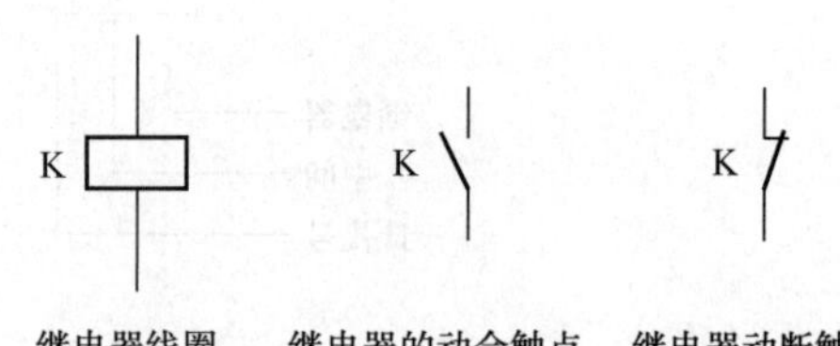

图 4-43　交流中间继电器的图形符号和文字符号

知识 4.5.3　小型继电器

小型继电器具有体积小、控制类型多、应用非常广泛的特点。本节讲述小型静

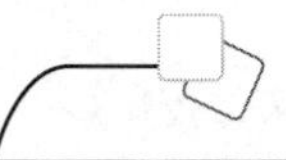

（固）态继电器和小型电磁继电器，如图 4-44 所示。

(a) 小型静（固）态继电器　　(b) 小型电磁继电器

图 4-44　小型继电器

（1）小型静（固）态继电器

小型静（固）态继电器是一种两个接线端为输入端、另两个接线端为输出端的四端元件，中间采用隔离元件实现输入与输出的电隔离。

小型静（固）态继电器按负载电源类型可分为交流型和直流型；按开关类型可分为常开型和常闭型；按隔离形式可分为混合型、变压器隔离型和光电隔离型，以光电隔离型为最多。

小型静（固）态继电器可以具有短路保护、过载保护和过热保护功能，与组合逻辑固化封装就可以实现用户需要的智能模块，直接应用于控制系统中。

小型静（固）态继电器的图形符号如图 4-45 所示。

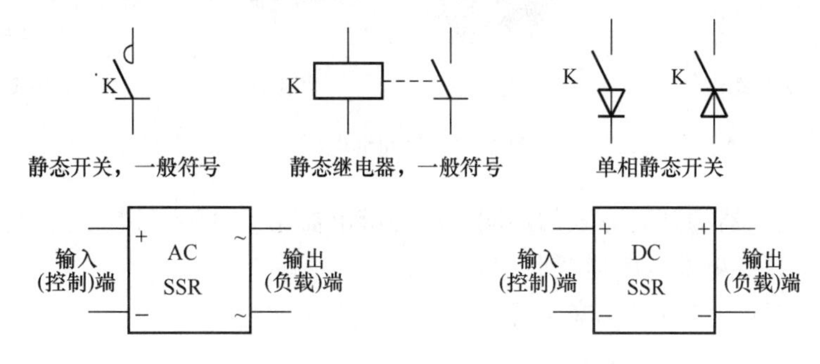

图 4-45　小型静（固）态继电器的图形符号

（2）小型电磁继电器

小型电磁继电器的结构如图 4-46 所示。

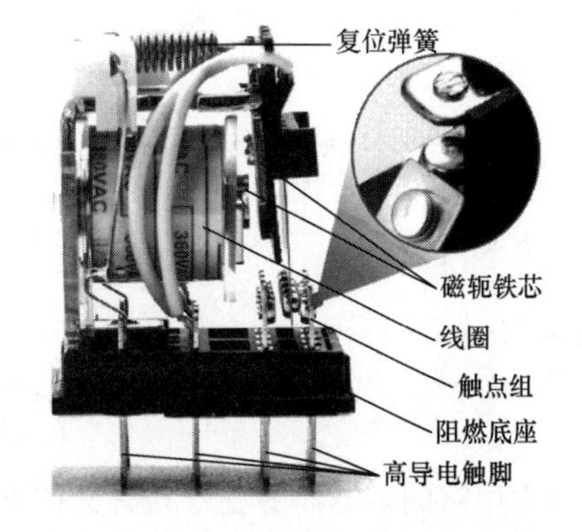

图 4-46　小型电磁继电器的结构示意图

电磁继电器一般由磁轭铁芯、线圈、衔铁、触点组、阻燃底座、高导电触脚、复位弹簧等组成。在线圈两端加上一定的电压，线圈中就会流过一定的电流，从而产生电磁效应，衔铁就会在电磁力吸引的作用下克服复位弹簧的拉力吸向铁芯，从而带动衔铁的动触点与静触点（常开触点）吸合。当线圈断电后，电磁的吸力也随之消失，衔铁就会在弹簧的反作用力下返回原来的位置，使动触点与原来的静触点（常闭触点）吸合。这样吸合、释放，从而达到导通、切断电路的目的。

小型电磁继电器的图形符号和文字符号同样如图 4-43 所示。

知识 4.5.4　时间继电器

时间继电器是一种利用电磁原理或机械原理、电子原理实现延时控制的自动开关装置。

当加入（或去掉）输入的动作信号后，时间继电器的输出电路需经过规定的准确时间才产生跳跃式变化（或触头动作），常使用在较低的电压或较小电流的电路上，用来接通或切断较高电压、较大电流的电路。

按时间继电器工作原理的不同，时间继电器可分为空气阻尼式时间继电器、电动式时间继电器、电磁式时间继电器、电子式时间继电器等，如图 4-47 所示。

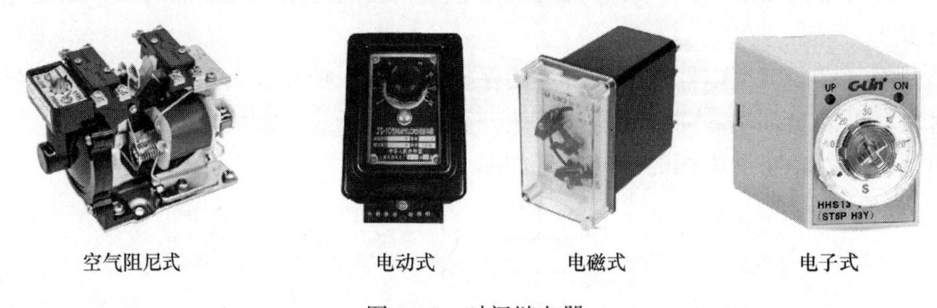

图 4-47　时间继电器

根据时间继电器的延时方式的不同，时间继电器又可分为缓慢吸合继电器（通电延时型）、缓慢释放继电器（断电延时型）两种。

时间继电器的图形符号和文字符号如图 4-48 所示。

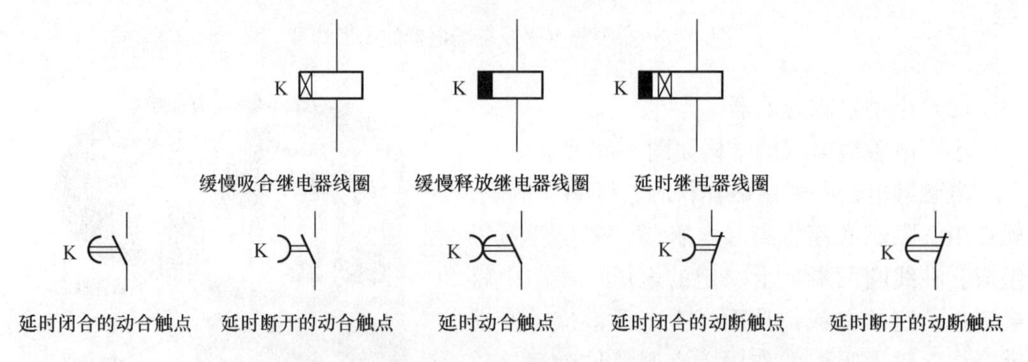

图 4-48　时间继电器的图形符号和文字符号

常用时间继电器的型号与含义如下：

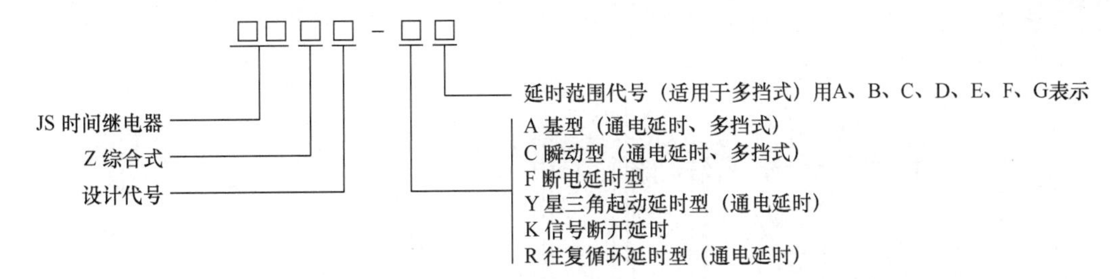

选择时间继电器的原则如下。

1）在动作较频繁的场合，可选用电磁式时间继电器，如 JS3、JT3 型。

2）在延时精度要求不高的场合，可选用空气阻尼式延时继电器（得电延时），如 JS7、JS16 型。

3）在延时精度要求较高的场合，可选用晶体管式（如 JJS1 型）或电动机式时间继电器（如 JS10 型）。

4）在动作频率较高的场合，可选用晶体管式时间继电器。

5）长延时（以“分钟”或“小时”计算）可选用电动机式或晶体管式时间继电器。

6）在多尘或有潮气的场合，可选用水银式、封闭式或防潮型时间继电器。

知识 4.5.5　热继电器

热继电器是利用电流热效应的一种“热过载”保护性电器，简称“热继电器”。常见的热继电器如图 4-49 所示。

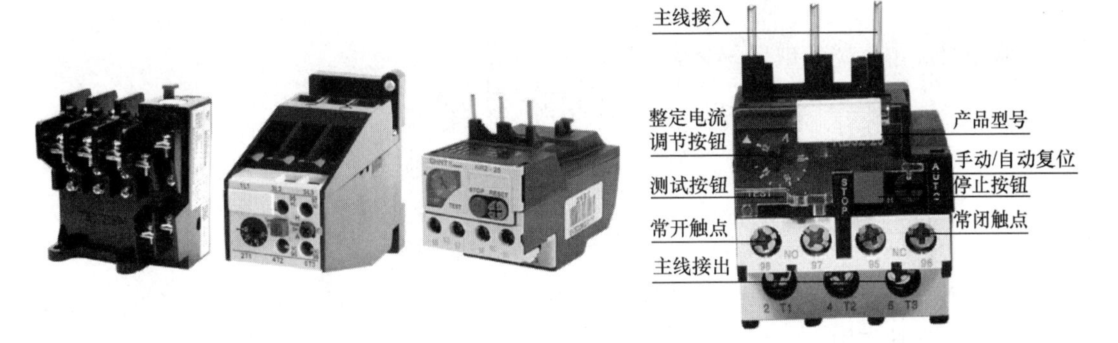

图 4-49　常见热继电器

热继电器是利用内部有双金属片（热元件）受热后膨胀系数的不一致，使双金属片被加热而产生弯曲。当弯曲达到一定距离后顶开（或闭合）控制回路触点，从而达到控制主电路通断的目的。

热继电器主要用于电动机过载保护。热继电器的保护特性具有反时限性，即过载电流与额定电流的比值越大，相应的热继电器动作时间就越短。

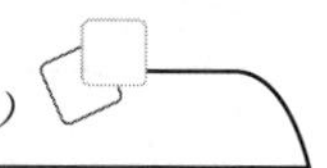

热继电器的结构示意图如图 4-50 所示。

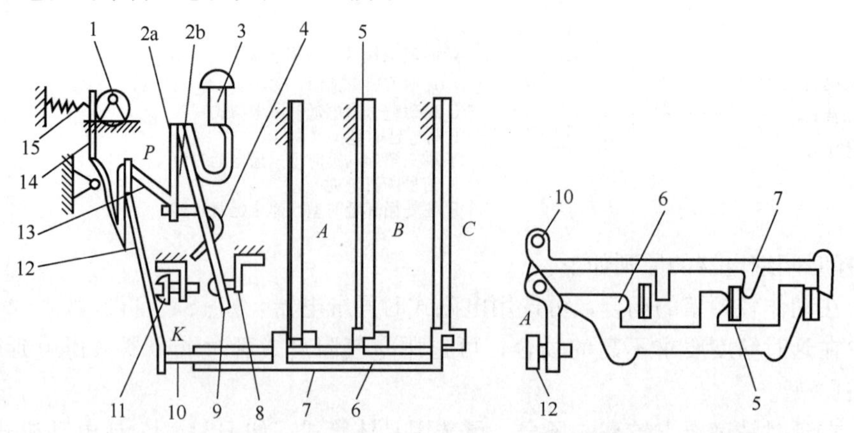

1—电流调节凸轮；2—片簧（2a、2b）；3—手动复位按钮；4—弓簧片；5—主金属片；
6—外导板；7—内导板；8—常闭触点；9—动触点；10—杠杆；11—常开静触点；
12—补偿双金属片；13—推杆；14—连杆；15—压簧。

图 4-50　热继电器结构示意图

热继电器的图形符号和文字符号如图 4-51 所示。

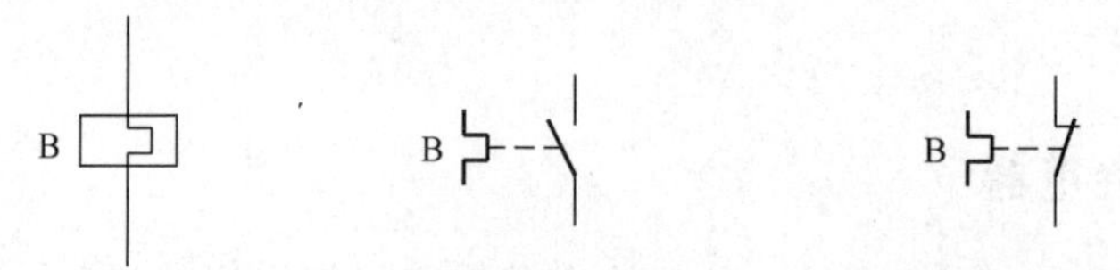

图 4-51　热继电器的图形符号和文字符号

常用时间继电器的型号与含义如下：

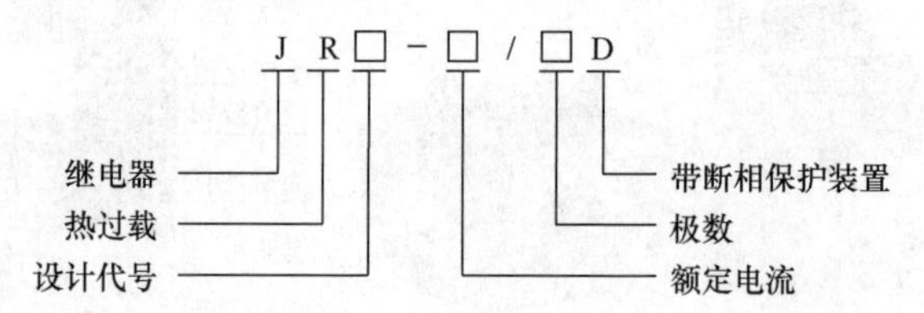

热继电器主要用于电动机的过载、断相保护及三相电源不平衡的保护，对电动机有着很重要的保护作用。因此选用时必须了解电动机的情况，如工作环境、起动电流、负载性质、工作制、允许过载能力等。选择热继电器的原则如下。

1）热继电器的安秒特性应尽可能接近甚至与电动机的过载特性重合，或在电动机的过载特性之下，同时在电动机短时过载和起动的瞬间，热继电器应不受影响（不动作）。

2）当热继电器用于保护长期工作制或间断长期工作制的电动机时，一般按电动机的额定电流来选用。例如，热继电器的整定值可等于 0.95～1.05 倍的电动机的额定电流，或者取热继电器整定电流的中值等于电动机的额定电流，然后进行调整。

3）当热继电器用于保护反复短时工作制的电动机时，热继电器仅有一定范围的适应性。如果短时间内操作次数很多，就要选用带速饱和电流互感器的热继电器。

4）对于正反转和通断频繁的特殊工作制电动机，不宜采用热继电器作为过载保护装置，而应使用埋入电动机绕组的温度继电器或热敏电阻器来保护。

知识 4.5.6　速度继电器

速度继电器也称为转速继电器或反接制动继电器，如图 4-52 所示。

速度继电器主要用于三相交流异步电动机反接制动的控制电路中。由于继电器工作时是与电动机同轴的，不论电动机正转或反转，继电器的两个常开触点总有一个闭合，当准备实行电动机的制动时，它的任务是当三相电源的相序改变（制动时）以后，由控制电路中的联锁触头和速度继电器的触头闭合，形成一个电动机相序反接（俗称倒相）电路，使电动机在反接制动下停车。当电动机的转速接近零时，速度继电器的制动使闭合的常开触头分断，从而切断电源使电动机停转，电动机的制动状态结束。

图 4-52　速度继电器

一般速度继电器的转轴在电动机转速为 130r/min 左右即能动作，当电动机的转速下降到 100r/min 左右时，由于电磁力（或离心力）不足，顶块返回触头复位。因继电器的触头动作与否与电动机的转速有关，所以叫速度继电器。

速度继电器由转子、定子、触头及外壳四个基本部分组成，如图 4-53 所示。

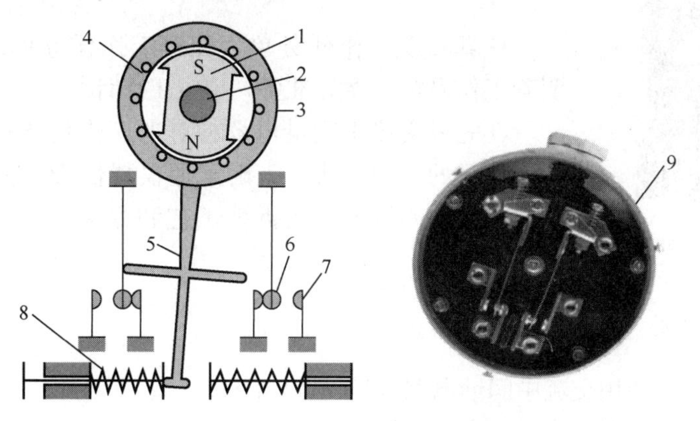

1—转子；2—机轴；3—定子；4—绕组；5—定子柄；6—动触头；
7—静触头；8—反力弹簧；9—外壳。
图 4-53　速度继电器结构示意图

速度继电器的图形符号和文字符号如图 4-54 所示。

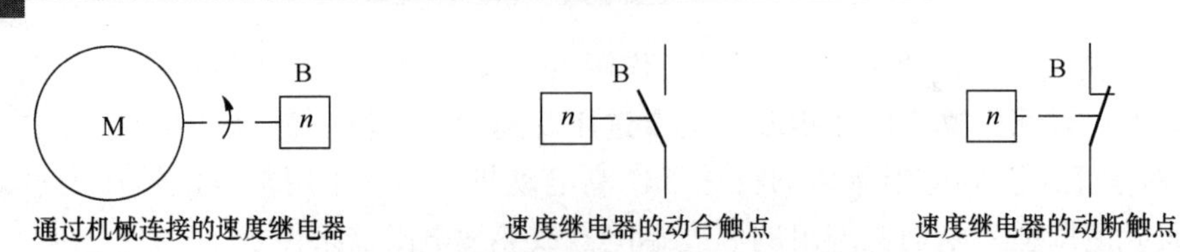

图 4-54　速度继电器的图形符号和文字符号

常用速度继电器的型号与含义如下：

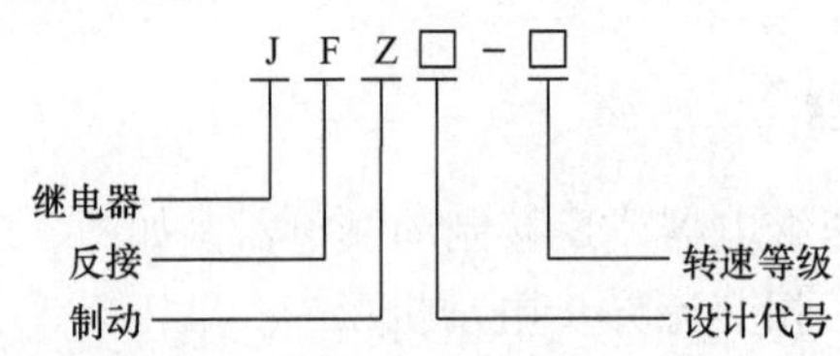

实训　交流中间继电器拆装检查

班级：________姓名：__________学号：__________同组者：______________

工作时间：____年____月____日（第____周 星期____ 第____节）实训课时：____课时

工作任务单

熟悉交流中间继电器的内、外部结构，如图 4-55 所示；学会使用拆装工具和检测仪器、仪表对交流中间继电器进行拆装及检查。

图 4-55　交流中间继电器

工作准备

认真阅读工作任务单，理解工作任务单的内容与要求，明确工作目标，做好准备，拟定工作计划。

在完成交流中间继电器检查的工作任务前，应正确掌握拆装工具的使用方法，正确掌握仪器仪表的使用方法，正确掌握交流中间继电器的拆装工艺和方法，注意工作安全，做好个人防护。

1. 实训用器材

（1）元件：拆装用交流中间继电器（JZ7-44）1 只。

（2）工具：一字螺钉旋具、十字螺钉旋具、尖嘴钳等常用电工工具。

（3）测量仪表：三位半数字万用表、绝缘摇表等。

（4）实训用电源工作台：1 台。

（5）耗材：螺帽、垫片等。

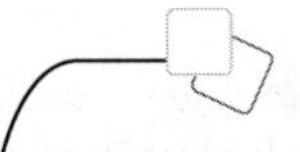

2. 质量检查

对所准备的实训用器材进行质量检查。

交流中间继电器拆装检查操作技术要点

步骤	操作技术要点	操作示意图		
1. 拆卸前检查	清理中间继电器的外表，检查外部、附件是否损坏或缺少，检查拆装用工具、测量仪表是否齐全完备。核对并记录好中间继电器铭牌的技术参数，查看开闭是否灵活	交流中间继电器外形与铭牌		
2. 交流中间继电器常规拆解检查	检查各相绝缘间隔是否有碳化、金属粉末附着；检查动触点、静触点是否完整和有烧蚀情况；检查电磁线圈是否有绝缘损坏或过热现象；检查衔铁与铁芯接触面是否有油污、锈蚀现象等。 动触点、静触点烧蚀面积≥50%时应予以维修或更换；对有轻微烧蚀和金属粉末附着处进行清除，严重时应予以更换或报废；绝缘电阻测量值≥0.5MΩ。 对检查有问题的继电器在修复前不得安装使用，确保接触器能够安全可靠地运行	旋下接线端子螺栓		用尖嘴钳抽出触点
		已抽出部分触点	拆底板安装螺栓	取下继电器底盖
		取下静衔铁	取复位弹簧和线圈	取出动衔铁和减震垫
		线圈	动触点及衔铁、触点支架所组成的动作机构	静触点及附件

续表

步骤	操作技术要点	操作示意图
2. 交流中间继电器常规拆解检查		分解后的零部件
3. 通电试验	对修复后的继电器要进行通电试验检查	动作可靠

任务实施

步骤	计划工作内容	工作过程记录
1	实训用器材准备	
2	做好所拆装检查的继电器的外部部件标记	
3	按拆卸步骤进行继电器拆卸	
4	检查外壳、动作机构是否灵活、正常，动触点、静触点是否有烧蚀或损坏，衔铁、线圈是否完好等	
5	按组装步骤进行继电器组装和通电试验	
6	安全与文明生产	

注意：

（1）拆卸时，应备有盛放零件的容器，以防丢失零件。

（2）拆卸过程中，不允许硬撬，以防损坏电器。

⚠ 安全提示

在任务实施过程中，应严格遵循安全操作规程，穿戴好工作服、绝缘鞋、安全帽；作业过程中，要文明施工，注意工具、仪器仪表等器材应摆放有序。工位应整洁。

任务检查与评价

序号	评价内容	配分	评价标准	学生评价	老师评价
1	实训用器材准备	5	(1) 工具准备完整性 (是 □ 2分) (2) 元件、仪表、耗材准备完整性 (是 □ 3分)		
2	做好所拆装检查继电器外部部件标记	5	(1) 继电器识别 (是 □ 2分) (2) 外壳标记及铭牌参数记录 (是 □ 3分)		
3	按拆卸步骤进行继电器拆卸	20	(1) 卸下常开、常闭静触点端子螺栓 (是 □ 5分) (2) 取下常开、常闭静触点 (是 □ 5分) (3) 拆卸继电器底盖，取下静衔铁 (是 □ 5分) (4) 取下复位弹簧和线圈组及上衔铁 (是 □ 5分)		
4	检查外壳、动作机构是否灵活、正常，动触点、静触点是否烧蚀或损坏，衔铁、线圈是否完好等	45	(1) 继电器外壳检测与记录 (是 □ 5分) (2) 各相绝缘间隔检查与记录 (是 □ 5分) (3) 动触点、静触点检查与记录 (是 □ 5分) (4) 衔铁检查与记录 (是 □ 5分) (5) 电磁线圈检查与记录 (是 □ 5分) (6) 通断检查与记录 (是 □ 5分) (7) 其他检查与记录 (是 □ 5分) (8) 对衔铁动、静触点进行修理或更换 (是 □ 5分) (9) 对定位或复位弹簧进行检查与记录 (是 □ 5分)		
5	按组装步骤进行继电器组装和通电检查	20	(1) 动触点恢复安装 (是 □ 5分) (2) 要装衔铁、线圈、复位弹簧、底盖螺钉等 (是 □ 5分) (3) 安装静触点、紧固螺栓 (是 □ 5分) (4) 通电检查等 (是 □ 5分)		
6	安全与文明生产	5	(1) 环境整洁 (是 □ 1分) (2) 工具、仪表摆放整齐 (是 □ 2分) (3) 遵守安全规程 (是 □ 2分)		
合计		100			

议与练

议一议：

说明各类继电器各有哪些特点。

练一练：

(1) 怎样来识别各种继电器？

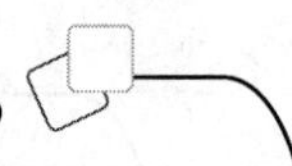

（2）不同规格继电器各有哪些特点？

（3）在识别各种继电器过程中应注意哪些问题？

思考与练习

1. 怎样选择各种低压电器？
2. 怎样分析低压电器的共性与个性问题？
3. 在安装和使用闸刀开关时应注意哪些问题？
4. 组合开关的用途有哪些？如何选用？
5. DZ5-20 型低压断路器主要由哪几部分组成？
6. 在安装和使用熔断器时应注意哪些问题？
7. 主令电器的作用是什么？常用的主令电器有哪几种类型？
8. 交流接触器主要由哪几部分组成？
9. 交流接触器常用的灭弧方法有哪几种？
10. 触点的常见故障有哪些？

项目 5

三相交流异步电动机基本控制电路

三相交流异步电动机是靠三相交流电源供电的一类电动机，具有结构简单、运行可靠、产品种类多、价格便宜等优点，作为动力源被广泛应用于各行各业。为使三相交流异步电动机更好地满足不同的工作对象的功能要求，对电动机的电力拖动等电路要求的复杂程度有简有繁、多种多样。

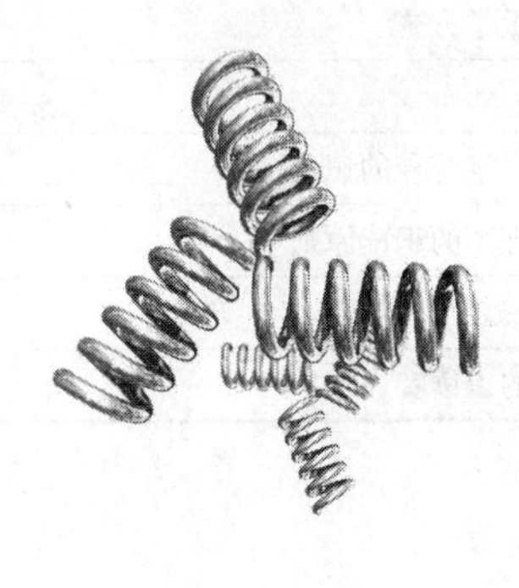

- 学会三相交流异步电动机基本控制电路图的识图与绘制方法。
- 掌握三相交流异步电动机的基本电力拖动电路原理。
- 通过三相交流异步电动机的电力拖动控制实训，掌握基本电力拖动电路的安装工艺和调试技能。

任务5.1 电动机基本控制电路图的识读及电路安装工艺步骤

任务目标

- 掌握常用电气图形符号及文字符号。
- 掌握电气控制电路原理图的识读原则。
- 了解电动机基本控制电路的安装工艺和步骤。

通过本任务的学习，掌握电气图形符号、文字符号和识图方法，正确识读电力拖动电路，理解其工作原理。通过“电气控制电路的安装工艺步骤”的学习，掌握现场电路安装、维护维修的工作要领。

任务教学方式

教学步骤	时间安排	教学方式
阅读教材	课余	自学、查资料、相互讨论
知识讲解	1课时	重点讲授常用电气符号、文字符号的识读
知识讲解	1课时	重点讲授电气控制电路原理图的识读原则
知识讲解	1课时	重点讲授基本控制电路的安装工艺步骤
技能操作与练习	4课时	基本电气控制电路原理图的识读实训

知识 5.1.1 常见电气图形符号、文字符号的识读

1. 常见电气简图用图形符号与文字符号

电气简图用图形符号（简称电气图形符号）和文字符号是工程制图、识图的标准依据。

电气图形符号通常用于图样或其他文件，以表示一个设备（如电动机）或概念（如接地）的图形、标记或字符。图形符号是构成电气原理图的基本单元，是绘制和看懂电气原理图的基础。通常用一般符号或一般符号加上限定符号来表示。

电气图形符号应依据 GB/T4728《电气简图用图形符号》。

文字符号是表示电气设备、装置、电器元件的命名、状态和特征的字符代码。

文字符号分为基本文字符号（单字母和双字母）和辅助文字符号。

单字母文字符号按拉丁字母将各种电气设备、装置和元件划分为 19 个大类（GB/T 5094.2—2018），每一大类用一个专用单字母符号表示。

双字母文字符号是由一个表示大类的单字母文字符号与另一个字母组成，其组合形式应以单字母文字符号在前，另一字母在后的次序列出。双字母文字符号是在单字母文字符号不能满足要求、需将大类进一步划分时采用的符号，可以较详细和更具体地表述电气设备装置和元件。

辅助文字符号是用以表示电气设备、装置和元件以及线路的功能、状态和特征的，使用时放在表示种类的单字母文字符号后面组合为双字母文字符号，也可以单独使用。

我国现行的电气简图用图形符号为 GB/T 4728.1～5—2018/GB/T 4728.6～13—2008，以及国家标准（GB/T 5094.2—2018、GB/T 20939—2007）。部分文字符号摘录如表 5-1 所示。

表 5-1　常用电气简图用图形符号与文字符号

图形符号	说明	符号来源国家标准	文字符号主类代码/含子类代码	符号来源国家标准
形式一 ——— - - - 形式二 DC	直流 direct current 示例：- - - 220/110V 或 DC 220/110V 表示直流 220/110V	GB/T 4728.2—2018	—	—
形式一 ∼ 形式二 AC	交流 aiternating current 示例：3∼400V 或 3AC 400V 表示三相三线交流 400V	GB/T 4728.2—2018	—	—
	热效应 thermal effect	GB/T 4728.2—2018	—	—
	电磁效应 electromagnetic effect	GB/T 4728.2—2018	—	—
	延时动作 delayed action	GB/T 4728.2—2018		
	延时动作 delayed action	GB/T 4728.2—2018	—	—
+	正极性 positivepilarite	GB/T 4728.2—2018	—	—
—	负极性 negativepilarite	GB/T 4728.2—2018	—	—
N	中性（中性线） neutral	GB/T 4728.2—2018	—	—
⏚	接地 一般符号 earth	GB/T 4728.2—2018	—	—
⊥	功能等电位联结 functional equipotential bonding	GB/T 4728.2—2018	—	—

续表

图形符号	说明	符号来源国家标准	文字符号主类代码/含子类代码	符号来源国家标准
	保护接地 protective earthing	GB/T 4728. 2—2018	—	—
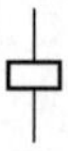	继电器线圈（接触器线圈） relay coil 接触器（电力）、 执行器（励磁线圈）	GB/T 4728. 7—2008	K/KF Q/QA	GB/T 5094. 2—2018 GB/T 20939—2007
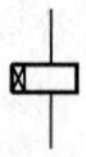	缓慢吸合继电器线圈 relay coil of asiow-operoting relay	GB/T 4728. 7—2008	K/KF	GB/T 5094. 2—2018 GB/T 20939—2007
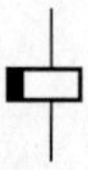	缓慢释放继电器线圈 relay coil of asiow-releasing relay	GB/T 4728. 7—2008	K/KF	GB/T 5094. 2—2018 GB/T 20939—2007
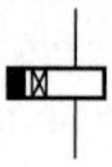	延时继电器线圈 relay coil of asiow-operoting and siow-releasing relay	GB/T 4728. 7—2008	K/KF	GB/T 5094. 2—2018 GB/T 20939—2007
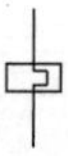	热继电器驱动元件 operating device of a thermal relay	GB/T 4728. 7—2008	B/BB	GB/T 5094. 2—2018 GB/T 20939—2007
	动合(常开)触点，一般符号 make contact，general symbol 开关，一般符号 switch，general symbol	GB/T 4728. 7—2008	K/KF	GB/T 5094. 2—2018 GB/T 20939—2007
	动断（常闭）触点 breakcontact	GB/T 4728. 7—2008	K/KF	GB/T 5094. 2—2018 GB/T 20939—2007
	先断后合的转换触点 change-over break before make contact	GB/T 4728. 7—2008	K/KF	GB/T 5094. 2—2018 GB/T 20939—2007
	先合后断的双向转换触点 change-over make before break contact，both ways	GB/T 4728. 7—2008	K/KF	GB/T 5094. 2—2018 GB/T 20939—2007

续表

图形符号	说明	符号来源 国家标准	文字符号 主类代码/ 含子类代码	符号来源 国家标准
	延时闭合的动合触点 make contact， delayed closing	GB/T 4728.7—2008	K/KF	GB/T 5094.2—2018 GB/T 20939—2007
	延时断开的动合触点 make contact， delayed opening	GB/T 4728.7—2008	K/KF	GB/T 5094.2—2018 GB/T 20939—2007
	延时闭合的动断触点 break contact， delayed closing	GB/T 4728.7—2008	K/KF	GB/T 5094.2—2018 GB/T 20939—2007
	延时断开的动断触点 break contact， delayed opening	GB/T 4728.7—2008	K/KF	GB/T 5094.2—2018 GB/T 20939—2007
	延时动合触点 make contact，delayed	GB/T 4728.7—2008	K/KF	GB/T 5094.2—2018 GB/T 20939—2007
	手动操作开关，一般符号 switch，manually operated， general symbol	GB/T 4728.7—2008	S/SF	GB/T 5094.2—2018 GB/T 20939—2007
	自动复位的手动按钮开关 （常开、常闭） switch，manually operated push - button，automatic return	GB/T 4728.7—2008	S/SF	GB/T 5094.2—2018 GB/T 20939—2007
			S/SS	
	无自动复位的手动旋转开关 switch，manually operated， turning，stay-put	GB/T 4728.7—2008	S/SF	GB/T 5094.2—2018 GB/T 20939—2007
	应急制动开关 switch，emergeney stop	GB/T 4728.7—2008	S/SF	GB/T 5094.2—2018 GB/T 20939—2007
	带动合触点的位置开关 position switch， make contact	GB/T 4728.7—2008	B/BG	GB/T 5094.2—2018 GB/T 20939—2007

续表

图形符号	说明	符号来源国家标准	文字符号主类代码/含子类代码	符号来源国家标准
	带动断触点的位置开关 position switch， break contact	GB/T 4728.7—2008	B/BG	GB/T 5094.2—2018 GB/T 20939—2007
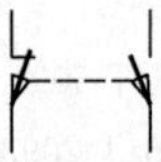	组合位置开关 position switch assembly	GB/T 4728.7—2008	B/BG	GB/T 5094.2—2018 GB/T 20939—2007
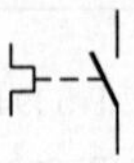	热继电器，动合触点 thermal relay or release， make contact	GB/T 4728.2—2005 GB/T 4728.7—2008	B/BB	GB/T 5094.2—2018 GB/T 20939—2007
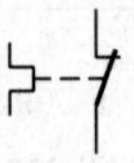	热继电器，动断触点 thermal relay or release， break contact	GB/T 4728.2—2005 GB/T 4728.7—2008	B/BB	GB/T 5094.2—2018 GB/T 20939—2007
	接触器：接触器的主动合触点 contactor：main make contact of a contactor	GB/T 4728.7—2008	K/KF Q/QA	GB/T 5094.2—2018 GB/T 20939—2007
	接触器：接触器的主动断触点 contactor：main break contact of a contactor	GB/T 4728.7—2008	K/KF Q/QA	GB/T 5094.2—2018 GB/T 20939—2007
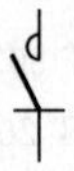	静态（半导体）接触器 static（semiconductor） contactor	GB/T 4728.7—2008	K/KF Q/QA	GB/T 5094.2—2018 GB/T 20939—2007
	断路器（小型断路器） circuit breaker	GB/T 4728.7—2008	Q/QA (F/FB)	GB/T 5094.2—2018 GB/T 20939—2007
	隔离开关，隔离器 disconnector，isolator	GB/T 4728.7—2008	Q/QB	GB/T 5094.2—2018 GB/T 20939—2007
	隔离开关，负荷隔离开关 switch disconnector， on-load isolatoing switch	GB/T 4728.7—2008	Q/QB	GB/T 5094.2—2018 GB/T 20939—2007
	熔断器，一般符号 fuse，general symbol	GB/T 4728.7—2008	F/FA/FC	GB/T 5094.2—2018 GB/T 20939—2007
	熔断器 fuse	GB/T 4728.7—2008	F/FA/FC	GB/T 5094.2—2018 GB/T 20939—2007

续表

图形符号	说明	符号来源 国家标准	文字符号 主类代码/ 含子类代码	符号来源 国家标准
	带报警触点熔断器 fuse with alarm contact	GB/T 4728.7—2008	F/FA/FC	GB/T 5094.2—2018 GB/T 20939—2007
	熔断器开关 fuse-switch	GB/T 4728.7—2008	Q	GB/T 5094.2—2018 GB/T 20939—2007
1234	带位置图示的多位开关 multi-position switch, with position diagram	GB/T 4728.7—2008	S/SF	GB/T 5094.2—2018 GB/T 20939—2007
	接近开关 proximity switch	GB/T 4728.7—2008	B/BG	GB/T 5094.2—2018 GB/T 20939—2007
	磁控接近开关 proximity switch, magnetically controlled	GB/T 4728.7—2008	B/BG	GB/T 5094.2—2018 GB/T 20939—2007
	接触敏感开关 touch sensitive switch	GB/T 4728.7—2008	B/BG	GB/T 5094.2—2018 GB/T 20939—2007
	桥式全波整流电路 rectifier in full wave (bridge) connection	GB/T 4728.6—2008	T/TB	GB/T 5094.2—2018 GB/T 20939—2007
	整流器 rectifier	GB/T 4728.6—2008	T/TB	GB/T 5094.2—2018 GB/T 20939—2007
形式一 形式二	双绕组变压器，一般符号 transformer with two windings, general symbol	GB/T 4728.6—2008	T/TA(隔离)	GB/T 5094.2—2018 GB/T 20939—2007
M 3~	三相鼠笼式感应电动机 induction motor, three-phase, squirrel cage	GB/T 4728.6—2008	M/MA	GB/T 5094.2—2018 GB/T 20939—2007
M 1~	单相鼠笼式感应电动机 induction motor, single-phase, squirrel cage	GB/T 4728.6—2008	M/MA	GB/T 5094.2—2018 GB/T 20939—2007
	灯，一般符号 lamp, general symbol	GB/T 4728.8—2008	E/EA(照明) P/PG(信号)	GB/T 5094.2—2018 GB/T 20939—2007

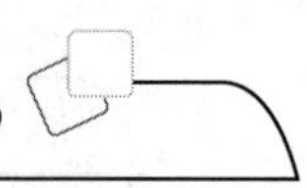

2. 项目代号

项目代号是用以识别图、表中和设备上的项目种类，并提供项目的层次关系、实际位置等信息的一种特定的代码。

项目代号以一个系统成套设备或设备的依次分解为基础。在一个复合项目代号中，例如 S5＝P2-A1-H2，每个由一个代号组表示的项目总是前一代号组所表示的项目的一部分。

知识 5.1.2　电气控制电路原理图的识读原则

电气控制电路原理图（简称为电气原理图，或电气图、电路原理图、电路图）是电气电路安装、调试与维修的理论依据。对任何复杂的电气原理图，应先对其进行正确分析，掌握其电路工作原理后，才能按照电气原理图进行安装、调试、检修。因此，能正确识读电气控制基本电气原理图，对进一步掌握电气控制电路的安装、调试、维修起到非常关键的作用。

1. 了解电气原理图中相关的电气符号

实际运用中的电气原理图都是按照国家标准规定的电气图形符号与文字符号画出来的。用这些电气图形符号、文字符号来表示电器元件、装置、设备、系统之间的连接及相互关系。因此，要做到会看图和看懂图，必须了解电气符号，这是能看懂电气原理图的基础。

电气原理图所用到的图形符号、文字符号等，它们相互关联、互为补充。以图形和文字的形式从不同角度为电气原理图提供各种信息。只有弄清楚了它们的含义、构成及使用方法，才能正确看懂电气原理图。

图 5-1 所示为使用常用图形符号和文字符号绘制的电气原理图示例。

2. 电气原理图的组成及各组成部分电器元件的布局

（1）电气原理图的组成

电气原理图一般由电源电路、主电路和辅助电路三部分组成。

1）电源电路采用水平或垂直布置。三相交流电源相序 L1、L2、L3 自上而下或自左至右依次画出，中性线 N 和保护地线 PE 依次画在相线之下或右侧。直流电源的“＋”端画在上边，“－”端画在下边。

2）主电路是指受电的动力装置及控制、保护电器的支路等，它由主熔断器、接触器的主触头、热继电器的热元件以及电动机等组成。主电路通过的电流是电动机的工作电流，电流较大。

3）辅助电路一般包括控制主电路工作状态的控制电路、显示主电路工作状态的指

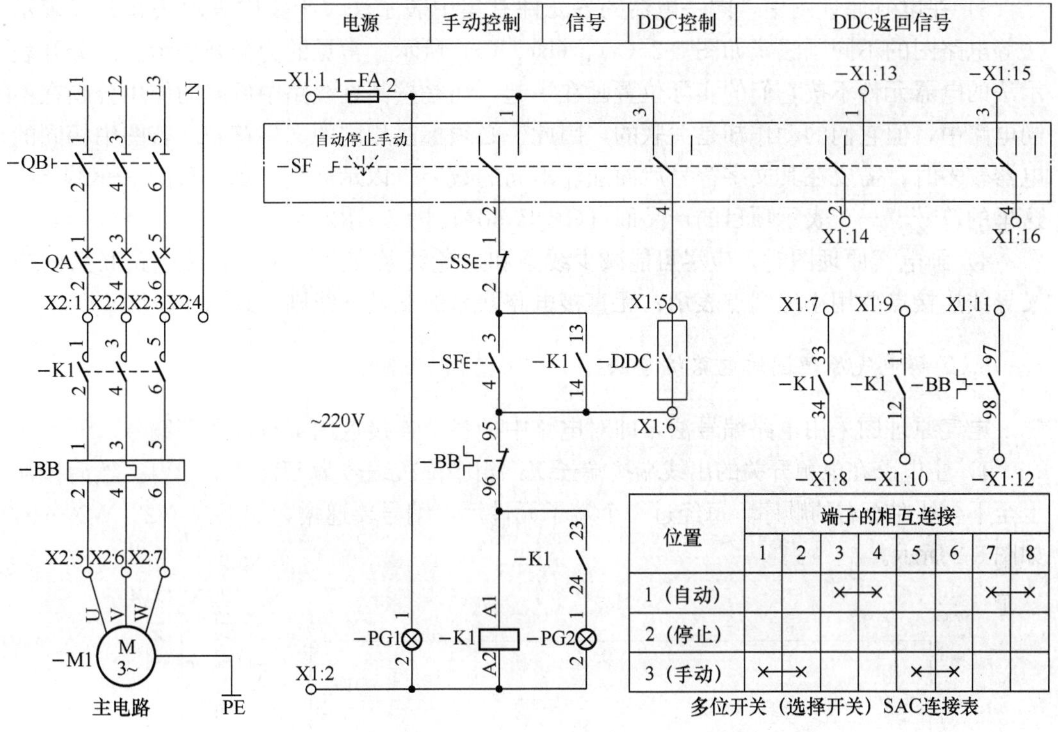

图 5-1　电气原理图示例

示电路、提供机床设备局部照明的照明电路。其中，控制电路由按钮、接触器和继电器的线圈及辅助触点、热继电器触点、保护电器触点等组成。辅助电路通过的电流都较小，一般不超过 5A。

（2）各组成部分电器元件的布局

1）电源开关应水平或垂直画出。

2）单一控制的主电路可以在电气原理图的侧方垂直画出，多支路的主电路应画在电气原理图的侧方并垂直于电源电路。

3）画辅助电路时，辅助电路一般是采用单相或两相作为控制电源，应连接在相应的电源线之间，一般按照指示电路、照明电路、控制电路的顺序依次垂直画在主电路图的侧方，且电路中与下边电源线相连的耗能元件（如接触器和继电器的线圈、指示灯、照明灯等）要画在电路图的下方，而电器的触头要画在耗能元件与上边电源线之间。

无论是主电路还是辅助电路，为读图方便，一般应按照从左至右、自上而下地排列来表示操作顺序。

（3）识读电气原理图的一般原则

1）在电气原理图中，不画各电器元件实际的外形图，而采用国家统一规定的电气图形符号画出。

2）在电气原理图中，各电器的触头位置都按电路未通电或电器未受外力作用时的常态位置画出。分析原理时，应从触头的常态位置出发。

3）在电气原理图中，同一电器的各元件有集中表示法、半集中表示法和分开表示法等电路图的不同画法，如图 5-2（a）、（b）、（c）所示。常见的为分开表示法。分开表示法的电器元件不按它们的实际位置画在一起，而是按其在线路中所起的作用分画在不同电路中，但它们的动作却是关联的，因此，必须标注相同的文字符号。若图中相同的电器较多时，需要在其文字符号后面加注不同的数字，以示区别，如－K1、－K11 等。这里的符号“－”表示项目的产品面（GB/T 5094. 1—2018）。

4）画电气原理图时，应尽可能减少线条和避免线条交叉。对有直接电路联系的交叉导线连接点要用小黑圆点表示；无直接电路联系的交叉导线则不画出小黑圆点。

3. 了解电气原理图的电路编号法

电气原理图采用电路编号法，即对电路中的各个连接点用字母或数字编号。

1）主电路在电源开关的出线端接端子 X：相序依次编号为 U1、V1、W1。然后按从上至下、从左至右的顺序，每经过一个端子元件后，编号要递增，如 U2、V2、W2……，如图 5-2 所示。

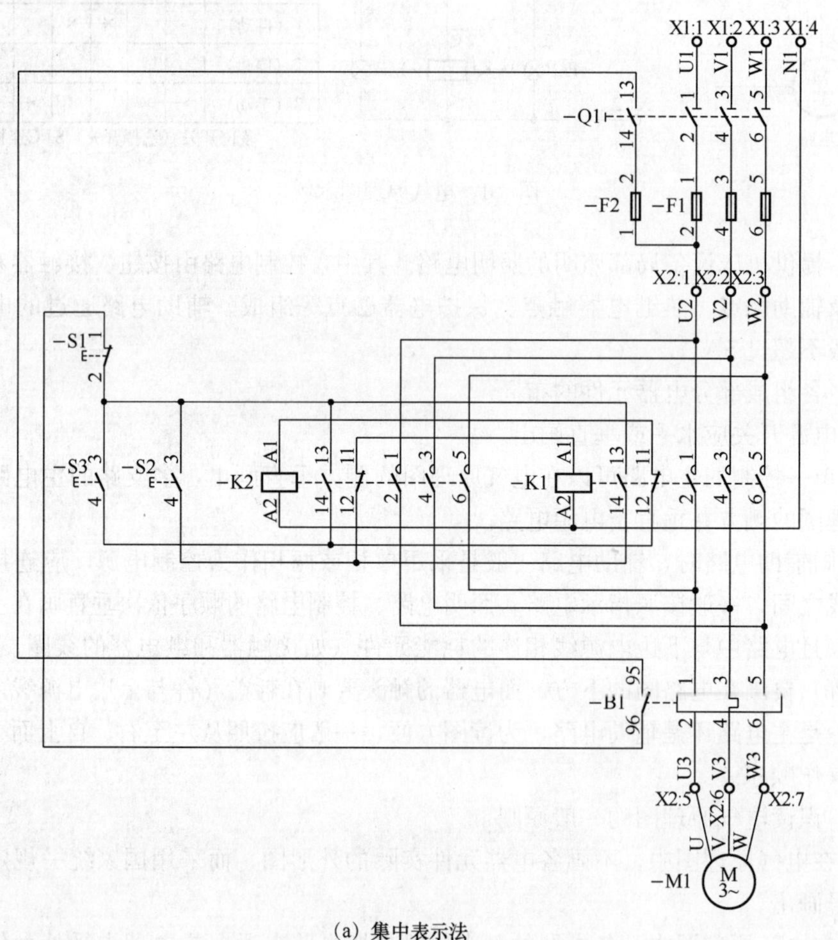

(a) 集中表示法

图 5-2　电气原理图的不同画法

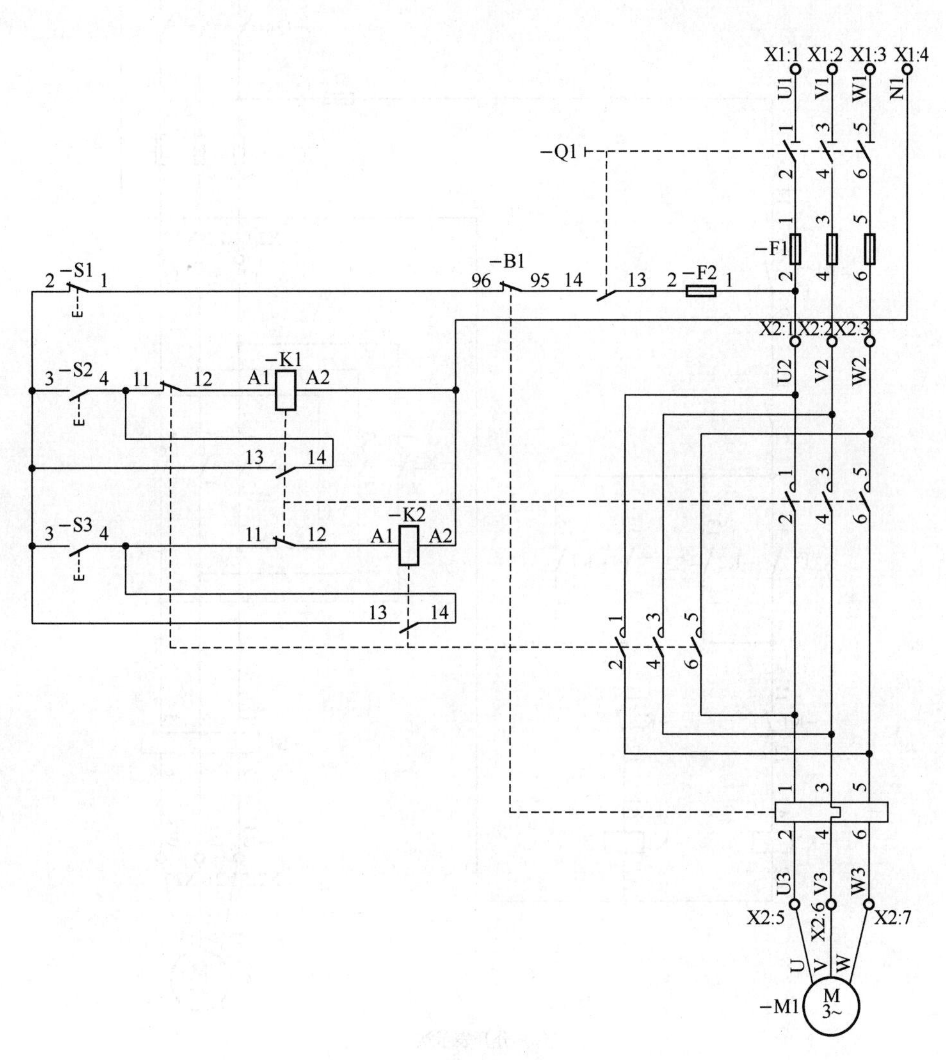

(b) 半集中表示法

图 5-2（续）

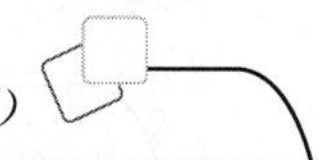

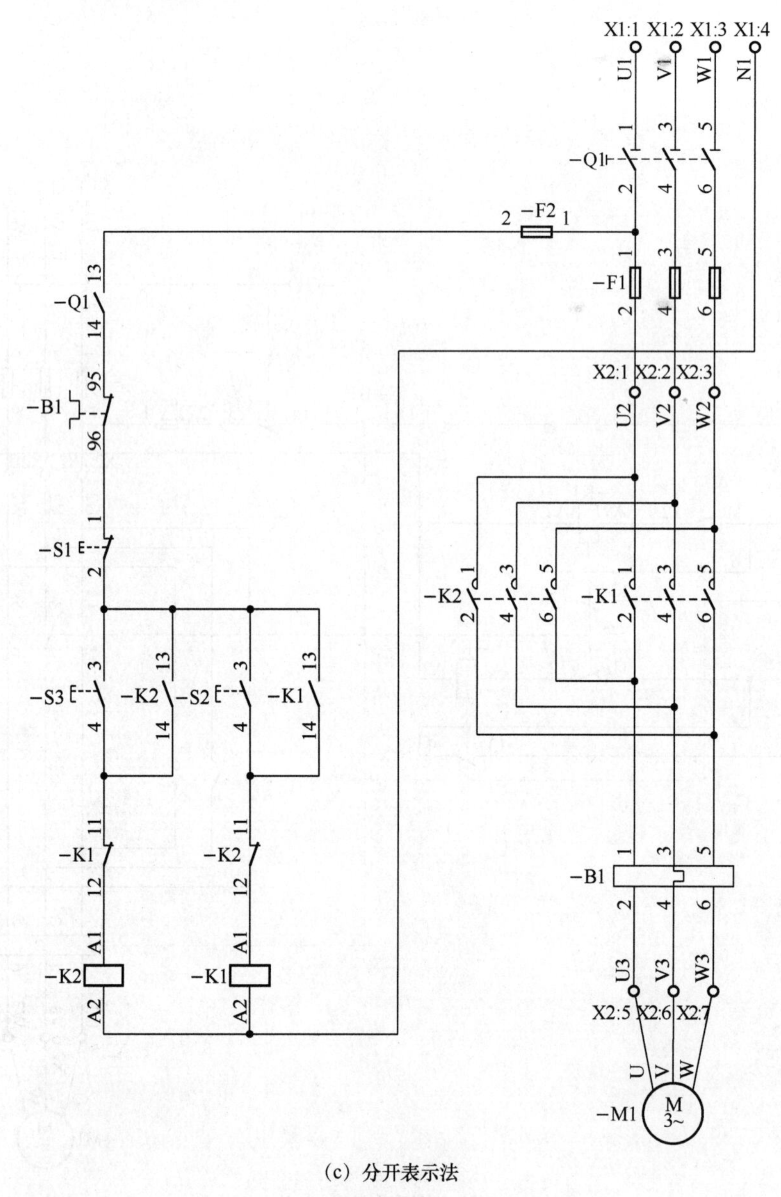

（c）分开表示法

图 5-2（续）

单台三相交流电动机（或设备）的三根引出线按相序依次编号为 U、V、W。对于多台电动机引出线的编号，为了不致引起误解和混淆，可在字母前用不同的数字加以区分，如 1U、1V、1W；2U、2V、2W。

2）辅助电路编号按“等电位”原则从上至下、从左至右的顺序用数字依次编号，每经过一个电器元件后，编号要依次递增。控制电路编号的起始数字必须是 1，其他辅助电路编号的起始数字依次递增 100，如照明电路编号从 101 开始，指示电路编号从 201 开始等。

知识 5.1.3　电气控制电路原理图的安装工艺步骤

电气原理图的安装，一般应按以下工艺步骤进行。

1）识读电气原理图，熟悉电路的工作原理，明确电路所用电器元件及其作用。

2）根据电气原理图或元件明细表配齐电器元件、耗材，对电器元件进行基本检查。

3）根据电器元件和电器元件的安装方式、安装底板、安装面板等选配安装工具。

4）根据电气原理图绘制布置图和接线图，然后按要求在控制板上固定安装电器元件（电动机除外），并贴上醒目的文字符号。

5）根据电动机容量选配主电路导线的横截面。控制电路导线一般采用横截面为 $1mm^2$ 的多股铜芯软线；接地线一般采用横截面不小于 $1.5mm^2$ 的多股铜芯软线。

6）根据接线图布线，同时将剥去绝缘层的两端线头套上标有与电路图相一致编号的编码套管。

7）安装电动机。连接电动机和所有电器元件金属外壳的保护接地线。

8）连接电源、电动机等底板、面板外部的导线。

9）自检。

10）通电调试（含整定热继电器、时间继电器设定参数）、试车。

11）交付验收。

实训　基本电气控制电路原理图的识读

班级：________姓名：__________学号：__________同组者：________________

工作时间：____年__月__日（第____周 星期____第____节）实训课时：____课时

工作任务单

掌握常用电气图形符号和文字符号，熟悉识图的基本原则，识读如图 5-3 所示具有远程控制功能的电气原理图。

工作准备

认真阅读工作任务单的内容与要求，明确工作目标，做好准备，拟定工作计划。

在完成识读电气原理图纸工作任务前，应正确掌握常用电气简图图形符号和文字符号，掌握识图的基本原则。

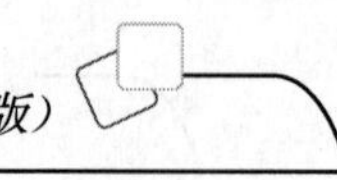

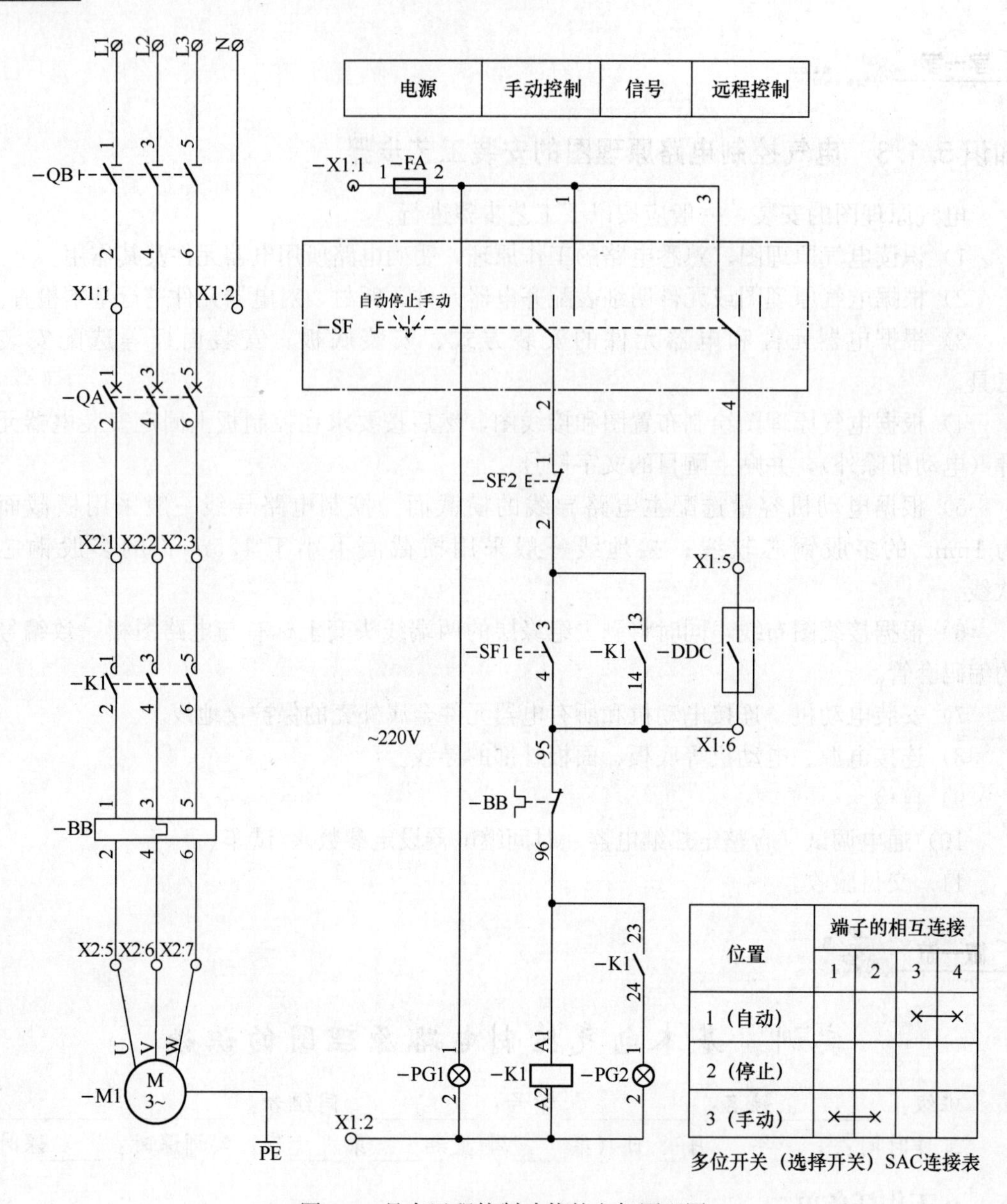

位置	端子的相互连接			
	1	2	3	4
1（自动）			×—×	
2（停止）				
3（手动）	×—×			

图 5-3　具有远程控制功能的电气原理图

1. 实训用器材

准备如图 5-3 所示电气原理图。

2. 质量检查

对所准备的电气原理图进行识读与检查。

基本电气控制电路原理图的识读操作技术要点

步骤	操作技术要点	操作示意图	
	(1) 认识图形符号。 (2) 认识文字符号。 (3) 了解图形符号和文字符号的含义。 (4) 图形符号在电路图中的状态。 (5) 主电路、控制电路是如何接通工作的	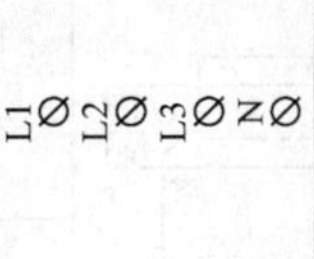 L1 L2 L3 N	图形符号为（外电源接入的）接线端子。 L1、L2、L3 与 N 分别为三相电源 A、B、C 三相及中性线 N
1. 认识主电路	主电路 L1 L2 L3 N −QB 1 3 5 2 4 6 X1:1 X1:2 −QA 1 3 5 2 4 6 X2:1 X2:2 X2:3 −K1 1 3 5 2 4 6 −BB 1 3 5 2 4 6 X2:5 X2:6 X2:7 U V W −M1 M 3~ PE	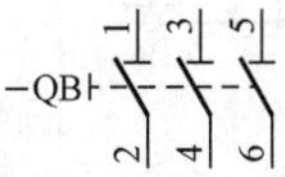 −QB 1 3 5 2 4 6	图形符号为三极隔离开关（一 隔离开关功能）。图形为断开状态。 文字符号为−QB。 用作隔离、接通电源的作用。 不能分断正常负荷和过载、短路负荷。 1、3、5 与 2、4、6 分别为手动多位（选择）开关并进、出线端子号
		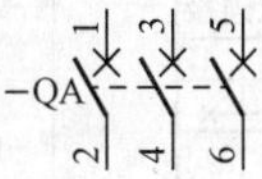 −QA 1 3 5 2 4 6	图形符号为三极断路器（×断路器功能）。图形为断开状态。 文字符号为−QA。 用作接通、分断正常负荷。 1、3、5 与 2、4、6 分别为断路器进、出线端子号
		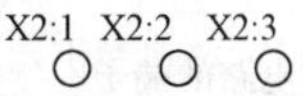 X2:1 X2:2 X2:3	图形符号为（接线）端子。 X2：1、X2：2、X2：3 分别是 2＃端子排的 1＃、2＃、3＃端子
	电路工作原理如下。 (1) 引入三相交流电源 A、B、C 相和中性线 N 分别接到接线端子 L1、L2、L3、N。 (2) 当 A、B、C 三相有电时，则隔离开关−QB 进线端 1、3、5 得电。 (3) 合隔离开关−QB 后，断路器−QA 的进线端 1、3、5 得电。 (4) 合断路器−QA 后，接触器−K1 的主触点进线端 1、3、5 得电。 (5) 当接触器−K1 工作后，−K1 主触点闭合，电源经热继电器−BB 驱动元件到电动机−M1，电动机工作旋转	−K1 1 3 5 2 4 6	图形符号为接触器主触点（◖接触器功能）。 图形为断开状态。 文字符号为−K1。 用作分断、接通正常负荷和过载负荷。 1、3、5 与 2、4、6 分别为接触器进、出线端子号
		−BB 1 3 5 2 4 6	图形符号为热继电器驱动元件。 文字符号为−BB。 用作负载元件的过载保护。 1、3、5 与 2、4、6 分别为接触器进、出线端子号
		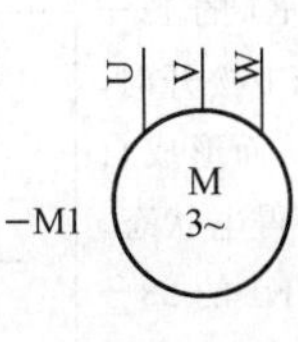 U V W −M1 M 3~	图形符号为三相鼠笼式感应电动机。 文字符号为−M1。 用作将电能转化成旋转做功的机械能（能量转换）。 U、V、W 为电动机的端子号
		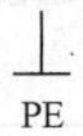 PE	图形符号为等电位符号。 文字符号保护（接地）导体

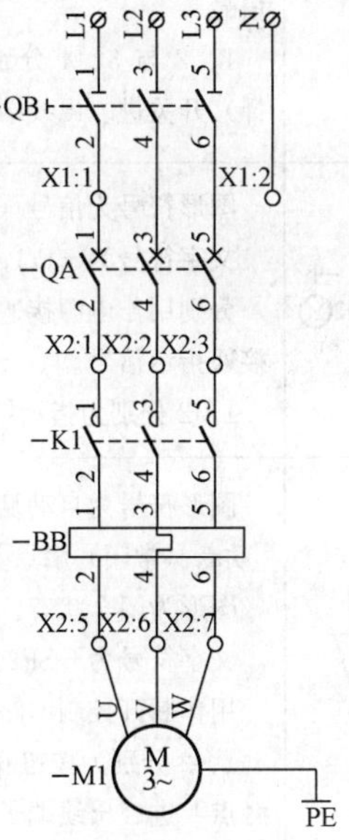

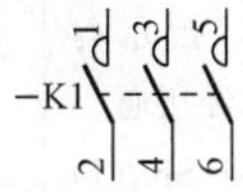

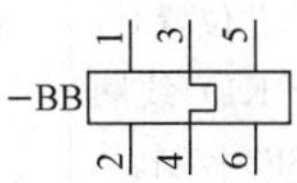

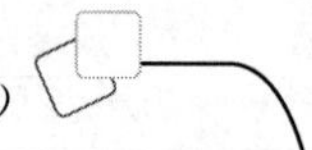

续表

<table>
<tr><th>步骤</th><th>操作技术要点</th><th colspan="2">操作示意图</th></tr>
<tr><td rowspan="3"></td><td rowspan="3">控制电路

~220V

<table><tr><th rowspan="2">位置</th><th colspan="4">端子的相互连接</th></tr><tr><th>1</th><th>2</th><th>3</th><th>4</th></tr><tr><td>1（自动）</td><td></td><td></td><td>×</td><td>×</td></tr><tr><td>2（停止）</td><td></td><td></td><td></td><td></td></tr><tr><td>3（手动）</td><td>×</td><td>×</td><td></td><td></td></tr></table>多位开关（选择开关）SAC连接表</td><td> </td><td>图形符号为熔断器。
文字符号为－FA。
主要用作短路保护的保护元件。
1、2 为熔断器端子号</td></tr>
<tr><td> 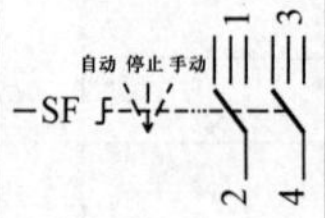</td><td>图形符号为带位置图示的“二组三位”无自动复位的手动多位（选择）开关。图形中触点在“自动位”。
文字符号为－SF。
用作选择接通或断开不同回路控制信号。
1、2 与 3、4 分别为手动多位（选择）开关进、出线端子号</td></tr>
<tr><td> 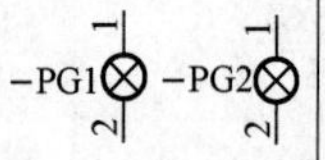</td><td>图形符号为信号（指示）灯。
文字符号为－PG。
分别用作电源接通指示信号、接触器接通指示信号。
1、2 分别为指示灯进、出线端子号</td></tr>
<tr><td rowspan="3">2. 认识控制电路</td><td rowspan="3">电路工作原理如下。
电源接入：控制电路电源由主电路的端子“－X1：1（A 相）、－X1：2（中性线 N）”接入。
（1）当主电路隔离开关接通后，电源通过熔断器－FA 向控制电路供电，指示灯－PG1得电发光，指示电源回路已经接通。
（2）当手动多位（选择）开关－SF（以下简称“选择开关”）在“自动”位置时，－SF 的 3－4 接通（参看多位开关，接触器－K1 线圈由－DDC“触点”控制。
（3）当选择开关－SF 在“手动”位置时，－SF 的 1－2 接通，接触器（－K1）线圈由起动按钮－SF1、停止按钮－SF2 控制。
按起动按钮－SF1时，接触器－K1 线圈得电，其辅助动合（常开）触点－K1 的 13－14 动合（吸合），起动按钮－SF1 松开时，继续保持动合（吸合）状态，从而形成自锁，接触器－K1 线圈继续保持得电状态。同时，辅助动合（常开）触点－K1 的 23－24 动合，指示灯－PG2 得电发光，指示接触器已得电吸合。</td><td> 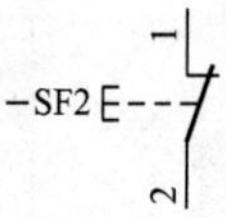</td><td>图形符号为自动复位的手动按钮开关［动断（常闭）触点］。
图形为闭合状态。
文字符号为－SF2。
用作断开控制回路。
1、2 分别为按钮开关［动断（常闭）触点］进、出线端子号</td></tr>
<tr><td> 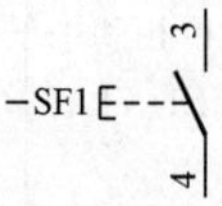</td><td>图形符号为自动复位的手动按钮开关［动合（常开）触点］。
图形为断开状态。
文字符号为－SF1。
用作接通控制回路。
3、4 分别为按钮开关［动合（常开）触点］进、出线端子号</td></tr>
<tr><td> 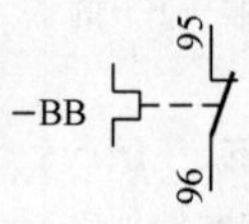</td><td>图形符号为热继电器。
图形为闭合状态。
文字符号为－BB。
用作断开控制回路。
95、96 分别为热继电器［动断（常闭）触点］进、出线端子号</td></tr>
</table>

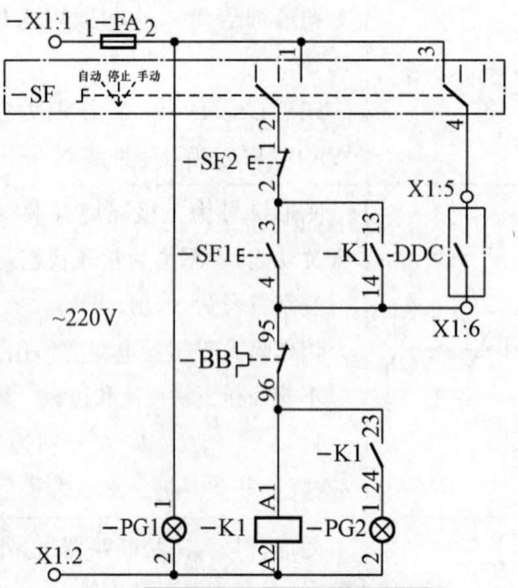

续表

步骤	操作技术要点	操作示意图	
2. 认识控制电路	按停止按钮－SS 时，停止按钮－SS 动断触点断开，切断电源回路，接触器－K1 线圈失电释放。 （4）接触器－K1 线圈得电后，主电路的动合触点吸合，接通电动机电源回路。 （5）热继电器－BB 在过载时，动断（常闭）触点 95－96 动断，切断电源回路，接触器－K1 线圈失电释放。 （6）当选择开关－SAC 在“停止”位置时，则选择开关－SAC 断开控制回路	A1 －K1 A2	图形符号为接触器线圈。 文字符号为－K1。 在线圈得电后，接触器动断（常闭）、动合（常开）触点动断或动合。 A1、A2 分别为接触器线圈进、出线端子号
		13 －K1 14　23 －K1 24	图形符号为接触器“辅助”动合（常开）触点。 图形为断开状态。 文字符号为－K1。 用作接通、分断相关控制回路。 13、14 与 23、24 分别为接触器“辅助”动合（常开）触点进、出线端子号
		－DDC	图形符号为“直接数字控制系统－DDC”动合（常开）触点。 图形为断开状态。 文字符号为－DDC。 用作接通、分断相关控制回路

任务实施

步骤	计划工作内容	工作过程记录					
1	任务所用电气原理图准备						
2	电气原理图的电气图形符号和文字符号记录	图形符号	文字符号	图形符号	文字符号	图形符号	文字符号
3	电器元件端子编号						
4	安全与文明生产						

注意：详细记录电气原理图的图形符号和文字符号。

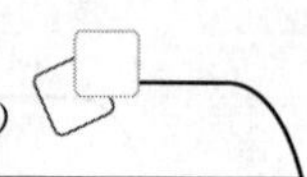

任务检查与评价

序号	评价内容	配分	评价标准	学生评价	老师评价
1	任务所用电气原理图准备	5	(1) 电气原理图准备的完整性 (是 □ 2分) (2) 相关资料准备完整性 (是 □ 3分)		
2	电气原理图的电气图形符号和文字符号记录	70	(1) 电气图形符号的识别与记录 (是 □ 30分) (2) 文字符号的识别与记录 (是 □ 30分) (3) 其他说明的含义与记录 (是 □ 10分)		
3	电器元件端子编号	20	(1) 电器元件端子编号识别与记录 (是 □ 10分) (2) 电气电路中电器元件端子编号记录 (是 □ 6分) (3) 电气原理图主/副电路画法记录 (是 □ 4分)		
4	安全与文明生产	5	(1) 环境整洁 (是 □ 1分) (2) 相关资料摆放整齐 (是 □ 1分) (3) 遵守安全规程 (是 □ 3分)		
合计		100			

议与练

议一议：

如何识读电气原理图纸？

练一练：

(1) 识别各种电气原理图中的电器元件的图形符号和文字符号。

(2) 除电气原理图外还有哪些相关图纸和技术资料？

(3) 动手画一张简单的电气原理图。

任务 5.2 三相交流异步电动机的起动控制电路

- 了解三相交流异步电动机点动控制电路的工作原理。
- 了解三相交流异步电动机连续运转控制电路的工作原理。
- 掌握三相交流异步电动机连续与点动混合控制电路的工作原理。
- 掌握三相交流异步电动机连续与点动混合控制电路的安装与调试。

三相交流异步电动机的点动、连续运转起动控制电路是最基本的常用电力拖动电路之一，是深入学习其他电力拖动电路的基础。

任务教学方式

教学步骤	时间安排	教学方式
阅读教材	课余	自学、查资料、相互讨论
知识讲解	0.5 课时	重点讲授三相交流异步电动机点动控制电路
知识讲解	0.5 课时	重点讲授三相交流异步电动机连续运转控制电路
知识讲解	1 课时	重点讲授三相交流异步电动机连续与点动混合控制电路
技能操作与练习	4 课时	三相交流异步电动机连续与点动混合控制电路安装与调试实训

知识 5.2.1　三相交流异步电动机点动控制电路工作原理

典型的三相交流异步电动机点动控制电路如图 5-4 所示。

1. 点动

点动是电动机控制方式中的一种。在点动控制电路中没有自锁触点，也没有并接其他自动装置，只有当按下控制电路的起动按钮时主电路才得电；松开起动按钮，主电路则失电。最典型的应用是行车控制电路。

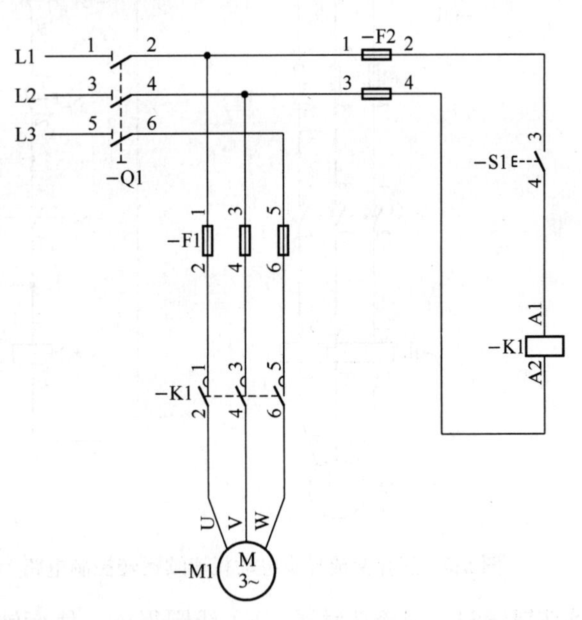

图 5-4　典型的三相交流异步电动机点动控制电路

2. 一般应用

三相交流异步电动机点动控制电路一般应用在起重机械中吊钩的精确定位操作过程、机械加工过程中的“对刀”操作过程、自动加工机床“起始点”的定位操作过程等方面。

3. 工作原理

对如图 5-4 所示的电路的工作原理分析如下。

1）起动。合上电源开关－Q1，接通三相电源，按下常开按钮－S1，交流接触器

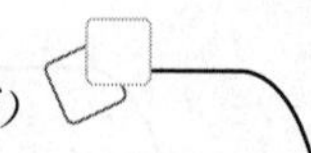

－K1线圈得电，使衔铁吸合，同时带动－K1 的三对主触点闭合，电动机－M1 接通电源起动运转：

合－Q1→ 按－S1 → －K1 吸合 → －M1 运转。

2）停止。当需要电动机停转时，松开按钮－S1，其常开触点恢复断开，交流接触器－K1 线圈失电，衔铁恢复断开，同时通过连动支架带动－K1 的三对主触点恢复断开，电动机－M1 失电停转。

松－S1→ －K1 释放 → －M1 停转。

知识 5.2.2　三相交流异步电动机连续运转控制电路工作原理

三相交流异步电动机连续运转控制电路如图 5-5 所示。电路中利用交流接触器的辅助触点在控制电路中形成的“自锁”来实现三相交流异步电动机的连续运转控制。

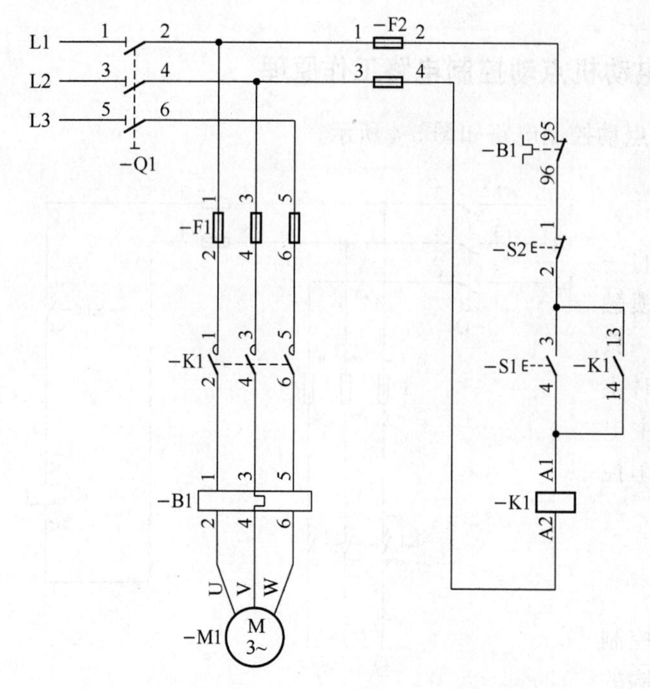

图 5-5　三相交流异步电动机连续运转控制电路

1. 主要应用

三相交流异步电动机连续运转控制电路主要应用于电动机长时间运行且不需要人为参与的工作场合，例如连续运行工作的水泵电动机控制、连续运行工作的通风机控制、自动生产线驱动电动机控制等。这些场合通常不需要电气调速控制或者调速控制由其他控制设备控制。

2. 工作原理

对如图 5-5 所示的电路工作原理分析如下。

1）起动。合上电源开关－Q1，接通三相电源，按下起动按钮－S1，交流接触器－K1 线圈得电，使衔铁吸合，同时带动－K1 的三对主触点闭合，且－K1 的辅助触点闭合形成自锁，电动机－M1 接通电源起动连续运转：

合－Q1→按－S1→－K1 吸合→－M1 运转。

2）停止。当需要电动机停转时，按下停止按钮－S2，，交流接触器－K1 线圈失电，衔铁恢复断开，同时通过连动支架带动－K1 的三对主触点恢复断开、辅助触点断开解除自锁，电动机－M1 失电停转：

按－S2→－K1 释放 →－M1 停转。

3. 过载保护

当电动机过载时，热继电器－B1 的热元件驱动其辅助常开触点断开，切断控制回路电源，使交流接触器线圈－K1 失电，主触点断开，电动机－M1 失电停车。

－B1 断开→－K1 释放→－M1 停转。

知识 5.2.3　三相交流异步电动机连续与点动混合控制电路工作原理

三相交流异步电动机连续与点动混合控制电路如图 5-6 所示。

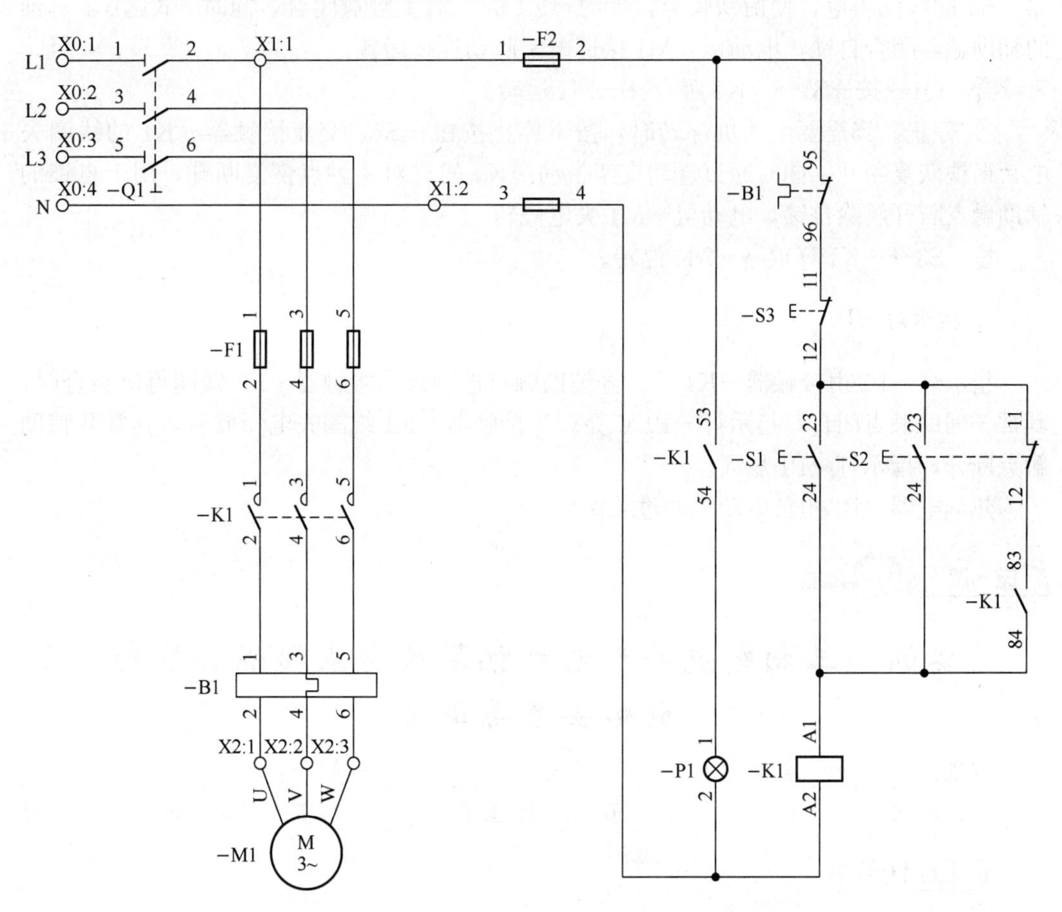

图 5-6　三相交流异步电动机连续与点动混合控制电路

1. 工作原理

（1）点动部分

1）起动。合上电源开关－Q1，接通三相电源，按下点动起动按钮－S2（－S2 为复合按钮），交流接触器－K1 的线圈得电，使衔铁吸合，同时带动－K1 的三对主触点闭合，电动机－M1 接通电源起动运转。同时，按钮－S2 的常闭触点分断接触器－K1 用于自锁的辅助触点，使接触器－K1 不能自锁：

合－Q1→按－S2→－K1 吸合→－M1 运转。

2）停止。当需要电动机停转时，松开按钮－S2，其常开触点恢复断开、常闭触点闭合（注意：触点是先断后合），交流接触器－K1 的线圈失电，衔铁恢复断开，同时通过连动支架带动－K1 的三对主触点恢复断开，电动机－M1 失电停转：

松－S2→－K1 释放→－M1 停转。

（2）连续运转部分

1）起动。合上电源开关－Q1，接通三相电源，按下连续起动按钮－S1，交流接触器－K1 的线圈得电，使衔铁吸合，带动－K1 的三对主触点闭合，同时－K1 用于自锁的辅助触点闭合自锁，电动机－M1 接通电源起动连续运转：

合－Q1→按－S1→－K1 吸合→－M1 运转。

2）停止。当需要电动机停转时，按下停止按钮－S3，交流接触器－K1 的线圈失电，衔铁恢复断开，同时通过连动支架带动－K1 的三对主触点恢复断开，用于自锁的辅助触点断开解除自锁，电动机－M1 失电停转：

按－S3→－K1 释放→－M1 停转。

2. 指示灯－P1

指示灯－P1 由接触器－K1 的常开辅助触点控制，当接触器－K1 线圈得电吸合时，其常开辅助触点闭合，指示灯－P1 点亮；当接触器－K1 线圈失电释放后，其常开辅助触点断开，指示灯－P1 熄灭。

热继电器－B1 担负电动机的过载保护。

实训　三相交流异步电动机连续与点动混合控制电路安装与调试

班级：________ 姓名：__________ 学号：__________ 同组者：________________

工作时间：____年__月__日（第____周 星期____ 第____节）实训课时：____课时

工作任务单

掌握三相交流异步电动机连续与点动混合正转控制电路的基本原理；理解自锁及复合按钮的概念；学会三相交流异步电动机连续与点动混合正转控制电路的接线（工艺）和调试方法（电路图参见图 5-6）。

工作准备

认真阅读工作任务单的内容与要求，明确工作目标，做好准备，拟定工作计划。

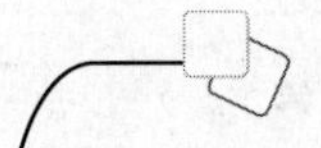

在完成电路安装与调试工作任务时，应正确理解并掌握电气安装与接线的基本工艺方法，掌握电气线路调试的基本原则和方法。

1. 实训用器材

（1）设备、元件：

序号	设备、元件名称	型号	数量	备注
1	三相交流异步电动机	≤1.1kW	1台	可自定型号
2	小型漏电断路器	DZ47LE-32/6A	1只	3+1P
3	熔断器底座	RT18-32（或RT14）	1只	3P
4	熔断器底座	RT18-32（或RT14）	1只	2P
5	交流接触器	CJX2-0910/220V	1只	
6	辅助触头	F-22	1只	（含2常开、2常闭辅助触头）
7	热继电器	NR2-25	1只	按电动机功率选择
8	指示灯	DN16-22D/220V	1只	（含安装盒或支架、螺栓）
9	按钮	LA38/22	3只	红1绿2（含安装盒或支架、螺栓）
10	通用电气安装板	750mm×600mm	1块	金属网孔板含线槽、导轨、端子

（2）工具：一字螺钉旋具、十字螺钉旋具、尖嘴钳、斜口钳、剥线钳、压线钳等工具。

（3）测量仪表：三位半数字万用表等。

（4）实训用电源工作台：1台。

（5）耗材：

序号	耗材名称	型号	数量	备注
1	插针	E7508/E1008	若干	冷压绝缘端子（按需配给）
2	号码管/导线	0.75～1.0mm²/BVR-0.75	若干	数量、导线颜色按需配给
3	熔芯	RT28-32/6A	若干	控制电路2A /主电路6A

2. 质量检查

对所准备的实训用器材进行质量检查。

电路安装与调试操作技术要点

1. 技术准备与电路安装

步骤	电路安装操作技术要点	操作示意图
1. 读图	阅读电气原理图，熟悉电路的工作原理，明确线路所用电器元件及其作用	电气原理图参见图 5-6
2. 器材准备	根据电气原理图或器材明细表配齐电器元件、耗材。对元件进行基本检查	参见工作准备“实训用器材” 外观检查　参数核对 线圈及触点通断检查　动作灵活性检查
3. 选配安装工具	根据元件安装方式、安装底板、安装面板来选配安装工具（示例）	选配的安装工具
4. 绘制元件布置图	根据电气原理图绘制元件布置图和接线图，然后按要求在安装面板上安装固定元件（电动机除外），并贴上醒目的文字符号。 布置图或接线图根据以下基本原则绘制： （1）以电源上进下出为一般原则。 （2）以小功率或比较轻的元件在上、大功率（发热比较大）或重量比较大的元件在下为一般原则。 （3）以进出电控柜的端子在下为一般原则。 （4）简单电路以左为主电路、右为辅助电路为一般原则，复杂电路按实际情况合理布置。 （5）板前布线应以在上、下元件间布置行线槽为一般原则。	元件布置图（局部）示例

续表

步骤	电路安装操作技术要点	操作示意图
4. 绘制元件布置图	（6）元件与行线槽之间应根据导线面积预留合适的间距（实训用元件功率较小，元件与行线槽之间间距控制在 25～75mm 之间为宜）	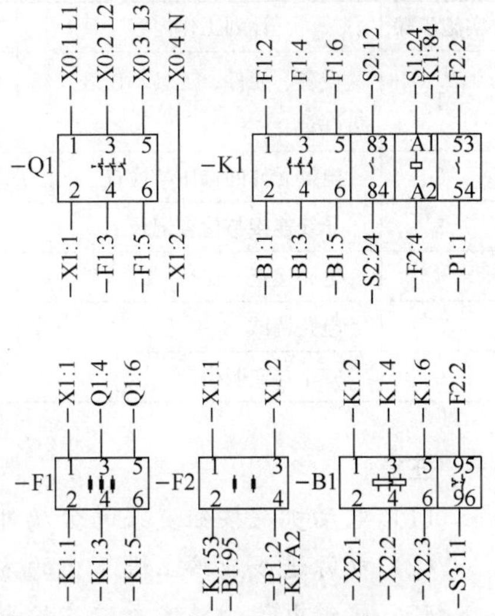 元件接线图（局部）示例
5. 配置导线	根据电动机容量选配主电路导线的横截面。控制电路导线一般采用横截面为 1mm² 的多股铜芯软线；接地线一般采用横截面不小于 1.5mm² 的多股铜芯软线（本实训统一采用的是 0.75mm² 的导线）	
6. 布线	根据接线图布线，同时将剥去绝缘层的两端线头套上标有与电路图相一致编号的编码套管	
7. 安装电动机	连接电动机和所有电器元件金属外壳的保护接地线	
8. 连接导线	连接电源、电动机等底板、面板外部的导线	

2. 电路检查与调试

步骤	电路检查与调试操作技术要点	操作示意图
1. 自检	接线完成后，要对所连接的电路用万用表进行自我检查： （1）检查导线是否按线号进行连接，连接是否良好，通断是否正常，是否有短路情况，如有应整改； （2）重点检查按钮－S1、－S2 及－K1 相关控制触点的连接是否正确、正常	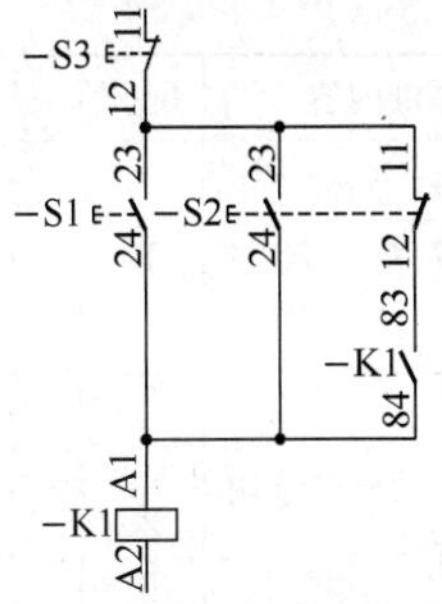 重点检查用局部原理图
2. 试车	通电调试(含整定热继电器、时间继电器参数)、试车。 （1）通电前先取出主电路熔断器－F1 的熔芯，然后接通控制电路，分别按按钮－S1、－S2、－S3，视所观察的接触器动作情况，确认控制电路的工作逻辑关系是否正确；整定热继电器保护参数。 （2）在控制电路调试完成后，停电恢复主电路，再通电检查调试主电路	
3. 交验	通电调试、试车完成后，可以交付使用方进行验收	

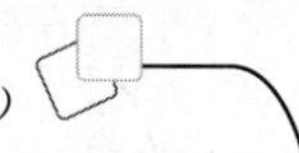

任务实施

实施步骤	计划工作内容	工作过程记录
1	设备、元件、工具、仪表及耗材准备	
2	电器元件的选用与检查	
3	导线连接与检查记录	
4	电路检查	
5	电路调试	
6	安全与文明生产	

注意：

（1）电动机及按钮支架的金属外壳必须可靠接地。

（2）电源进线应按上进下出的方式接入。

（3）热继电器的整定电流应按电动机规格进行调整。

（4）填写所用电器元件的型号、规格时，要做到字迹工整，书写正确、清楚、完整。

安全提示

在任务实施过程中，应严格遵循安全操作规程，穿戴好工作服、绝缘鞋、安全帽；作业过程中，要文明施工，注意工具、仪器仪表等器材应摆放有序。工位应整洁。

任务检查与评价

序号	评价内容	配分	评价标准	学生评价	老师评价
1	设备、元件、工具、仪表及耗材准备	10	（1）任务电气原理图及资料准备的完整性（是 □ 5 分） （2）设备、元件、工具和仪表、耗材准备完整性（是 □ 5 分）		
2	电器元件的选用与检查	20	（1）电器元件识别与记录（是 □ 5 分） （2）主电路元件的选用（是 □ 5 分） （3）控制电路元件的选用（是 □ 5 分） （4）端子排的选用（是 □ 5 分）		
3	导线连接与检查记录	40	（1）导线（软导线）是否安装插针（是 □ 10 分） （2）是否有漏铜现象（否 □ 5 分） （3）每个端子接线是否超过 2 个线头（否 □ 2 分） （4）导线是否入槽（是 □ 3 分） （5）导线是否安装有线号（是 □ 10 分） （6）导线连接是否按端子号接入（是 □ 10 分）		

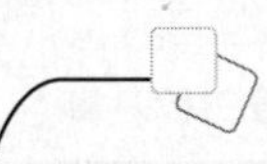

续表

序号	评价内容	配分	评价标准	学生评价	老师评价
4	电路检查	15	（1）是否有短路情况　（否 □ 5 分） （2）是否有接错情况　（否 □ 5 分） （3）接地线是否接入　（是 □ 5 分）		
5	电路调试	10	（1）按点动按钮电路工作是否正常　（是 □ 5 分） （2）按连续运转按钮电路工作是否正常　（是 □ 5 分）		
6	安全与文明生产	5	（1）环境整洁　（是 □ 1 分） （2）相关资料摆放整齐　（是 □ 1 分） （3）遵守安全规程　（是 □ 3 分）		
	合计	100			

议与练

议一议：

连续与点动混合正转控制电路的优点和缺点各是什么？如何克服此电路的不足？

练一练：

连续与点动混合正转控制电路的安装。

任务 5.3　三相交流异步电动机的正反转控制电路

任务目标

- 了解三相交流异步电动机接触器联锁的正反转控制电路工作原理。
- 了解三相交流异步电动机按钮联锁的正反转控制电路工作原理。
- 了解三相交流异步电动机双重联锁的正反转控制电路工作原理。
- 掌握三相交流异步电动机双重联锁的正反转控制电路的安装与调试。

三相交流异步电动机的正反转控制电路是最基本的典型电力拖动电路之一，是进一步深入学习其他电力拖动电路的基础。

任务教学方式

教学步骤	时间安排	教学方式
阅读教材	课余	自学、查资料、相互讨论
知识讲解	1 课时	重点讲授三相交流异步电动机接触器联锁的正反转控制电路

续表

教学步骤	时间安排	教学方式
知识讲解	1课时	重点讲授三相交流异步电动机按钮联锁的正反转控制电路
知识讲解	1课时	重点讲授三相交流异步电动机双重联锁的正反转控制电路
技能操作与练习	4课时	三相交流异步电动机双重联锁的正反转控制电路安装与调试实训

知识 5.3.1　三相交流异步电动机接触器联锁的正反转控制电路工作原理

三相交流异步电动机接触器联锁的正反转控制电路如图 5-7 所示。

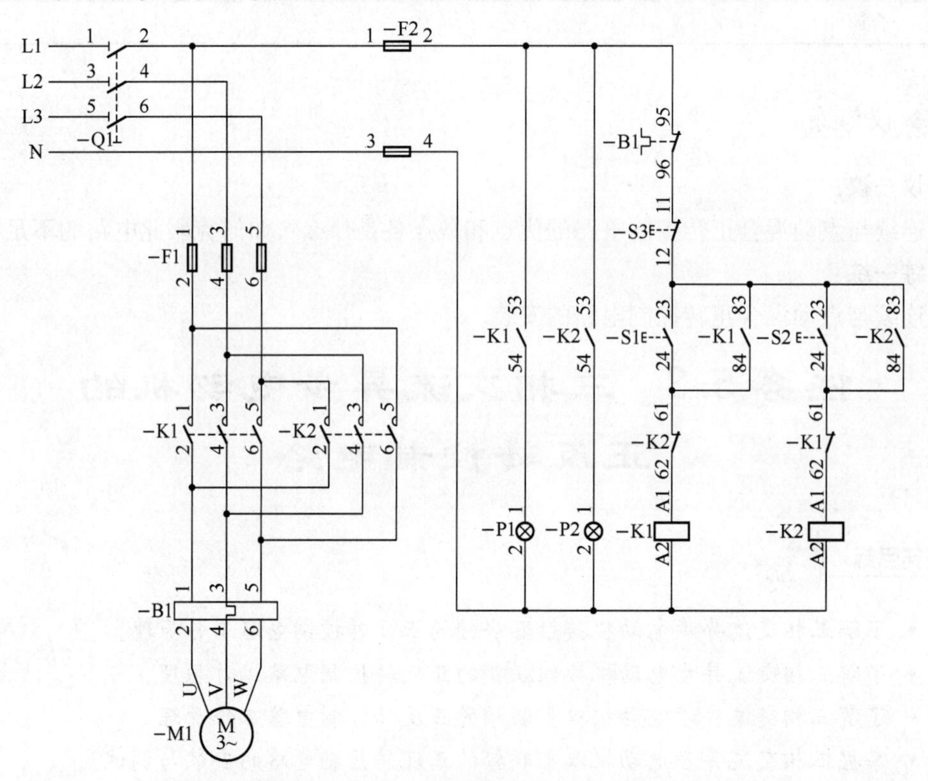

图 5-7　三相交流异步电动机接触器联锁的正反转控制电路

1. 工作原理

三相交流异步电动机接触器联锁的正反转控制电路工作原理如下。

（1）正转控制

合上电源开关−Q1，按下正转起动按钮−S1，接触器−K1 线圈得电吸合，其辅助常开触点闭合自锁、常闭触点断开对−K2 互锁；−K1 主触点闭合，电动机−M1 正转：

合−Q1→ 按−S1 → −K1 吸合 → −M1 正向运转。

（2）反转控制

先按下停止按钮－S3，使正转控制电路断开，电动机停转，之后按下反转按钮－S2，接触器－K2 得电吸合其辅助常开触点闭合自锁、常闭触点断开对－K1 互锁，－K2 主触头闭合，电动机－M1 反转。

按－S3 → －K1 释放 → －M1 停转；

按－S2 → －K2 吸合 → －M1 反向运转。

2. 指示灯与热继电器

指示灯－P1、－P2 分别由接触器－K1、－K2 的常开辅助触点控制。正转时（－K1 动作吸合）－P1 指示灯亮；反转时（－K2 动作吸合）－P2 指示灯亮。

热继电器－B1 担负电动机的过载保护。

知识 5.3.2　三相交流异步电动机按钮联锁的正反转控制电路工作原理

三相交流异步电动机按钮联锁的正反转控制电路如图 5-8 所示。这种电路操作方便，不需要按停止按钮就可以直接进行正反转切换，但因操作过快容易产生相间短路。

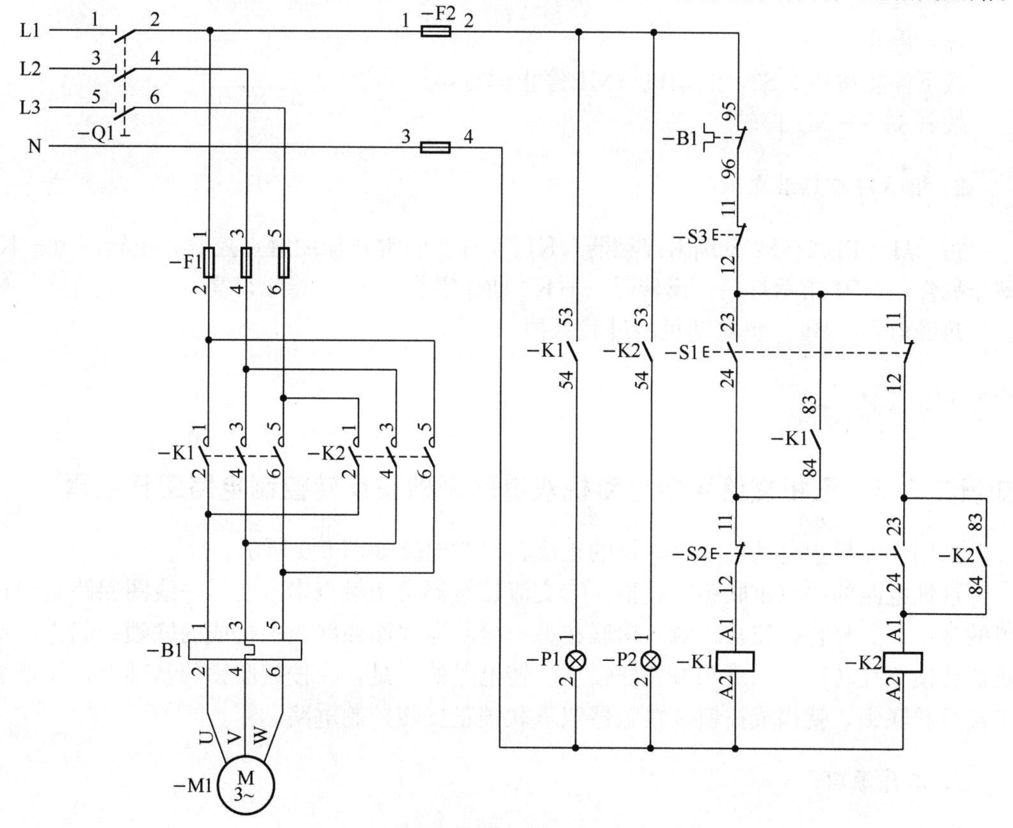

图 5-8　三相交流异步电动机按钮联锁的正反转控制电路

1. 工作原理

三相交流异步电动机按钮联锁的正反转控制电路工作原理如下。

（1）正转控制

合上电源开关－Q1，接通三相电源，按下正转按钮－S1，其常闭触点断开，使接触器－K2 线圈无法得电，实现互锁；同时接通接触器－K1 回路，线圈得电，辅助常开触点闭合实现自锁，电动机－M1 正转运行：

合－Q1→ 按－S1 → －K1 吸合 → －M1 正向运转。

（2）反转控制

在电动机正转时，可直接按下按钮－S2 实现反转。按下反转按钮－S2，其常闭触点断开（先断），使接触器－K1 线圈失电释放，其主触点和辅助触点断开，电动机－M 失电；同时反转按钮－S2 常开触点接通（后合），接触器－K2 线圈得电，其辅助常开触点闭合实现自锁，电动机－M1 反转运行：

按－S2 → －K1 释放 → －M1 正向停转→－K2 吸合→ －M1 反向运转。

注意：实现按钮正反转转换时，按钮触点是“先断开常闭触点（先断），后闭合常开触点（后合）”；如果按钮按下过快，正在工作的接触器来不及完全释放，另一个接触器就开始吸合，此时电动机正反转相序不一致，这样就会造成两相短路故障。因此按钮按下不能过快。

（3）停止

按下停止按钮－S3，电动机－M1 停止运行：

按－S3→－M1 停转。

2. 指示灯与热继电器

指示灯－P1、－P2 分别由接触器－K1、－K2 的常开辅助触点控制。正转时（－K1 动作吸合）－P1 指示灯亮；反转时（－K2 动作吸合）－P2 指示灯亮。

热继电器－B1 担负电动机的过载保护。

知识 5.3.3 三相交流异步电动机双重联锁的正反转控制电路工作原理

三相交流异步电动机双重联锁的止反转控制电路如图 5-9 所示。

这种电路的“双重联锁”是指：①交流接触器常闭触点串联在另一线圈回路当中构成的联锁；②复合按钮常闭触点串联在另一接触器线圈回路当中构成的联锁；③克服接触器联锁正反转控制电路和按钮联锁正反转电路的不足，在按钮联锁的基础上，又增加了接触器联锁，就构成按钮、接触器双重联锁正反转控制电路。

1. 工作原理

三相交流异步电动机双重联锁的正反转控制电路工作原理如下。

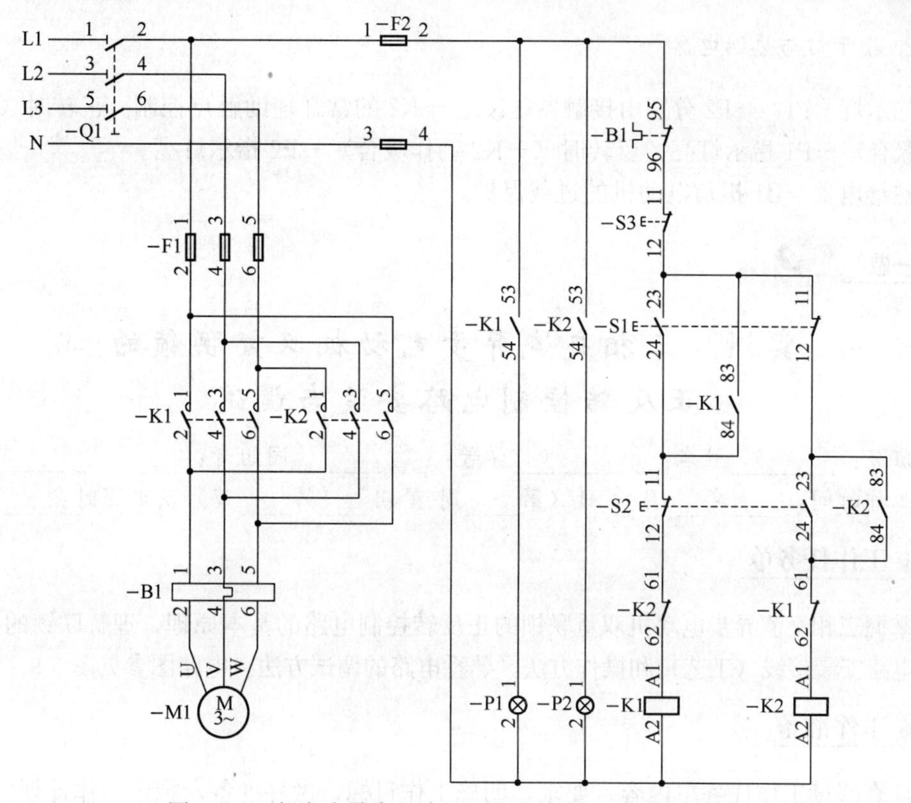

图5-9　三相交流异步电动机双重联锁的正反转控制电路

（1）正转控制

合上电源开关－Q1，接通三相电源，按下正转按钮－S1，其常闭触点断开，使接触器－K2线圈无法得电，实现按钮互锁；同时接通接触器－K1线圈回路，线圈得电，辅助常开触点闭合实现自锁，辅助常闭触点断开，切断接触器－K2线圈回路，实现接触器互锁，接触器－K1主触点闭合接通电动机电源回路，电动机－M1正转运行：

合－Q1→ 按－S1 → －K1 吸合 → －M1 正向运转。

（2）反转控制

在电动机－M1正转时，可直接按下反转按钮－S2实现反转。按下反转按钮－S2，其常闭触点断开，使接触器－K1线圈失电，－K1常开触点释放断开、常闭触点闭合，接通接触器－K2支路，电动机开始处于停止运行状态；同时按钮－S2的常开触点闭合，接触器－K2线圈得电，辅助常开触点闭合实现自锁，辅助常闭触点断开－K1支路，形成接触器互锁，接触器－K2主触点闭合接通电动机电源回路，电动机－M1反转运行。

按－S2 →－K1 释放 →－M1 正向停转。
　　　　→－K2 吸合 →－M1 反向运转。

（3）停止

按下停止按钮－S3，切断控制回路电源，电动机－M1停止运行。

按－S3→－M1 停转。

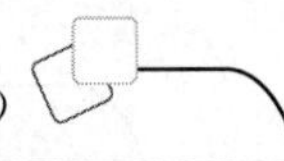

2. 指示灯与热继电器

指示灯－P1、－P2 分别由接触器－K1、－K2 的常开辅助触点控制。正转时（－K1 动作吸合）－P1 指示灯亮；反转时（－K2 动作吸合）－P2 指示灯亮。

热继电器－B1 担负电动机的过载保护。

实训　三相交流异步电动机双重联锁的正反转控制电路安装与调试

班级：________ 姓名：__________ 学号：__________ 同组者：________________

工作时间：____年__月__日（第____周 星期____ 第____节）实训课时：____课时

工作任务单

掌握三相交流异步电动机双重联锁的正反转控制电路的基本原理，理解联锁的概念，巩固电路安装接线（工艺）和操作方法，熟悉电路的调试方法。电路图参见图 5-9。

工作准备

认真阅读工作任务单内容、要求，明确工作目标，做好准备，拟定工作计划。

在完成电路安装与调试工作任务时，巩固电气安装与接线的基本工艺方法，巩固电气线路调试的基本原则和方法。

1. 实训用器材

（1）设备、元件：

序号	设备、元件名称	型号	数量	备注
1	三相交流异步电动机	≤1.1kW	1台	可自定型号
2	小型漏电断路器	DZ47LE-32/6A	1只	3＋1P
3	熔断器底座	RT18-32（或 RT14）	1只	3P
4	熔断器底座	RT18-32（或 RT14）	1只	2P
5	交流接触器	CJX2-0910/220V	2只	
6	辅助触头	F-22	2只	（含 2 常开、2 常闭辅助触头）
7	热继电器	NR2-25	1只	按电动机功率选择
8	指示灯	DN16-22D/220V	2只	（含安装盒或支架、螺栓）
9	按钮	LA38/22	3只	红 1 绿 2（含安装盒或支架、螺栓）
10	通用电气安装板	750mm×600mm	1块	金属网孔板含线槽、导轨、端子

（2）工具：一字螺钉旋具、十字螺钉旋具、尖嘴钳、斜口钳、剥线钳、压线钳等工具。

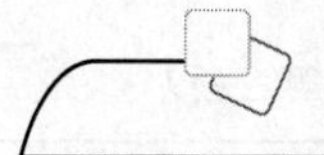

（3）测量仪表：三位半数字万用表等。

（4）实训用电源工作台：1 台。

（5）耗材：

序号	耗材名称	型号	数量	备注
1	插针	E7508/E1008	若干	冷压绝缘端子（按需配给）
2	号码管/导线	0.75～1.0mm²/BVR-0.75	若干	按需配给
3	熔芯	RT28-32/6A	若干	控制电路 2A /主电路 6A

2. 质量检查

对所准备的实训用器材进行质量检查。

电路安装与调试操作技术要点

电路安装操作技术要点请参照本项目任务 5.2“实训　三相交流异步电动机连续与点动混合控制电路安装与调试”相关内容。以下重点讲述本实训的电路检查与调试操作技术要点。

步骤	电路检查与调试操作技术要点	操作示意图
1. 自检	接线完成后，要对所连接的电路用万用表进行自我检查。检查导线是否按线号进行连接、连接是否良好、通断是否正常、是否有短路情况，如有应整改。 重点检查接线较为复杂的线路部分（如右图所示电路图）： （1）按钮－S1、－S2 互锁和接触器－K1、－K2 互锁触点接线务必保证正确。 （2）正反转接触器－K1、－K2 进出线的相序务必保证正确	重点检查用局部电路图
2. 试车	通电调试、试车。 （1）通电前先取出主回路熔断器－F1 的熔芯，然后接通控制电路，分别按按钮－S1、－S2、－S3，认真观察接触器动作的情况，确认控制电路的工作逻辑关系是否正确；整定热继电器保护参数。 （2）在控制电路调试完成后，停电恢复主电路，再通电检查调试主电路	
3. 交验	通电调试、试车完成后，可以交付使用方进行验收	

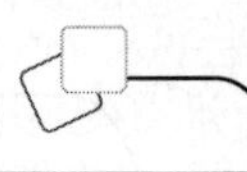

任务实施

步骤	计划工作内容	工作过程记录
1	实训用器材准备	
2	电器元件的选用与检查	
3	导线连接与检查记录	
4	电路检查	
5	电路调试	
6	安全与文明生产	

注意：

（1）电动机及按钮支架的金属外壳必须可靠接地。电源进线应按上进下出的方式接入。电动机必须安放平稳，以防在电动机运转时产生滚动而引起事故。

（2）填写所用电器元件的型号、规格时，要做到字迹工整，书写正确、清楚、完整。

（3）要注意电动机必须进行换相；否则，电动机只能进行单向运转。接线时，不能将正、反转接触器的自锁触点进行互换；否则只能进行点动控制。通电调试前，应检查按钮控制与联锁是否正常，接触器联锁是否正常。要特别注意双重联锁触点不能接错；否则将会造成主电路中两相电源短路事故。热继电器的整定电流应按电动机规格进行调整。

⚠安全提示

在任务实施过程中，应严格遵循安全操作规程，穿戴好工作服、绝缘鞋、安全帽；接电前必须经教师检查无误后才能通电操作。作业过程中，要文明施工，注意工具、仪表等器材应摆放有序。工位应整洁。

任务检查与评价

序号	评价内容	配分	评价标准	学生评价	老师评价
1	实训用器材准备	10	（1）任务电气原理图及资料准备的完整性（是 □ 5分） （2）工具和仪表、耗材准备完整性（是 □ 5分）		
2	电器元件的选用与检查	20	（1）电器元件识别与记录（是 □ 5分） （2）主电路元件的选用（是 □ 5分） （3）控制电路元件的选用（是 □ 5分） （4）端子排的选用（是 □ 5分）		

续表

序号	评价内容	配分	评价标准	学生评价	老师评价
3	导线连接与检查记录	40	(1) 导线(软导线)是否安装插针 (是 □ 10 分) (2) 是否有漏铜、压绝缘现象 (否 □ 5 分) (3) 每个端子接线是否超过 2 个线头 (否 □ 2 分) (4) 导线是否入槽 (是 □ 3 分) (5) 导线是否安装号码管并写上线号 (是 □ 10 分) (6) 导线连接是否按端子号接入 (是 □ 5 分)		
4	电路检查	15	(1) 是否有短路情况 (否 □ 5 分) (2) 是否有接错情况 (否 □ 5 分) (3) 接地线是否接入 (是 □ 5 分)		
5	电路调试	10	(1) 按正转按钮电路工作是否正常 (是 □ 5 分) (2) 按反转按钮电路工作是否正常 (是 □ 5 分)		
6	安全与文明生产	5	(1) 环境整洁 (是 □ 1 分) (2) 相关资料摆放整齐 (是 □ 1 分) (3) 遵守安全规程 (是 □ 3 分)		
合计		100			

议与练

议一议：

(1) 什么是联锁和联锁触点？为什么要设置联锁触点？

(2) 三相交流异步电动机按钮与接触器的双重联锁正反转控制电路的优点和缺点各是什么？

练一练：

三相交流异步电动机按钮与接触器双重联锁的正反转控制电路的安装。

思考与练习

1. 怎样正确识读各种电动机的基本控制电路？
2. 怎样安装各种电动机的基本控制电路？

项目 6

三相交流异步电动机常用控制电路(一)

三相交流异步电动机具有结构简单、运行可靠、价格便宜、功率范围大等优点，广泛应用于有三相电源的工农业设备中。

三相交流异步电动机使用较为广泛的常用控制电路有用于位置控制的小车运动控制电路、小车往返运动控制电路；有用于降压起动的串电阻降压起动控制电路、Y-△降压起动控制电路；有用于串电阻反接制动电路和能耗制动控制电路等。

本项目重点讲述使用位置开关（行程开关）、电阻器、接触器、整流电路所构成的常用控制电路。

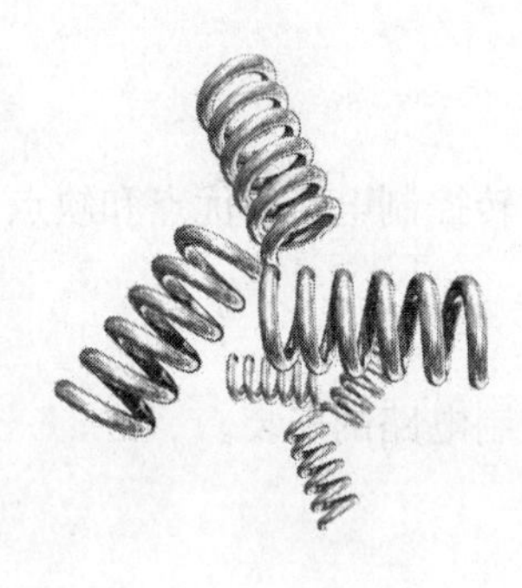

- 掌握三相交流异步电动机四种常用控制电路的电力拖动控制电路原理。
- 通过三相交流异步电动机的电力拖动控制实训，掌握常用电力拖动控制电路的安装工艺和调试技能。

任务 6.1　三相交流异步电动机位置控制与自动循环控制电路

任务目标

- 了解三相交流异步电动机位置控制电路工作原理。
- 了解三相交流异步电动机自动循环控制电路工作原理。
- 掌握三相交流异步电动机位置控制与自动循环控制电路的安装与调试。

三相交流异步电动机位置控制与自动循环控制电路比较常用，通过本任务学习，掌握这两种电路的工作原理。

任务教学方式

教学步骤	时间安排	教学方式
阅读教材	课余	自学、查资料、相互讨论
知识讲解	1 课时	重点讲授三相交流异步电动机位置控制电路
知识讲解	2 课时	重点讲授三相交流异步电动机自动循环控制电路
技能操作与练习	4 课时	三相交流异步电动机位置控制与自动循环控制电路安装与调试实训

学一学

知识 6.1.1　三相交流异步电动机位置控制电路工作原理

三相交流异步电动机（小车运动）位置控制电路图如图 6-1 所示。

1. 电路特点

在工厂车间里担负物料运送的运动小车常采用三相交流异步电动机位置控制电路。图 6-2 是三相交流异步电动机（小车运动）位置示意图，小车的两头终点处各安装了一个限制小车位置的位置开关－B2 和－B3，将这两个位置开关的常闭触点分别串接在正转控制电路和反转控制电路中。小车前后各装有挡铁，小车的行程和位置可通过移动位置开关的安装位置来调节。此电路中－S1 为小车向左运动控制按钮，而左侧的限位停止由－B2来实现；电路中－S2 为小车向右运动控制按钮，而右侧的限位停止由－B3 来实现，电路中还设置了一个停止按钮－S3。

2. 工作原理

首先合上电源开关－Q1。

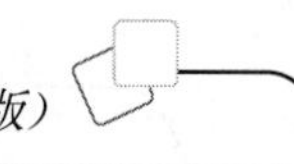

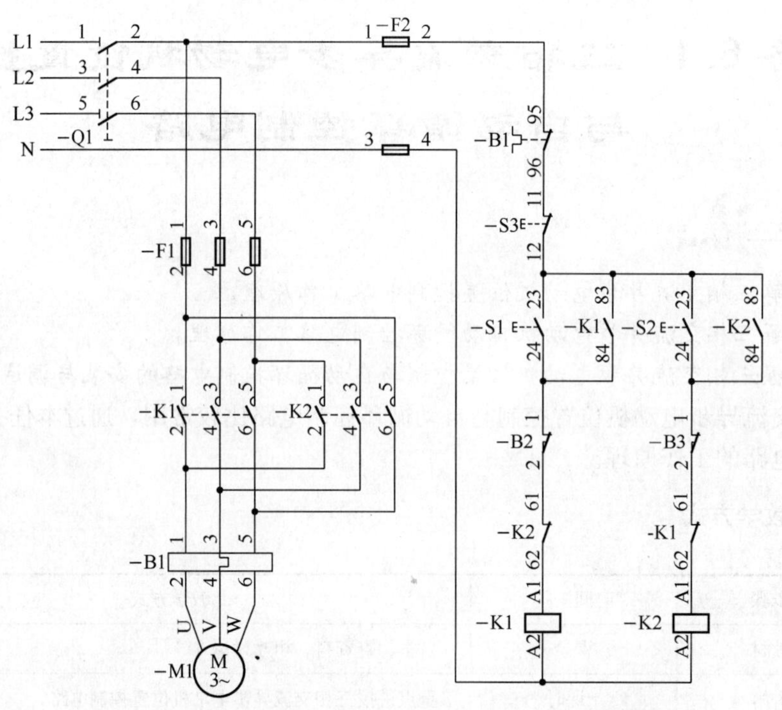

图 6-1　三相交流异步电动机（小车运动）位置控制电路图

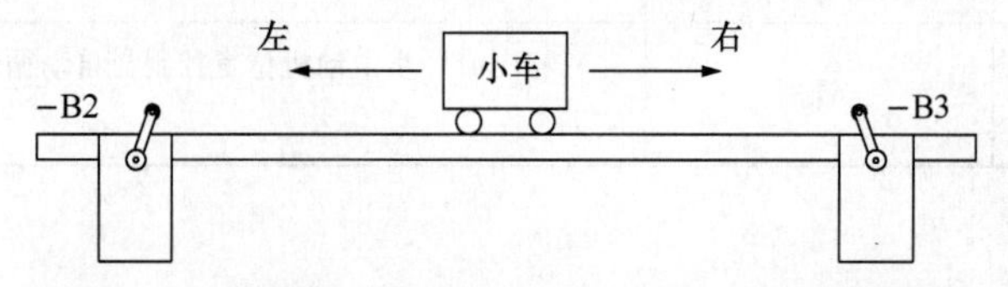

图 6-2　三相交流异步电动机（小车运动）位置示意图

（1）小车向左运动

按下按钮−S1，接触器−K1 线圈得电吸合，主触点闭合电动机−M1 起动向左侧运行，辅助常开触点闭合自锁，同时−K1 辅助常闭触点断开对−K2 形成互锁。当小车向左移至限定位置，碰撞位置开关−B2，其常闭触点断开切断接触器−K1 线圈回路，−K1 线圈失电释放，用于自锁、互锁的辅助触点复原，接触器−K1 主触点断开，电动机−M1 失电停转，小车停止向左运动。此时，位置开关−B2 被小车顶压，常闭触点处于断开状态，由此小车只能向右运行。

合−Q1→ 按−S1 → −K1 吸合 → −M1 左（正）向运转 → B2 压行程 → K1 释放 → −M1 停转。

（2）小车向右运动

按下按钮−S2，接触器−K2 线圈得电吸合，主触点闭合电动机−M1 起动，小车向右侧运行，辅助常开触点闭合自锁，同时−K2 辅助常闭触点断开对−K1 形成互锁。当小车向右移至限定位置，碰撞位置开关−B3，其常闭触点断开切断接触器−K2 线圈回路，−K2 线圈失电释放，用于自锁、互锁的辅助触点复原，接触器−K2 主触点断开，电动机−M1 失电停转，小车停止向右运动。此时，位置开关−B3 被小车顶压，常闭触点处于断开状态，由此小车只能向左运行。

按－S2→－K2 吸合→－M1 右（反）向运转→－B3 压行程→－K2 释放→－M1 停转。

（3）停止

若小车需要在中途停车，只需按下停止按钮－S3 切断控制电路电源即可。

3. 指示灯与热继电器

热继电器－B1 担负电动机的过载保护。

知识 6.1.2　三相交流异步电动机自动循环控制电路工作原理

三相交流异步电动机（小车往返运动）自动循环控制电路图如图 6-3 所示。

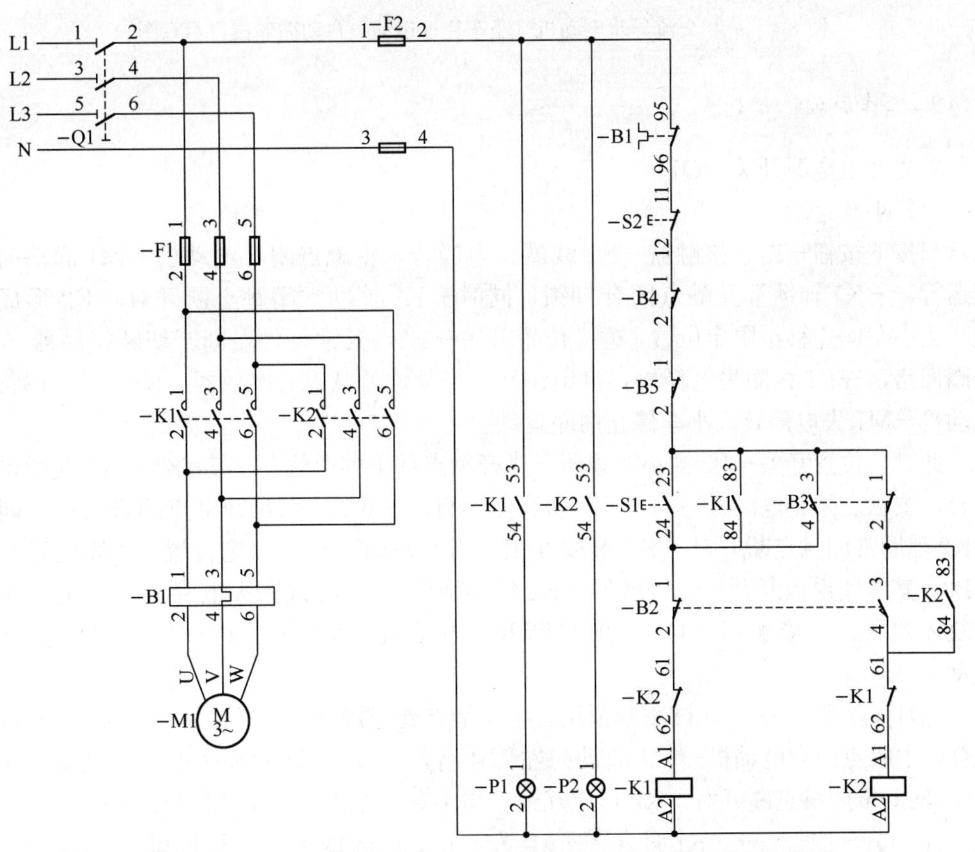

图 6-3　三相交流异步电动机（小车往返运动）自动循环控制电路图

1. 电路特点

物品自动运转经常采用三相交流异步电动机自动循环控制电路。图 6-4 是三相交流

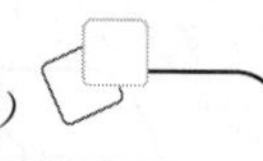

异步电动机（小车往返运动）自动循环位置示意图。小车的两头终点处各安装了一个限制小车位置的保护位置开关－B4 和－B5，两个位置开关的常闭触点串接在控制电路的电源回路中，当小车越线时就切断电源实现对小车的停止保护；小车自动往返运动控制分别由位置开关－B2、－B3 实现。这两个位置开关的常开触点、常闭触点分别串接在电动机正转控制电路和反转控制电路中。小车前后各装有挡铁，小车的行程和位置可通过移动位置开关的安装位置来调节。此电路中－S1 为小车向左运动控制按钮，当小车运动到左侧压限位时，小车则自动向右运动，左侧限位由位置开关－B2 来实现；当小车运动到右侧压限位时，小车则自动向左运动，右侧限位由位置开关－B3 来实现。这样就形成了小车自动循环往返运动。小车的停止运动由－S2 实现。

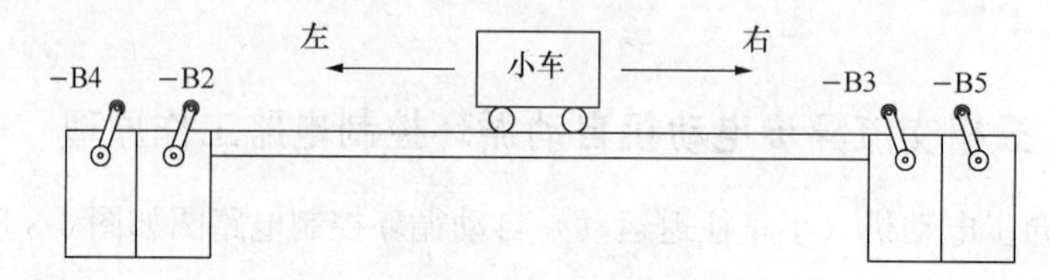

图 6-4　三相交流异步电动机（小车往返运动）自动循环位置示意图

2. 工作原理

首先合上电源开关－Q1。

（1）小车运动

当按下按钮－S1，接触器－K1 线圈得电吸合，主触点闭合电动机－M1 起动向左侧运行，－K1 辅助常开触点闭合自锁，同时－K1 辅助常闭触点断开对－K2 形成互锁。当小车向左移至限定位置，碰撞位置开关－B2，其常闭触点断开切断接触器－K1 线圈回路，－K1 线圈失电释放，自锁、互锁恢复原始状态，接触器－K1 主触点断开，电动机－M1 失电停转，小车停止向左运动。

此时，位置开关－B2 被小车顶压，常开触点处于接通状态，接触器－K2 线圈得电吸合，主触点闭合电动机－M1 起动向右侧运行，－K2 辅助常开触点闭合自锁，同时－K2 辅助常闭触点断开对－K1 形成互锁。当小车向右移至限定位置，碰撞位置开关－B3，其常闭触点断开切断接触器－K2 线圈回路，－K2 线圈失电释放，自锁、互锁恢复原始状态，接触器－K2 主触点断开，电动机－M1 失电停转，小车停止向右运动。

此时，位置开关－B3 被小车顶压，常开触点处于接通状态，接触器－K1 线圈得电吸合，主触点闭合电动机－M1 起动向左侧运行，－K1 辅助常开触点闭合自锁，同时－K1 辅助常闭触点断开对－K2 形成互锁。当小车向左移动，循环往复。

合－Q1→按－S1→－K1 吸合→－M1 左（正）向运转→－B2 压行程→－K1 释放→－M1 停转→－K2 吸合→－M1 右（反）向运转→－B3 压行程→－K2 释放→－M1 停转→－K1 吸合→－M1 左（正）向运转→－B2 压行程→－K1 释放→－M1 停转……

（2）停止

若小车需要在中途停车，只需按下停止按钮－S2 切断控制电路电源即可。

3. 指示灯与热继电器

指示灯－P1、－P2 分别由接触器－K1、－K2 的常开辅助触点控制。正转（向左运动）时（－K1 动作吸合）－P1 指示灯亮；反转（向右运动）时（－K2 动作吸合）－P2 指示灯亮。

热继电器－B1 担负电动机的过载保护。

实训　三相交流异步电动机位置控制与自动循环控制电路安装与调试

班级：________ 姓名：__________ 学号：__________ 同组者：______________

工作时间：____年__月__日（第____周 星期____第____节）实训课时：____课时

工作任务单

掌握三相交流异步电动机位置控制与自动循环控制电路安装与调试的基本原理，理解位置控制的概念，巩固电路安装接线（工艺）和操作方法，熟悉电路的调试方法。原理图参见图 6-3。

工作准备

认真阅读工作任务单的内容与要求，明确工作目标，做好准备，拟定工作计划。

在完成电路安装与调试工作任务前，巩固并掌握电气安装与接线的基本工艺方法，巩固并掌握电气线路调试的基本原则和方法。

1. 实训用器材

（1）设备、元件：

序号	设备、元件名称	型号	数量	备注
1	三相交流异步电动机	≤1.1kW	1台	可自定型号
2	小型漏电断路器	DZ47LE-32/6A	1只	3＋1P
3	熔断器底座	RT18-32（或 RT14）	1只	3P
4	熔断器底座	RT18-32（或 RT14）	1只	2P
5	交流接触器	CJX2-0910/220V	2只	
6	辅助触头	F-22	2只	（含 2 常开、2 常闭辅助触头）
7	热继电器	NR2-25	1只	按电动机功率选择
8	指示灯	DN16-22D/220V	2只	（含安装盒或支架、螺栓）
9	按钮	LA38/22	3只	红 1 绿 2（含安装盒或支架、螺栓）
10	行程（限位）开关	YBLX-ME/8104（或其他型号）	4只	带安装螺栓
11	通用电气安装板	750mm×600mm	1块	金属网孔板含线槽、导轨、端子

（2）工具：一字螺钉旋具、十字螺钉旋具、尖嘴钳、斜口钳、剥线钳、压线钳等工具。

（3）测量仪表：三位半数字万用表等。

（4）实训用电源工作台：1台。

（5）耗材：

序号	耗材名称	型号	数量	备注
1	插针	E7508/E1008	若干	冷压绝缘端子（按需配给）
2	号码管/导线	0.75～1.0mm²/BVR-0.75	若干	按需配给
3	熔芯	RT28-32/6A	若干	控制电路2A/主电路6A

2. 质量检查

对所准备的实训用器材进行质量检查。

电路安装与调试操作技术要点

电路安装操作技术要点请参照项目5任务5.2“实训　三相交流异步电动机连续与点动混合控制电路安装与调试”相关内容。以下重点讲述本实训的电路检查与调试操作技术要点。

步骤	电路检查与调试操作技术要点	
1. 自检	接线完成后，要对所连接的电路用万用表进行自我检查。检查导线是否按线号进行连接、连接是否良好、通断是否正常、是否有短路情况，如有应整改。重点检查接线较为复杂的线路部分（如右图所示电路图）。 循环用位置开关（行程开关）－B2、－B3的互锁和接触器－K1、－K2互锁触点及极限限位用位置开关（行程开关）－B4、－B5接线是否正确	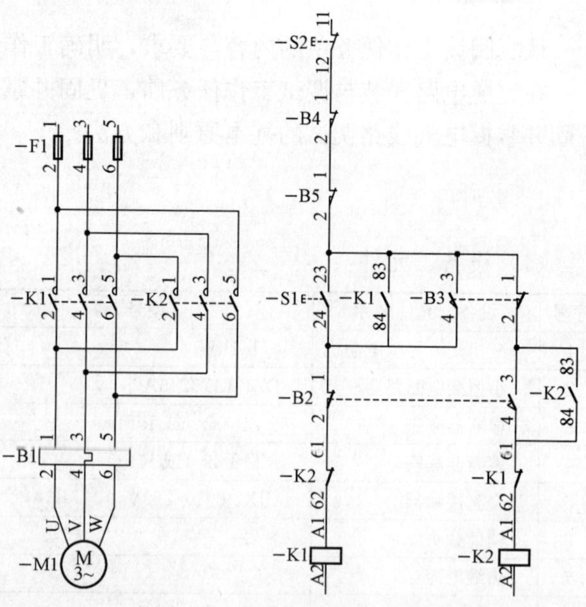 重点检查用局部电路图

续表

步骤	电路检查与调试操作技术要点
2. 试车	通电调试、试车。 （1）通电前先取出主电路熔断器－F1 的熔芯，再通电检查调试控制电路。按－S1 起动电路，按动作顺序用手分别压位置开关－B2、－B3 观察接触器动作情况；然后再分别压位置开关－B4、－B5 观察接触器是否释放，确认控制电路的工作逻辑关系是否正确；整定热继电器保护参数。 （2）在控制电路调试完成后，停电恢复主电路，再通电检查调试主电路

任务实施

步骤	计划工作内容	工作过程记录
1	实训用器材准备	
2	电器元件的选用与检查	
3	导线连接与检查记录	
4	电路检查	
5	电路调试	
6	安全与文明生产	

注意：

（1）电动机及按钮支架的金属外壳必须可靠接地。电源进线应按上进下出的方式接入。电动机必须安放平稳，以防在电动机运转时产生滚动而引起事故。

（2）填写所用电器元件的型号、规格时，要做到字迹工整，书写正确、清楚、完整。

（3）要注意电动机必须进行换相；否则，电动机只能进行单向运转。接线时，不能将正、反转接触器的自锁触点进行互换。通电调试前，应检查按钮控制是否正常，行程开关联锁是否正常，接触器联锁是否正常，要特别注意联锁触点不能接错。热继电器的整定电流应按电动机规格进行调整。

⚠ 安全提示

任务实施过程中，应严格遵循安全操作规程，穿戴好工作服、绝缘鞋、安全帽；接电前必须经教师检查无误后才能通电操作。作业过程中，要文明施工，注意工具、仪器仪表、器材应摆放有序。工位应整洁。

任务检查与评价

序号	评价内容	配分	评价标准	学生评价	老师评价
1	实训用器材准备	10	（1）任务电气原理图及资料准备的完整性（是 □ 5 分） （2）工具和仪表、耗材准备完整性　（是 □ 5 分）		

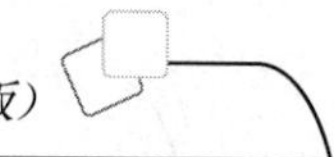

续表

序号	评价内容	配分	评价标准	学生评价	老师评价
2	电器元件的选用与检查	20	（1）电器元件识别与记录 （是 □ 5分） （2）主电路元件的选用 （是 □ 5分） （3）控制电路的选用 （是 □ 5分） （4）端子排的选用 （是 □ 5分）		
3	导线连接与检查记录	40	（1）导线（软导线）是否安装插针 （是 □ 10分） （2）是否有漏铜、压绝缘现象 （否 □ 5分） （3）每个端子接线是否超过2个线头 （否 □ 5分） （4）导线是否入槽 （是 □ 5分） （5）导线是否安装号码管并写上线号 （是 □ 5分） （6）导线连接是否按端子号接入 （是 □ 10分）		
4	电路检查	10	（1）是否有短路情况 （否 □ 4分） （2）是否有接错情况 （否 □ 3分） （3）接地线是否接入 （是 □ 3分）		
5	电路调试	15	（1）按起动按钮电路工作是否正常 （是 □ 4分） （2）按停止按钮电路工作是否正常 （是 □ 3分） （3）往返循环与限位开关、极限限位开关是否能正常工作 （是 □ 8分）		
6	安全与文明生产	5	（1）环境整洁 （是 □ 1分） （2）相关资料摆放整齐 （是 □ 1分） （3）遵守安全规程 （是 □ 1分）		
	合计	100			

议与练

议一议：

（1）什么是位置控制？循环控制与位置控制是否有差别？差别在哪里？

（2）三相交流异步电动机位置控制电路的优点和缺点各是什么？如何克服此电路的不足？

练一练：

三相交流异步电动机位置控制与自动循环控制电路的安装。

任务6.2 三相交流异步电动机降压起动控制电路

任务目标

- 了解三相交流异步电动机串电阻降压起动控制电路工作原理。
- 了解三相交流异步电动机Y-△（星-三角）降压起动控制电路工作原理。
- 掌握三相交流异步电动机Y-△降压起动控制电路的安装与调试。

功率较大的三相交流异步电动机直接起动时对电网的冲击电流较大。如果起动时通过降压，就可以减少电动机的起动冲击电流，由此可以减少对电网和控制电器的电流冲击，保护电网和控制电器。通过学习电动机降压起动的电力拖动控制电路工作原理，掌握其工作过程。

任务教学方式

教学步骤	时间安排	教学方式
阅读教材	课余	自学、查资料、相互讨论
知识讲解	1课时	重点讲授三相交流异步电动机串电阻降压起动控制电路
知识讲解	1课时	重点讲授三相交流异步电动机Y-△降压起动控制电路
技能操作与练习	3课时	三相交流异步电动机Y-△降压起动控制电路安装与调试实训

学一学

知识6.2.1 三相交流异步电动机串电阻降压起动控制电路工作原理

三相交流异步电动机串电阻降压起动控制电路图如图6-5所示。

中大功率的三相交流异步电动机起动时，由于起动电流大，对所控制的开关电器和电网有较大的冲击，为降低影响，往往采用降压起动的方法。串电阻降压是降压起动的方法之一。

1. 串电阻降压起动控制电路的特点

串电阻降压起动控制电路具有不受电动机接线形式的限制、电路接线简单的优点，但也存在由于使用体积较大的板式电阻器或铸铁电阻器，而造成控制箱体积较大、电能损耗较大、起动转矩小等缺陷，所以只在一般中小型生产设备中有所使用。

2. 工作原理

1）合上电源开关—Q1。

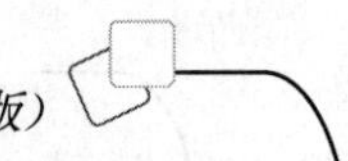

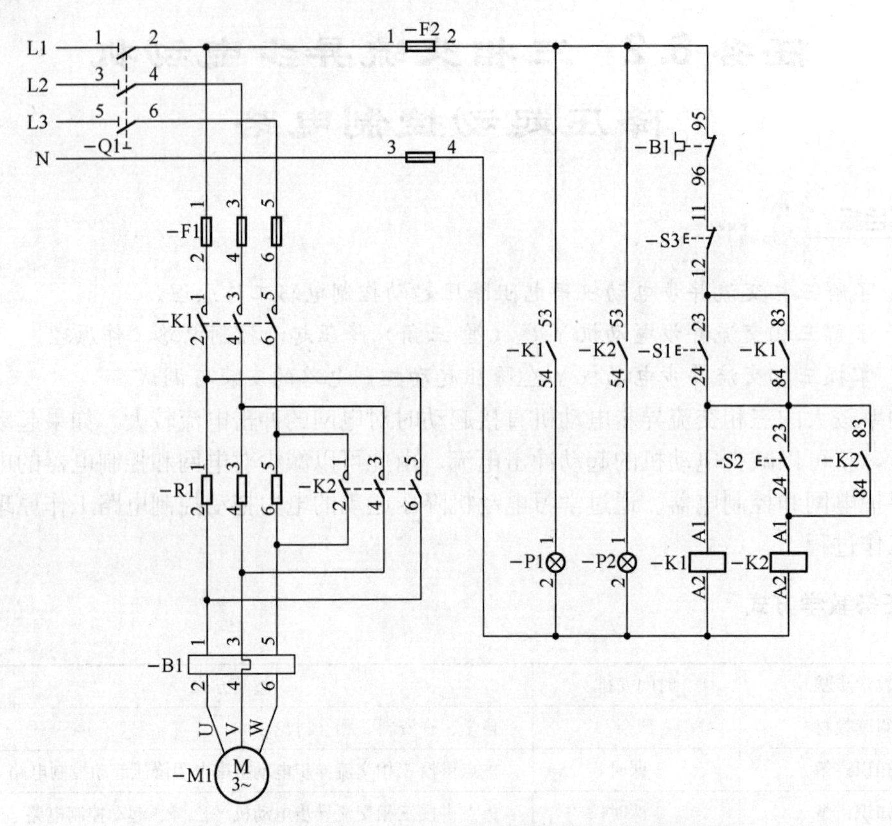

图 6-5　三相交流异步电动机串电阻降压起动控制电路图

2）按下起动按钮－S1，接触器－K1 线圈得电，其辅助常开触点闭合自锁、接触器－K1 主触头闭合，电动机－M1 串联电阻器－R1 降压起动。当电动机转速上升到一定值时，按下按钮－S2，接触器－K2 线圈得电，其辅助常开触点闭合自锁、接触器－K2 主触头闭合，短接电阻器－R1，电动机－M1 全压运行。

合－Q1→按－S1→－K1 吸合→－R1 降压→－M1 降压起动→按－S2→－K2 吸合→－M1 全压运行。

3）停止时按下按钮－S3 即可。

3. 指示灯与热继电器

指示灯－P1、－P2 分别由接触器－K1、－K2 的常开辅助触点控制。串电阻启用时（－K1 动作吸合）－P1 指示灯亮；电动机全压运行时（－K2 动作吸合）－P2 指示灯亮。

热继电器－B1 担负电动机的过载保护。

知识 6.2.2　三相交流异步电动机Y-△降压起动控制电路工作原理

三相交流异步电动机 Y-△降压起动控制电路图如图 6-6 所示。

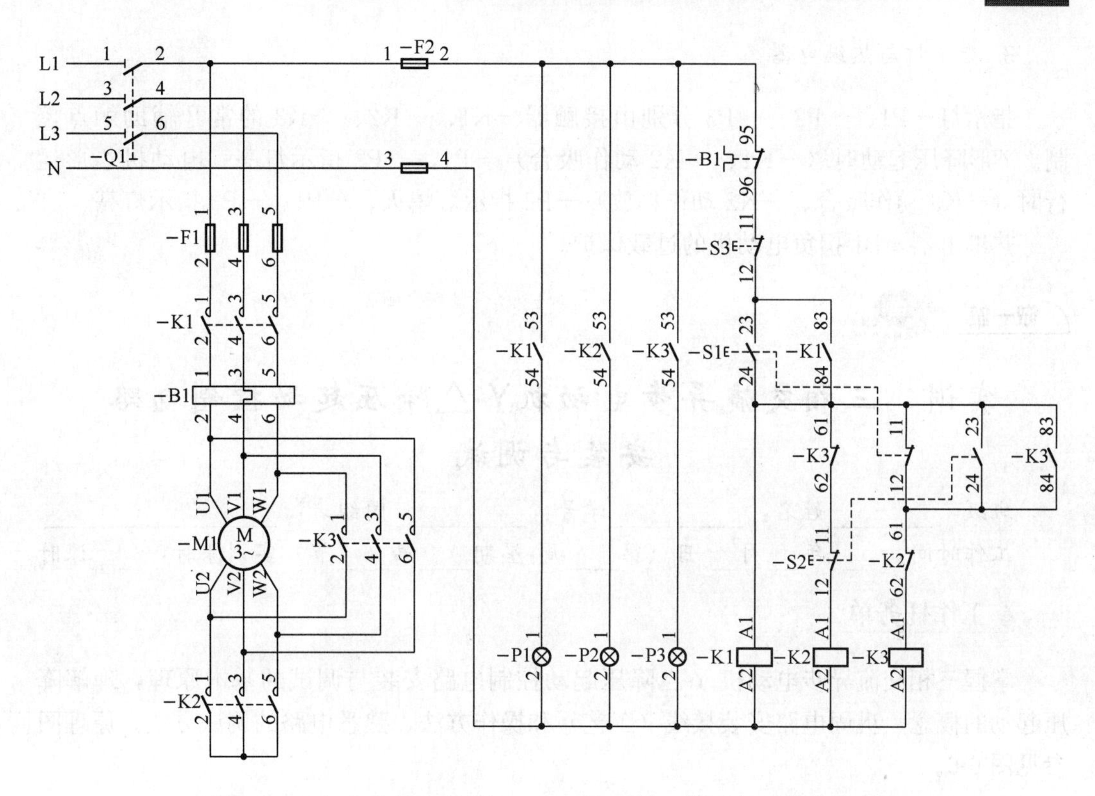

图 6-6　三相交流异步电动机 Y-△（星-三角）降压起动控制电路图

1. Y-△降压起动控制电路的应用

Y-△降压起动适用于定子绕组首尾端均引出到接线盒，并且是可以 Y 形起动、△形运行的三相交流异步电动机。这种电路使用接触器实现 Y 形起动、△形运行的降压起动功能，克服了串电阻降压起动电路的缺陷，因此，在一般中小型生产设备中常用 Y-△降压起动控制电路。

2. 工作原理

合上电源开关－Q1，按下起动按钮－S1，接触器－K1 线圈得电，主触点闭合，辅助触点闭合自锁，指示灯－P1 亮，同时接触器－K2 线圈得电，辅助常闭触点断开切断接触器－K3 回路，主触点闭合，电动机 M1Y 形（星形）接法起动，指示灯－P2 亮。

当电动机转速升高到一定值时，按下按钮－S2，接触器－K2 线圈回路断开失电，主触点断开，其辅助常闭触点恢复闭合、常开触点断开，指示灯－P2 熄灭，同时接触器－K3 线圈得电，辅助常开触点闭合自锁，指示灯－P3 亮，主触头闭合，电动机 M1 以△形（三角形）接法运行。

合－Q1→按－S1→－K1、－K2 吸合→－M1 降压起动→按－S2→－K2 释放、－K3 吸合→－M1 全压运行。

按下按钮－S3，实现停车。

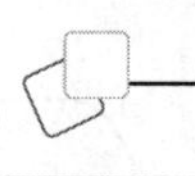

3. 指示灯与热继电器

指示灯－P1、－P2、－P3 分别由接触器－K1、－K2、－K3 的常开辅助触点控制。Y形降压起动时（－K1、－K2 动作吸合）－P1、－P2 指示灯亮；电动机△形运行时（－K3 动作吸合、－K2 动作释放）－P2 指示灯熄灭、－P1、－P3 指示灯亮。

热继电器－B1 担负电动机的过载保护。

实训　三相交流异步电动机Y-△降压起动控制电路安装与调试

班级：________ 姓名：__________ 学号：__________ 同组者：____________

工作时间：____年____月____日（第____周 星期____ 第____节）实训课时：____课时

工作任务单

掌握三相交流异步电动机 Y-△降压起动控制电路安装与调试的基本原理，理解降压起动的概念，巩固电路安装接线（工艺）和操作方法，熟悉电路的调试方法。原理图参见图 6-6。

工作准备

认真阅读工作任务单的内容与要求，明确工作目标，做好准备，拟定工作计划。

在完成电路安装与调试工作任务前，巩固掌握电气安装与接线的基本工艺方法，巩固掌握电气线路调试的基本原则和方法。

1. 实训用器材

（1）设备、元件：

序号	设备、元件名称	型号	数量	备注
1	三相交流异步电动机	≤1.1kW	1台	可自定型号
2	小型漏电断路器	DZ47LE-32/6A	1只	3＋1P
3	熔断器底座	RT18-32（或 RT14）	1只	3P
4	熔断器底座	RT18-32（或 RT14）	1只	2P
5	交流接触器	CJX2-0910/220V	3只	
6	辅助触头	F-22	3只	（含 2 常开、2 常闭辅助触头）
7	热继电器	NR2-25	1只	按电动机功率选择
8	指示灯	DN16-22D/220V	3只	（含安装盒或支架、螺栓）
9	按钮	LA38/22	3只	红 1 绿 2（含安装盒或支架、螺栓）
10	通用电气安装板	750mm×600mm	1块	金属网孔板含线槽、导轨、端子

（2）工具：一字螺钉旋具、十字螺钉旋具、尖嘴钳、斜口钳、剥线钳、压线钳等工具。

（3）测量仪表：三位半数字万用表等。

（4）实训用电源工作台：1 台。

（5）耗材：

序号	耗材名称	型号	数量	备注
1	插针	E7508/E1008	若干	冷压绝缘端子（按需配给）
2	号码管/导线	0.75～1.0mm²/BVR-0.75	若干	按需配给
3	熔芯	RT28-32/6A	若干	控制电路 2A/主电路 6A

2. 质量检查

对所准备的实训用器材进行质量检查。

电路安装与调试操作技术要点

电路安装操作技术要点请参照项目 5 任务 5.2“实训　三相交流异步电动机连续与点动混合控制电路安装与调试”相关内容。以下重点讲述本实训的电路检查与调试操作技术要点。

步骤	电路检查与调试操作技术要点	
1. 自检	接线完成后，要对所连接的电路用万用表进行自我检查。检查导线是否按线号进行连接、连接是否良好、通断是否正常、是否有短路情况，如有应整改。 重点检查接线较为复杂的线路部分（如右图所示电路图）： （1）Y-△起动与转换控制电路的按钮－S1、－S2 的互锁及接触器－K2、－K3 互锁触点接线是否正确。 （2）Y-△起动与转换控制电路的接触器－K2、－K3 主电路接线是否正确	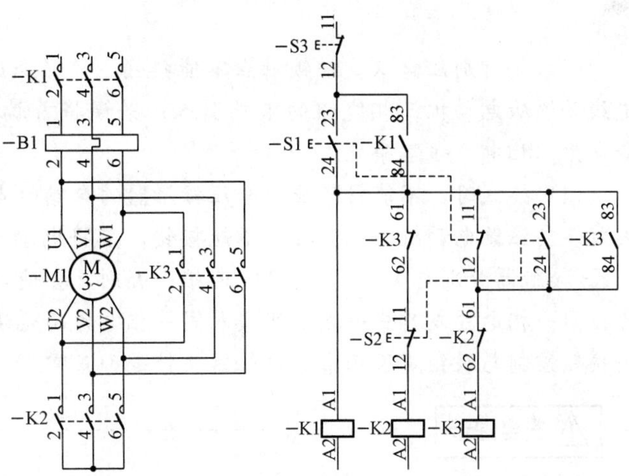 重点检查用局部电路图

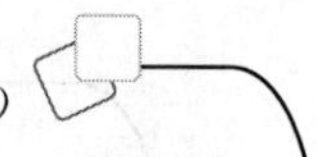

续表

步骤	电路检查与调试操作技术要点
2. 试车	通电调试、试车。 （1）通电前先取出主电路熔断器－F1 的熔芯，再通电检查调试控制电路。按－S1 Y 形起动电路，观察接触器－K1、－K2 动作情况；然后再按－S2△形起动电路，观察接触器－K1、－K2、－K3 动作情况，确认控制电路的工作逻辑关系是否正确；整定热继电器保护参数。 （2）在控制电路调试完成后，停电恢复主电路，再通电检查调试主电路

任务实施

步骤	计划工作内容	工作过程记录
1	实训用器材准备	
2	电器元件的选用与检查	
3	导线连接与检查记录	
4	电路检查	
5	电路调试	
6	安全与文明生产	

注意：

（1）电动机及按钮支架的金属外壳必须可靠接地。电源进线应按上进下出的方式接入。电动机必须安放平稳，以防在电动机运转时产生滚动而引起事故。

（2）填写所用电器元件的型号、规格时，要做到字迹工整，书写正确、清楚、完整。

（3）要特别注意双重联锁触点不能接错。Y 形降压起动时，－K2 接触器的主触点进线必须从电动机三相绕组的末端引入；若误将首端引入，则在－K2 接触器吸合时，会发生三相电源短路事故。

（4）接线时，不能将降压、全压接触器的自锁触点进行互换，否则降压起动控制会失效。要注意电动机的△形接法不能接错，应将电动机定子绕组的 U1、V1、W1 通过－K3 接触器分别与 V2、W2、U2 连接；否则，会使电动机在△形接法时造成三相绕组各接同一相电源或其中一相绕组接入同一相电源而无法工作等故障。通电调试前，应检查按钮控制与联锁是否正常，接触器联锁是否正常。

⚠ 安全提示

任务实施过程中，应严格遵循安全操作规程，穿戴好工作服、绝缘鞋、安全帽；接电前必须经教师检查无误后，才能通电操作。作业过程中，要文明施工，注意工具、仪器仪表等器材应摆放有序。工位应整洁。

任务检查与评价

序号	评价内容	配分	评价标准	学生评价	老师评价
1	实训用器材准备	10	(1) 任务电气原理图及资料准备的完整性　(是 □ 5 分) (2) 工具和仪表、耗材准备完整性　(是 □ 5 分)		
2	电器元件的选用与检查	20	(1) 电器元件识别与记录　(是 □ 5 分) (2) 主电路元件的选用　(是 □ 5 分) (3) 控制电路元件的选用　(是 □ 5 分) (4) 端子排的选用　(是 □ 5 分)		
3	导线连接与检查记录	35	(1) 导线（软导线）是否安装插针　(是 □ 10 分) (2) 是否有漏铜现象　(否 □ 5 分) (3) 每个端子接线是否超过 2 个线头　(否 □ 2 分) (4) 导线是否入槽　(是 □ 3 分) (5) 导线是否安装有线号　(是 □ 5 分) (6) 导线连接是否按端子号接入　(是 □ 10 分)		
4	电路检查	15	(1) 是否有短路情况　(否 □ 5 分) (2) 是否有接错情况　(否 □ 5 分) (3) 接地线是否接入　(是 □ 5 分)		
5	电路调试	15	(1) 降压起动电路工作是否正常　(是 □ 5 分) (2) 全压起动电路工作是否正常　(是 □ 5 分) (3) 停车是否正常工作　(是 □ 5 分)		
6	安全与文明生产	5	(1) 环境整洁　(是 □ 1 分) (2) 相关资料摆放整齐　(是 □ 1 分) (3) 遵守安全规程　(是 □ 3 分)		
合计		100			

议与练

议一议：

(1) 三相交流异步电动机 Y-△降压起动的优点和缺点各是什么？如何克服此电路的不足？

(2) 除降压起动外，三相交流异步电动机还有哪些起动方式？各有什么特点？

练一练：

三相交流异步电动机 Y-△降压起动控制电路的接线。

任务6.3　三相交流异步电动机的制动控制电路

任务目标

- 了解三相交流异步电动机串电阻反接制动控制电路工作原理。
- 了解三相交流异步电动机能耗制动控制电路工作原理。
- 掌握三相交流异步电动机串电阻反接制动控制电路的安装与调试。

电动机制动是指当电动机需要断开电源时，为减小由于机械惯性而产生的多余的旋转力矩，使电动机能够较精准地停在所需的位置而采取的措施。电动机制动有电气制动方式和机械制动方式。通过本任务的学习，掌握三相交流异步电动机电气制动方式的原理。

任务教学方式

教学步骤	时间安排	教学方式
阅读教材	课余	自学、查资料、相互讨论
知识讲解	1 课时	重点讲授三相交流异步电动机串电阻反接制动控制电路
知识讲解	1 课时	重点讲授三相交流异步电动机能耗制动控制电路
技能操作与练习	3 课时	三相交流异步电动机串电阻反接制动控制电路安装与调试实训

知识 6.3.1　三相交流异步电动机串电阻反接制动控制电路工作原理

三相交流异步电动机串电阻反接制动控制电路图如图 6-7 所示。

1. 电路主要应用

电动机反接制动时，只需将电动机电源线任意两相对调，虽然此时电动机的旋转磁场立即改变方向，但是电动机转子由于惯性依然保持原来的转向，转子的感应电势和电流方向改变，电磁转矩方向也随之改变，与转子旋转方向相反，即起到制动作用，使电动机迅速停止。

反接制动制动力强，制动迅速，控制电路简单，设备投资少，但制动准确性差，制动过程中冲击力强烈，易造成传动部件因疲劳而损坏，因此常用于系统惯性不大、要求电动机制动迅速、不经常起动与制动的 10kW 以下小容量设备，如铣床、镗床、中型车床等主轴的制动控制。

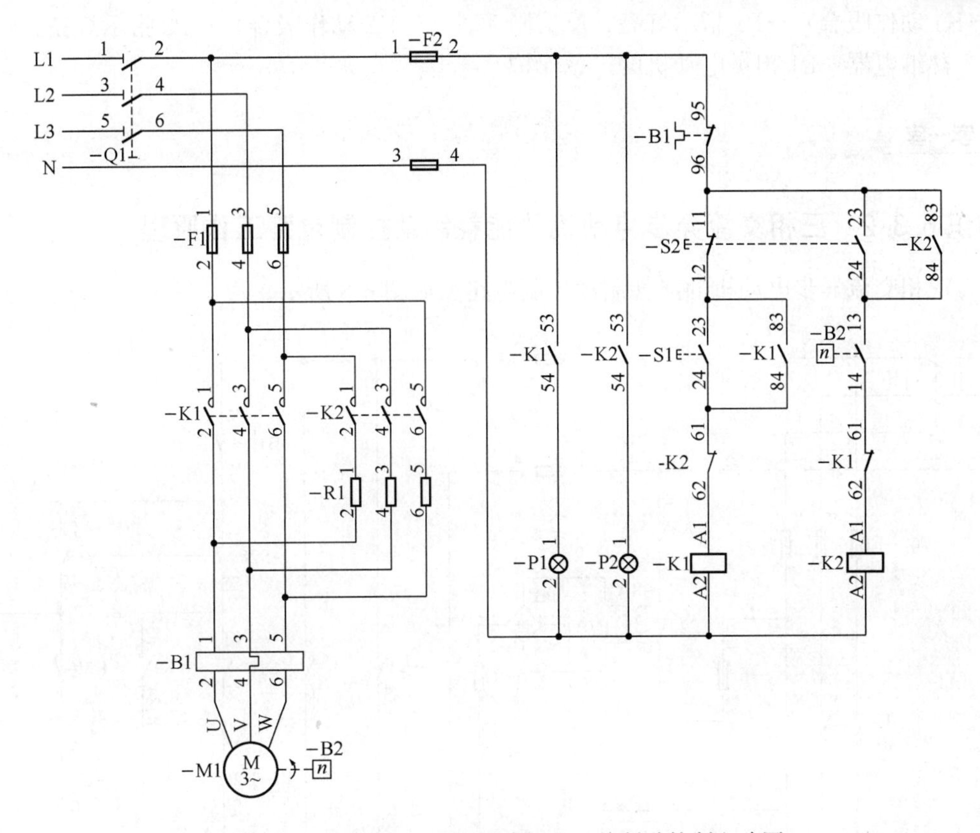

图 6-7　三相交流异步电动机串电阻反接制动控制电路图

2. 工作原理

合上电源开关－Q1，按下起动按钮－S1，接触器－K1 得电吸合，其主触点闭合，电动机－M1 起动运转，辅助触点闭合自锁，动断触点断开，形成对－K2 互锁。当电动机－M1 转速升高后（约＞150r/min），速度继电器－B2 的动合触点闭合，为反接制动接触器－K2 接通做准备：

合－Q1→ 按－S1 → －K1 吸合 → － M1 起动 → －B2 吸合。

停车时，按下复合按钮－S2（其动断触点断开，动合触点闭合），接触器－K1 断电释放，动断辅助触点闭合，接触器－K2 线圈得电，主触点闭合（同时辅助常开触点闭合自锁，动断触点断开，形成对－K1 互锁），电动机串电阻反接制动。电动机转速迅速降低，当电动机转速接近零（约＜100r/min）时，速度继电器－K3 的动合触点断开，接触器－K2 断电释放，电动机制动结束：

按－S2 → －K1 释放 → －K2 吸合 → － M1 串电阻反接制动 → －B2 释放 → －K2释放 → －M1 制动结束，自由停车。

3. 指示灯与热继电器

指示灯－P1、－P2 分别由接触器－K1、－K2 的常开辅助触点控制。起动运行时

（－K1 动作吸合）－P1 指示灯亮；反接制动时（－K2 动作吸合）－P2 指示灯亮。

热继电器－B1 担负电动机的过载保护。

知识 6.3.2　三相交流异步电动机的能耗制动控制电路工作原理

三相交流异步电动机的能耗制动控制电路图如图 6-8 所示。

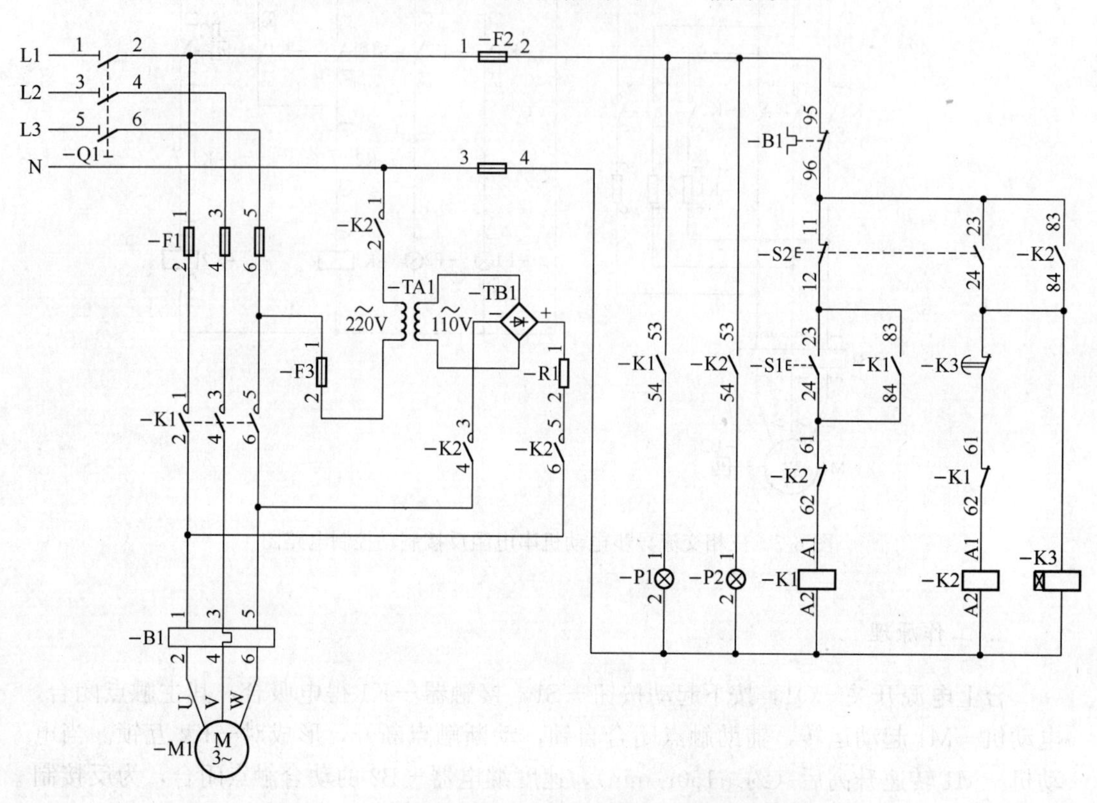

图 6-8　三相交流异步电动机的能耗制动控制电路图

1. 特点与主要应用场合

能耗制动控制电路由于电路简单而得到较多应用，但也存在明显的不足。在制动过程中，随着电动机转速的下降，拖动系统动能也在减少，于是，电动机的再生能力和制动转矩也在减少。因此，在惯性较大的拖动系统中，常会出现电动机在低速时因停不住而产生“爬行”现象，从而延长停车时间或影响停位的准确性，能量损耗也较大。能耗制动仅适用于一般负载的停车。

2. 工作原理

合上电源开关－Q1，按下按钮－S1，接触器－K1 电磁线圈通电，主触点闭合，电动机－M1 起动运行：

合－Q1→ 按－S1 → －K1 吸合 → － M1 起动。

停车时，按下按钮－S2，接触器－K1 电磁线圈断电，主触点断开（电动机－M1 断电惯性运转）；同时接触器－K2 的线圈得电吸合，时间继电器－K3 得电触点延迟断开；接触器－K2 主触点闭合，电动机－M1 定子绕组通入全波整流后的直流电进行能耗制动；与此同时，时间继电器－K3 开始计时，当到达时间继电器整定的动作时间，延时断开的常闭触点断开，切断接触器－K2 线圈回路，接触器－K2 主触点断开全波整流的直流电源，能耗制动结束：

按－S2 → －K1 释放 → －K2 吸合 → － M1 能耗制动 → －K3 触点延迟断开后→ －K2 释放 → －M1 制动结束，自由停车。

3. 指示灯与热继电器

指示灯－P1、－P2 分别由接触器－K1、－K2 的常开辅助触点控制。正常运行时（－K1 动作吸合）－P1 指示灯亮；能耗制动时（－K2 动作吸合）－P2 指示灯亮。

热继电器－B1 担负电动机的过载保护。

实训　三相交流异步电动机串电阻反接制动控制电路安装与调试

班级：________ 姓名：__________ 学号：__________ 同组者：______________

工作时间：____年__月__日（第____周 星期____第____节）实训课时：____课时

工作任务单

掌握三相交流异步电动机串电阻反接制动控制电路安装与调试的基本原理，理解反接制动的概念，巩固电路安装接线（工艺）和操作方法，熟悉电路的调试方法。原理图参见图 6-7。

工作准备

认真阅读工作任务单的内容与要求，明确工作目标，做好准备，拟定工作计划。

在完成电路安装与调试工作任务前，巩固掌握电气安装与接线的基本工艺方法，巩固掌握电气线路调试的基本原则和方法。

1. 实训用器材

（1）设备、元件：

序号	设备、元件名称	型号	数量	备注
1	三相交流异步电动机	≤1.1kW	1台	可自定型号
2	小型漏电断路器	DZ47LE-32/6A	1只	3＋1P

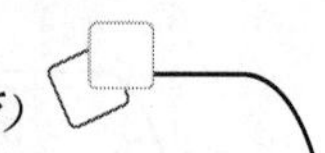

续表

序号	设备、元件名称	型号	数量	备注
3	熔断器底座	RT18-32（或RT14）	1只	3P
4	熔断器底座	RT18-32（或RT14）	1只	2P
5	交流接触器	CJX2-0910/220V	2只	
6	辅助触头	F-22	2只	（含2常开、2常闭辅助触头）
7	热继电器	NR2-25	1只	按电动机功率选择
8	速度继电器	JY1	1只	带继电器支架和联轴器
9	滑线电阻器	BX7-14	3只	2A/100Ω
10	指示灯	DN16-22D/220V	2只	（含安装盒或支架、螺栓）
11	按钮	LA38/22	2只	红1绿1（含安装盒或支架、螺栓）
12	通用电气安装板	750mm×600mm	1块	金属网孔板含线槽、导轨、端子

（2）工具：一字螺钉旋具、十字螺钉旋具、尖嘴钳、斜口钳、剥线钳、压线钳等工具。

（3）测量仪表：三位半数字万用表等。

（4）实训用电源工作台：1台。

（5）耗材：

序号	耗材名称	型号	数量	备注
1	插针	E7508/E1008	若干	冷压绝缘端子（按需配给）
2	号码管/导线	0.75～1.0mm²/BVR-0.75	若干	按需配给
3	熔芯	RT28-32/6A	若干	控制电路2A/主电路6A

2. 质量检查

对所准备的实训用器材进行质量检查。

电路安装与调试操作技术要点

电路安装操作技术要点请参照项目5任务5.2“实训　三相交流异步电动机连续与点动混合控制电路安装与调试”相关内容。以下重点讲述本实训的电路检查与调试操作技术要点。

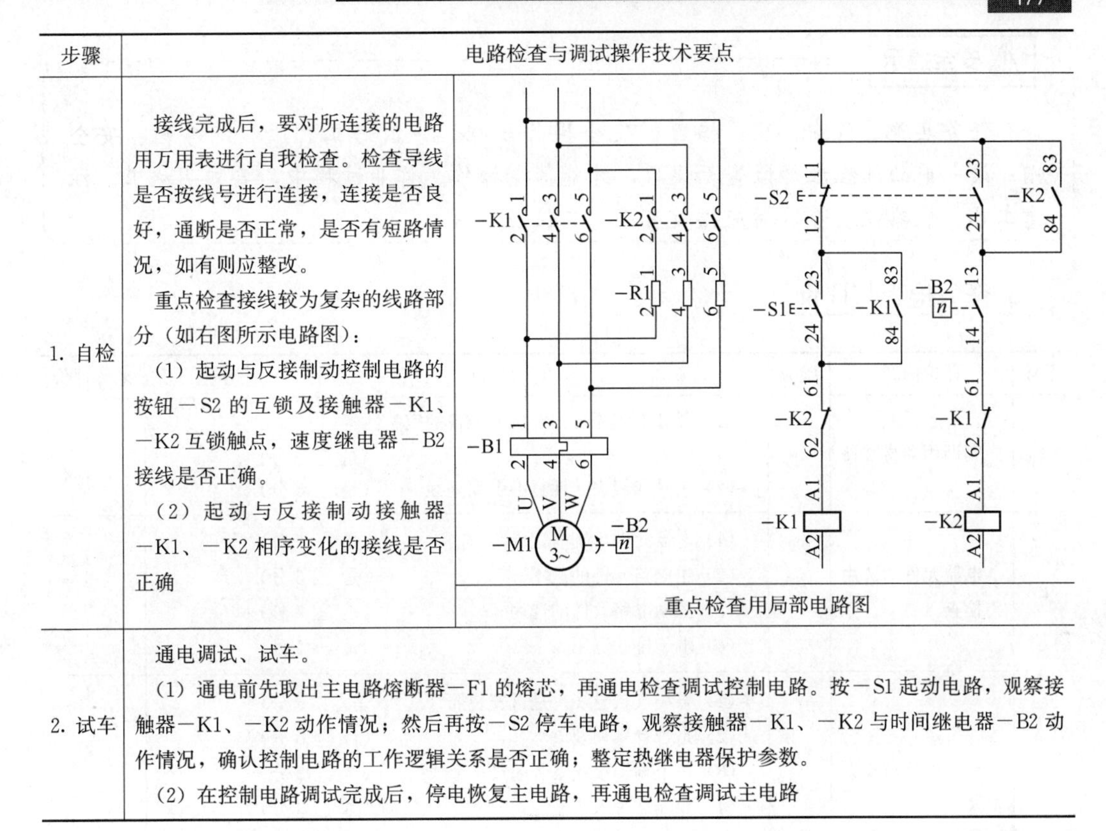

步骤	电路检查与调试操作技术要点	
1. 自检	接线完成后，要对所连接的电路用万用表进行自我检查。检查导线是否按线号进行连接，连接是否良好，通断是否正常，是否有短路情况，如有则应整改。 重点检查接线较为复杂的线路部分（如右图所示电路图）： （1）起动与反接制动控制电路的按钮－S2 的互锁及接触器－K1、－K2 互锁触点，速度继电器－B2 接线是否正确。 （2）起动与反接制动接触器－K1、－K2 相序变化的接线是否正确	重点检查用局部电路图
2. 试车	通电调试、试车。 （1）通电前先取出主电路熔断器－F1 的熔芯，再通电检查调试控制电路。按－S1 起动电路，观察接触器－K1、－K2 动作情况；然后再按－S2 停车电路，观察接触器－K1、－K2 与时间继电器－B2 动作情况，确认控制电路的工作逻辑关系是否正确；整定热继电器保护参数。 （2）在控制电路调试完成后，停电恢复主电路，再通电检查调试主电路	

任务实施

步骤	计划工作内容	工作过程记录
1	实训用器材准备	
2	电器元件的选用与检查	
3	导线连接与检查记录	
4	电路检查	
5	电路调试	
6	安全与文明生产	

注意：

（1）电动机及按钮支架的金属外壳必须可靠接地。电源进线应按上进下出的方式接入。电动机必须安放平稳，以防在电动机运转时产生滚动而引起事故。

（2）填写所用电器元件的型号、规格时，要做到字迹工整，书写正确、清楚、完整。

（3）要注意电动机必须进行换相反接才能制动。

（4）要特别注意双重联锁触点不能接错，否则将会造成主电路电源短路，烧毁电阻器。

（5）通电调试前，应检查按钮控制与联锁是否正常，接触器联锁是否正常。

（6）注意时间继电器的接线和可靠性。热继电器的整定电流应按电动机规格进行调整。

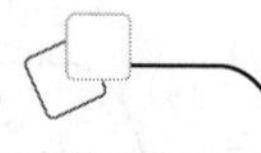

⚠ 安全提示

任务实施过程中，应严格遵循安全操作规程，穿戴好工作服、绝缘鞋、安全帽；接电前必须经教师检查无误后，才能通电操作。作业过程中，要文明施工，注意工具、仪器仪表等器材应摆放有序。工位应整洁。

任务检查与评价

序号	评价内容	配分	评价标准	学生评价	老师评价
1	实训用器材准备	10	（1）任务电气原理图及资料准备的完整性（是 □ 5分） （2）工具和仪表、耗材准备完整性（是 □ 5分）		
2	电器元件的选用与检查	20	（1）电器元件识别与记录（是 □ 5分） （2）主电路元件的选用（是 □ 5分） （3）控制电路元件的选用（是 □ 5分） （4）端子排的选用（是 □ 5分）		
3	导线连接与检查记录	35	（1）导线（软导线）是否安装插针（是 □ 10分） （2）是否有漏铜现象（否 □ 5分） （3）每个端子接线是否超过2个线头（否 □ 2分） （4）导线是否入槽（是 □ 3分） （5）导线是否安装有线号（是 □ 5分） （6）导线连接是否按端子号接入（是 □ 10分）		
4	电路检查	15	（1）是否有短路情况（否 □ 5分） （2）是否有接错情况（否 □ 5分） （3）接地线是否接入（是 □ 5分）		
5	电路调试	15	（1）起动电路工作是否正常（是 □ 5分） （2）反接制动电路工作是否正常（是 □ 5分） （3）停车是否正常工作（是 □ 5分）		
6	安全与文明生产	5	（1）环境整洁（是 □ 1分） （2）相关资料摆放整齐（是 □ 1分） （3）遵守安全规程（是 □ 3分）		
合计		100			

议与练

议一议：

三相交流异步电动机串电阻反接制动控制电路的优点和缺点各是什么？

练一练：

三相交流异步电动机串电阻反接制动控制电路的接线。

任务6.4　三相交流异步电动机的调速控制电路

任务目标

- 了解三相交流双速异步电动机电路工作原理。
- 学会安装与调试三相交流双速异步电动机控制电路。

本任务以三相交流双速异步电动机的控制电路为例，讲解三相交流异步电动机的调速控制电路。三相交流双速异步电动机是通过改变电动机定子绕组的接线方式来改变定子极对数的一种调速电动机，具有良好的机械特性和良好的稳定性，无转差损耗、效率高、接线简单、控制方便，属于有级调速，但级差较大，不能获得平滑调速。通过本任务的学习，掌握三相交流双速异步电动机调速控制电路原理及安装与调试的方法。

任务教学方式

教学步骤	时间安排	教学方式
阅读教材	课余	自学、查资料、相互讨论
知识讲解	3课时	重点讲授三相交流双速异步电动机调速控制电路
技能操作与练习	4课时	三相交流双速异步电动机控制电路的安装与调试实训

学一学

知识6.4.1　三相交流双速异步电动机控制电路工作原理

1. 调速控制原理

三相交流双速异步电动机属于异步电动机变级调速。

由异步电动机同步转速计算公式 $n_1=60f/p$ 可知，异步电动机的同步转速 n_1 与磁极对数 p 成反比，磁极对数增加一倍，同步转速 n_1 下降至原转速的一半；又因为电动机额定转速 $n=n_1(1-s)$（s 为转差率），所以 n 也将下降近似一半。因此改变磁极对数可以达到改变电动机转速的目的。这种调速方法是有级的，不能平滑调速，而且只适用于鼠笼式电动机。

2. 三相交流双速异步电动机定子绕组的连接

三相交流双速异步电动机三相定子绕组的△/YY 接线图如图 6-9 所示。图（a）中，三相定子绕组接成△，由三个连接点接出三个出线端 U1、V1、W1，从每相绕组的中

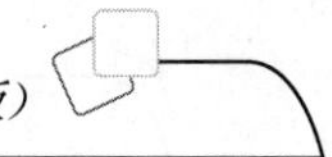

点各接出一个接线端 U2、V2、W2，这样定子绕组共有六个出线端。通过改变这六个出线端与电源的连接方式，就可以得到两种不同的转速。

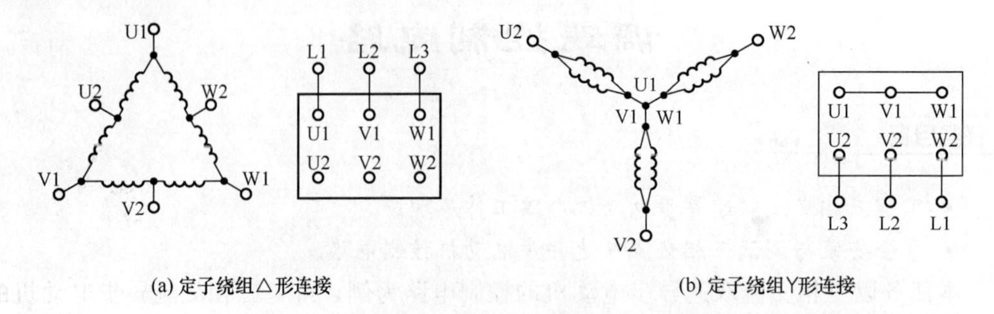

图 6-9　三相交流双速异步电动机三相定子绕组的△形/YY 形接线图

图 6-10 是最常见的单绕组三相交流双速异步电动机电气原理图，转速比等于磁极对数比，从定子绕组△（三角形）接法变为 YY（双星形）接法，磁极对数从 $p=2$ 变为 $p=1$，由此可得转速比为 2。

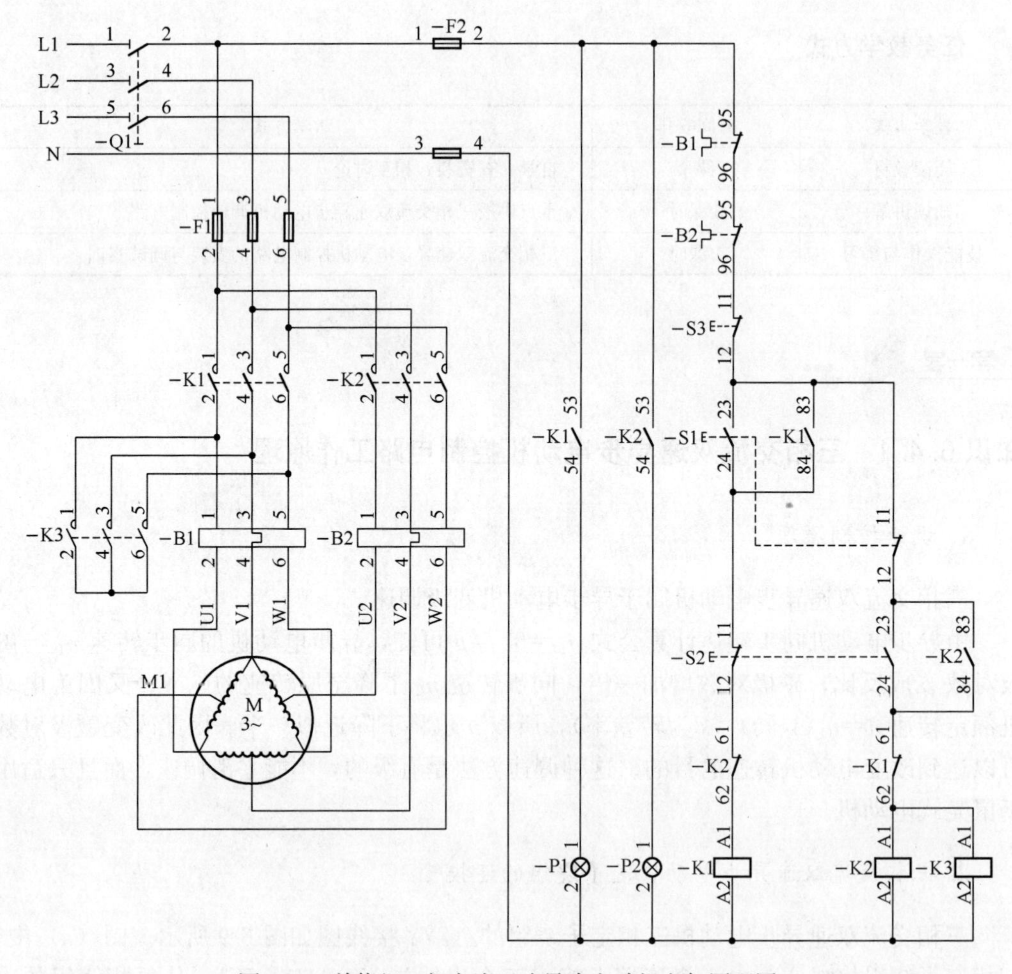

图 6-10　单绕组三相交流双速异步电动机电气原理图

3. 三相交流双速异步电动机控制电路分析

（1）特点及应用

三相交流双速异步电动机经济实用，不仅适用于通风兼排烟风机，而且还可推广到生活水加压兼消防水泵。现在，人们也越来越多用到变频调速，它的调速范围大，运转效率高，调速平滑，有许多其他调速方式无法比拟的优点。但它仍具有价格相对较高、技术较为复杂、维护比较困难和对电源的谐波干扰较大的缺点，因此在仅要求高、低工况的情况下采用。

（2）工作原理分析（以图 6-10 所示电路为例）

1）合上电源开关－Q1 引入三相电源。

2）低速起动时，按下起动按钮－S1，交流接触器－K1 线圈回路，辅助常开触点闭合自锁，接触器主触点闭合，接通电动机，L1 接 U1、L2 接 V1、L3 接 W1；U2、V2、W2 处于断开状态。电动机在△形接法下运行，此时电动机 $p=2$，$n_1=1500\text{r/min}$：

合－Q1→ 按－S1 → －K1 吸合 → － M1 电动机△形接法（低速）下起动。

3）当低速运转转换为高速运转时，按下－S2 按钮，按钮－S2 的常闭触点断开使接触器－K1 线圈断电，接触器－K1 主触点断开 U1、V1、W1 与三相电源 L1、L2、L3 的连接，其辅助常闭触头恢复为闭合，为接触器－K2、－K3 线圈回路做通电准备。接触器－K2 得电后，辅助触点闭合自锁，主触点吸合，将三相电源 L1、L2、L3 引入接 U2、V2、W2，与此同时接触器－K3 线圈回路通电，其主触点闭合，将定子绕组三个首端 U1、V1、W1 连在一起，此时电动机在双 Y（YY）形接法下运行，电动机 $p=1$，$n_1=3000\text{r/min}$。接触器－K2 的辅助常闭触点断开，形成互锁，防止接触器－K1 误动：

按－S2 → －K1 释放 → －K2、－K3 吸合 → － M1 电动机由△形接法（低速）运行转为 YY 形接法（高速）运行。

4）直接高速起动时，按下－S2 按钮，按钮－S2 的常闭触点断开接触器－K1 线圈，接触器－K2、－K3 线圈得电，主触点吸合将三相电源 L1、L2、L3 引入接 U2、V2、W2，与此同时接触器－K3 线圈回路通电，其主触点闭合，将定子绕组三个首端 U1、V1、W1 连在一起，此时电动机在 YY 形接法下运行：

按－S2 → －K1 释放→ －K2、－K3 吸合 → － M1 电动机 YY 形接法（高速）下起动。

5）热继电器－B1、－B2 分别为电动机△形运行和 YY 形运行的过载保护元件。

6）在此控制电路中－S1 的常开触点与接触器－K1 线圈串联，－S1 的常闭触点与－K2 线圈串联；同样，－S2 按钮的常闭触点与接触器－K1 线圈串联，－S2 的常开触点与－K2 线圈串联，这种控制就是按钮的互锁控制，保证△形与 YY 形两种接法不可能同时出现，同时－K2 辅助常闭触点接入－K1 线圈回路，－K1 辅助常闭触点接入－K2线圈回路，也形成接触器互锁控制。

（3）指示灯与热继电器

指示灯－P1、－P2 分别由接触器－K1、－K2 的常开辅助触点控制。△形运行时（－K1 动作吸合）－P1 指示灯亮；YY 形运行时（－K2 动作吸合）－P2 指示灯亮。

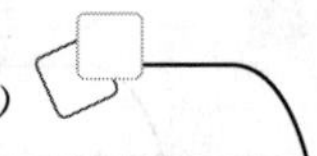

实训　三相交流双速异步电动机控制电路的安装与调试

班级：　　　姓名：　　　学号：　　　同组者：

工作时间：　　年　月　日（第　　周 星期　　第　　节）实训课时：　　课时

工作任务单

掌握三相交流双速异步电动机控制电路的基本原理，理解双速异步电动机调速的概念，巩固电路安装接线（工艺）和操作方法，熟悉电路的调试方法。电气原理图参见图 6-10。

工作准备

认真阅读工作任务单的内容与要求，明确工作目标，做好准备，拟定工作计划。

在完成电路安装与调试工作任务前，巩固掌握电气安装与接线的基本工艺方法，巩固掌握电气线路调试的基本原则和方法。

1. 实训用器材

（1）设备、元件：

序号	设备、元件名称	型号	数量	备注
1	三相交流双速异步电动机	≤1.1kW	1台	型号自定
2	组合开关	HZ10-10/3 或 HZ-25/3	1只	
3	熔断器底座	RT18-32（或 RT14）	1只	3P
4	熔断器底座	RT18-32（或 RT14）	1只	2P
5	交流接触器	CJX2-0910/220V	3只	
6	辅助触头	F-22	3只	（含2常开、2常闭辅助触头）
7	热继电器	NR2-25	2只	按电动机功率选择
8	指示灯	DN16-22D/220V	2只	（含安装盒或支架、螺栓）
9	按钮	LA38/22	2只	红1绿1（含安装盒或支架、螺栓）
10	通用电气安装板	750mm×600mm	1块	金属网孔板含线槽、导轨、端子

（2）工具：一字螺钉旋具、十字螺钉旋具、尖嘴钳、斜口钳、剥线钳、压线钳等工具。

（3）测量仪表：三位半数字万用表等。

（4）实训用电源工作台：1台。

（5）耗材：

序号	耗材名称	型号	数量	备注
1	插针	E7508/E1008	若干	冷压绝缘端子（按需配给）
2	号码管/导线	0.75～1.0mm²/BVR-0.75	若干	按需配给
3	熔芯	RT28-32/6A	若干	控制电路 2A /主电路 6A

2. 质量检查

对所准备的实训用器材进行质量检查。

电路安装与调试操作技术要点

电路安装操作技术要点请参照项目 5 任务 5.2“实训　三相交流异步电动机连续与点动混合控制电路安装与调试”相关内容。以下重点讲述本实训的电路检查与调试操作技术要点。

步骤	电路检查与调试操作技术要点	
1. 自检	接线完成后，要对所连接的电路用万用表进行自我检查。检查导线是否按线号进行连接，连接是否良好，通断是否正常，是否有短路情况，如有则应整改。 重点检查接线较为复杂的线路部分（如右图所示电路图）。 （1）“△形运行和双 Y 形运行控制电路的按钮－S1、－S2 的互锁及接触器－K1、－K2 互锁触点”接线是否正确。 （2）“主回路接触器－K1、－K2、－K3、－B1、－B2 与双速电动机－M1”的接线是否正确	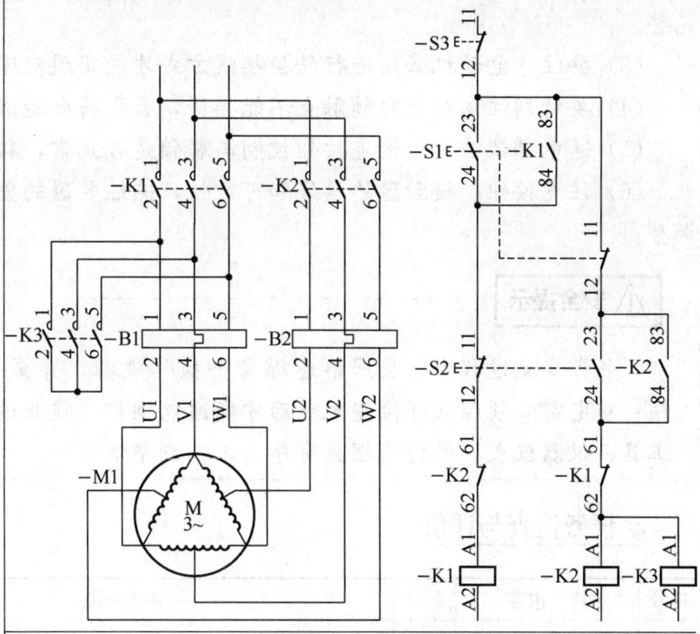 重点检查用局部电路图
2. 试车	通电调试、试车。 （1）通电前先取出主电路熔断器－F1 的熔芯，再通电检查调试控制电路。按－S1 △形起动电路，观察接触器－K1、－K2、－K3动作情况；然后再按－S2 YY 形起动电路，观察接触器－K1、－K2、－K3 动作情况，确认控制电路的工作逻辑关系是否正确；整定热继电器保护参数。 （2）在控制电路调试完成后，停电恢复主电路，再通电检查调试主电路	

任务实施

步骤	计划工作内容	工作过程记录
1	实训用器材准备	
2	电器元件的选用与检查	
3	导线连接与检查记录	
4	电路检查	
5	电路调试	
6	安全与文明生产	

注意：

（1）电动机及按钮支架的金属外壳必须可靠接地。电源进线应按上进下出的方式接入。电动机必须安放平稳，以防在电动机运转时产生滚动而引起事故。

（2）填写所用电器元件的型号、规格时，要做到字迹工整，书写正确、清楚、完整。

（3）要注意电动机必须进行转换接线方式才能实现双速运行转换。

（4）要特别注意双重联锁触点不能接错，否则将会造成主电路电源短路事故。

（5）通电调试前，应检查按钮控制与联锁是否正常，接触器联锁是否正常。

（6）注意按钮、接触器的接线和可靠性，热继电器的整定电流应按电动机规格进行调整。

⚠ 安全提示

任务实施过程中，应严格遵循安全操作规程，穿戴好工作服、绝缘鞋、安全帽；接电前必须经教师检查无误后才能通电操作。作业过程中，要文明施工，注意工具、仪器仪表、器材应摆放有序。工位应整洁。

任务检查与评价

序号	评价内容	配分	评价标准	学生评价	老师评价
1	实训用器材准备	10	（1）任务电气原理图及资料准备的完整性（是 □ 5 分） （2）其他实训用器材准备完整性（是 □ 5 分）		
2	电器元件的选用与检查	20	（1）电器元件识别与记录（是 □ 5 分） （2）主电路元件的选用（是 □ 5 分） （3）控制电路元件的选用（是 □ 5 分） （4）端子排的选用（是 □ 5 分）		

续表

序号	评价内容	配分	评价标准	学生评价	老师评价
3	导线连接与检查记录	35	（1）导线（软导线）是否安装插针（是 □ 10 分） （2）是否有漏铜现象（否 □ 5 分） （3）每个端子接线是否超过 2 个线头（否 □ 2 分） （4）导线是否入槽（是 □ 3 分） （5）导线是否安装有线号（是 □ 5 分） （6）导线连接是否按端子号接入（是 □ 10 分）		
4	电路检查	15	（1）是否有短路情况（否 □ 5 分） （2）是否有接错情况（否 □ 5 分） （3）接地线是否接入（是 □ 5 分）		
5	电路调试	15	（1）△形接线（低速）电路工作是否正常（是 □ 5 分） （2）YY 形接线（高速）电路工作是否正常（是 □ 5 分） （3）停车是否正常工作（是 □ 5 分）		
6	安全与文明生产	5	（1）环境整洁（是 □ 1 分） （2）相关资料摆放整齐（是 □ 1 分） （3）遵守安全规程（是 □ 3 分）		
合计		100			

议与练

议一议：

（1）三相交流双速异步电动机的调速控制电路存在反转问题吗？

（2）三相交流双速异步电动机从△形低速运转到 YY 形高速运转，其线路是如何转换的？

练一练：

三相交流双速异步电动机电气控制电路的接线。

思考与练习

1. 三相交流异步电动机循环控制电路的特点是什么？
2. 三相交流异步电动机还有哪些常用制动控制电路？
3. 三相交流异步电动机有哪些调速控制电路？

项目 7

三相交流异步电动机常用控制电路(二)

在三相交流异步电动机常用控制电路中，经常会利用时间继电器形成“自动控制”的通电延时 Y-△降压起动控制电路、断电延时带直流能耗制动 Y-△降压起动控制电路等。

本项目重点讲述通电延时继电器、断电延时继电器、能耗制动电路在 Y-△降压起动控制电路中的运用。

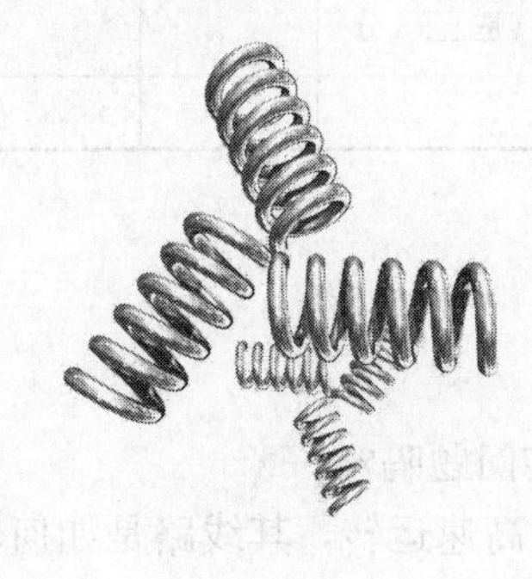

- 掌握三相交流异步电动机三种常用控制电路的电力拖动控制电路原理。
- 通过三相交流异步电动机的电力拖动控制实训，掌握常用电力拖动控制电路的安装工艺和调试技能。

任务 7.1　Y-△通电/断电延时降压起动的控制电路

任务目标

- 掌握 Y-△通电延时降压起动控制电路的工作原理。
- 了解 Y-△断电延时带直流能耗制动起动控制电路的工作原理。
- 掌握 Y-△断电延时带直流能耗制动起动控制电路的安装与调试。

三相交流异步电动机 Y-△通电延时降压起动及 Y-△断电延时带直流能耗制动起动是通过时间继电器自动进行 Y-△转换的控制电路，是 Y-△降压起动电路的功能扩展，也是较为常用的一类 Y-△降压起动电路。

任务教学方式

教学步骤	时间安排	教学方式
阅读教材	课余	自学、查资料、相互讨论
知识讲解	4 课时	重点讲授 Y-△通电延时降压起动控制电路及断电延时带直流能耗制动的 Y-△起动控制电路
技能操作与练习	6 课时	Y-△断电延时带直流能耗制动起动控制电路的安装与调试实训

知识 7.1.1　Y-△通电延时降压起动控制电路工作原理

Y-△通电延时降压起动控制电路图如图 7-1 所示。

1. 电路特点

利用通电延时时间继电器自动进行 Y 形降压起动、△形全压运行转换，减去了手动转换按钮和复杂的按钮联锁电路的人工起动电动机操作步骤，使电路运行更加安全、可靠。

2. 工作原理

合上电源开关－Q1 后，按下起动按钮－S1，接触器－K2 和时间继电器－K4 的线圈同时得电吸合，－K2 的常闭触点断开使－K3 回路不能通电而起到互锁作用，防止－K2 与－K3 同时闭合造成三相电源直接短路；－K2 的常开辅助触点闭合使－K1 线圈得电吸合，－K1 常开触点闭合自锁，时间继电器开始计时，与此同时，－K1 和－K2 主触点闭合，电动机－M1 定子绕组为 Y 形连接，进行 Y 形降压起动；当到达时间继电器整

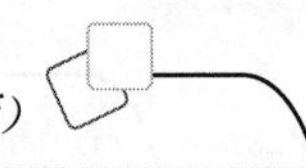

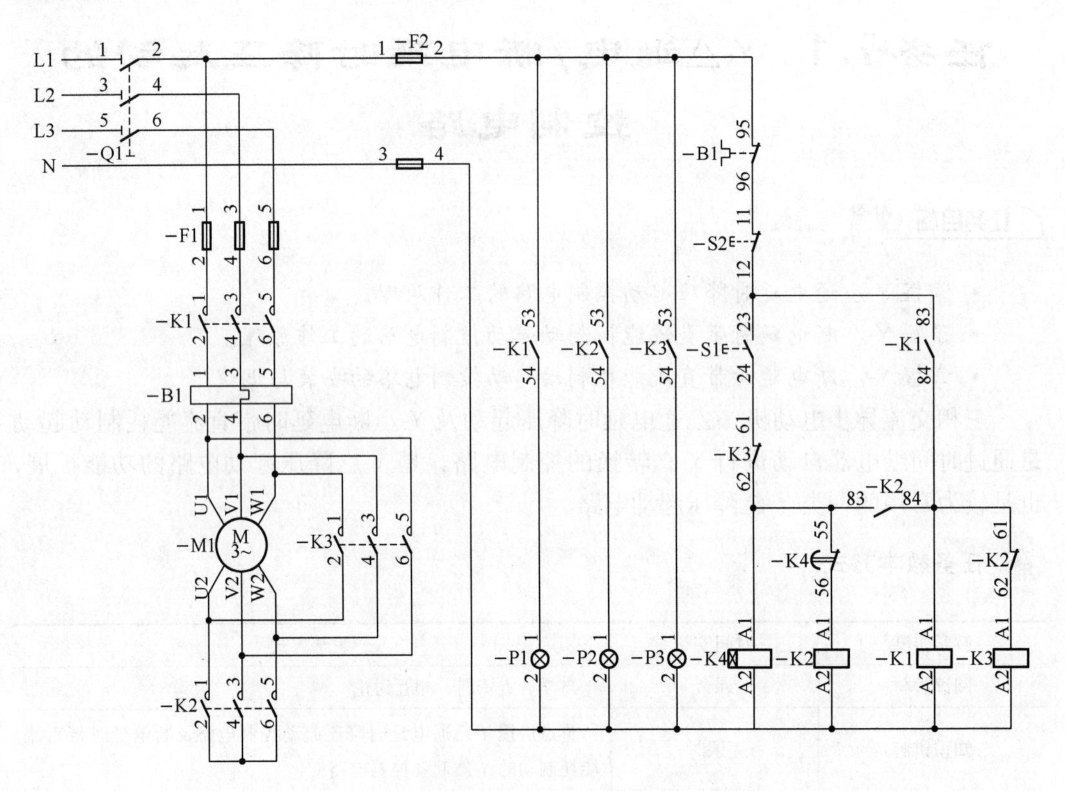

图 7-1　Y-△通电延时降压起动控制电路图

定的动作时间时，－K4 延时常闭触点断开，－K2 的电磁线圈断电释放，在－K3 电磁线圈支路上的常闭辅助触点恢复闭合，接触器－K3 的电磁线圈通电，主触点闭合，电动机定子绕组由 Y 形连接转换为△形连接，电动机在额定电压下运行。串联在－K4 线圈支路上的－K3 常闭辅助触点断开，防止－K2 和－K3 同时闭合造成三相电源直接短路：

合－Q1→ 按－S1 → －K2、－K4 吸合 → －K1 吸合 → － M1 降压起动 → －K4 延时常闭触点断开 → －K2 释放、－K3 吸合 → －M1 全压运行。

3. 指示灯与热继电器

指示灯－P1、－P2、－P3 分别由接触器－K1、－K2、－K3 的常开辅助触点控制。Y 形运行时（－K1、－K2 动作吸合）－P1、－P2 指示灯亮；在△形运行时（－K1、－K3 动作吸合）－P1、－P3 指示灯亮。

热继电器－B1 担负电动机的过载保护。

知识 7.1.2　Y-△断电延时带直流能耗制动起动控制电路

Y-△断电延时带直流能耗制动起动控制电路如图 7-2 所示。

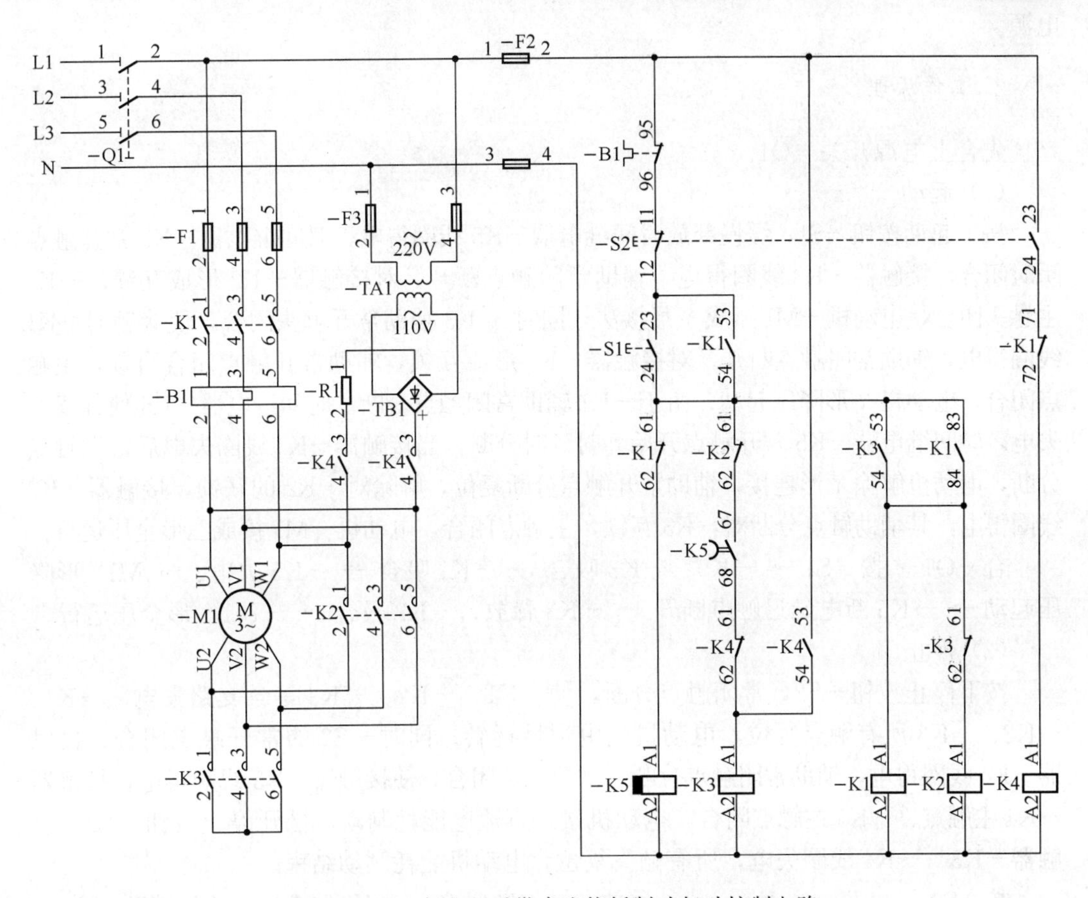

图 7-2　Y-△断电延时带直流能耗制动起动控制电路

1. 电路特点

1）在电源变压器容量不够大而电动机功率较大的情况下，可对较大容量的电动机起到降压起动的作用。

2）当电动机切断交流电源后，立即在定子绕组的任意二相中通入直流电源，迫使电动机迅速停转制动。

能耗制动与反接制动都属于电动机快速停车的电气制动方法。在电动机切除三相交流电源之后，定子绕组通入直流电流，在定子、转子之间的气隙中产生静止磁场，在机械惯性下转子导体切割该磁场，形成感应电流，产生与惯性转动方向相反的电磁力矩而制动。制动结束后将直流电源切除。它与反接制动的工作原理近似。反接制动是靠改变定子绕组中三相电源的相序，产生一个与转子惯性转动方向相反的电磁转矩，使电动机迅速停下来，制动到接近零转速时，再将反相序电源切除。

能耗制动的优、缺点是：反接制动制动转矩大，制动效果显著，但制动时产生一定的冲击力，制动不平稳，而且能量损耗大。能耗制动与反接制动相比，制动平稳，准确，能量消耗小，但制动力矩较弱，特别是在低速时制动效果差，而且还需要提供直流

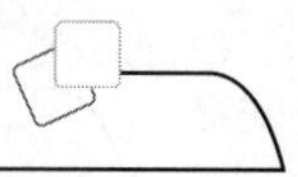

电源。

2. 工作原理

先合上电源开关－Q1。

（1）起动

按下起动按钮－S1，缓慢释放时间继电器－K5 线圈得电，时间继电器－K5 常开触点瞬时闭合，接触器－K3 线圈得电，辅助常闭触点断开，对接触器－K2 形成互锁，－K3 主触头闭合，电动机－M1 形成 Y 形接法，同时 －K3 辅助常开触头闭合，使接触器－K1 线圈得电，辅助常闭触点断开，对接触器－K4 形成互锁，辅助常开触点闭合自锁，主触点闭合，电动机 Y 形降压起动；由于－K1 辅助常闭触点分断，时间继电器－K5 使其线圈失电，时间继电器－K5 常开触点开始计时延时分断，当接触器－K3 线圈失电后，主触点分断，电动机解除 Y 形连接，辅助常开触点分断复位，解除对－K2 的联锁，接触器－K2 线圈得电，其辅助触点分断对－K3 互锁，主触点闭合，电动机－M1 接成△形全压运行：

合－Q1→ 按－S1 → －K5、－K3 吸合 → －K1 吸合 → －K5 失电、－ M1Y 形降压起动 → －K5 断电延迟触点断开 → －K3 释放、－K2 吸合 → －M1△形全压运行。

（2）停止

按下停止按钮－S2，常闭触点分断，使－K1、－K2、－K3 等各支路失电，－K1、－K2、－K3 所有触点复位，电动机失电惯性运转；同时－S2 的常开触点闭合，接触器－K4 线圈得电，辅助常闭触点分断，常开触点闭合，使接触器－K3 线圈得电，接触器－K4 主触点、－K3 主触点闭合，电动机接入直流电能耗制动，松开停止按钮－S2，接触器－K3、－K4 线圈失电，所有触头复位，电动机能耗制动结束。

按－S2 → －K1、－K2、－K3 释放 → －K4 吸合 →－K3 吸合→ －M1 能耗制动 → 松－S2 → －K4 释放 →－K3 释放 －M1 能耗制动结束，自由停车。

做一做

实训　Y-△断电延时带直流能耗制动起动控制电路的安装与调试

班级：＿＿＿＿ 姓名：＿＿＿＿ 学号：＿＿＿＿ 同组者：＿＿＿＿

工作时间：＿＿年＿月＿日（第＿＿周 星期＿＿ 第＿＿节）实训课时：＿＿课时

工作任务单

掌握 Y-△断电延时带直流能耗制动起动控制电路的安装与调试的基本原理，理解断电延时和能耗制动的概念，巩固电路安装接线（工艺）和操作方法，熟悉电路的调试方法。电气原理图参见图 7-2。

工作准备

认真阅读工作任务单的内容与要求，明确工作目标，做好准备，拟定工作计划。

在完成电路安装与调试工作任务前，巩固掌握电气安装与接线的基本工艺方法，巩固掌握电气线路调试的基本原则和方法。

1. 实训用器材

（1）设备、元件：

序号	设备、元件名称	型号	数量	备注
1	三相交流异步电动机	≤1.1kW	1台	可自定型号
2	小型漏电断路器	DZ47LE-32/6A	1只	3+1P
3	熔断器底座	RT18-32（或RT14）	1只	3P
4	熔断器底座	RT18-32（或RT14）	2只	2P
5	交流接触器	CJX2-0910/220V	4只	
6	辅助触头	F-22	4只	（含2常开、2常闭辅助触头）
7	热继电器	NR2-25	1只	按电动机功率选择
8	时间继电器	JSZ3A-A	1只	断电延迟0.05～5s
9	整流变压器	ZBK-500VA/单相220V/110V	1只	带整流桥（MDQ30A/20A/750V）
10	滑线电阻器（限流电阻器）	BX7-14	1只	2A/100Ω
11	整流桥	MDQ30A-16	1只	30A/反向击穿电压1600V
12	按钮	LA38/22	2只	红1绿1（含安装盒或支架、螺栓）
13	通用电气安装板	750mm×600mm	1块	金属网孔板含线槽、导轨、端子

（2）工具：一字螺钉旋具、十字螺钉旋具、尖嘴钳、斜口钳、剥线钳、压线钳等工具。

（3）测量仪表：三位半数字万用表等。

（4）实训用电源工作台：1台。

（5）耗材：

序号	耗材名称	型号	数量	备注
1	插针	E7508/E1008	若干	冷压绝缘端子（按需配给）
2	号码管/导线	0.75～1.0mm^2/BVR-0.75	若干	按需配给
3	熔芯	RT28-32/6A	若干	控制电路2A/主电路6A

2. 质量检查

对所准备的资料、器材、工具、仪表、耗材进行质量检查。

电路安装与调试操作技术要点

电路安装操作技术要点请参照项目5任务5.2“实训　三相交流异步电动机连续与点动混合控制电路安装与调试”相关内容。以下重点讲述本实训“电路检查与调试”操

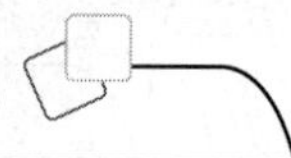

作技术要点。

步骤	电路检查与调试操作技术要点
1. 自检	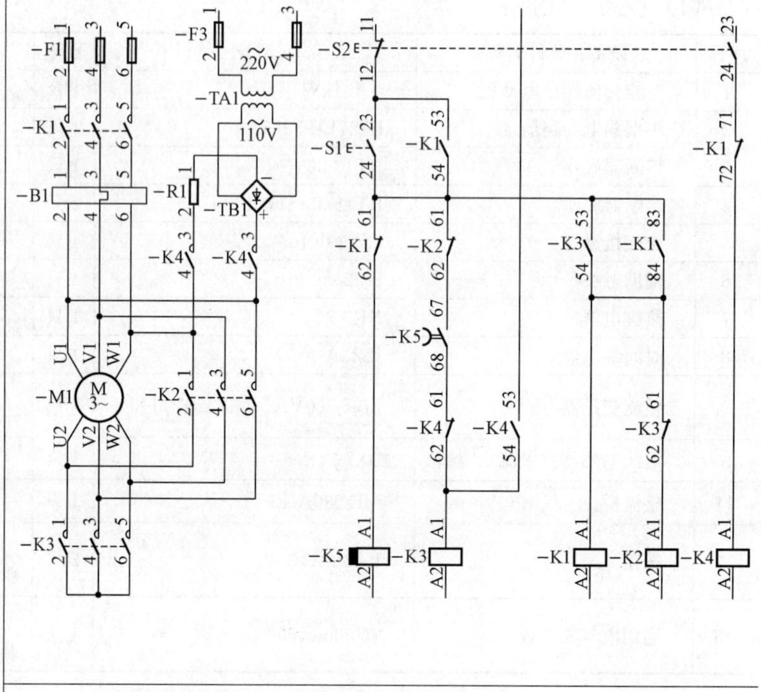 接线完成后，要对所连接的电路用万用表进行自我检查。检查导线是否按线号进行连接，连接是否良好，通断是否正常，是否有短路情况，如有则应整改。重点检查接线较为复杂的线路部分（如右图所示电路图）。 （1）重点检查 Y-△断电延时起动带直流能耗制动起动控制电路接触器－K1、－K2、－K3、－K4、－K5 互锁触点接线是否正确。 （2）检查能耗制动变压器、整流桥接线是否正确 －F1 1 2 3 4 5 6 －K1 1 2 3 4 5 6 －B1 1 2 3 4 5 6 －M1 M 3～ U1 V1 W1 U2 V2 W2 －K2 1 2 3 4 5 6 －K3 1 2 3 4 5 6 －F3 1 2 3 4 220V －TA1 110V －R1 1 2 －TB1 － + －K4 3 4 －K4 3 4 －S2 11 12 －S1 23 24 －K1 53 54 －K1 61 62 －K2 61 62 －K5 67 68 －K4 61 62 －K4 53 54 －K3 53 54 －K1 83 84 －K3 61 62 23 24 －K1 71 72 －K5 A1 A2 －K3 A1 A2 －K1 A1 A2 －K2 A1 A2 －K4 A1 A2 重点检查用局部电路图
2. 试车	通电调试、试车。 （1）通电前先取出熔断器－F1、－F3 的熔芯后再通电检查调试控制电路。按－S1 Y 形起动电路，观察接触器－K1～－K5 动作情况；然后再按－S2 △形起动电路，观察接触器－K1～－K5 动作情况，确认控制电路的工作逻辑关系是否正确；整定时间继电器、热继电器参数。 （2）取出熔断器－F1、－F2 的熔芯，通电检查整流电路输出电压是否正常。 （3）在控制电路调试完成后，停电恢复主电路，再通电检查调试主电路。按停止按钮－S2 时，能耗制动的时间控制要合适

任务实施

步骤	计划工作内容	工作过程记录
1	实训用器材准备	
2	电器元件检测与安装	
3	电路连线与工艺规范	
4	电路检查	
5	电路调试	
6	安全与文明生产	

注意：

（1）电动机及按钮支架的金属外壳必须可靠接地。电源进线应按上进下出的方式接入。电动机必须安放平稳，以防在电动机运转时产生滚动而引起事故。

（2）填写所用电器元件的型号、规格时，要做到字迹工整，书写正确、清楚、完整。

（3）要注意电动机必须停车时才能进行能耗制动。

（4）要特别注意双重联锁触点不能接错，否则将会造成主电路电源短路，烧毁电阻器。

（5）通电调试前，应检查按钮控制与联锁是否正常，接触器联锁是否正常。

（6）注意整流变压器和整流桥、滑线电阻器的接线和可靠性。热继电器的整定电流应按电动机规格进行调整。

⚠ 安全提示

任务实施过程中，应严格遵循安全操作规程，穿戴好工作服、绝缘鞋、安全帽；接电前必须经教师检查无误后才能通电操作。作业过程中，要文明施工，注意工具、仪器仪表等器材应摆放有序。工位应整洁。

任务检查与评价

序号	评价内容	配分	评价标准	学生评价	老师评价
1	实训用器材准备	10	（1）任务电气原理图及资料准备的完整性（是 □ 5分） （2）其他器材准备的完整性（是 □ 5分）		
2	电器元件检测与安装	35	（1）电器元件识别与记录（是 □ 10分） （2）主电路元件的选用（是 □ 10分） （3）控制电路元件的选用（是 □ 10分） （4）端子排的选用（是 □ 5分）		
3	电路连线与工艺规范	25	（1）导线（软导线）是否安装插针（是 □ 5分） （2）是否有漏铜现象（否 □ 5分） （3）每个端子接线是否超过2个线头（否 □ 2分） （4）导线是否入槽（是 □ 3分） （5）导线是否安装有线号（是 □ 5分） （6）导线连接是否按端子号接入（是 □ 5分）		
4	电路检查	15	（1）是否有短路情况（否 □ 5分） （2）是否有接错情况（否 □ 5分） （3）接地线是否接入（是 □ 5分）		
5	电路调试	10	（1）Y-△控制电路工作是否正常（是 □ 5分） （2）能耗制动电路工作是否正常（是 □ 5分）		
6	安全与文明生产	5	（1）环境整洁（是 □ 1分） （2）相关资料摆放整齐（是 □ 1分） （3）遵守安全规程（是 □ 3分）		
合计		100			

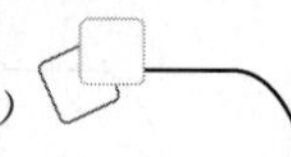

议与练

议一议：

Y-△断电延时带直流能耗制动的起动控制电路的优点和缺点各是什么？

练一练：

Y-△断电延时带直流能耗制动的起动控制电路的安装及调试。

任务7.2 三相交流双速异步电动机自动变速控制电路

任务目标

- 了解三相交流双速异步电动机自动变速控制电路。
- 学会安装和调试三相交流双速异步电动机自动变速控制电路。

三相交流双速异步电动机自动变速控制电路是一种较为常见的调速控制电路。通过本任务的学习，掌握这种控制电路的工作原理及安装与调试方法。

任务教学方式

教学步骤	时间安排	教学方式
阅读教材	课余	自学、查资料、相互讨论
知识讲解	3 课时	重点讲授三相交流双速异步电动机自动变速控制电路
技能操作与练习	6 课时	三相交流双速异步电动机自动变速控制电路安装和调试实训

学一学

知识 7.2.1 三相交流双速异步电动机自动变速控制电路工作原理

三相交流双速异步电动机自动变速控制电路如图 7-3 所示。

1. 工作原理

合上电源丌关 Q1，按下起动按钮－S1，接触器－K1 线圈和时间继电器－K4 线圈同时得电，接触器－K1 辅助触点闭合自锁，时间继电器－K4 瞬动常开触点闭合自锁，接触器－K1 主触点闭合，电动机－M1 进入低速运行；在时间继电器－K4 线圈得电到达设置好的时间后，－K4 常闭的延时触点断开，接触器－K1 线圈失电，常开触点断开，电动机低速运行停止；与此同时，时间继电器－K4 常开的延时触点闭合，接触器－K2、－K3 线圈得电并自锁，接触器－K2、－K3 主触点闭合，电动机转换成高速运行模式。当按下停止按钮－S2，电动机停止运转。

合－Q1→ 按－S1 → －K1、－K4 吸合 → －M1△形接法低速起动运行 → －K4 延

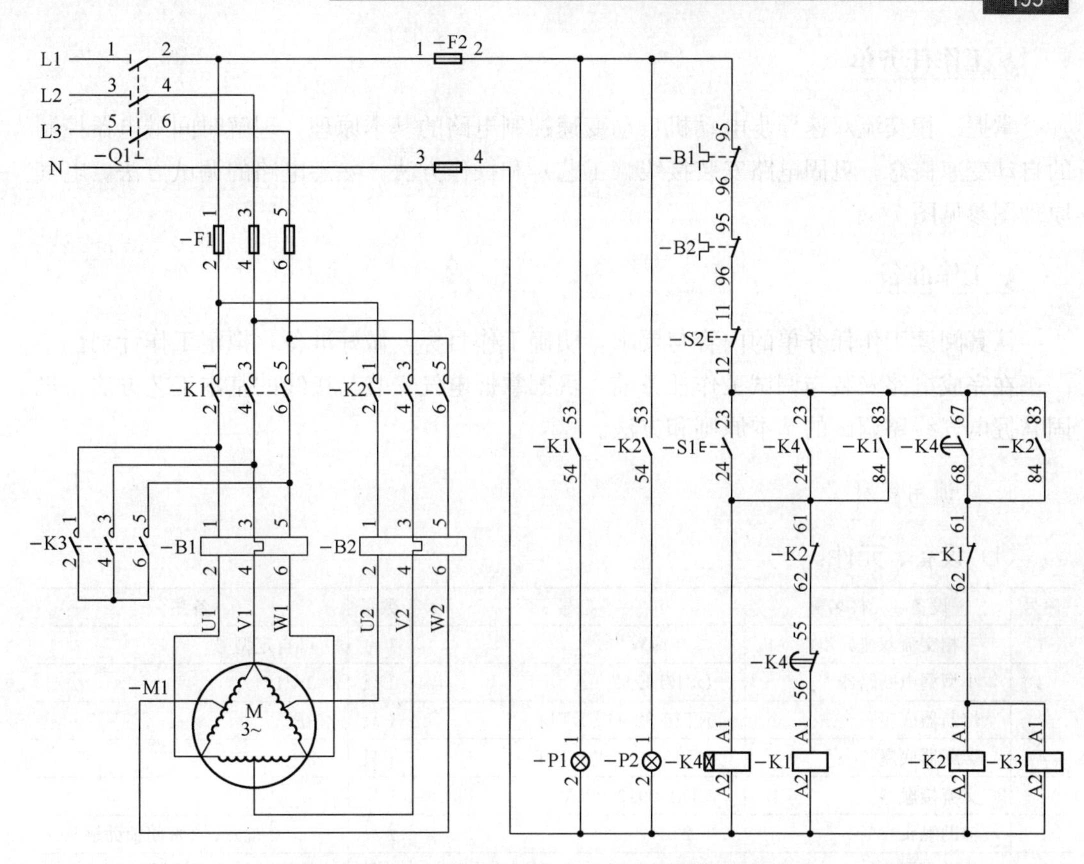

图 7-3 三相交流双速异步电动机自动变速控制电路

迟触点动作后（在−K1 回路触点断开、在−K2 回路触点闭合）→ −K1 释放、−K2、−K3 吸合 → −M1 YY 形接法高速运行。

电路起动后，时间继电器处于通电保持状态。

2. 指示灯与热继电器

指示灯−P1、−P2 分别由接触器−K1、−K2 的常开辅助触点控制。低速运行时（−K1 动作吸合）−P1 指示灯亮；高速运行时（−K2 动作吸合）−P2 指示灯亮。

热继电器−B1、−B2 担负电动机的过载保护。

实训　三相交流双速异步电动机自动变速控制电路安装与调试

班级：________姓名：__________学号：__________同组者：________________

工作时间：____年__月__日（第____周 星期____第____节）实训课时：____课时

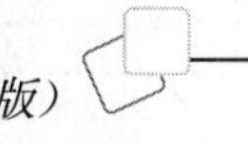

工作任务单

掌握三相交流双速异步电动机自动变速控制电路的基本原理，理解时间继电器控制的自动变速概念，巩固电路安装接线（工艺）和操作方法，熟悉电路的调试方法。电气原理图参见图 7-3。

工作准备

认真阅读工作任务单的内容与要求，明确工作目标，做好准备，拟定工作计划。

在完成电路安装与调试工作任务前，巩固掌握电气安装与接线的基本工艺方法，巩固掌握电气线路调试的基本原则和方法。

1. 实训用器材

（1）设备、元件：

序号	设备、元件名称	型号	数量	备注
1	三相交流双速异步电动机	≤1.1kW	1台	可自定型号
2	小型漏电断路器	DZ47LE-32/6A	1只	3+1P
3	熔断器底座	RT18-32（或 RT14）	1只	3P
4	熔断器底座	RT18-32（或 RT14）	1只	2P
5	交流接触器	CJX2-0910/220V	3只	
6	辅助触头	F-22	2只	（含2常开、2常闭辅助触头）
7	热继电器	NR2-25	2只	按电动机功率选择
8	时间继电器	JSZ3A-A	1只	通电延时 0.05～5s
9	指示灯	DN16-22D/220V	2只	（含安装盒或支架、螺栓）
10	按钮	LA38/22	2只	红1绿1（含安装盒或支架、螺栓）
11	通用电气安装板	750mm×600mm	1块	金属网孔板含线槽、导轨、端子

（2）工具：一字螺钉旋具、十字螺钉旋具、尖嘴钳、斜口钳、剥线钳、压线钳等工具。

（3）测量仪表：三位半数字万用表等。

（4）实训用电源工作台：1台。

（5）耗材：

序号	耗材名称	型号	数量	备注
1	插针	E7508/E1008	若干	冷压绝缘端子（按需配给）
2	号码管/导线	0.75～1.0mm²/BVR-0.75	若干	按需配给
3	熔芯	RT28-32/6A	若干	控制电路 2A /主电路 6A

2. 质量检查

对所准备的实训用器材进行质量检查。

电路安装与调试操作技术要点

电路安装操作技术要点请参照项目 5 任务 5.2“实训　三相交流异步电动机连续与点动混合控制电路安装与调试”相关内容。以下重点讲述本实训的电路检查与调试操作技术要点。

步骤	电路检查与调试操作技术要点	
1. 自检	接线完成后，要对所连接的电路用万用表进行自我检查。检查导线是否按线号进行连接，连接是否良好，通断是否正常，是否有短路情况，如有则应整改。重点检查接线较为复杂的线路部分（如右图所示电路图）。 （1）重点检查与时间继电器相关的触点，接触器−K1、−K2 互锁触点接线是否正确。 （2）接触器−K1、−K2、−K3 主触点接线是否正确	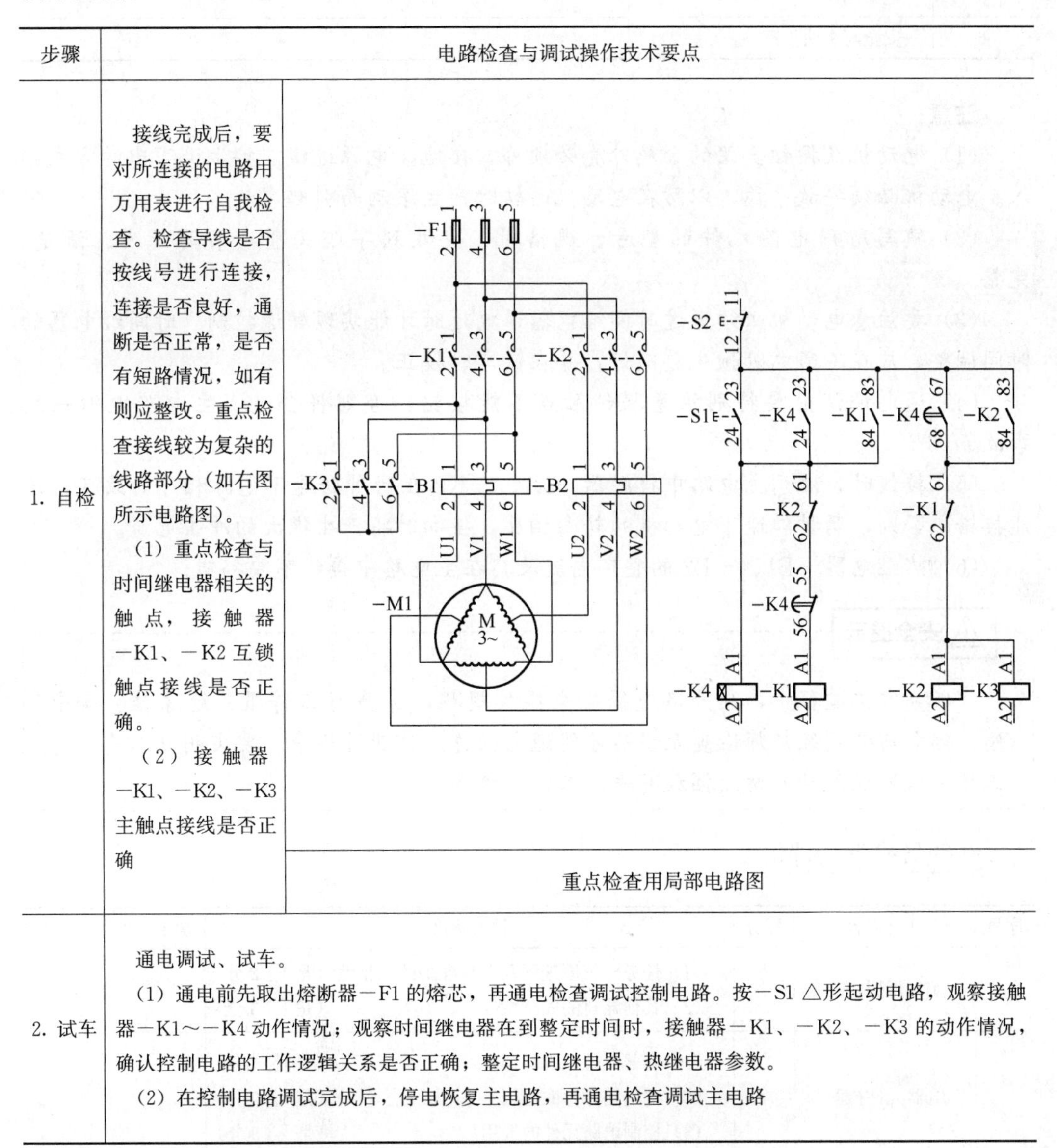 重点检查用局部电路图
2. 试车	通电调试、试车。 （1）通电前先取出熔断器−F1 的熔芯，再通电检查调试控制电路。按−S1 △形起动电路，观察接触器−K1～−K4 动作情况；观察时间继电器在到整定时间时，接触器−K1、−K2、−K3 的动作情况，确认控制电路的工作逻辑关系是否正确；整定时间继电器、热继电器参数。 （2）在控制电路调试完成后，停电恢复主电路，再通电检查调试主电路	

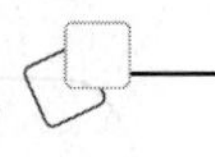

任务实施

实施步骤	计划工作内容	工作过程记录
1	实训用器材准备	
2	电器元件检测与安装	
3	电路连线与工艺规范	
4	电路检查	
5	电路调试	
6	安全与文明生产	

注意：

(1) 电动机及按钮支架的金属外壳必须可靠接地。电源进线应按上进下出的方式接入。电动机必须安放平稳，以防在电动机运转时产生滚动而引起事故。

(2) 填写所用电器元件的型号、规格时，要做到字迹工整，书写正确、清楚、完整。

(3) 要注意电动机必须通过时间继电器通电延时才能实现转速控制。时间继电器的时间调整，应在不通电时预先整定好，并在试车时校正。

(4) 通电调试前要特别注意联锁触点不能接错，否则将会造成主电路电源短路事故。

(5) 接线时，注意主电路中接触器－K1、－K2 在两种转速下电源相序的改变，不能接错；否则，两种转速下电动机的转向相反，换向时将产生很大的冲击电流。

(6) 热继电器－B1、－B2 的整定电流及其在主电路中接线不要搞错。

⚠ 安全提示

任务实施过程中，应严格遵循安全操作规程，穿戴好工作服、绝缘鞋、安全帽；接电前必须经教师检查无误后才能通电操作。作业过程中，要文明施工，注意工具、仪器仪表等器材应摆放有序。工位应整洁。

任务检查与评价

序号	评价内容	配分	评价标准	学生评价	老师评价
1	实训用器材准备	5	(1) 任务电气原理图及资料准备的完整性（是 □ 2分） (2) 其他器材的完整性（是 □ 3分）		
2	电器元件检测与安装	20	(1) 电器元件识别与记录（是 □ 5分） (2) 主电路元件的选用（是 □ 5分） (3) 控制电路元件的选用（是 □ 5分） (4) 端子排的选用（是 □ 5分）		

续表

序号	评价内容	配分	评价标准	学生评价	老师评价
3	电路连线与工艺规范	45	（1）导线（软导线）是否安装插针（是 □ 10 分） （2）是否有漏铜、压绝缘现象（否 □ 5 分） （3）每个端子接线是否超过 2 个线头（否 □ 5 分） （4）导线是否入槽（是 □ 10 分） （5）导线是否安装号码管并写上线号（是 □ 10 分） （6）导线连接是否按端子号接入（是 □ 5 分）		
4	电路检查	15	（1）是否有短路情况（否 □ 5 分） （2）是否有接错情况（否 □ 5 分） （3）接地线是否接入（是 □ 5 分）		
5	电路调试	10	（1）△形接线（低速）电路工作是否正常（是 □ 5 分） （2）延时 YY 形接线（高速）电路工作是否正常（是 □ 5 分）		
6	安全与文明生产	5	（1）环境整洁（是 □ 1 分） （2）相关资料摆放整齐（是 □ 1 分） （3）遵守安全规程（是 □ 3 分）		
合计		100			

议与练

议一议：

三相交流双速异步电动机自动变速控制电路的优点和缺点各是什么？

练一练：

三相交流双速异步电动机自动变速控制电路的接线及调试。

任务 7.3　三相交流异步电动机双重联锁正反转起动反接制动控制电路

- 了解三相交流异步电动机双重联锁正反转起动反接制动的控制原理。
- 学会安装和调试电动机双重联锁正反转起动反接制动控制电路。

双重联锁是保证电气控制线路电器元件动作顺序可靠性的重要措施之一。本任务重点强调这种动作的保护原理。

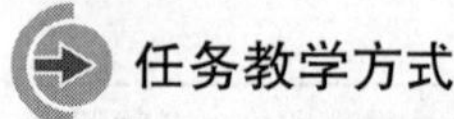

任务教学方式

教学步骤	时间安排	教学方式
阅读教材	课余	自学、查资料、相互讨论
知识讲解	3 课时	重点讲授电动机双重联锁正反转起动反接制动控制电路
技能操作与练习	6 课时	三相交流异步电动机双重联锁正反转起动反接制动控制电路安装和调试实训

知识 7.3.1　三相交流异步电动机双重联锁正反转起动反接制动控制电路工作原理

为了操作方便，又能快速自动停车并有效防止正反转转换时电源的相间短路，经常需要采用按钮、接触器双重联锁的正反转控制电路，如图 7-4 所示。

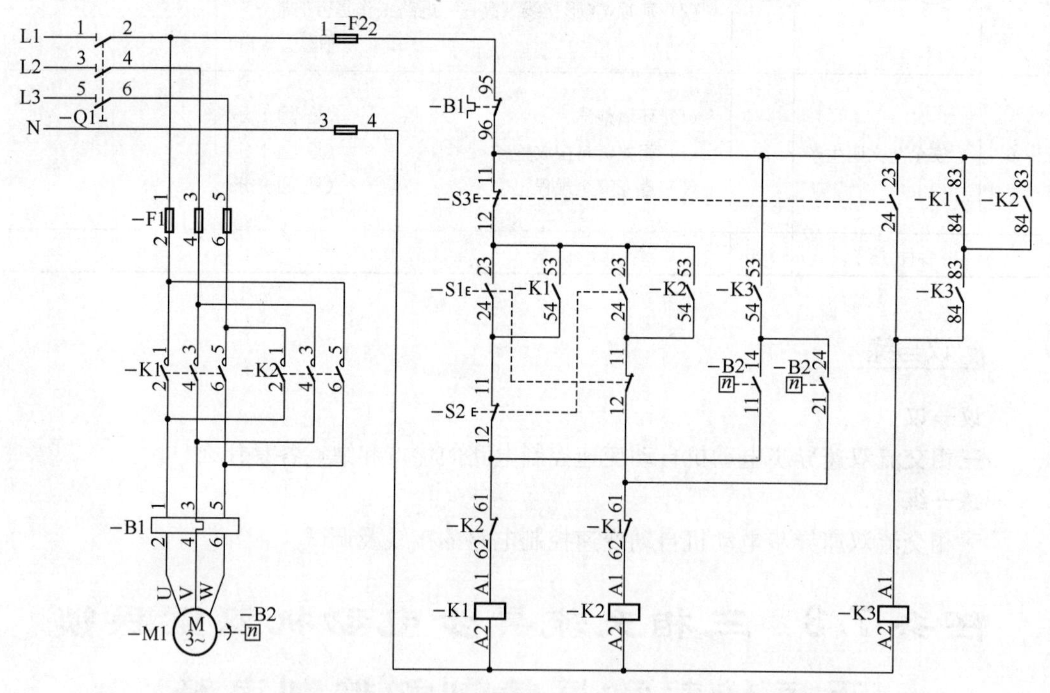

图 7-4　三相交流异步电动机双重联锁正反转起动反接制动控制电路

按钮、接触器双重联锁的控制线路，是把接触器联锁和按钮联锁两个控制电路的优点结合起来形成双重联锁正反转起动电路，可不按停止按钮而直接按反转按钮改变电动机的转动方向，当接触器发生熔焊等故障时又不会发生电源的相间短路，从而达到了双重保护的目的。

1. 工作原理

合上电源开关－Q1，按下按钮－S1，接触器－K1 电磁线圈得电，辅助常开触点闭合形成自锁，主触点闭合，电动机－M1 正转；与此同时，－S1 常闭触点与－K1 辅助常闭触点断开反转接触器－K2 回路实现双重互锁。若需要反转，则按下按钮－S2，常闭触点断开使接触器－K1 电磁线圈断电，主触点断开，电动机电源断开；－K1 辅助常开触点复位解除自锁，辅助常闭触点恢复闭合解除互锁；同时－S2 的常开触点闭合，接触器－K2 电磁线圈得电，主触点闭合，电动机－M1 反转；－K2 辅助常开触点闭合实现自锁，辅助常闭触点断开实现对－K1 的互锁。

合－Q1→ 按－S1 → －K1 吸合 → － M1 正转运行；

按－S2 → －K2 吸合 → － M1 反转运行。

在正反转起动时，－S1、－S2 互锁，－K1、－K2 互锁；在正反转运行时，－K1、－K2 互锁。

在正转运行时进行反转切换：

按－S2 → －K1 释放 → －K2 吸合 → － M1 反转运行。

在反转运行时进行正转切换：

按－S1 → －K2 释放 → －K1 吸合 → － M1 正转运行。

在正、反转转换时，－S1、－S2 互锁，－K1、K2 互锁。

2. 反接制动控制电路原理分析

1）当电动机正转时，按下停止按钮－S3，－K1 释放继电器，－K3 线圈得电，常开触点闭合，因为是正转，此时速度继电器－B2 的常开触点 21－24 为闭合状态，－K2 线圈得电，主触点闭合，进入反接制动状态；当电动机－M1 转速降低到一定速度时，速度继电器－B2 的常开触点 21－24 恢复到断开状态，反接制动结束：

按－S3 → －K1 释放、－K3 吸合（由于－B2 的 21－24 触点闭合）→ －K2 吸合进行反接制动；当－M1 转速降到一定值后 → －B2 的 21－24 触点断开 → －K2 释放（反接制动结束）→ － M1 自由停车。

2）当电动机反转时，按下停止按钮－S3，－K2 释放，继电器－K3 线圈得电，常开触点闭合，因为是反转，此时速度继电器－B2 的常开触点 11－14 为闭合状态，－K1线圈得电，主触点闭合，进入正接制动状态；当电动机－M1 转速降低到一定速度时，速度继电器－B2 的常开触点 11－14 恢复到断开状态，正接制动结束：

按－S3 → －K2 释放、－K3 吸合（由于－B2 的 11－14 触点闭合）→ －K1 吸合进行反接制动；当转速降到一定值后 → －B2 的 11－14 触点断开 → －K1 释放（反接制动结束）→ － M1 自由停车。

实训　三相交流异步电动机双重联锁正反转起动反接制动控制电路安装与调试

班级：________ 姓名：__________ 学号：__________ 同组者：____________________

工作时间：____年__月__日（第____周 星期____第____节）实训课时：____课时

工作任务单

掌握三相交流异步电动机双重联锁正反转起动反接制动控制电路安装和调试的基本原理，理解时间继电器控制的自动控制概念，巩固电路安装接线（工艺）和操作方法，熟悉电路的调试方法。电气原理图参见图 7-4。

工作准备

认真阅读工作任务单的内容与要求，明确工作目标，做好准备，拟定工作计划。

在完成电路安装与调试工作任务前，巩固掌握电气安装与接线的基本工艺方法，巩固掌握电气线路调试的基本原则和方法。

1. 实训用器材

（1）设备、元件：

序号	设备、元件名称	型号	数量	备注
1	三相交流异步电动机	≤1.1kW	1台	可自定型号
2	小型漏电断路器	DZ47LE-32/6A	1只	3＋1P
3	熔断器底座	RT18-32（或 RT14）	1只	3P
4	熔断器底座	RT18-32（或 RT14）	1只	2P
5	交流接触器	CJX2-0910/220V	3只	
6	辅助触头	F-22	3只	（含 2 常开、2 常闭辅助触头）
7	热继电器	NR2-25	1只	按电动机功率选择
8	速度继电器	JY1	1只	带继电器支架和联轴器
9	按钮	LA38/22	3只	红 1 绿 2（含安装盒或支架、螺栓）
10	通用电气安装板	750mm×600mm	1块	金属网孔板含线槽、导轨、端子

（2）工具：一字螺钉旋具、十字螺钉旋具、尖嘴钳、斜口钳、剥线钳、压线钳等工具。

（3）测量仪表：三位半数字万用表等。

（4）实训用电源工作台：1 台。

（5）耗材：

序号	耗材名称	型号	数量	备注
1	插针	E7508/E1008	若干	冷压绝缘端子（按需配给）
2	号码管/导线	0.75～1.0mm²/BVR-0.75	若干	按需配给
3	熔芯	RT28-32/6A	若干	控制电路 2A /主电路 6A

2. 质量检查

对所准备的实训用器材进行质量检查。

电路安装与调试操作技术要点

电路安装操作技术要点请参照项目 5 任务 5.2“实训　三相交流异步电动机连续与点动混合控制电路安装与调试”相关内容。以下重点讲述本实训的电路检查与调试操作技术要点。

步骤	电路检查与调试操作技术要点
1. 自检	接线完成后，要对所连接的电路用万用表进行自我检查。检查导线是否按线号进行连接，连接是否良好，通断是否正常，是否有短路情况，如有则应整改。重点检查接线较为复杂的线路部分（如右图所示电路图）。 （1）重点检查与正反转起动按钮－S1、－S2、接触器－K1、－K2、－K3 互锁触点、速度继电器－B2接线是否正确。 （2）接触器－K1、－K2 主触点接线是否正确 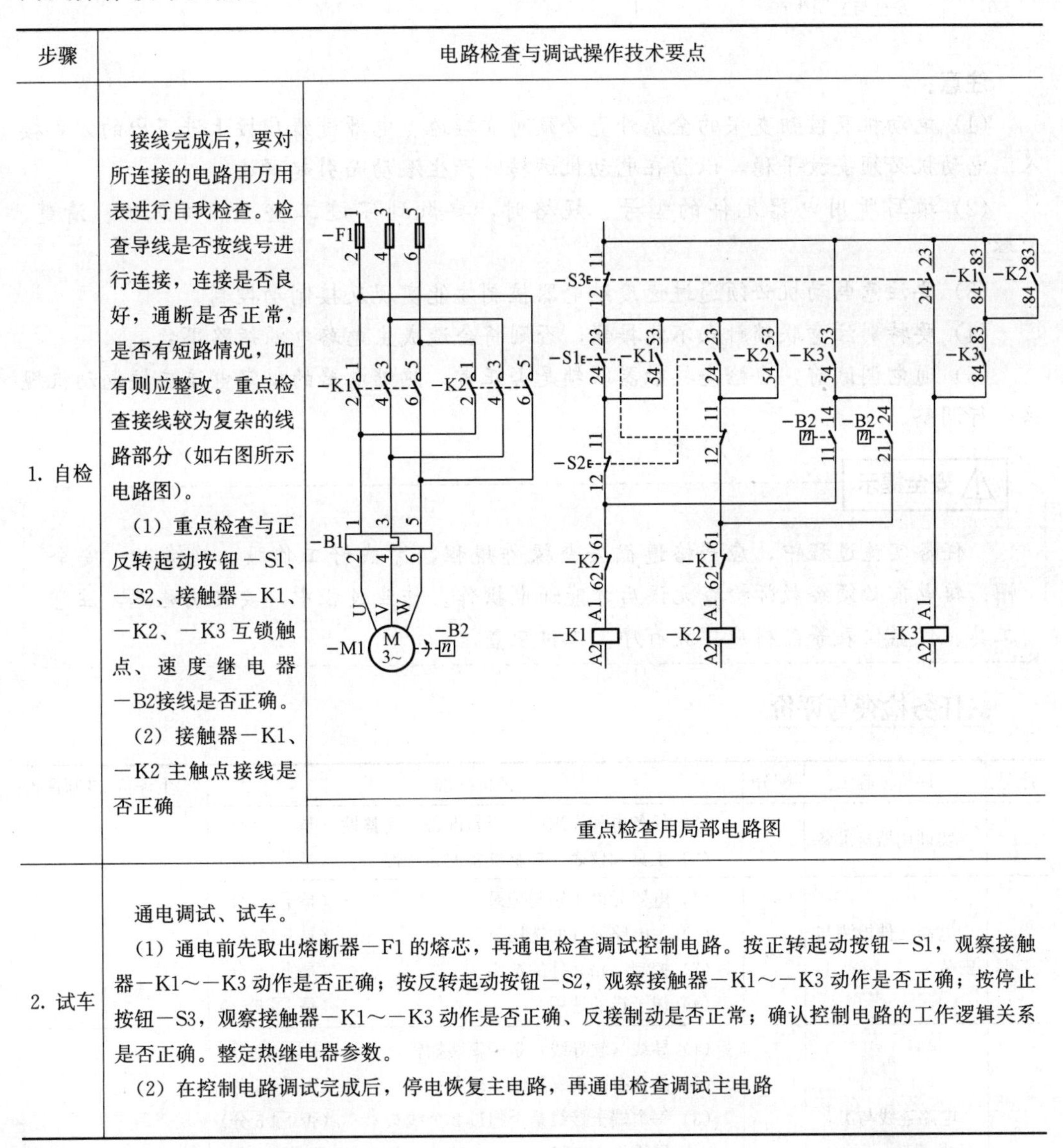 重点检查用局部电路图
2. 试车	通电调试、试车。 （1）通电前先取出熔断器－F1 的熔芯，再通电检查调试控制电路。按正转起动按钮－S1，观察接触器－K1～－K3 动作是否正确；按反转起动按钮－S2，观察接触器－K1～－K3 动作是否正确；按停止按钮－S3，观察接触器－K1～－K3 动作是否正确、反接制动是否正常；确认控制电路的工作逻辑关系是否正确。整定热继电器参数。 （2）在控制电路调试完成后，停电恢复主电路，再通电检查调试主电路

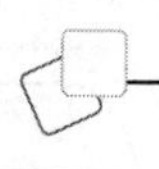

任务实施

实施步骤	计划工作内容	工作过程记录
1	实训用器材准备	
2	电器元件检测与安装	
3	电路连线与工艺规范	
4	电路检查	
5	电路调试	
6	安全与文明生产	

注意：

（1）电动机及按钮支架的金属外壳必须可靠接地。电源进线应按上进下出的方式接入。电动机必须安放平稳，以防在电动机运转时产生滚动而引起事故。

（2）填写所用电器元件的型号、规格时，要做到字迹工整，书写正确、清楚、完整。

（3）要注意电动机必须通过速度继电器控制才能实现反接制动控制。

（4）要特别注意联锁触点不能接错，否则将会造成主电路电源短路事故。

（5）通电调试前，应检查接触器联锁是否正常。热继电器的整定电流应按电动机规格进行调整。

⚠ 安全提示

任务实施过程中，应严格遵循安全操作规程，穿戴好工作服、绝缘鞋、安全帽；接电前必须经教师检查无误后才能通电操作。作业过程中，要文明施工，注意工具、仪器仪表等器材应摆放有序。工位应整洁。

任务检查与评价

序号	评价内容	配分	评价标准	学生评价	老师评价
1	实训用器材准备	5	（1）任务电气原理图及资料准备的完整性（是 □ 2 分） （2）工具和仪表、耗材准备的完整性（是 □ 3 分）		
2	电器元件检测与安装	20	（1）电器元件识别与记录（是 □ 5 分） （2）主电路元件的选用（是 □ 5 分） （3）控制电路元件的选用（是 □ 5 分） （4）端子排的选用（是 □ 5 分）		
3	电路连线与工艺规范	45	（1）导线（软导线）是否安装插针（是 □ 10 分） （2）是否有漏铜、压绝缘现象（否 □ 5 分） （3）每个端子接线是否超过 2 个线头（否 □ 5 分） （4）导线是否入槽（是 □ 10 分） （5）导线是否安装号码管并写上线号（是 □ 10 分） （6）导线连接是否按端子号接入（是 □ 5 分）		

续表

序号	评价内容	配分	评价标准	学生评价	老师评价
4	电路检查	15	（1）是否有短路情况　（否 □ 5 分） （2）是否有接错情况　（否 □ 5 分） （3）接地线是否接入　（是 □ 5 分）		
5	电路调试	10	（1）正反转电路工作是否正常　（是 □ 5 分） （2）反接制动电路工作是否正常　（是 □ 5 分）		
6	安全与文明生产	5	（1）环境整洁　（是 □ 1 分） （2）相关资料摆放整齐　（是 □ 1 分） （3）遵守安全规程　（是 □ 3 分）		
合计		100			

议与练

议一议：

三相交流异步电动机双重联锁正反转起动反接制动控制电路的优点和缺点各是什么？如何克服此电路的不足？

练一练：

三相交流异步电动机双重联锁正反转起动反接制动控制电路的接线及调试。

思考与练习

1. 安装、调试三相异步电动机控制电路的方法和步骤有哪些？
2. 在安装和调试各种三相异步电动机控制电路时应注意哪些问题？

项目 8

典型机床电气控制电路及其故障分析与维修(一)

同类机床往往不止一种型号，即使同一种型号，由于制造商的不同，其控制电路也存在差别。只有通过对典型机床控制电路的学习，进行归纳推敲，才能抓住各类机床的特殊性与普遍性。通过本项目的学习，重点学会阅读、分析机床电气控制电路的原理图，学会机床常见故障的分析方法以及维修技能，关键是能做到举一反三，触类旁通。检修机床电路是一项技能性很强而又细致的工作。机床在运行时一旦发生故障，检修人员首先要即时对其进行认真检查，经过周密的思考，做出正确的判断，找出故障源，然后再着手排除故障。

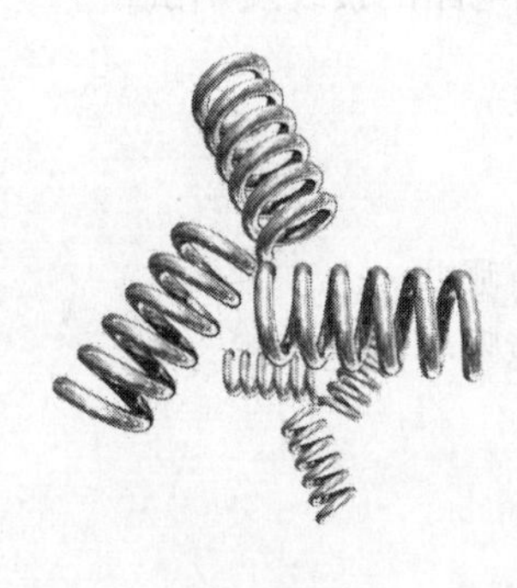

- 掌握阅读、分析机床电气控制电路图的原则和方法。
- 通过对典型机床电气控制电路常见故障的分析，掌握实际机床电气控制电路的故障检查与排除技能。

任务 8.1　阅读机床电气控制电路原理图

任务目标

- 熟练掌握阅读机床电气控制电路原理图的方法。
- 掌握如何分析机床电气控制电路故障的检查和分析方法。

机床电气控制电路原理图可简称为机床电气原理图。掌握阅读机床电气原理图是分析机床工作原理的重要环节和步骤，对进一步判断分析机床故障起着重要的作用。通过本任务的学习，熟记阅读机床电气原理图的基本原则和方法，以及机床电气控制电路故障检查和分析方法。

任务教学方式

教学步骤	时间安排	教学方式
阅读教材	课余	自学、查资料、相互讨论
知识讲解	2 课时	重点讲授机床电气原理图的阅读方法
知识讲解	2 课时	重点讲授机床电气控制故障的分析方法

学一学

知识 8.1.1　如何阅读机床电气原理图

机床电气原理图是用来表明机床电气控制电路的工作原理、各电器元件的作用及相互之间的关系的一种表示方式。掌握阅读机床电气原理图的方法和技巧，对于分析电气控制电路、排除机床电路故障是十分有必要的。机床电气原理图一般由主电路、辅助控制电路、照明电路、指示电路等几部分组成。阅读方法如下。

1. 主电路

阅读主电路时，应首先了解主电路中有哪些用电设备，各起什么作用，受哪些电器的控制，工作过程及工作特点是什么（如电动机的起动、制动、调速方式等），然后再根据生产工艺的要求了解各用电设备之间的联系。在充分了解电路的控制要求及工作特点的基础上，再阅读辅助控制电路原理图（如电动机起动、停止的顺序要求、联锁控制及动作顺序控制的要点等）。

2. 辅助控制电路

辅助控制电路一般由开关、按钮、接触器、继电器的线圈和各种辅助触点构成。无论简单或复杂的辅助控制电路，一般均是由各种典型电路（如延时电路、联锁电路、顺序控制电路等）组合而成，用以控制主电路中受控设备的“起动”“运行”“停止”，使主电路中的设备按设计工艺的要求正常工作。对简单的辅助控制电路，只要依据主电路要实现的功能，结合生产工艺要求及设备动作的先后顺序仔细阅读、依次分析，就可以理解辅助控制电路的内容。对于复杂的辅助控制电路，要按各部分所完成的任务，分割成若干个局部控制电路；然后与典型电路相对照，找出相同之处，本着先简后繁、先易后难的原则逐个理解每个局部环节；再找到各环节的相互关系，综合起来从整体上全面地进行分析，就可以将辅助控制电路所表达的内容读懂。

3. 照明电路

阅读照明电路时，须查看变压器的输入/输出的电压比及灯泡的额定电压。

4. 指示电路

指示电路是机床工作状态的信息反馈，可指示出机床电路工作是否正常。

5. 保护、配电电路

保护电路的构成与辅助控制电路基本相同，是根据电气原理的工艺要求，为预防设备出现故障的范围扩大而采取的保护措施。在阅读这部分电路时，应先分析保护电路与控制电路之间的联系，这样就能掌握电路的各种保护功能，最后再阅读配电电路的信号指示和工作照明、信号检测等方面的电路。当然，对于某些机械、电气、液压配合较紧密的机床设备，只靠阅读电气原理图是不可能全部理解其控制过程的，还应充分了解有关机械传动、液压传动及各种操纵手柄的作用，才可以清楚全部的工作过程。此外，只有在阅读了一定量的机床电气原理图的基础上，才能熟练、准确地分析完整的机床电气原理图。

知识 8.1.2　常见机床故障的分析

常见机床故障的检查和分析方法如下。

1. 维护前的调查研究

1）问：询问机床操作人员，故障发生前后的情况如何，这样有利于根据电气设备的故障现象来判断发生故障的部位，分析出故障的原因。

2）看：观察熔断器内的熔体是否熔断；其他电器元件有烧毁、发热、断线、导线连接螺栓是否松动，触点是否氧化、积尘等。要特别注意高电压、大电流的地方，运动机会较多的部位，容易受潮的接插件等。

3）听：电动机、变压器、接触器等，正常运行的声音和发生故障时的声音是有区别的，听声音是否正常，可以帮助寻找故障的范围、部位。

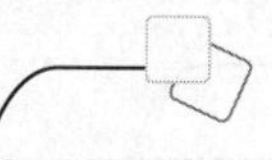

4）摸：电动机、电磁线圈、变压器等发生故障时，温度会显著上升，可切断电源后用手去触摸判断元件是否正常。

注意：不论电路通电还是断电，要特别注意不能用手直接去触摸线路中各金属部位和触点等！必须借助仪表来测量。

2. 根据机床电气原理图进行分析

首先熟悉机床的电气控制电路，再结合故障现象，对电路工作原理进行分析，便可以迅速判断出故障发生的可能范围。

3. 检查方法

根据故障现象分析。先弄清是主电路的故障还是辅助控制电路的故障，是电动机的故障还是控制设备的故障。当故障确认以后，应该进一步检查电动机或控制设备。必要时可采用替代法，即用好的电动机或用电设备来替代。属于控制电路故障的，应该先进行一般的外观检查，检查控制电路的相关电器元件，如接触器、继电器、熔断器等有无硬裂、烧痕、接线脱落、熔体是否熔断等；同时用万用表检查线圈有无断线、烧毁，触点是否熔焊。

外观检查找不到故障时，将电动机从电路中卸下，对控制电路逐步检查。可以进行通电吸合试验，观察机床电气各电器元件是否按要求顺序动作，发现哪部分动作有问题，就在哪部分找故障点。逐步缩小故障范围，直到全部故障排除为止，决不能留下隐患。

有些电器元件的动作是由机械配合或靠液压推动的，应会同机修人员进行检查处理。

4. 无电气原理图时的检查方法

首先，查清不动作的电动机工作电路。在不通电的情况下，以该电动机的接线盒为起点开始查找，顺着电源线找到相应的控制接触器。然后，以此接触器为核心，一路从主触点开始，继续查到三相电源，查清主电路；一路从接触器线圈的两个接线端子开始向外延伸，经过什么电器，弄清控制电路的来龙去脉。必要的时候，边查找边画出草图。若需拆卸时，要记录拆卸的顺序、电器结构等，再采取排除故障的措施。

5. 在检修机床电气故障时应注意的问题

1）检修前应将机床清理干净。

2）将机床电源断开。

3）电动机不能转动，要从电动机有无通电、控制电动机的接触器是否吸合入手，决不能立即拆修电动机。通电检查时，一定要先排除短路故障，在确认无短路故障后方可通电；否则会造成更大的事故。

4）当需要更换熔断器的熔体时，必须选择与原熔体型号相同的熔体，不得随意扩大，以免造成意外的事故或留下更大的后患。因为熔体的熔断，说明电路中存在较大的冲击电流，如短路、严重过载、电压波动很大等。

5）热继电器的动作、烧毁，也要求先查明过载原因，不然的话，故障还是会复发。并且修复后一定要按技术要求重新整定保护值，并要进行可靠性试验，以避免发生失控。

6）用万用表电阻挡测量触点、导线通断时，量程置于“×1Ω”挡。

7）如果要用兆欧表检测电路的绝缘电阻，应断开被测支路与其他支路联系，避免影响测量结果。

8）在拆卸元件及端子连线时，特别是对不熟悉的机床，一定要仔细观察，理清控制电路，千万不能蛮干。要及时做好记录、标号，方便复原，避免在安装时发生错误。螺栓、垫片等应放在盒子里，被拆下的线头要做好绝缘包扎，以免造成人为的事故。

9）试车前应先检测电路是否存在短路现象。在正常的情况下进行试车，应当注意人身及设备安全。

10）机床故障排除后，机床的电路要恢复到原来状态。

任务 8.2 CA6140 车床电气控制电路分析及常见故障排除

- 掌握车床电气控制电路工作原理。
- 掌握车床电气控制电路的故障分析和排除方法。
- 完成 CA6140 车床电气控制电路故障分析与排除实训。

CA6140 车床是最常见的机械加工生产设备。掌握车床电气控制原理和故障分析与排除方法，掌握常见电气控制电路与车床维护保养方面的职业技能。

任务教学方式

教学步骤	时间安排	教学方式
阅读教材	课余	自学、查资料、相互讨论
知识讲解	3 课时	重点讲授车床电气控制电路工作原理
技能操作与练习	6 课时	CA6140 车床电气控制电路故障分析与排除实训

学一学

知识 8.2.1 CA6140 车床电气控制电路工作原理分析

CA6140 车床电气原理图如图 8-1 所示。

1. 主电路分析

主电路中有三台电动机；－M1 为主轴电动机，带动主轴旋转和刀架做进给运动；

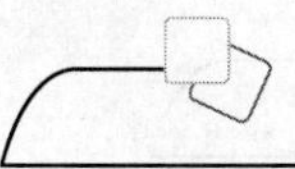

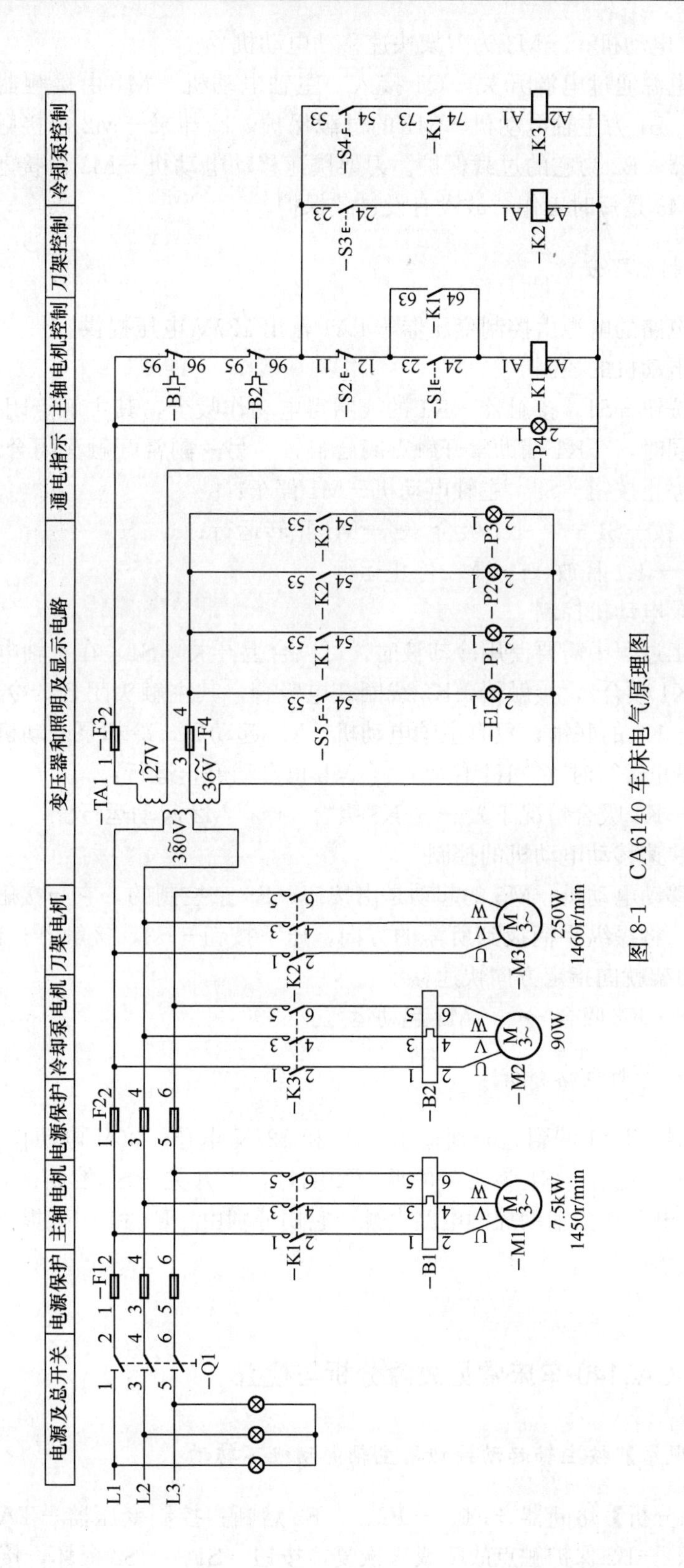

图 8-1 CA6140 车床电气原理图

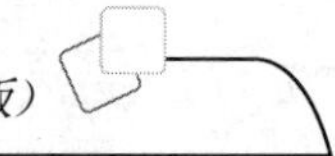

－M2 为冷却泵电动机；－M3 为刀架快速移动电动机。

三相交流电源通过电源开关－Q1 接入。主轴电动机－M1 由接触器－K1 控制起动，热继电器－B1 为主轴电动机－M1 的过载保护。冷却泵－M2 由接触器－K3 控制起动，热继电器－B2 为它的过载保护。刀架快速移动电动机－M3 由接触器－K2 控制起动，由于－M3 是短时工作，故没有设过载保护。

2. 辅助控制电路分析

辅助控制电路的电源由控制变压器－TA1 输出 127V 电压提供。

（1）主轴电动机的控制

按下起动按钮－S1，接触器－K1 的线圈得电动作吸合，其主触点闭合，主轴电动机起动运行。同时，－K1 辅助常开触点闭合自锁，另一副常开触头闭合为冷却泵运行做准备。按下停止按钮－S2，主轴电动机－M1 停车：

合－Q1→ 按－S1 → －K1 吸合 → －M1 正转运行；

按－S2 → －K1 释放 → －M1 停止运行。

（2）冷却泵电动机控制

当车削加工过程中需要使用冷却液时，可以合上开关－S4，在主轴电动机－M1 运转情况下（－K1 吸合），接触器－K3 线圈获电吸合，其主触头闭合，冷却泵电动机得电运行。由于－K1 的联锁，只有主轴电动机－M1 起动后，冷却泵电动机－M2 才能起动，当－M1 停止运行时（－K1 释放），－M2 也自动停止运行：

合－S4（－K1 吸合情况下）→ －K3 吸合 → － M2 起动运行。

（3）刀架快速移动电动机的控制

刀架快速移动电动机－M3 的起动是由按钮－S3 来控制的，它与接触器－K2 组成点动控制环节。将操纵手柄扳到所需的方向，压下按钮－S3，接触器－K2 得电吸合，－M3 起动，刀架就向指定方向快速移动。

按－S3 → －K2 吸合 → － M3 起动运行。

3. 照明、信号灯电路分析

控制变压器－TA1 的副边分别输出 36V 和 127V 电压。36V 电源作为机床低压照明灯、信号灯的电源。－E1 为机床的低压照明灯，由开关－S5 控制；－P4 为电源的信号灯。127V 电源作为辅助控制电路电源。它们分别由－F3 和－F4 提供短路保护。

知识 8.2.2　CA6140 车床常见故障分析与检查

1. 【故障现象】按主轴起动按钮，主轴电动机不转动

【故障原因分析】熔断器－F1、－F2、－F3 熔断；控制变压器－TA1 损坏；热过载继电器－B1、－B2 保护触点故障或未恢复，按钮－S1、－S2 损坏，接触器 K1 线圈

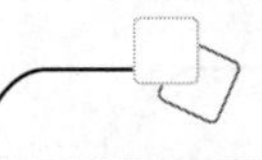

损坏，连接导线松脱等。

【故障检查】按下－S1看－K1触点是否动作，如动作则问题出在主电路上。随后查主电路，看－F1是否熔断，及与－K1有关的主接线是否牢固；如触头不动作，则问题出在控制电路中，接着查－TA1是否损坏，－F3是否熔断，－B1、－B2是否过载保护，－S1、－S2、－K1的接线是否正确。

2.【故障现象】主轴电动机转动，但冷却泵电动机不工作

【故障原因分析】熔断器－F2熔断；－K1、－K3、－M2、－S4故障或接线松脱等。

【故障检查】先查－F2是否正常，接着查－K3、－M2、－K1接线是否正常，检查－S4是否正常。

3.【故障现象】主轴电动机、冷却泵电动机转动，但刀架快移动电动机不动作

【故障原因分析】－S3按钮、接触器－K2接线等。

【故障检查】主轴电动机、冷却泵电动机转动，说明主回路没有问题，问题出在控制电路－S3与－M3有关的支路部分，或－M3的主电路部分。检查相关元件与线路是否正常。

4.【故障现象】合上电源开关－Q1，主轴电动机就转动

【故障原因分析】－K1自锁用辅助触点短路、接触器－K1主触点烧结在一起、按钮开关－S1触点短路等。

【故障检查】先查－K1与－M1相连的主触点，若没问题，则问题肯定就出在控制回路中了，再查控制回路，看开关－S1常开触点是否正常，再查－K1自锁用常开触点是否正确。

5.【故障现象】照明灯不亮

【故障原因分析】熔断器－F4熔断；－TA1损坏；灯泡灯丝熔断；开关－S5损坏、灯头接触不良等。

【故障检查】查灯泡灯丝是否烧断，灯头接触是否良好、查熔断器－F4是否正常；查控制变压器－TA1二次36V绕组有无输出电压，开关－S5是否损坏。

6.【故障现象】主轴电动机起动时，合上－S4开关，冷却泵电动机不能工作

【故障原因分析】接触器－K3与冷却泵电动机－M2主回路、－K3控制回路。

【故障检查】先查接触器－K3与冷却泵电动机－M2主回路是否正常；检查－K3控制回路－K1常开触点是否闭合；检查－S4是否正常。

7.【故障现象】信号灯不亮，其他正常

【故障原因分析】熔断器－F4熔断；控制变压器－TA1故障；指示灯损坏等。

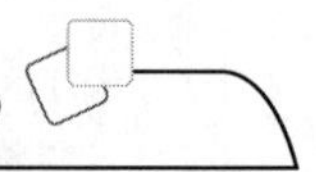

【故障检查】依次检查－F4、控制变压器－TA1 的二次绕组输出、灯泡或线路是否正常。

8.【故障现象】主轴电动机不自锁，只是按钮－S1 有点动动作

【故障原因分析】主电路及其附属的控制电路没有问题，问题出在－K1 的自锁电路中。

【故障检查】查－K1 辅助常开自锁触点是否能正常闭合。

9.【故障现象】合上电源开关－Q1，电路控制全部失效

【故障原因分析】熔断器－F1、－F2、－F3 熔断；控制变压器－TA1 损坏或连接线路不正常等。

【故障检查】检查熔断器是否正常、检查控制变压器－TA1 是否正常、检查相关线路是否正常。

实训　CA6140 车床电气控制电路故障分析与排除

班级：________ 姓名：__________ 学号：__________ 同组者：______________

工作时间：____年__月__日（第____周 星期____ 第____节）实训课时：____课时

工作任务单

掌握 CA6140 车床电气控制的基本原理，学会 CA6140 车床的故障检修方法。本实训考核挂板如图 8-2 所示。

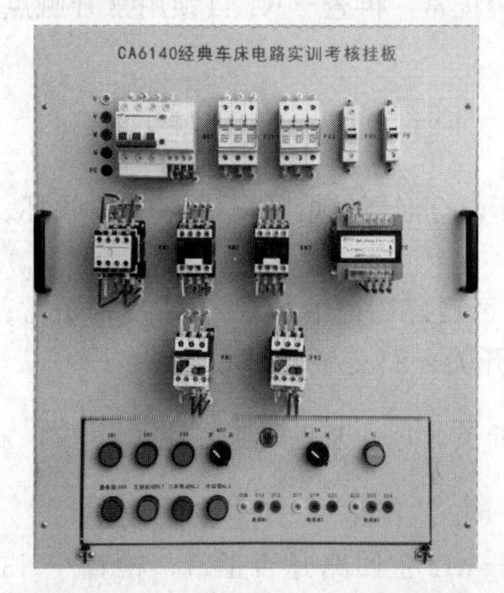

图 8-2　CA6140 经典车床电路实训考核挂板

工作准备

认真阅读工作任务单的内容与要求，明确工作目标，做好准备，拟定工作计划。

在完成车床电气控制电路排故工作任务前，巩固已掌握的车床电气控制电路工作原理，掌握车床电气故障排除的基本原则和方法。

1. 实训用器材

（1）设备：CA6140 经典车床电路实训考核挂板。

（2）工具：一字螺钉旋具、十字螺钉旋具、尖嘴钳等工具。

（3）测量仪表：三位半数字万用表等。

（4）实训考核工作台：1 台。

（5）耗材：熔芯（RT28-32/2A/6A）。

2. 质量检查

对所准备的实训用器材进行质量检查。

故障检查与排除操作技术要点

步骤	操作技术要点	操作示意图
1. 读图	认真阅读 CA6140 车床电路图 掌握 CA6140 车床的工作原理	资料准备：电气原理图参见图 8-1。 阅读知识 8.2.1“CA6140 车床电气控制电路”
2. 不通电检查实训考核工作台、考核挂板、机床	（1）实训考核工作台不通电检查（只限于该工作台）。 （2）不通电观察机床（含考核挂板）的元件外观与接线是否有损坏、烧毁、断线，导线连接螺栓是否松动，触点是否有氧化、积尘等现象。 要特别注意高电压、大电流的地方，运动机会较多的部位，以及容易受潮的接插件等	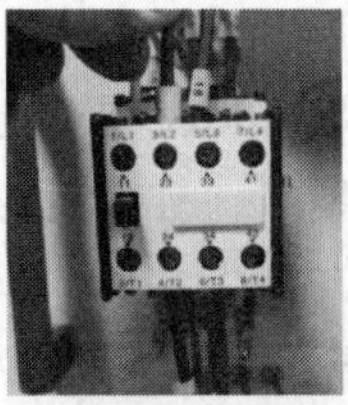 连接导线初步检查 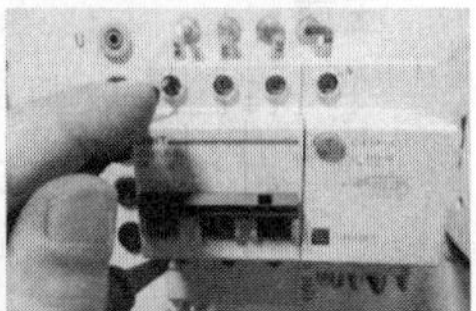　元件通断检查 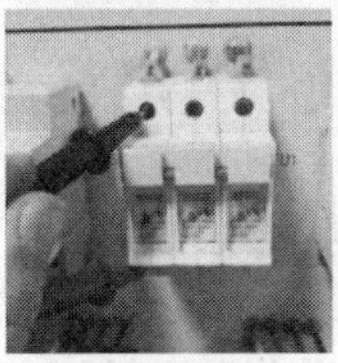 元件通断检查 　电动机绕组的基本检查
3. 排查电路是否有断路或短路	在不通电的情况下触动可动作元件，观察是否有卡滞等现象。 对有怀疑的元件用万用表或绝缘表进行初步检查，重点检查主电路是否有短路情况	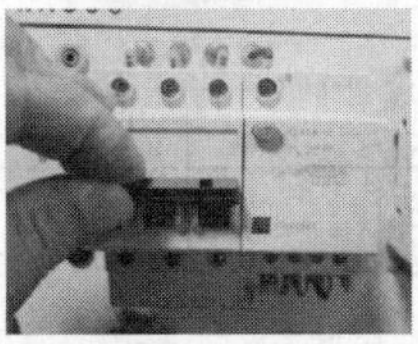 元件动作检查 　电动机手动盘车检查
4. 通电（观察）检查	主轴电路工作是否正常，进给电路工作是否正常，冷却泵电路工作是否正常，照明电路工作是否正常。 发现异常应立即断开电源进行分析与检查，排除故障后再次送电检查确认故障已经排除。 在断电后，应检查电磁线圈、变压器、电动机等是否过热。通过这样的触摸检查可以发现一些故障隐患。 注意：一般情况下应断电对所怀疑的故障元件或线路进行检查	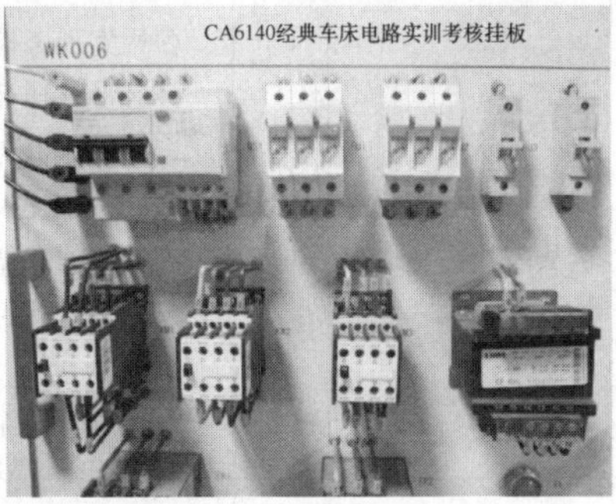 CA6140经典车床电路实训考核挂板 WK006 通电检查
5. 排除故障	根据发现的故障现象分析可能出现的故障点，逐一检查，对故障线路、元件进行修复，排除故障	原理图参见图 8-1 阅读本项目知识 8.2.2“CA6140 车床常见故障分析与检查”

任务实施

实施步骤	计划工作内容	工作过程记录
1	任务电气原理图及相关资料	
2	电路和电器元件的故障检查	
3	电气故障分析与排除	
4	安全与文明生产	

注意：

（1）在指导教师的指导下，按实训台技术资料安装与接线。

（2）在指导教师的指导下，可通电进行故障现象观察、操作，注意操作和观察时间要短。

（3）在指导教师的指导下，线路检查必须断电进行（要求操作者用电阻法进行检查）。

（4）排除故障时，严禁扩大故障范围产生新的故障。

⚠安全提示

在任务实施过程中，应严格遵循安全操作规程，穿戴好工作服、绝缘鞋、安全帽；接电前必须经教师检查无误后，才能通电操作。作业过程中，要文明施工，注意工具、仪器仪表等器材应摆放有序。工位应整洁。

任务检查与评价

序号	评价内容	配分	评价标准	学生评价	老师评价
1	任务电气原理图及相关资料	5	（1）任务电气原理图准备的完整性（是 □ 2分） （2）相关资料准备的完整性（是 □ 3分）		
2	电路和电器元件的故障检查	70	（1）实训考核工作台不通电检查（是 □ 5分） （2）考核挂板不通电检查（是 □ 5分） （3）工作台与考核挂板通电检查（是 □ 5分） （4）考核挂板通电故障现象观察与记录（是 □ 10分） （5）根据故障现象分析故障与记录（是 □ 15分） （6）断电后用万用表对线路和元件进行检查与记录（是 □ 20分） （7）故障排除与记录（是 □ 10分）		
3	电气故障的分析与排除	20	（1）主轴电路工作是否正常（是 □ 5分） （2）进给电路工作是否正常（是 □ 5分） （3）冷却泵电路工作是否正常（是 □ 5分） （4）照明电路工作是否正常（是 □ 5分）		

续表

序号	评价内容	配分	评价标准	学生评价	老师评价
4	安全与文明生产	5	（1）环境整洁 （是 □ 1分） （2）相关资料摆放整齐 （是 □ 1分） （3）遵守安全规程 （是 □ 3分）		
合计		100			

议与练

议一议：

（1）进行故障检修时应注意哪些安全事项？

（2）如何判断检查CA6140车床的故障？

练一练：

排除为CA6140车床设置的故障。

任务8.3 电动葫芦电气控制电路分析及常见故障排除

任务目标

- 分析电动葫芦电气控制电路工作原理。
- 掌握电动葫芦电气控制电路故障分析与排除的方法。

电动葫芦是应用非常广泛的一种起重设备。掌握电动葫芦电气控制电路工作原理及故障分析与排除方法，掌握常见电气控制电路与维护保养方面的职业技能。

任务教学方式

教学步骤	时间安排	教学方式
阅读教材	课余	自学、查资料、相互讨论
知识讲解	3课时	重点讲授电动葫芦电气控制电路工作原理
技能操作与练习	6课时	电动葫芦电气控制电路故障分析与排除实训

学一学

知识8.3.1 电动葫芦电气控制电路工作原理分析

电动葫芦电气原理图如图8-3所示。

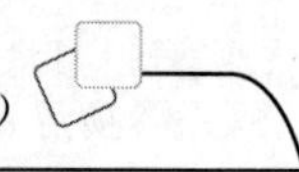

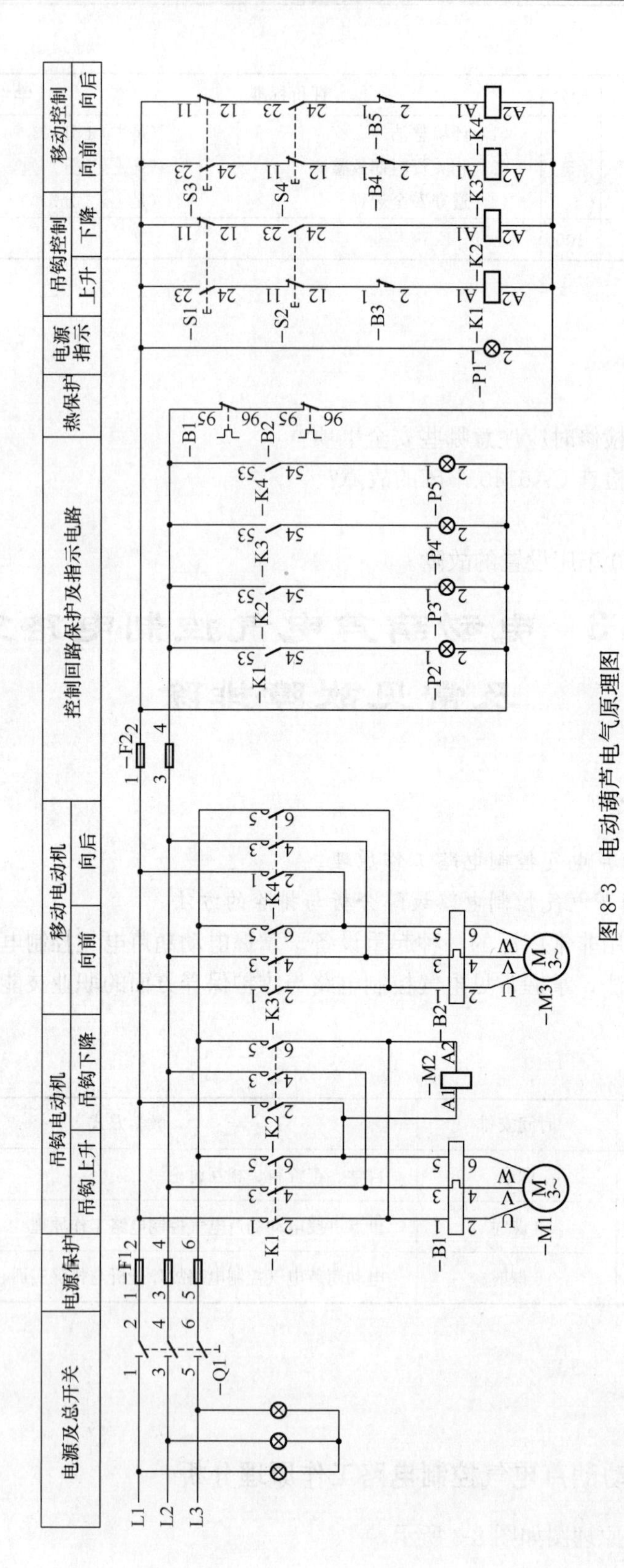

图 8-3　电动葫芦电气原理图

1. 主电路分析

主电路中有 2 台电动机和 1 台电磁抱闸；－M1 为提升电动机，带动滚筒卷绕钢丝绳使吊钩做提升或下降运动；－M2 为电磁抱闸，保证滚筒停止运转时的稳定性；－M3 为电动葫芦移动电动机。

三相交流电源通过电源开关－Q1 接入。提升电动机－M1 由接触器－K1、－K2 控制正反起动（吊钩上下）运行，热继电器－B1 为主轴电动机－M1 提供过载保护，移动电动机－M3 由接触器－K3、－K4 控制向前、向后运行，热继电器－B2 为它的过载保护。

2. 辅助控制电路分析

电动葫芦电源经开关－Q1 接入，熔断器－F1、－F2 为主电路和辅助控制电路提供短路保护。

提升机构由电动机－M1 带动滚筒旋转，滚筒上卷绕钢丝绳，带动吊钩吊住重物上升或下降。

（1）提升时

按下按钮－S1，接触器－K1 线圈得电，主触点闭合，－M1 正转实现重物提升；同时，－S1 的常闭触点分断接触器－K2 回路，形成按钮互锁，保证提升过程中的安全。与此同时，为使提升的重物可靠而又准确地停止在空中，提升电动机－M1 上装有断电型电磁抱闸（制动器）－M2，当电动机运行时，电磁抱闸线圈得电带动抱闸松开电动机制动轮，提升电动机能自由运行。

提升停止时，松开按钮－S1，接触器－K1 线圈失电，主触点断开；同时，电磁抱闸线圈失电，抱闸依靠弹簧的弹力抱紧电动机制动轮，使所吊重物稳定停在空中。

合－Q1→按－S1→－K1 吸合、－M2 吸合→－M1 正转运行；

松－S1→－K1 释放、－M2 释放→－M1 停止运行。

（2）下降时

按下按钮－S2 时，接触器－K2 线圈得电，主触点闭合，－M1 反转实现重物下降；同时，－S2 的常闭触点分断接触器－K1 回路，形成按钮互锁，保证提升过程中安全。当电动机运行时，电磁抱闸线圈得电带动抱闸松开电动机制动轮，提升电动机能自由运行。

下降停止时，松开按钮－S2，接触器－K2 线圈失电，主触点断开；同时，电磁抱闸线圈失电，抱闸依靠弹簧的弹力抱紧电动机制动轮，使所吊重物稳定停在空中。

合－Q1→按－S2→－K2 吸合、－M2 吸合 →－M1 反转运行；

松－S2→－K2 释放、－M2 释放→－M1 停止运行。

（3）上升限位

为避免吊钩上升冲击到电动葫芦引起事故，吊钩安装位置开关－B3 进行上升限位。当吊钩上升到最上端时，－B3 被顶压，切断接触器－K1 回路，－K1 断电，提升电动机－M1 自动断电。

压位置开关－B3→－K1 释放、－M2 释放→－M1 停止运行。

（4）电动葫芦前后移动控制

为使电动葫芦具有一定的灵活性，电路中安装有移动电动机－M3，按钮－S3、－S4分别为前后移动控制按钮。

按下按钮－S3，常开触点闭合，－K3 得电吸合，主触点闭合接通电动机电源回路，移动电动机－M3 拖动电动葫芦向前移动，－S3 的常闭触点断开－K4 支路；松开按钮－S3，移动电动机就停在相应的位置。

按－S3→－K3 吸合→－M3 向前运行；

松－S3→－K3 释放→－M3 停止运行。

按下按钮－S4，常开触点闭合，－K4 得电吸合，主触点闭合接通电动机电源回路，移动电动机－M3 拖动电动葫芦向后移动，－S4 的常闭触点断开－K3 支路；松开按钮－S4，移动电动机就停在相应的位置。

按－S4→－K4 吸合→－M3 向后运行；

松－S4→－K4 释放→－M3 停止运行。

位置开关－B4、－B5 为前后移动限位，当移动电动机向前或向后顶压限位的位置开关－B4、－B5 时，相应支路电源切断，保证了移动电动机的安全。按钮－S3、－S4 同样采用了按钮常闭触点互锁的联锁方式。

压位置开关－B4→－K3 释放→－M3 停止向前运行；

压位置开关－B5→－K4 释放→－M3 停止向后运行。

（5）指示回路

电源接通后电源指示灯－P1 亮，上升指示灯－P2 由接触器－K1 常开触点控制，下降指示灯－P3 由接触器－K2 常开触点控制，移动电动机向前指示灯－P4 由接触器－K3 常开触点控制，移动电动机向后指示灯－P5 由接触器－K4 常开触点控制。

知识 8.3.2 电动葫芦电气控制电路故障分析与检查

1.【故障现象】提升电动机不转

【故障原因分析】熔断器－F1、－F2 熔断；热继电器－B1、－B2 过载保护；按钮－S1、－S2 或接触器－K1、－K2 连接导线松脱，接触器损坏等。

【故障检查】查移动电动机动作是否正常；查三相电源是否正常；电源指示灯是否正常显示；查熔断器－F1、－F2 是否熔断；热继电器－B1、－B2 是否正常复位；按下按钮－S1、－S2 看接触器－K1、－K2 是否动作。

2.【故障现象】提升电动机下降不动作

【故障原因分析】如果提升电动机上升有动作，而下降无动作，则－S2 或接触器－K2 连接导线松脱，接触器－K2 损坏等。

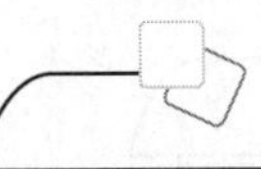

【故障检查】查提升动作是否正常；查熔断器－F1、－F2 是否熔断；按下按钮－S2看接触器－K2 是否动作。

3.【故障现象】移动电动机不动作

【故障原因分析】熔断器－F1、－F2 熔断；热继电器－B1、－B2 过载保护；按钮－S3、－S4 或接触器－K3、－K4 连接导线松脱；接触器损坏等。

【故障检查】查提升电动机动作是否正常；查三相电源是否正常；电源指示灯是否正常显示；查熔断器－F1、－F2 是否熔断；热继电器－B1、－B2 是否正常复位；按下按钮－S3、－S4 看接触器－K3、－K4 是否动作。

实训　电动葫芦电气控制电路故障分析与排除

班级：________姓名：__________学号：__________同组者：________________

工作时间：____年__月__日（第____周 星期____第____节）实训课时：__课时

工作任务单

掌握电动葫芦电气控制电路的基本原理，学会电动葫芦电气控制电路故障的检修方法。考核挂板如图 8-4 所示。

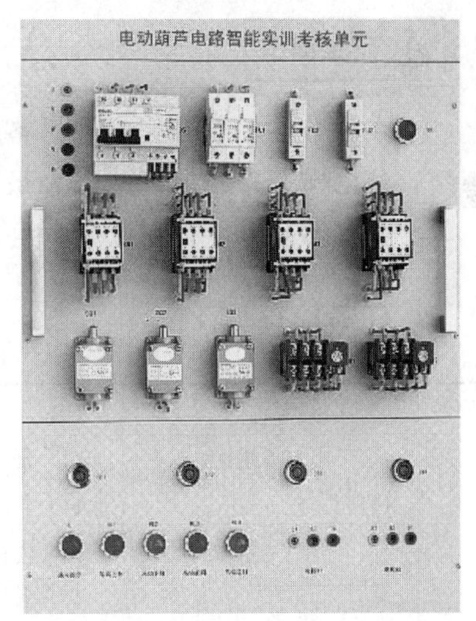

图 8-4　电动葫芦电气控制电路考核挂板

工作准备

认真阅读工作任务单的内容与要求，明确工作目标，做好准备，拟定工作计划。

在完成本工作任务前，巩固已掌握的电动葫芦电气控制电路工作原理，掌握电路故障排除的基本原则和方法。

1. 实训用器材

（1）设备：电动葫芦电气控制考核挂板。

（2）工具：一字螺钉旋具、十字螺钉旋具、尖嘴钳等工具。

（3）测量仪表：三位半数字万用表等。

（4）实训考核工作台：1 台。

（5）耗材：熔芯（RT28-32/2A/6A）。

2. 质量检查

对所准备的实验用器材进行质量检查。

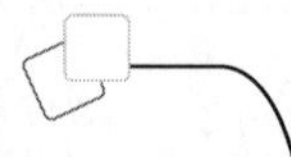

故障检查与排除操作技术要点

故障检查与排除操作技术要点及工作步骤、操作示意图请参照任务 8.2“实训 CA6140 车床电气控制电路故障分析与排除”相关示例内容进行。

任务实施

实施步骤	计划工作内容	工作过程记录
1	任务电气原理图及相关资料	
2	电路和电器元件的故障检查	
3	电气故障分析与排除	
4	安全与文明生产	

注意：

（1）在指导教师的指导下，按实训台技术资料安装与接线。

（2）在指导教师的指导下，可通电进行故障现象观察、操作，注意操作和观察时间要短。

（3）在指导教师的指导下，线路检查必须在断电后进行（要求操作者用电阻法对电路进行检查）。

（4）排除故障时，严禁扩大故障范围而产生新的故障。

⚠安全提示

在任务实施过程中，应严格遵循安全操作规程，穿戴好工作服、绝缘鞋、安全帽；接电前必须经教师检查无误后方可通电操作。作业过程中，要文明施工，注意工具、仪器仪表等器材应摆放有序。工位应整洁。

任务检查与评价

序号	评价内容	配分	评价标准	学生评价	老师评价
1	任务电气原理图及相关资料	5	（1）任务电气原理图准备的完整性（是 □ 2 分） （2）相关资料准备完整性（是 □ 3 分）		
2	电路和电器元件的故障检查	70	（1）实训考核工作台不通电检查（是 □ 5 分） （2）考核挂板不通电检查（是 □ 5 分） （3）工作台与考核挂板通电检查（是 □ 5 分） （4）考核挂板通电故障现象观察与记录（是 □ 10 分） （5）根据故障现象分析故障与记录（是 □ 15 分） （6）断电后用万用表对线路和元件进行检查与记录（是 □ 20 分） （7）故障排除与记录（是 □ 10 分）		

续表

序号	评价内容	配分	评价标准	学生评价	老师评价
3	电路调试	20	（1）吊钩电路工作是否正常 （是 □ 8 分） （2）移动电路工作是否正常 （是 □ 8 分） （3）控制与保护电路工作是否正常 （是 □ 4 分）		
4	安全与文明生产	5	（1）环境整洁 （是 □ 1 分） （2）相关资料摆放整齐 （是 □ 1 分） （3）遵守安全规程 （是 □ 3 分）		
合计		100			

议与练

议一议：

（1）进行故障检修时应注意哪些安全事项？

（2）如何判断电动葫芦电气控制电路的故障？

练一练：

排除为电动葫芦电气控制电路设置的故障。

思考与练习

1. 在修复机床电气控制电路故障时应注意什么问题？
2. CA6140 车床的主轴是如何实现正反转控制的？
3. 电动葫芦有哪些保护设置？

项目 9

典型机床电气控制电路及其故障分析与维修(二)

铣床和镗床等机床是企业生产常用的典型机床设备，用于加工工艺比较复杂的机械零件，故而这两种机床设备的电气控制电路也较为复杂。通过对这两种典型的机床控制电路的学习，并对学习所得进行归纳推敲，才能抓住这两种机床设备的特殊性与普遍性。学会这两种典型机床设备常见故障的分析方法以及维修技能，做到举一反三，触类旁通，重点提升对复杂电路的阅读与分析能力。检修这两种典型机床电路是一项技能性很强而又细致的工作。机床在运行时一旦发生故障，检修人员首先要对其进行认真的检查，经过周密的分析与思考，做出正确的判断，找出故障源，然后再着手排除故障。

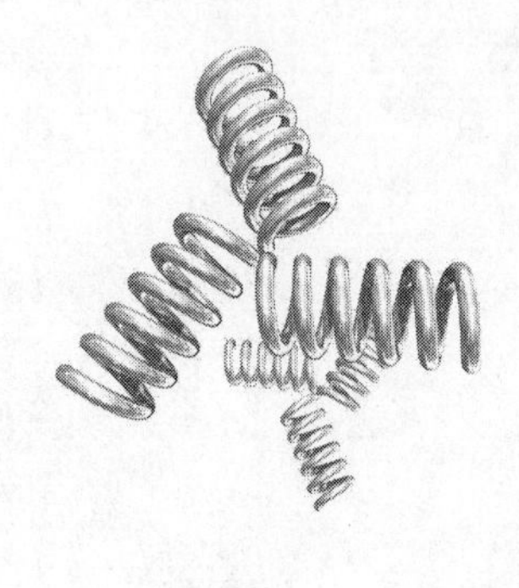

- 掌握阅读、分析铣床和镗床电气控制电路原理图的原则和方法。
- 通过对铣床和镗床电气控制电路常见故障的分析，掌握相应的电气设备常见故障检查与排故技能。

任务 9.1　X62W 万能铣床电气控制电路分析及常见故障排除

任务目标

- 分析铣床电气控制电路原理。
- 掌握铣床电气控制故障分析与排除的方法。
- 完成 X62W 万能铣床电气控制电路故障分析与排除实训。

万能铣床是应用非常广泛的一种复杂机械零件加工生产设备。其控制电路具有复杂的机械和电气联锁机构。掌握万能铣床电气控制电路原理及故障分析与排除方法，能大幅提高对复杂机床设备维护保养的职业能力。

任务教学方式

教学步骤	时间安排	教学方式
阅读教材	课余	自学、查资料、相互讨论
知识讲解	4 课时	重点讲授铣床电气控制电路工作原理
技能操作与练习	10 课时	X62W 万能铣床电气控制电路故障分析与排除实训

学一学

知识 9.1.1　X62W 万能铣床电气控制电路工作原理分析

X62W 万能铣床电气原理图如图 9-1 所示。

1. 主电路分析

主电路有 3 台三相交流异步电动机：－M1 是主轴电动机，拖动铣刀进行铣削加工；－M2 是工作台进给电动机，拖动升降台及工作台进给；－M3 是冷却泵电动机，供应冷却液。每台电动机均有热继电器担负过载保护。

2. 辅助控制电路分析

（1）主轴电动机控制

主轴电动机控制线路的起动按钮－S1、－S2 和停止按钮－S5、－S6 是异地控制按钮，分别装在机床两处，方便操作。－K1 是主轴电动机－M1 电源回路接触器，－MB1则是主轴制动用的电磁离合器，－BG1 是主轴变速冲动的行程开关。主轴电动机是经过弹性联轴器和变速机构的齿轮传动链来实现动力传动的，可使主轴获得十八级不同的转速。

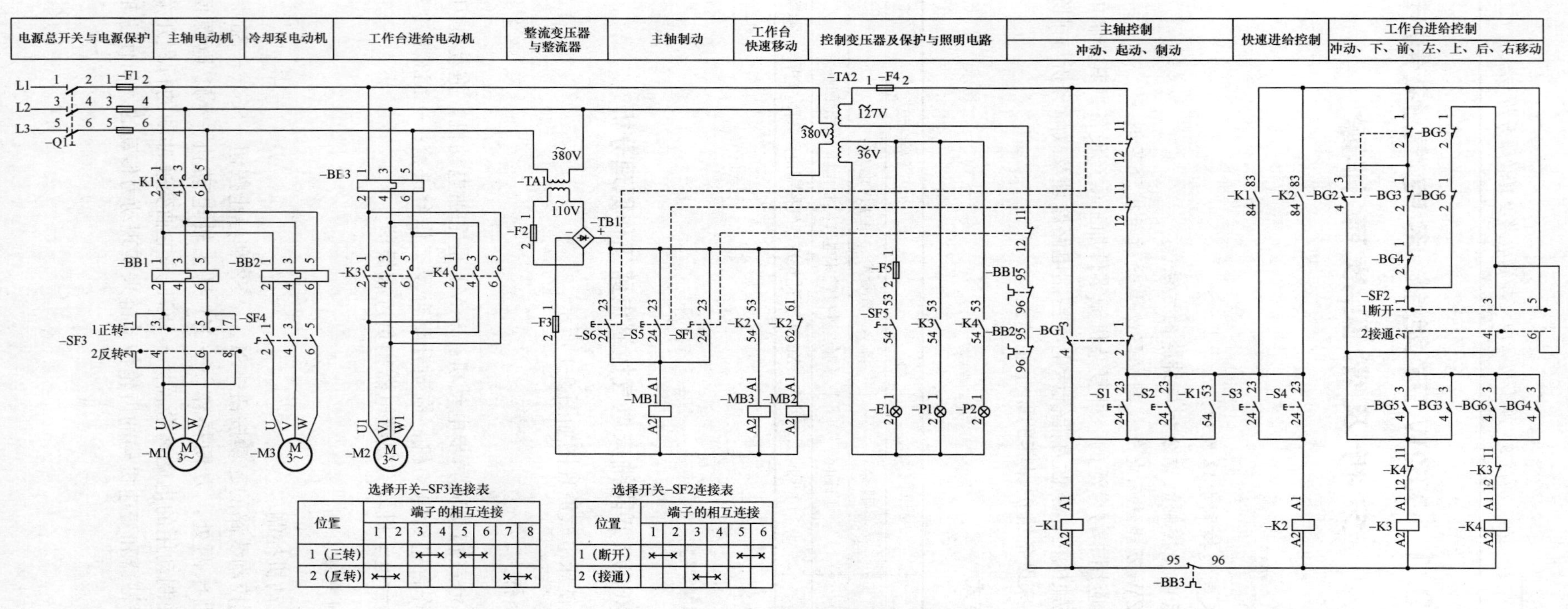

选择开关-SF3连接表

位置	端子的相互连接							
	1	2	3	4	5	6	7	8
1（正转）			×	×	×	×		
2（反转）	×	×					×	×

选择开关-SF2连接表

位置	端子的相互连接					
	1	2	3	4	5	6
1（断开）	×	×			×	×
2（接通）			×	×		

图 9-1　X62W 万能铣床电气原理图

1）主轴电动机起动。起动前先合上电源开关－Q1，再把主轴电源转换开关－SF3选到电动机所需要的旋转方向位置，然后按起动按钮－S1（或－S2），接触器－K1得电动作并自锁，其主触点闭合，主轴电动机－M1起动：

合－Q1→旋－SF3选到电动机所需要的旋转方向位置→按－S1（或－S2）→－K1吸合→－M1起动运行。

2）主轴电动机的制动停车。需要主轴电动机－M1停车时，按停止转钮－S5（或－S6），其常闭触点断开接触器－K1回路，－K1断电释放，主触点分断电动机－M1断电，同时由于－S5（或－S6）常开触点接通电磁离合器－MB1，对主轴电动机进行制动。当主轴停车后可松开停止按钮：

按－S5（或－S6）→－K1释放、－MB1接通→－M1制动停车。

3）主轴换铣刀控制。更换铣刀时，为避免主轴转动，造成更换困难，应将主轴制动。方法是将转换开关－SF1扳到换刀位置，－SF1常开触点闭合，电磁离合器－MB1获电，将主轴－M1电动机轴抱住；同时－SF1常闭触点断开，切断控制电路，机床无法运行，确保人身安全：

扳－SF1到换刀位置→－MB1接通→－M1制动。

4）主轴变速时的冲动控制。

主轴变速时的冲动控制，是利用变速手柄与冲动行程开关－BG1通过机械上的联动机构进行控制的。将变速手柄拉开，啮合好的齿轮脱离，可以用变速盘调整所需要的转速（实质是改变齿轮传动比），然后将变速手柄推回原位，使变了传动比的齿轮组重新啮合。由于齿与齿之间的位置不能刚好对上，因而造成啮合困难。若在啮合时齿轮系统冲动一下，啮合将十分方便。当手柄推进时，手柄上装的凸轮将弹簧杆推动一下又返回。弹簧杆又推动一下位置开关－BG1，其常闭触点先断开，常开触头再闭合，使接触器－K1通电吸合，主轴电动机－M1点动，但紧接着凸轮放开弹簧杆，位置开关－BG1复位，常开触点先断开，常闭触点后闭合，主轴电动机－M1断电。此时并未采取制动措施，故主轴电动机－M1产生一个冲动齿轮系统的力，足以使齿轮系统微小转动，保证了齿轮的顺利啮合。

当变速手柄拉开→－BG1常开触点闭合→－K1吸合→－M1点动→－BG1复位→－K1释放→－M1点动结束。

（2）工作台进给电动机控制

1）圆工作台。转换开关－SF2是控制圆工作台的，在不需要圆工作台运动时，转换开关－SF2操作手柄扳到“断开”位置，此时触点1－2闭合，3－4断开，5－6闭合；当需要圆工作台运动时，将转换开关－SF2操作手柄扳到“接通”位置，则触点1－2断开，3－4闭合，5－6断开。

2）工作台纵向进给。工作台的左右（纵向）运动是由工作台纵向操作手柄来控制。纵向操作手柄有三个位置：向左、向右、零位（停止）。当纵向操作手柄扳到向左或向右位置时，纵向操作手柄有两个功能：一是压下位置开关－BG5或－BG6；二是通过机械机构将进给电动机的传动链拨向工作台下面的丝杆上，使进给电动机的动力唯一地传到该丝杆上，工作台在丝杆带动下做左右进给。在工作台两端各设置一块挡铁，当工作

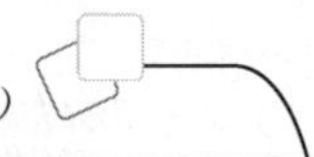

台纵向运动到极限位置时，挡铁撞动纵向操作手柄，使它回到中间位置，工作台停止运动，从而实现纵向运动的终端保护。

① 工作台向右运动。当主轴电动机－M1 起动后（接触器－K1 吸合），将纵向操作手柄向右扳，其联动机构压动位置开关－BG5，其常闭触点断开，常开触点闭合，接触器－K3 通电吸合，进给电动机－M2 正转起动，带动工作台向右进给：

接触器－K1 吸合→ 压－BG5 → －K3 吸合 → －M2 右向进给。

② 工作台向左进给。控制过程与向右进给相似，只是将纵向操作手柄拨向左，这时位置开关－BG6 被压动，其常闭触点断开，常开触点闭合，接触器－K4 通电吸合，进给电动机－M2 反转起动，带动工作台向左进给：

接触器－K1 吸合→ 压－BG6 → －K4 吸合 → －M2 左向进给。

3）工作台升降和横向（前后）进给。

操作工作台上下和前后运动是用同一操作手柄完成的。该手柄有五个位置，即上、下、前、后和中间位置。当手柄扳向上或向下时，机械手接通了垂直进给离合器；当手柄扳向前或扳向后时，机械手接通了横向进给离合器；当手柄在中间位置时，横向进给离合器和垂直进给离合器均不接通。

当主轴电动机－M1 起动后（接触器－K1 吸合），在手柄扳到向下或向前位置时，手柄通过机械联动机构使位置开关－BG3 被压动，接触器－K3 通电吸合，进给电动机正转；在手柄扳到向上或向后时，位置开关－BG4 被压动，接触器－K4 通电吸合，进给电动机反转。

此五个位置是联锁的，各方向的进给不能同时接通，所以不可能出现传动紊乱的现象。

① 工作台向上（下）运动。在主轴电动机起动后，将纵向操作手柄扳到中间位置，把横向和升降操作手柄扳到向上（下）位置，联动机构一方面接通垂直传动丝杆的离合器；另一方面，它使位置开关－BG4（－BG3）动作，－K4（－K3）得电，电动机－M2反（正）转，工作台向上（下）运动。将手柄扳回中间位置，工作台停止运动：

接触器－K1 吸合→ 压－BG4（或－BG3） → －K4（或－K3）吸合 → －M2 反（正）转。

② 工作台向前（后）运动。在主轴电动机起动后，将操作手柄扳到向前（后）位置，机械装置将横向传动丝杆的离合器接通，同时压动位置开关－BG3（－BG4），－K3（－K4）得电，电动机－M2 正（反）转，工作台向前（后）运动：

接触器－K1 吸合→ 压－BG3（或－BG4） → －K3（或－K4）吸合 → －M2 正（反）转。

③ 联锁问题。单独对垂直和横向操作手柄而言，上、下、前、后四个方向只能选择其一，不会同时出现两个方向的可能性。操作这个手柄时，纵向操作手柄应扳到中间位置。倘若违背这一要求，即在上、下、前、后四个方向中的某个方向进给时，又拨动了纵向操作手柄，这时有两个方向进给，将造成机床重大事故，所以必须有联锁保护。若纵向操作手柄扳到任意一个方向，－BG5 或－BG6 两个位置开关中的一个被压开，将切断接触器－K3 或－K4 控制回路，进给电动机－M2 停转，从而得到保护。

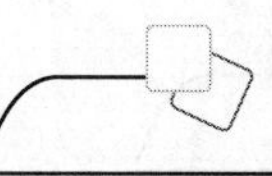

同理，当纵向操作手柄扳到某一方向而选择了向左或向右进给时，－BG5 或－BG6 被压动，它们的常闭触点是断开的，接触器－K3 或－K4 都由－BG3 或－BG4 接通。若发生误操作，使垂直和横向操作手柄扳离了中间位置，而选择上、下、前、后某一方向的进给，就一定使－BG3 或－BG4 断开，使－K3 或－K4 断电释放，进给电动机－M2停止运转，避免了机床事故。

4）进给变速冲动。和主轴变速一样，进给变速时，为使齿轮进入良好的啮合状态，也要做变速后的瞬时点动。在进给变速时，只需将变速盘（在升降台前面）往外拉，使进给齿轮松开，待转动变速盘选择好速度以后，将变速盘向里推。在推进时，挡块压动位置开关－BG2 瞬动，其常闭触点断开，常开触点闭合，接触器－K3 通电吸合，进给电动机 M2 点动。位置开关－BG2 快速复位，断开常开触点，闭合常闭触点。接触器－K3失电，进给电动机失电停转。这样，使电动机接通一下电源，齿轮系统产生一次冲动，使齿轮啮合顺利进行：

当变速盘拉开 → －BG2 常开触点闭合 → －K3 吸合 → －M2 点动 → －BG2 复位→ －K3 释放 → －M2 点动结束。

5）工作台的快速移动。

为了提高劳动生产率，减少生产辅助时间，X62W 万能铣床在加工过程中，不做铣削加工时，要求工作台快速移动；当进入铣切区时，要求工作台以原进给速度移动。

安装好工件后，按下按钮－S3 或－S4（两地控制），接触器－K2 通电吸合，它的一个常开触点接通进给控制电路，另一个常开触头接通电磁离合器－MB3，常闭触头切断电磁离合器－MB2。－MB2 吸合将使齿轮系统和变速进给系统相连，而－MB3 则是快速进给变换用的，它的吸合，使进给传动系统跳转到快速进给传动链，电动机可直接拖动丝杆套，让工作台快速进给。进给的方向，仍由进给操作手柄决定。当工作台快速移动到预定位置时，松开按钮－S3 或－S4，接触器－K2 断电释放，－MB3 断开，－MB2 吸合，工作台的快速移动停止，仍按原来方向做进给运动。

按－S3（或－S4）→ －K2 吸合、－MB3 接通 → 快速进给 → 松－S3（或－S4）→ －K2 释放、－MB3 断开、－MB2 接通→ 快速进给停止。

3. 圆形工作台的控制

为了扩大机床的加工能力，可在机床上安装附件圆形工作台，这样可以进行圆弧或凸轮的铣削加工。在拖动时，所有进给系统均停止工作（手柄放置于零位上），只让圆形工作台绕轴心回转。

当工件在圆形工作台上安装好以后，用快速移动方法，将铣刀和工件之间位置调整好，把圆形工作台控制位置开关－SF2 拨到“接通”位置。此时 SF2 的 1－2 和 SF2 的 5－6 断开，SF2 的 3－4 闭合。当主轴电动机起动后，圆形工作台即开始工作。

其电源控制回路是：电源通过－K1 常开触点闭合供给→－BG2 的 1－2→－BG3 的 1－2→－BG4 的 1－2→－BG6 的 2－1→－BG5 的 2－1→位置开关－SF2 的 3－4→接触器－K4（常闭触点）→－K3 线圈→电源另一端。接触器－K3 通电吸合，工作台进给电动机－M2 正转。

该电动机带动一根专用轴，使圆形工作台绕轴心回转，铣刀铣出圆弧。

在圆形工作台开动时，其余进给一律不准运动。若有误操作，拨动了两个进给手柄中的任意一个，则必须会使位置开关－BG3～－BG6 中的某一个被压动，其常闭触头将断开，使电动机停转，从而避免了机床事故。

圆形工作台在运转过程中不要求调速，也不要求反转。按下主轴停止按钮－S5 或－S6，主轴停转，圆形工作台也停转。

4. 照明、冷却泵电路分析

冷却泵只有在主轴电动机起动后才能起动，所以主电路中将－M3 接在接触器－K1 触头后面，另外又可用开关－SF4 控制。机床照明和进给指示由控制变压器－TA2 供给 36V 安全电压。照明灯－E1 由－SF5 控制。

知识 9.1.2　X62W 万能铣床电气控制电路故障分析与检查

1.【故障现象】合上电源开关后，所有操作均不动作

【故障原因分析】－F1 熔断、－TA2 损坏等。

【故障检查】检查－F1 是否正常；检查－TA2 是否正常。

2.【故障现象】主轴电动机不转动，伴有很响的“嗡嗡”声

【故障原因分析】确定主轴电动机缺相。－F1、－K1、－BB1、－SF3 等有一相断路。

【故障检查】查主轴电动机－M1 的主电路相关元件。

断开电源开关，查－F1 是否正常，查－K1 主触点接触是否正常，查热继电器－BB1主回路是否正常，查选择开关－SF1 是否正常，查－M1 相关接线是否正常。

3.【故障现象】有制动，主轴不能起动

【故障原因分析】－F1 熔断、控制变压器－TA2 损坏、－F4 熔断；主轴接触器－K1损坏；　BB1、　BB2 过载保护等。

【故障检查】查－F1 是否熔断，控制变压器－TA2 是否损坏，－F4 是否熔断，主轴接触器－K1 是否损坏，－BB1、－BB2 是否过载保护等。

4.【故障现象】圆形工作台正常、进给冲动正常，其他进给都不动作

【故障原因分析】根据圆形工作台、进给冲动工作正常，故障范围被锁定在左右、上下、前后进给的公共通电路径；判断故障点在－SF2 的 1－2 触点或连线上。

【故障检查】查－SF2 的 1－2 触点及连线。

5.【故障现象】主轴电动机工作正常，但进给不动作

【故障原因分析】工作台进给公共电源出现故障。

【故障检查】分别按下－S1或－S2，接触器－K1吸合均正常并保持，查－K1辅助常开触点和热继电器－BB3常闭触点及公共线路是否正常。

6.【故障现象】左右进给不动作，圆形工作台不动作，其他进给正常

【故障原因分析】故障应出在左右进给与圆形工作台的公共部分－BG2、－BG3、－BG4的常闭触点以及连接导线。

【故障检查】断开－SF2的连线，分别检查－BG2、－BG3、－BG4的常闭触点是否正常。

7.【故障现象】左右进给不动作，圆形工作台不动作，进给冲动不动作，其他进给正常

【故障原因分析】故障应出在左右进给，或圆形工作台的公共部分－BG2、－BG3、－BG4的常闭触点以及连接导线。

【故障检查】查进给冲动是否正常，若正常，则进一步说明故障落在－BG3、－BG4触点范围。断开－SF2的连线，分别检查－BG3、－BG4的常闭触点是否正常。

8.【故障现象】上下进给、前后进给、圆形工作台、进给冲动都不动作，左右进给正常

【故障原因分析】故障应出在上下进给、前后进给，或圆形工作台的公共部分－SF2、－BG5、－BG6的触点以及连接导线。

【故障检查】断开－SF2或断开－BG5、－BG6常闭触点的一端连线检查是否正常。

9.【故障现象】圆形工作台不动作，其他进给都正常

【故障原因分析】故障应出在－SF2的触点或连线上。

【故障检查】断开－SF2一端连线检查触点和线路。

10.【故障现象】上、左、后方向无进给，下、右、前方向进给正常

【故障原因分析】故障的范围在－SF2至－BG6或－BG4线；－BG6或－BG4线至－K3动断触点线；－K3动断触点至－K4线圈；－K4线圈至－K3线圈连线。

【故障检查】查K4线圈是否正常；查线路相关触点是否正常。

11.【故障现象】主轴电动机变成点动控制

【故障原因分析】故障应出在－K1自锁触点以及引线。

【故障检查】检查接触器－K1的自锁触点和线路是否正常。

12.【故障现象】主轴电动机能正常起动，但不能变速冲动

【故障原因分析】故障可能在－BG1 的动合触点以及引线或机械装置未压合冲动行程开关－BG1。

【故障检查】首先检查是否是机械装置造成的故障。确认无机械故障，断开－BG1 动合触点的一端连线，或者把－SF1 拨向断开位置。压合－BG1 后，查－BG1 动合触点的接触是否正常。

13.【故障现象】工作台不能快速进给，主轴制动失灵

【故障原因分析】主要故障可能在整流回路；或电磁离合器线圈烧毁；离合器的摩擦片损坏。

【故障检查】查－TA1 二次绕组电压是否正常；查整流器输出是否正常；查－F2、－F3是否正常；查电磁离合器－MB1、－MB2、－MB3 的线圈连线及电磁离合器是否正常。

注意：电磁离合器－MB1、－MB2、－MB3 不动作，电源问题可能性最大。因为电磁离合器－MB1、－MB2、－MB3 同时损坏的概率很小，重点应先检查电源。

14.【故障现象】停车时有制动，换刀时没有制动

【故障原因分析】主要故障应在－SF1 各支路。若单一制动失灵，故障应在－MB1 或机械装置，因为－S6、－S5、－SF1 支路同时断开可能性极少。

【故障检查】停车时有制动。电源一直通到电磁离合器线圈－MB1，查－MB1 与转换（换刀）开关（合闸状态）－MB1 线间直流电压是否正常。

用电阻法测量：断开－SF1 触点一端导线，测量－SF1 触点电阻。

15.【故障现象】主轴电动机工作正常，冷却泵未输送冷却液

【故障原因分析】故障可能为开关－SF4 或热继电器－BB2 损坏；冷却泵缺相；冷却泵电动机损坏；电源引线断开。

【故障检查】查开关－SF4 或热继电器－BB2 是否正常；查开关－SF4 与热继电器－BB2、冷却泵电动机－M3 连线是否正常；查电动机是否正常。

16.【故障现象】无工作照明

【故障原因分析】故障可能为灯泡损坏；－F5 熔断；开关－SF4 或变压器－TA2 损坏。

【故障检查】查灯泡灯丝是否烧断；查熔断器－F5 是否熔断；查变压器－TA2 二次绕组电压（为 36V）是否正常；查钮子开关－SF5 是否损坏；查相应连线是否正常。

17.【故障现象】合上电源开关－Q1，主轴电动机直接起动

【故障原因分析】故障可能为接触器－K1 主触点熔焊或辅助自锁触点未正常释放；起动按钮－S1、－S2 被短路；－BG1 误动或短路。

【故障检查】断电情况下，查接触器的主触点和辅助自锁触点是否复位；查按钮－S1、－S2 触点是否正常复位；查冲动开关－BG1 是否正常复位。

实训　X62W 万能铣床电气控制电路故障分析与排除

班级：________姓名：__________学号：__________同组者：__________________
工作时间：____年__月__日（第____周 星期____第____节）实训课时：__课时

工作任务单

掌握 X62W 万能铣床电气控制电路的基本原理，学会 X62W 万能铣床的故障检修方法。考核挂板如图 9-2 所示。

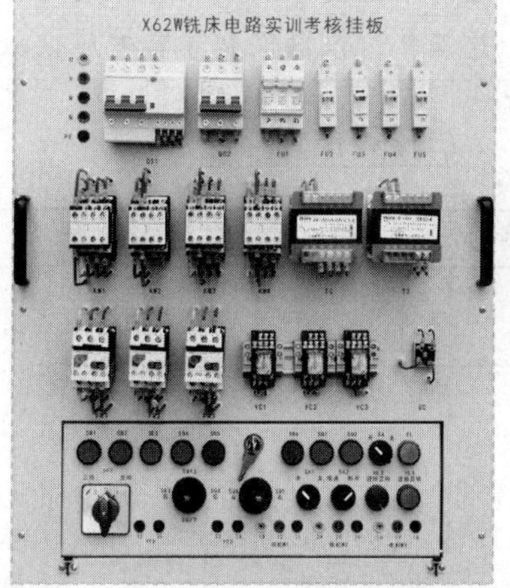

图 9-2　X62W 铣床电路实训考核挂板

工作准备

认真阅读工作任务书的内容与要求，明确工作目标，做好准备，拟定工作计划。

1. 实训用器材

（1）设备：X62W 铣床电路实训考核挂板。
（2）工具：一字螺钉旋具、十字螺钉旋具、尖嘴钳等工具。
（3）测量仪表：三位半数字万用表等。
（4）实训考核工作台：1 台。
（5）耗材：熔芯（RT28-32/2A/6A）。

2. 质量检查

对所准备的实训用器材进行质量检查。

故障检查与排除操作技术要点

X62W 万能铣床电气控制电路故障检查与排除操作技术要点请参照项目 8 任务 8.2 “实训　CA6140 车床电气控制电路故障分析与排除”相关内容。

任务实施

实施步骤	计划工作内容	工作过程记录
1	任务电气原理图及相关资料	
2	电路和电器元件的故障检查	
3	电路故障分析与排除	
4	安全与文明生产	

注意：

（1）在指导教师的指导下，按实训台技术资料安装与接线。

（2）在指导教师的指导下，可通电进行故障现象观察、操作，注意操作和观察时间要短。

（3）在指导教师的指导下，线路检查必须断电进行（要求操作者用电阻法进行检查）。

（4）排除故障时，严禁扩大故障范围导致产生新的故障。

⚠ 安全提示

在任务实施过程中，应严格遵循安全操作规程，穿戴好工作服、绝缘鞋、安全帽；接电前必须经教师检查无误后，才能通电操作。作业过程中，要文明施工，注意工具、仪器仪表等器材应摆放有序。工位应整洁。

任务检查与评价

序号	评价内容	配分	评价标准	学生评价	老师评价
1	任务电气原理图及相关资料	5	（1）任务电气原理图准备的完整性　（是 □ 2 分） （2）相关资料准备完整性　（是 □ 3 分）		
2	电路和电器元件的故障检查	75	（1）实训考核工作台不通电检查　（是 □ 5 分） （2）考核挂板不通电检查　（是 □ 5 分） （3）工作台与考核挂板通电检查　（是 □ 5 分） （4）考核挂板通电故障现象观察与记录（是 □ 15 分） （5）根据故障现象分析故障与记录　（是 □ 20 分） （6）断电后用万用表对电路和元件进行检查与记录　（是 □ 15 分） （7）故障排除与记录　（是 □ 10 分）		
3	电路故障分析与排除	15	（1）主轴电路工作是否正常　（是 □ 5 分） （2）进给电路工作是否正常　（是 □ 5 分） （3）冷却与照明工作是否正常　（是 □ 5 分）		
4	安全与文明生产	5	（1）环境整洁　（是 □ 1 分） （2）相关资料摆放整齐　（是 □ 1 分） （3）遵守安全规程　（是 □ 3 分）		
	合计	100			

议与练

议一议：

（1）X62W 万能铣床电路联锁电路都有哪些？

（2）如何判断检查 X62W 万能铣床的故障？

练一练：

排除为 X62W 万能铣床设置的故障。

任务 9.2　T68 型卧式镗床电气控制电路分析及常见故障排除

任务目标

- 分析 T68 型卧式镗床电气控制电路工作原理。
- 掌握 T68 型卧式镗床电气控制电路故障分析与排除的方法并完成实训。

任务教学方式

教学步骤	时间安排	教学方式
阅读教材	课余	自学、查资料、相互讨论
知识讲解	4 课时	重点讲授 T68 型卧式镗床电气控制电路原理
技能操作与练习	10 课时	T68 型卧式镗床电气控制电路故障分析与排除实训

学一学

知识 9.2.1　T68 型卧式镗床电气控制电路工作原理分析

T68 型卧式镗床电气原理图如图 9-3 所示。

1. 主电路分析

T68 型卧式镗床由一台三相交流双速异步电动机，即主轴电动机－M1 和一台三相交流异步电动机，即快速移动电动机－M2 驱动。熔断器－F1 提供电路总的短路保护，－F2 提供快速移动电动机和辅助控制电路的短路保护。主轴电动机－M1 设置热继电器－BB1 提供过载保护，移动电动机－M2 是短期工作，所以不设置热继电器。主轴电动机－M1 由接触器－KF1 和－KF2 控制正反转，接触器－KF3、－KF4 和－KF5控制△形—YY 形变速切换。移动电动机－M2 由接触器－KF6 和－KF7 控制正反转。

2. 辅助控制电路分析

（1）主轴电动机－M1 的控制

1）主轴电动机－M1 的正反转控制。

按下正转起动按钮－S2，中间接触器－K1 线圈得电吸合，－K1 常开触点闭合，接触器－KF3 线圈得电（此时位置开关－BG3 和－BG4 已被操纵手柄压合），接触器

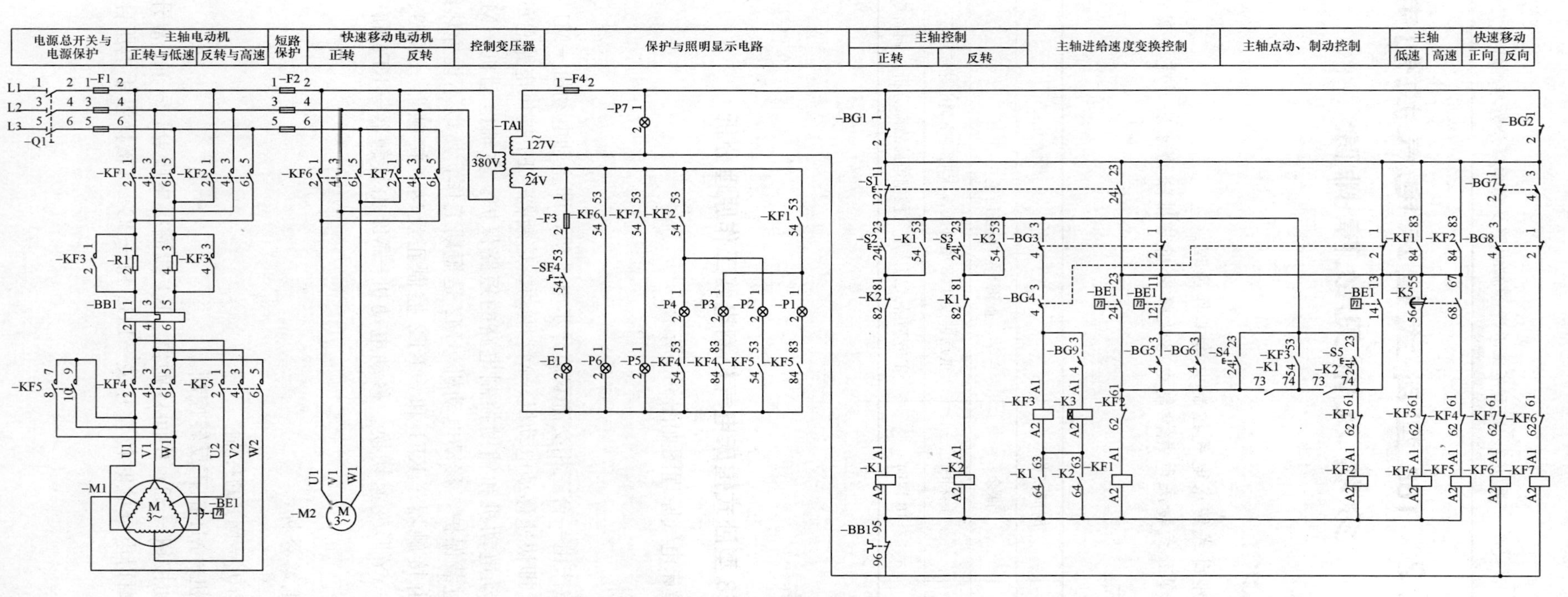

图 9-3　T68 型卧式镗床电气原理图

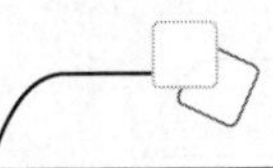

－KF3主触点闭合，将制动电阻器－R1 短接，而－KF3 常开辅助触点闭合，接触器－KF1线圈得电吸合，－KF1 主触点闭合，接通电源。－KF1 的常开触点闭合，接触器－KF4 线圈得电吸合，－KF4 主触点闭合，主轴电动机－M1 接成△形正向起动：

合－Q1→ 按－S2 → －K1 吸合 → －KF3 吸合 → －KF1 吸合 → －KF4 吸合 → －M1 正向△起动运行。

反转时应先按下停止按钮－S1 再按反转起动按钮－S3，动作原理同上，所不同的是中间继电器－K2 和接触器－KF2 得电吸合：

按－S3 →－K2 吸合 → －KF3 吸合 → －KF2 吸合 → －KF4 吸合 → －M1 反向△起动运行。

2）主轴电动机－M1 的点动控制。

按下正向点动按钮－S4，接触器－KF1 线圈得电吸合，－KF1 常开触点闭合，接触器－KF4 线圈得电吸合。这样，－KF1 和－KF4 的主触点闭合，使主轴电动机－M1 接成△并串联电阻器－R1 点动。松－S4，接触器－KF1、－KF4 释放，点动结束。

按－S4 → －KF1 吸合 → －KF4 吸合 → －M1 正向串电阻△点动。

松－S4 → －KF1 释放 → －KF4 释放 →－M1 正向串电阻△点动结束。

同理，按下反向点动按钮－S5，接触器－KF2 和－KF4 线圈得电吸合，－M1 反向点动。

3）主轴电动机－M1 的停车制动。

当主轴电动机－M1 正转、速度达到 120r/min 以上时，速度继电器－BE1 正转触点组的常开触点 13－14 闭合、常闭触点 11－12 断开，为停车制动做好准备。若要 M1 停车，先将操作手柄复位（位置开关－BG3 和－BG4 复位）再按停止按钮－S1，中间继电器－K1 和接触器－KF3 断电释放，－KF3 常开触头 53－54 断开，－KF1 线圈断电释放，－KF4 线圈也断电释放，由于－KF1 和－KF4 主触点断开，主轴电动机－M1 断电做惯性运转。紧接着，接触器－KF2 和－KF4 线圈得电吸合，－KF2 和－KF4 主触点闭合，主轴电动机－M1 串联电阻器－R1 反接制动。当转速降至 120r/min 以下时，速度继电器－BE1 正转触点组的常开触点 13－14 断开，接触器－KF2 和－KF4 断电释放，停车反接制动结束。

（－M1 正转，速度≥120r/min，－BE1 触点 13－14 闭合、11－12 断开，－BG3 和－BG4 复位）按－S1 → －K1、－KF3、－KF4 释放 → －KF2、－KF4 吸合 → －M1 反向串联电阻器制动 →（速度＜120r/min）－BE1、－KF2、－KF4 释放→ －M1 反向制动结束自由停车。

当主轴电动机－M1 反转、速度达到 120r/min 以上时，速度继电器－BE1 反转触点组的常开触点 23－24 闭合，为停车制动做好准备。以后的动作过程与正转制动时相似。

4）主轴电动机 M1 的高、低速控制。

若选择主轴电动机－M1 在低速（△接法）运行，可通过变速手柄使变速位置开关－BG9 处于断开位置，相应的时间继电器－K3 线圈断电，接触器－KF5 线圈也断电，主轴电动机－M1 只能由接触器－KF4 接成△连接。

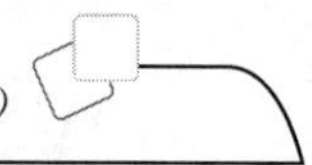

若需主轴电动机在高速运行，应首先通过变速手柄使位置开关－BG9压合，然后按正转起动按钮－S2（或反转起动按钮－SB3），中间继电器－K1线圈（反转时为－K2线圈）得电吸合，时间继电器－K3和接触器－KF3线圈同时得电吸合。由于时间继电器两副触点延时动作，故－KF4线圈先得电吸合，主轴电动机－M1接成△低速起动，当时间继电器延时时间到达后，其常闭触点55－56断开，－KF4线圈断电释放，常开触点67－68闭合，－KF5线圈得电吸合，主轴电动机－M1接成YY连接，高速运行。

（变速手柄使位置开关－BG9压合）→ 按－S2（或－SB3）→ －K1（或－K2）吸合 → －K3、－KF3吸合→ －KF4吸合 →－M1△低速起动 → －K3（55－56断开、67－68闭合）→ －KF4释放、－KF5吸合 → －M1 YY形连接高速运行。

5）主轴变速及进给变速控制。

机床主轴的各种速度是通过变速操纵盘以改变传动链的传动比来实现的。当主轴在工作过程中欲要变速，可不必按停止按钮而直接进行变速。当－M1原来运行在正转状态，速度继电器－BE1正转触点组的常开触点13－14早已闭合。将主轴变速操纵盘的操作手柄拉出，与变速手柄有机械联系的位置开关－BG3不再受压，常开触点3－4断开，接触器－KF3和－KF4线圈先后断电释放，主轴电动机－M1断电，由于位置开关－BG3常闭触点1－2闭合，接触器－KF2和－KF4线圈得电吸合，主轴电动机－M1串联电阻器－R1反接制动。等速度继电器－BE1正转触点组的常开触点13－14断开，－M1停车，便可转动变速操纵盘进行变速。变速后，将变速手柄推回原位，位置开关－BG3重新压合，接触器－KF3、－KF1和－KF4线圈得电吸合，主轴电动机－M1起动，主轴以新选定的速度运转。

（－M1正转，速度≥120r/min，－BE1触点13－14闭合）拉变速盘→ －BG3触点3－4断开、1－2闭合→ －KF3、－KF4释放 → －KF2、－KF4吸合 → －M1反向串电阻制动 →（速度＜120r/min）－BE1触点13－14断开 → －KF2、－KF4释放→ －M1反向制动结束自由停车（此时可以变速）。

变速时，若齿轮卡住造成手柄推不上，此时变速冲动位置开关－BG6被压合，速度继电器－BE1正转触点组的常闭触点11－12已恢复闭合，接触器－KF1线圈得电吸合，主轴电动机－M1起动。当速度高于120r/min时，速度继电器－BE1正转触点组的常闭触点11－12断开，－KF1线圈断电释放，主轴电动机－M1又断电，当速度降到120r/min时，－BE1正转触点组的常闭触点11－12又闭合了，从而又接通低速旋转电路而重复上述过程。这样，主轴电动机就被间歇地起动和制动低速旋转，以便齿轮顺利啮合。直到齿轮啮合好，手柄推上后，压下位置开关－BG3，松开－BG6，将冲动电路切断。同时，由于－BG3的常开触点闭合，主轴电动机起动旋转，从而主轴获得所选定的转速。

变速盘合不上时→－BG6被压合（－BE1触点11－12闭合）→－KF1吸合→－M1起动（速度≥120r/min）→－BE1触点11－12断开→－KF1释放→－M1减速（速度＜120r/min）→－KF1吸合→－M1起动……，如此循环，直至变速完成→－BG3压合、－BG6释放→－M1起动。

进给变速的操作和控制与主轴变速的操作和控制相同。只是在进给变速时，拉出的操作手柄是进给变速操纵盘的手柄，与该手柄有机械联系的是位置开关－BG4，进给变速冲动的位置开关－BG5。

（2）快速移动电动机－M2的控制

主轴的轴向进给、主轴箱（包括尾架）的垂直进给、工件台的纵向和横向进给等的快速移动，是由快速移动电动机－M2通过齿轮、齿条等来完成的。快速手柄扳到正向快速位置时，压合位置开关－BG8，接触器－KF6线圈得电吸合，电动机－M2正转起动，实现快速正向移动。将快速手柄扳到反向快速位置，位置开关－BG7被压合，－KF7线圈得电吸合，电动机－M2反向快速移动。

压合－BG8→－KF6吸合→－M2正向快速移动；

压合－BG7→－KF7吸合→－M2反向快速移动。

（3）联锁保护位置

为了防止在工作台或主轴箱自动快速进给时又将主轴进给手柄扳到自动快速进给的误操作，就采用了与工作台和主轴箱进给手柄有机械连接的位置开关－BG1（在工作台后面）。当上述手柄扳到工作台（或主轴箱）自动快速进给的位置时，－BG1被压断开。同样，在主轴箱上还装有另一个位置开关－BG2，它与主轴进给手柄有机械连接，当这个手柄动作时，－BG2也受压分断。电动机－M1和－M2必须在位置开关－BG1和－BG2中有一个处于闭合状态时，才可以起动。如果工作台（或主轴箱）在自动进给（此时－BG1断开）时，再将主轴进给手柄扳到自动进给位置（－BG2也断开），那么电动机－M1和－M2便都自动停车，从而达到联锁保护的目的。

3. 过载保护、照明与指示电路分析

主轴电动机过载保护由热继电器－BB1完成，其常闭触点串接在主轴控制回路中，当热继电器动作时，切断主轴控制回路电源。

工作照明灯－E1由钮子开关－SF1控制。

主轴电动机正反转及高低速工作指示分别由接触器－KF1、－KF2和－KF5、－KF4辅助触点组合分别控制信号指示灯－P1（正转高速）、－P2（反转高速）、－P3（正转低速）、－P4（反转低速）。

进给电动机工作指示由接触器－KF6、－KF7辅助触点控制信号指示灯－P6（正向移动）、－P5（反向移动）显示。

控制电源由－P7指示。

机床照明、工作指示及控制电路电源由控制变压器－TA1供给。

知识9.2.2　T68型卧式镗床电气控制电路故障分析与检查

1. 【故障现象】主轴电动机－M1不能起动

【故障原因分析】主轴电动机－M1是双速异步电动机，正、反转控制不可能同时

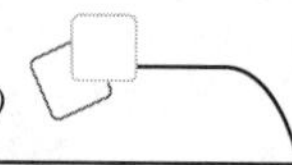

损坏。熔断器－F1、－F2、－F4 的其中一个有熔断，或自动快速进给、主轴进给操作手柄的位置不正确，压合－BG1、－BG2 动作，热继电器－BB1 动作，均能使电动机不能起动。

【故障检查】查熔断器－F1、－F2、－F4 熔体是否熔断，查操作手柄－BG1、－BG2 是否正常，查热继电器－BB1 是否动作。

2.【故障现象】只有高速挡，没有低速挡

【故障原因分析】接触器－KF4 或接触器－KF5 是否有故障或损坏；时间继电器－K3 延时断开动断触点是否有故障；位置开关－BG5 动合触头是否一直处于接通的状态。

【故障检查】查接触器－KF4 或接触器－KF5、时间继电器－K3 延时断开动断触点是否正常；位置开关－BG5 是否正常。

3.【故障现象】只有低速挡，没有高速挡

【故障原因分析】时间继电器－K3 控制主轴电动机从低速向高速转换。时间继电器－K3 不动作；或位置开关－BG9 安装的位置移动一直处于断开的状态；接触器－KF5或－KF4 动断触点损坏。

【故障检查】查时间继电器－K3 是否不动作；位置开关－BG9 安装的位置是否正常；接触器－KF5、－KF4 是否有故障。

4.【故障现象】主轴变速手柄拉出后，主轴电动机不能冲动；或变速完毕，合上手柄后，主轴电动机不能自动开车

【故障原因分析】位置开关－BG3、－BG4 损坏，造成无法进行变速冲动。

【故障检查】将主轴变速操作盘的操作手柄拉出，主轴电动机不停止。断电后，查位置开关－BG3、－BG4 是否正常。

5.【故障现象】主轴电动机－M1，进给电动机－M2 都不工作

【故障原因分析】熔断器－F1、－F2、－F4 熔断，或变压器－TA1 损坏。

【故障检查】查熔断器－F1、－F2、－F4 熔体是否熔断，变压器－TA1 是否损坏。

6.【故障现象】正、反转速度都偏低

【故障原因分析】接触器 KF3 未动作，－KF3 主触点未闭合，电路串 R1 运行；或位置开关－S3、－S4 未被压合或移位。

【故障检查】查接触器－KF3 是否正常；或位置开关－S3、－S4 是否未被压合或移位。

7.【故障现象】正向起动正常，反向无制动，但反向起动正常

【故障原因分析】速度继电器－BE1 的 13－14 动合触点以及连接导线故障。

【故障检查】若反向起动正常，故障明确在速度继电器－BE1 的 13－14 动合触点未闭合。

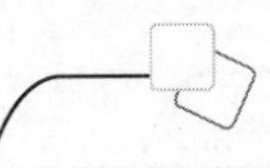

8.【故障现象】低速没有转动，起动时就进入高速运转

【故障原因分析】时间继电器－K3 延时断开动断触点，或接触器－KF5 故障。

【故障检查】分别检查时间继电器－K3 及接触器－KF5 是否正常。

9.【故障现象】主轴电动机－M1、进给电动机－M2 都缺相

【故障原因分析】熔断器－F1 中有熔体熔断。电源总开关－Q1、电源引线有一相开路。

【故障检查】查熔断器－F1 是否熔体熔断，电源总开关－Q1、电源引线有损坏断路现象。

注意：查电源总开关进线端、出线端的电源电压，用万用表的交流电压挡（AC 500V/750V 挡）。

10.【故障现象】主轴电动机－M1 工作正常，进给电动机－M2 缺相

【故障原因分析】熔断器－F2 中有熔体熔断。接触器－KF6、－KF7 同时损坏造成缺相。

【故障检查】查熔断器－F2 中是否有熔体熔断。查接触器－KF6、－KF7 是否同时损坏造成缺相。

注意：有一个方向工作正常，故障必然在接触器－KF6 或－KF7 的主触点。

11.【故障现象】正向起动正常，反向无制动，且反向起动不正常

【故障原因分析】若反向也不能起动，故障在－KF1 动断触点，或在－KF2 线圈、主触点接触不良，以及－BE1 的 13－14 触点未闭合。

【故障检查】查接触器－KF1、－KF2 及相关接线是否正常，查速度继电器－BE1 的13－14动合触点是否正常。

12.【故障现象】变速时，电动机不能停止

【故障原因分析】位置开关－BG3 或－BG4 动合触点短接。

【故障检查】拉出变速手柄，查位置开关－BG3、－BG4 是否正常。

13.【故障现象】主轴电动机不能点动工作

【故障原因分析】按钮－S1～－S4 或－S5 连接导线断路。

【故障检查】查相关导线是否正常。

14.【故障现象】只有低速，没有高速

【故障原因分析】时间继电器－K3 损坏，或接触器－K3、－KF5 故障。

【故障检查】查接触器－K3、－KF5 是否正常，查时间继电器－K3 是否正常。

15.【故障现象】冲动失效

【故障原因分析】位置开关－BG5、－BG6 故障。

【故障检查】主轴变速冲动失效，查位置开关－BG5；进给变速冲动失效，查位置开关－BG6。

16.【故障现象】正向起动正常，不能反向起动

【故障原因分析】正向起动正常，不能反向起动故障应出现在中间继电器－K1、－K2 或反向起动按钮－S3 及连接导线。

【故障检查】查中间继电器－K1、－K2 是否正常，查反向起动按钮－S3 及连接导线是否正常。

17.【故障现象】接通电源后主轴电动机马上运转

【故障原因分析】起动按钮－S2 或－S3 被短接。

【故障检查】切断电源，断开按钮－S2、－S3 一端的连线进行检查。

18.【故障现象】工作台或主轴箱自动快速进给时（－BG1 断开），电路全部停止工作

【故障原因分析】位置开关－SG2 应已损坏。

【故障检查】断开位置开关－SG2 一端连线进行检查。

19.【故障现象】拨动主轴进给手柄时（－BG2 断开），电路全部停止工作

【故障原因分析】位置开关－SG1 应已损坏。

【故障检查】断开位置开关－SG1 一端连线进行检查。

20.【故障现象】点动可以工作，直接操作－S2、－S3 按钮不能起动

【故障原因分析】接触器线圈或动合辅助触点损坏。

【故障检查】查接触器－KF3 是否正常。

21.【故障现象】快速移动电动机－M2 快速移动正常，主轴电动机－M1 不工作

【故障原因分析】热继电器－BB1 动断触点断开。

【故障检查】查热继电器 BB1 动断触点是否正常。

22.【故障现象】主轴电动机正向运转正常，刹车后反向低速运转，不会自动断开电源。变速时，接通电源主轴马上反向低速运转

【故障原因分析】速度继电器－BE1 的 13－14 动合触点没有复位（断开）。

【故障检查】查速度继电器－BE1 的 13－14 动合触点是否正常。

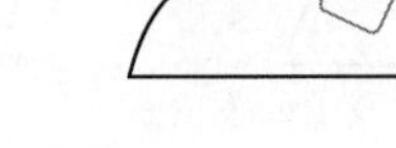

实训　T68型卧式镗床电气控制电路故障分析与排除

班级：________姓名：__________学号：__________同组者：__________________

工作时间：____年__月__日（第____周 星期____第____节）实训课时：__课时

工作任务单

掌握T68型卧式镗床电气控制电路的基本原理，学会T68型卧式镗床的电气控制电路故障检修方法。考核挂板如图9-4所示。

工作准备

认真阅读工作任务单的内容与要求，明确工作目标，做好准备，拟定工作计划。

在完成T68型镗床电路排故工作任务前，巩固已掌握的T68型镗床电路工作原理，掌握T68型镗床电气故障排除的基本原则和方法。

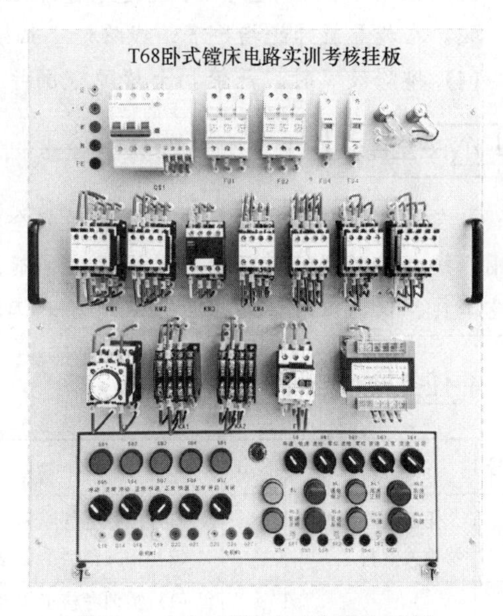

图9-4　T68型卧式镗床考核挂板

1. 实训用器材

（1）设备：T68型卧式镗床考核挂板。

（2）工具：一字螺钉旋具、十字螺钉旋具、尖嘴钳等工具。

（3）测量仪表：三位半数字万用表等。

（4）实训考核工作台：1台。

（5）耗材：熔芯（RT28-32/2A/6A）。

2. 质量检查

对所准备的实训用器材进行质量检查。

故障检查与排除操作技术要点

T68型卧式镗床电气控制电路故障检查与排除操作技术要点及工作步骤、操作示意图请参照项目8任务8.2“实训　CA6140车床电气控制电路故障分析与排除”相关内容。

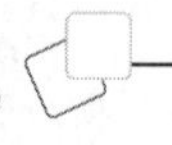

任务实施

实施步骤	计划工作内容	工作过程记录
1	任务电气原理图及相关资料	
2	电路和电器元件的故障检查	
3	电路故障分析与排除	
4	安全与文明生产	

注意：

（1）在指导教师的指导下，按实训考核工作台技术资料安装与接线。

（2）在指导教师的指导下，可通电进行故障现象观察、操作，注意操作和观察时间要短。

（3）在指导教师的指导下，线路检查必须断电进行（要求操作者用电阻法进行检查）。

（4）排除故障时，严禁扩大故障范围导致产生新的故障。

⚠ 安全提示

在任务实施过程中，应严格遵循安全操作规程，穿戴好工作服、绝缘鞋、安全帽；接电前必须经教师检查无误后，才能通电操作。作业过程中，要文明施工，注意工具、仪器仪表等器材应摆放有序。工位整洁。

任务检查与评价

序号	评价内容	配分	评价标准	学生评价	老师评价
1	任务电气原理图及相关资料	5	（1）任务电气原理图准备的完整性 （是 □ 2分） （2）相关资料准备完整性 （是 □ 3分）		
2	电路和电器元件的故障检查	75	（1）实训考核工作台不通电检查 （是 □ 5分） （2）考核挂板不通电检查 （是 □ 5分） （3）实训考核工作台与考核挂板通电检查 （是 □ 5分） （4）考核挂板通电故障现象观察与记录（是 □ 15分） （5）根据故障现象分析故障与记录 （是 □ 20分） （6）断电后用万用表对电路和元件进行检查与记录 （是 □ 15分） （7）故障排除与记录 （是 □ 10分）		
3	电路故障分析与排除	15	（1）主轴电路工作是否正常 （是 □ 5分） （2）进给电路工作是否正常 （是 □ 5分） （3）冷却与照明工作是否正常 （是 □ 5分）		
4	安全与文明生产	5	（1）环境整洁 （是 □ 1分） （2）相关资料摆放整齐 （是 □ 1分） （3）遵守安全规程 （是 □ 3分）		
	合计	100			

议与练

议一议：

（1）T68 型卧式镗床主轴电动机采用的是什么类型的电动机？速度继电器的作用有哪些？

（2）如何判断检查 T68 型卧式镗床的故障？

练一练：

排除为 T68 型卧式镗床设置的故障。

思考与练习

1. X62W 万能铣床电气控制电路具有哪些电气联锁措施？
2. T68 型卧式镗床起动与制动有何特点？

项目 10

可编程逻辑控制器

可编程逻辑控制器（programmable logic controller，PLC）是一种具有微处理器的用于自动化控制的数字运算控制器。它采用一类可编程的存储器，在其内部存储程序中执行逻辑运算、顺序控制、定时、计数与算术操作等指令，并通过数字式或模拟式输入/输出来控制各种类型的机械或生产过程，广泛应用于目前的工业控制领域。

随着微电子技术和计算机技术的发展，PLC 在处理速度、控制功能、通信能力等方面都有不断突破，并在电气控制、仪表控制、计算机控制一体化和网络化的方向已经发展到一个新阶段。

PLC 技术与 CAD/CAM/CAE（计算机辅助设计/计算机辅助制造/计算机辅助工程）技术、工业机器人技术、人工智能一起，已成为现代工业自动化的重要支柱，成为在工业自动控制领域中推广速度最快、应用最广的一种标准控制设备。

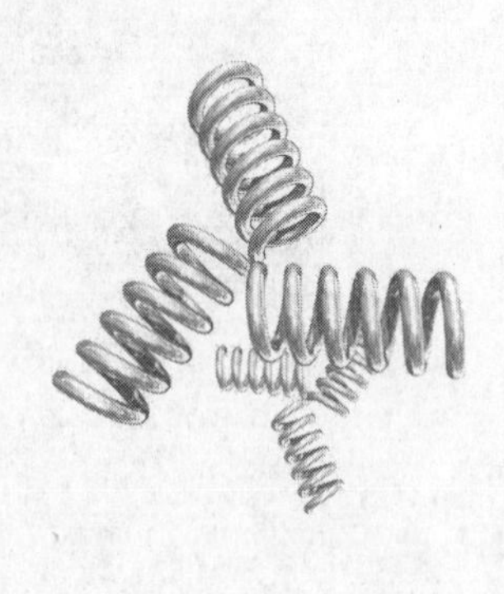

- 熟悉可编程逻辑控制器的基本结构与应用原理，掌握可编程逻辑控制器的基本编程方法。
- 通过可编程逻辑控制器的编程与控制实训，掌握可编程逻辑控制器的编程与控制基本技术和技能。

任务 10.1　PLC 的基本结构与应用原理

任务目标

- 掌握 PLC 硬件的结构与应用。
- 掌握 PLC 的安装与接线的基本方法并完成实训。

了解 PLC 的硬件结构是学习和使用 PLC 的重要环节。通过本任务的学习，掌握 PLC 的硬件结构、安装和接线的基本方法。

任务教学方式

教学步骤	时间安排	教学方式
阅读教材	课余	自学、查资料、相互讨论
知识讲解	2 课时	重点讲授 PLC 的结构与应用
技能操作与练习	2 课时	PLC 的安装与接线实训

学一学

知识 10.1.1　PLC 的结构及应用

1. PLC 的硬件系统

以三菱 FX_{3U}系列 PLC 为例，硬件系统如图 10-1 所示。

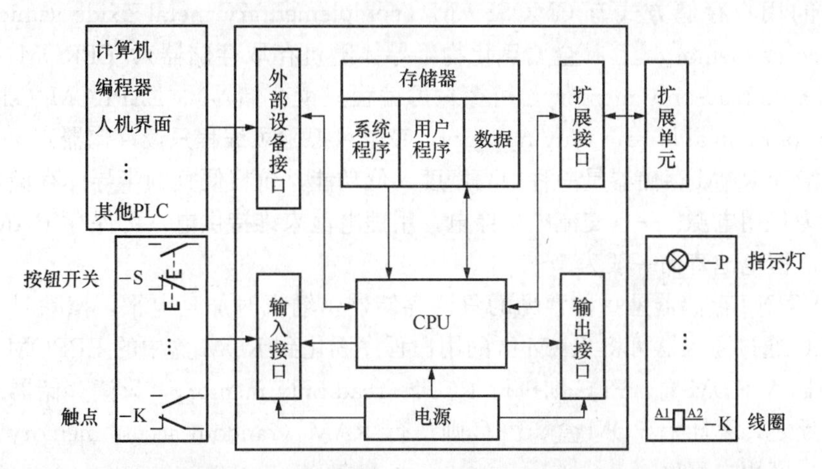

图 10-1　PLC 硬件系统示意图

PLC 的构成和计算机是一样的，都由中央处理器、存储器和输入/输出接口等构成。

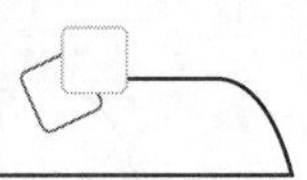

（1）中央处理器

中央处理器（central processing unit，CPU）由控制器、运算器和寄存器组成，这些电路都集成在一个芯片内。CPU 通过数据总线、地址总线和控制总线与存储单元、输入/输出接口电路相连接。与一般的计算机一样，CPU 是整个 PLC 的控制中枢，它按 PLC 的系统程序赋予的功能，指挥 PLC 有条不紊地进行工作。CPU 主要完成下述工作。

1）接收、存储用户通过编程器等输入设备输入的程序和数据。

2）用扫描的方式通过 I/O 部件接收现场信号的状态或数据，并存入输入映像寄存器或数据存储器中。

3）诊断 PLC 内部电路的工作故障和编程中的语法错误等。

4）PLC 进入运行状态后，执行用户程序，完成各种数据的处理、传输和存储相应的内部控制信号，以完成用户指令规定的各种操作。

5）响应各种外围设备（如编程器、人机交互设备、打印机等）的请求。

PLC 采用的 CPU 随机型不同而不同。目前，小型 PLC 为单 CPU 系统，中型及大型 PLC 则采用双 CPU 甚至多 CPU 系统。目前，PLC 通常采用的微处理器有三种：通用微处理器、单片微处理器（即单片机）、位片式微处理器。

（2）存储器

1）系统程序存储器。它用以存放系统工作程序（监控程序）、模块化应用功能子程序、命令解释功能子程序的调用管理程序，以及对应定义（I/O、内部继电器、计时器、计数器、移位寄存器等存储系统）参数等功能。

2）用户存储器。用以存放用户程序，即存放通过编程软件输入的用户程序。PLC 的用户存储器通常以字（16 位/字）为单位来表示存储容量。同时，由于前面所说的系统程序直接关系到 PLC 的性能，不能由用户直接存取，因而通常 PLC 产品资料中所指的存储器形式或存储方式及容量，是对用户程序存储器而言的。

常用的用户存储方式有 CMOSRAM（complementary metal oxide semiconductor random access memory，互补金属氧化物半导体随机存取存储器）、EPROM（erasable programmable read-only memory，可擦除可编程只读存储器）、EEPROM（electrically erasable programmable read only memory，带电可擦除可编程只读存储器）。

① CMOSRAM 存储器是一种中高密度、低功能、价格便宜的半导体存储器，可用锂电池作为备用电源。一旦交流电源停电，用锂电池来维持供电，可保存 RAM 内停电前的数据。锂电池寿命一般为 1～5 年。

② EPROM 存储器是一种常见的只读存储器，输入时加高电平，擦除时用紫外线照射。PLC 通过写入器可将 RAM 区的用户程序固化到 ROM 盒中的 EPROM 中去。在 PLC 机中插入 ROM 盒，PLC 则执行 ROM（read-only memory，只读存储器）盒中用户程序；反之，不插上 ROM 盒，PLC 则执行 RAM（random access memory，随机存取存储器）区用户程序。

③ EEPROM 存储器是一种可用电改写的只读存储器。

（3）输入/输出组件（I/O 模块）

PLC 的 I/O 模块是实现 CPU 与其他外部设备之间的连接部件。PLC 提供了各种操作电平与驱动能力的 I/O 模块和各种用途的 I/O 组件供用户选用。如输入/输出电平转换、电气隔离、串/并行转换数据、误码校验、模/数（A/D）或数/模（D/A）转换以及其他功能模块等。I/O 模块将外界输入信号变成 CPU 能接收的信号，或将 CPU 的输出信号变成需要的控制信号去驱动控制对象（包括开关量和模拟量），以确保整个系统正常工作。

输入的开关量信号接在 IN 端和 0V 端之间。PLC 内部提供 24V 电源，输入信号通过光电隔离、R/C 滤波进入 CPU 控制板，CPU 发出输出信号至输出端。

PLC 输出有三种形式：继电器方式、晶体管方式和晶闸管方式。

（4）电源部分

PLC 内部一般配有一个专用开关型稳压电源，它将交流/直流供电电源变换成系统内部各单元所需的电源，即为 PLC 各模块的集成电路提供工作电源。

PLC 一般使用 220V 的交流电源供电。PLC 内部的开关电源对电网提供的电源要求不高，与普通电源相比，PLC 电源稳定性好、抗干扰能力强。许多 PLC 都向外提供直流 24V 稳压电源，用于对外部传感器供电。

对于整体式结构的 PLC，通常电源封装在机壳内部；对于模块式 PLC，有的采用单独电源模块，有的将电源与 PLC 封装到一个模块中。

2. PLC 的软件系统

PLC 的软件系统由系统程序（又称系统软件）和用户程序（又称应用软件）两大部分组成。

（1）系统程序

系统程序由 PLC 的制造企业编制，固化在 PROM（programmable read-only memory，可编程只读存储器）或 EPROM（erasable programmable read-only memory）中，安装在 PLC 上，随产品提供给用户。系统程序包括系统管理程序、用户指令解释程序和供电系统调用的标准程序模块等。

（2）用户程序

用户程序是根据生产过程控制的要求，由用户使用制造企业提供的编程语言自行编制的应用程序。用户程序包括开关量逻辑控制程序、模拟量运算程序、闭环控制程序和操作站系统应用程序等。

3. PLC 的工作原理

（1）基本工作模式

PLC 的基本工作模式有运行模式和停止模式，如图 10-2 所示。

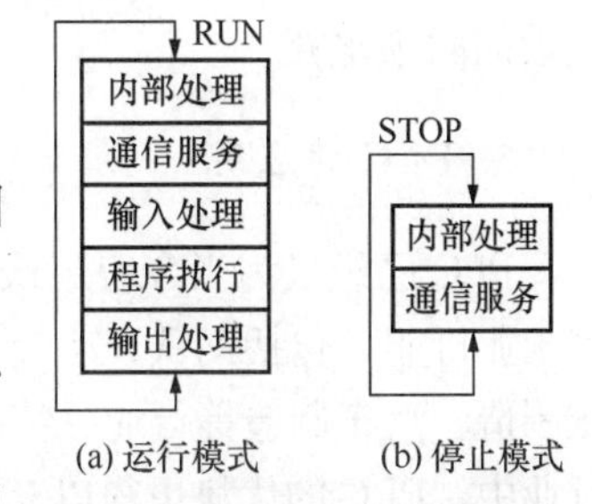

图 10-2　PLC 的基本工作模式

1）运行模式。分为内部处理、通信服务、输入处理、程序执行、输出处理五个阶段。

2）停止模式。当 PLC 处于停止工作模式时，PLC 只进行内部处理和通信服务的工作。

（2）PLC 工作过程

1）内部处理阶段。在此阶段，PLC 检查 CPU 模块的硬件是否正常，复位监视定

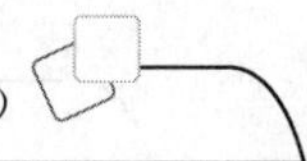

时器，以及完成一些其他内部工作。

2）通信服务阶段。在此阶段，PLC 与一些智能模块通信、响应编程软件输入的命令，更新编程软件信息内容等。

3）输入处理阶段。输入处理也叫输入采样。在此阶段顺序读取所有输入端子的通断状态，并将所读取的信息存到输入映像寄存器中，此时，输入映像寄存器被刷新。

4）程序执行阶段。PLC 按先上后下、先左后右的步序，对梯形图程序进行逐句扫描并根据采样到输入映像寄存器中的结果进行逻辑运算，运算结果再存入有关映像寄存器中。但遇到程序跳转指令时，则根据跳转条件是否满足来决定程序的跳转地址。

5）输出处理阶段。程序处理完毕后，将所有输出映像寄存器中各点的状态，转存到输出锁存器中，再通过输出端驱动外部负载。

在运行模式下，PLC 按上述五个阶段进行周而复始的循环工作，称为循环扫描工作方式。

4. PLC 工作方式与特点

PLC 的工作方式与特点可归纳为集中采样、集中输出、周期性循环扫描的“串行”工作方式。

1）扫描周期。PLC 的工作方式是一个不断循环的顺序扫描工作方式。每一次扫描所用的时间称为扫描周期或工作周期。PLC 运行正常时，扫描周期的长短与 CPU 的运算速度有关，与 I/O 点的情况有关，与用户应用程序的长短及编程情况等均有关。通常用 PLC 执行 1KB 指令所需时间来说明其扫描速度（一般为 1～10ms/KB）。

2）输出滞后。指从 PLC 的外部输入信号发生变化至它所控制的外部输出信号发生变化的时间间隔。一般为 10～100ms。引起输出滞后的因素有输入模块的滤波时间、输出模块的滞后时间、扫描方式引起的滞后时间。

3）由于 PLC 是集中采样，在程序处理阶段即使输入发生了变化，输入映像寄存器中的内容也不会发生变化，要到下一周期的输入采样阶段才会改变。

4）由于 PLC 是串行工作，所以 PLC 的运行结果与梯形图程序的顺序有关。“串行”工作与继电器控制系统“并行”工作有质的区别，避免了触点的逻辑竞争，减少了烦琐的联锁电路。

5. PLC 的应用

PLC 已经成为当今应用最为广泛的工业自动控制设备之一，其应用面几乎覆盖了所有工业行业，包括钢铁、冶金、采矿、建筑、建材、石油、化工、轻工、纺织、电力、机械制造、汽车制造等行业。特别是在产品种类多样、加工方式多变、产品更新换代较快的行业中，PLC 的优势更得以充分体现。PLC 已被广泛应用于各种生产自动机械、自动线、组合机床和生产机械等设备的自动控制中。PLC 的应用大致可分为以下五种类型。

1）逻辑控制。逻辑控制是 PLC 最基本且最广泛的应用。采用 PLC 取代传统的继电器控制系统和顺序控制器，以实现单机、多机及生产自动线的控制，如各种机床、电梯，纺织、轻工行业的自动机及自动线、装配生产线，以及货物的存取、运输、检测等的控制。

2）运动控制。运动控制是通过配用 PLC 的单轴或多轴等位置控制模块、高速计数器等来控制步进电动机或伺服电动机，从而使运动部件能以适当的速度或加速度实现平滑的直线运动或圆弧运动，可用于精密机床、成型机械、装配机械、机械手、机器人等设备的控制。

3）过程控制。过程控制是通过配用 A/D 或 D/A 转换模块及 PID（比例-积分-微分）控制模块实现对生产过程中的速度、温度、压力、流量等连续变化的模拟量进行单回路或多回路的闭环调节控制，使受控的物理量保持在给定值或给定的范围以内。在各种调速系统、加热炉、锅炉的控制以及化工、轻工、制药、建材等行业的生产过程中有着广泛的应用。

4）数据处理。许多 PLC 具有数学运算，数据的传输、转换、排序、检索和移位以及数制转换、位操作、编码、译码等功能，可完成对数据的采集、分析和处理任务。数据处理一般用于大、中型控制系统，如数控机床、柔性制造系统、过程控制系统、机器人控制系统等。

5）通信及联网。PLC 的网络通信功能模块及远程 I/O 控制模块可实现多台 PLC 之间的链接、PLC 与上位计算机的链接，以达到上位机与 PLC 之间以及 PLC 与 PLC 之间的指令下达、数据交换和数据共享，这种由 PLC 进行分散控制、由计算机进行集中管理的方式，能够完成大规模的复杂控制，以实现整个工厂生产的自动化。

知识 10.1.2　PLC 的安装与接线

1. 三菱 FX_{3U} 系列 PLC 简介

FX_{3U} 系列 PLC（图 10-3），是三菱公司开发的第三代小型 PLC，与 FX_{2N} 系列相比较，其特点是运算速度更快（每步基本指令为 0.065μs），内存容量更大，I/O 接口更多（可扩展至 384 点），控制功能更强（可同时进行 6 点 100kHz 的高速计数），网络通信功能也更强。3U 系列 PLC 是目前三菱小型 PLC 产品中 CPU 性能最高、最适用于网络控制的一个系列产品。

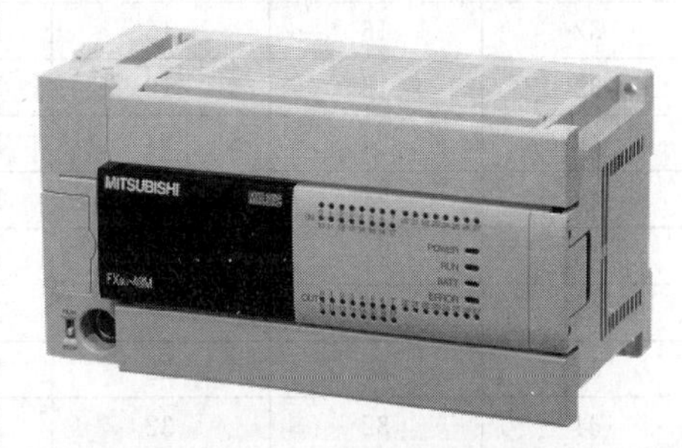

图 10-3　三菱 FX_{3U} 系列 PLC

2. FX_{3U} 系列 PLC 的基本单元

FX_{3U} 系列 PLC 的基本单元有 16/32/48/64/80/128 共 6 种基本规格，主要分为 AC 电源、DC 电源输入两大类型，有 35 种机型可供选择，如表 10-1 所示。

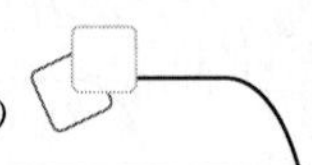

表 10-1　FX_{3U}系列 PLC 的基本单元

输入、输出点数			型号	输出形式 （连接形状：端子排）
合计点数	输入点数	输出点数		
AC 电源/DC24V 漏型·源型输入通用型				
16	8	8	FX_{3U}-16MR/ES（—A）	断电器
16	8	8	FX_{3U}-16MT/ES（—A）	晶体管（漏型）
16	8	8	FX_{3U}-16MT/ESS	晶体管（源型）
32	16	16	FX_{3U}-32MR/ES（—A）	继电器
32	16	16	FX_{3U}-32MT/ES（—A）	晶体管（漏型）
32	16	16	FX_{3U}-32MT/ESS	晶体管（源型）
32	16	16	FX_{3U}-32MS/ES	晶闸管
48	24	24	FX_{3U}-48MR/ES（—A）	继电器
48	24	24	FX_{3U}-48MT/ES（—A）	晶体管（漏型）
48	24	24	FX_{3U}-48MT/ESS	晶体管（源型）
64	32	32	FX_{3U}-64MR/ES（—A）	继电器
64	32	32	FX_{3U}-64MT/ES（—A）	晶体管（漏型）
64	32	32	FX_{3U}-64MT/ESS	晶体管（源型）
64	32	32	FX_{3U}-64MS/ES	晶闸管
80	40	40	FX_{3U}-80MR/ES（—A）	继电器
80	40	40	FX_{3U}-80MT/ES（—A）	晶体管（漏型）
80	40	40	FX_{3U}-80MT/ESS	晶体管（源型）
128	64	64	FX_{3U}-128MR/ES（—A）	继电器
128	64	64	FX_{3U}-128MT/ES（—A）	晶体管（漏型）
128	64	64	FX_{3U}-128MT/ESS	晶体管（源型）
DC 电源/DC24V 漏型·源型输入通用型				
16	8	8	FX_{3U}-16MR/DS	继电器
16	8	8	FX_{3U}-16MT/DS	晶体管（漏型）
16	8	8	FX_{3U}-16MT/DSS	晶体管（源型）
32	16	16	FX_{3U}-32MR/DS	继电器
32	16	16	FX_{3U}-32MT/DS	晶体管（漏型）
32	16	16	FX_{3U}-32MT/DSS	晶体管（源型）
48	24	24	FX_{3U}-48MR/DS	继电器
48	24	24	FX_{3U}-48MT/DS	晶体管（漏型）
48	24	24	FX_{3U}-48MT/DSS	晶体管（源型）
64	32	32	FX_{3U}-64MR/DS	继电器
64	32	32	FX_{3U}-64MT/DS	晶体管（漏型）
64	32	32	FX_{3U}-64MT/DSS	晶体管（源型）
80	40	40	FX_{3U}-80MR/DS	继电器
80	40	40	FX_{3U}-80MT/DS	晶体管（漏型）
80	40	40	FX_{3U}-80MT/DSS	晶体管（源型）

3. FX_{3U} 系列 PLC 主机结构

FX_{3U} 系列 PLC 的外形结构如图 10-4 所示。

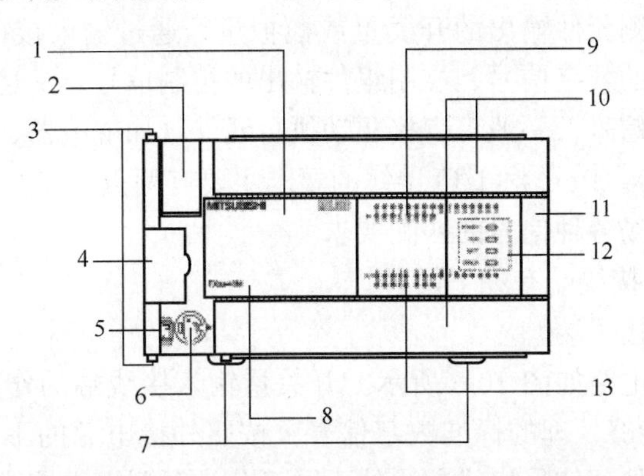

1—上盖板；2—电池盖板；3—连接特殊适配器用的卡扣；4—功能扩展板部分的空盖板；
5—RUN/STOP 开关；6—连接外围设备用的连接口；7—安装 DIN 导轨用的卡扣；8—型号显示；
9—显示输入用的 LED；10—端子排盖板；11—连接扩展设备用的连接口盖板；
12—显示运行状态的 LED；13—显示输出用的 LED。

图 10-4 三菱的 FX_{3U} 系列 PLC 外形结构

FX_{3U} 系列 PLC 的各组成功能如下。

1）上盖板：存储器盒安装在这个盖板的下方。

2）电池盖板：电池（标配）保存在这个盖板的下方。更换电池时需要打开这个盖板。

3）连接特殊适配器用的卡扣：连接特殊适配器时，使用这个卡扣进行固定。

4）功能扩展板部分的空盖板：拆下这个空盖板，安装功能扩展板。

5）RUN/STOP 开关：写入用户程序以及停止运算时，置为 STOP（开关拨动到下方）；执行运算处理时，设置在 RUN（开关拨动到上方）。

6）连接外围设备用的连接口：连接编程工具执行顺控程序。

7）安装 DIN 导轨用的卡扣：可以在 DIN46277（宽度为 35mm）的 IN 导轨上安装基本单元。

8）型号显示（简称）：显示基本单元的型号名称。请根据铭牌确认型号名称。

9）显示输入用的 LED（红）：输入（X000～）接通时灯亮。

10）端子排盖板：接线时，可以将这个盖板打开到 90°后进行操作。运行（通电）时，请关上这个盖板。

11）连接扩展设备用的连接口盖板：将输入/输出扩展单元/模块以及特殊功能单元/模块的扩展电缆连接到这个盖板下面的连接扩展设备用的连接口上。

12）显示运行状态的 LED：可以通过 LED 的显示情况确认 PLC 的运行状态，LED 呈现灯亮一闪烁一灯灭。

13）显示输出用的 LED（红）：输出（Y000～）接通时灯亮。

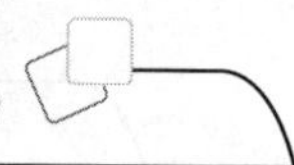

4. FX_{3U}系列 PLC 的外部接线

PLC 通过 I/O 接线端子与外围设备的连接，外围设备输入 PLC 的各种控制信号，如各种主令电器、检测元件输出的开关量或模拟量，通过输入接口转换成 PLC 的控制组件能够接收和处理的数字信号。控制组件输出的控制信号，又通过输出接口转换成现场设备所需要的控制信号，一般可直接驱动执行元件（如继电器、接触器、电磁阀、微型电动机、指示灯等）。PLC 对 I/O 接线的要求主要有两点：一是要有较强的抗干扰能力；二是能够满足现场各种信号的匹配要求。

PLC 常用的 I/O 接线端有如下两种。

（1）开关量输入接线端

开关量输入接口电路如图 10-5 所示。开关量输入接线端的作用是将现场的开关量信号变成 PLC 内部能够处理的标准数字信号。按照外接电源的不同又分为交流或直流输入接线电路，根据外部信号接线方法的不同又分为源型输入接线和漏型输入接线。由图 10-5 可知，开关量输入接口电路都有滤波电路和光电耦合电路，滤波电路有抗干扰作用，光电耦合电路有抗干扰和产生标准信号的双重作用。

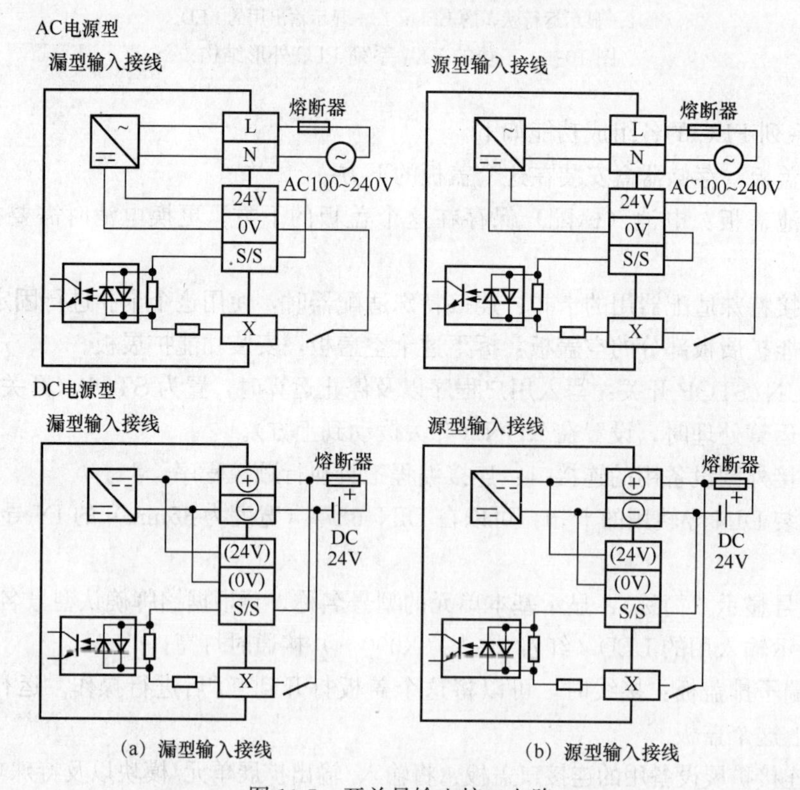

图 10-5　开关量输入接口电路

（2）开关量输出接线端

开关量输出接口电路如图 10-6 所示。开关量输出接线端的作用是将 PLC 输出的控制信号转换成现场执行设备所需的开关量信号。由图 10-6 可知，开关量输出接口有继

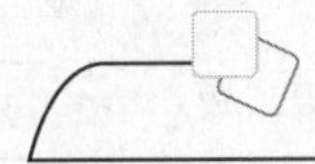

电器型、晶闸管型、晶体管型三种输出回路，以适合不同类型负载的控制要求。继电器输出型为有触点输出方式，一般适用于低速、大功率（交、直流）负载；晶体管和晶闸管输出型均为无触点输出方式，晶体管输出一般适用于高速、小功率直流负载，晶闸管输出一般适用于高速、大功率交流负载。与输入接口电路一样，输出接口电路也都采用光电耦合电路。

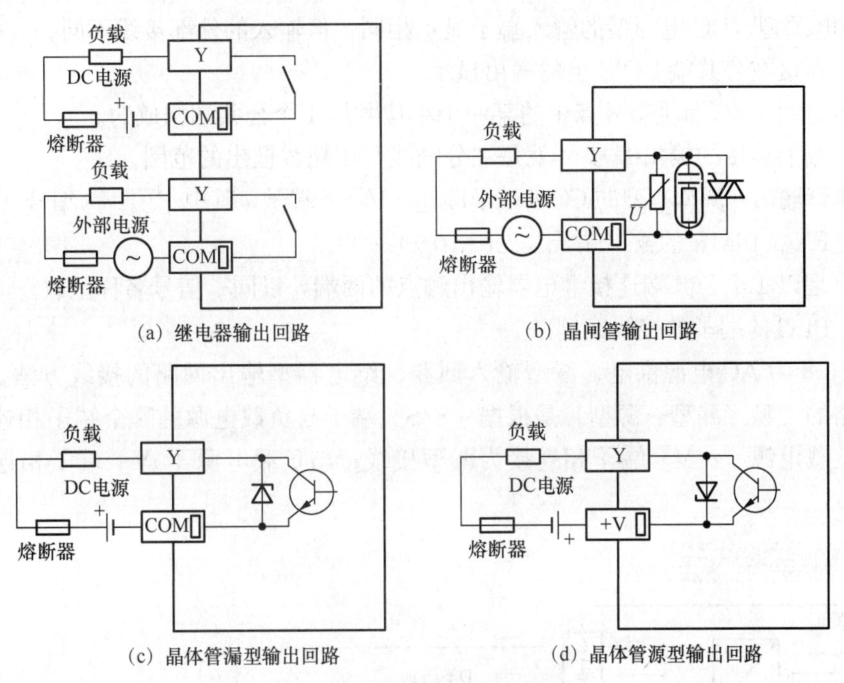

图 10-6　开关量输出接口电路

5. PLC 的端子排列的阅读方法

PLC 的端子排列及释义如图 10-7 所示。

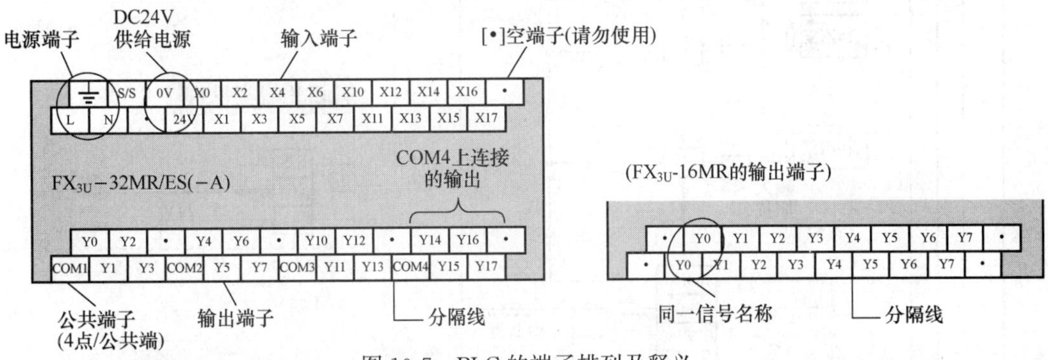

图 10-7　PLC 的端子排列及释义

(1) 电源端子的显示

AC 电源型为［L］、［N］端子。

DC 电源型为［⊕］、［0］端子。

（2）DC24V 供给电源的显示

AC 电源型为［0V］、［24V］端子。

DC 电源型中没有供给电源，因此端子显示为［0V］、［24V］。

请勿在［0V］、［24V］端子上接线。

（3）输入端子的显示

AC 电源型、DC 电源型的输入端子显示相同，但输入的外部接线不同。

（4）连接在公共端 COM 上的输出显示

输出是由 1 点、4 点、8 点中的某一个单位共用 1 个公共端构成的。

公共端上连接的输出编号 Y 就是“分隔线”用粗线框出的范围。

晶体管输出（源型）型的 COM 端子即［+V□］端子，其中“□”为编号（0-）。

（5）FX_{3U}-16MR 的输出端子（见图 10-7）

输出是以 1 个公共端连接继电器输出触点的两端，以同一信号名称记载。

（6）PLC 的端子的接线案例

图 10-8 为 AC 电源供电、漏型输入回路、继电器型输出回路的接线方法。FX_{3U}P 输入回路的类型（漏型、源型）是根据［S/S］端子与负载电源的哪个端子相连来决定的：与负载电源［24V］端子相连接为漏型接线；与负载电源［0V］端子相连接为源型接线。

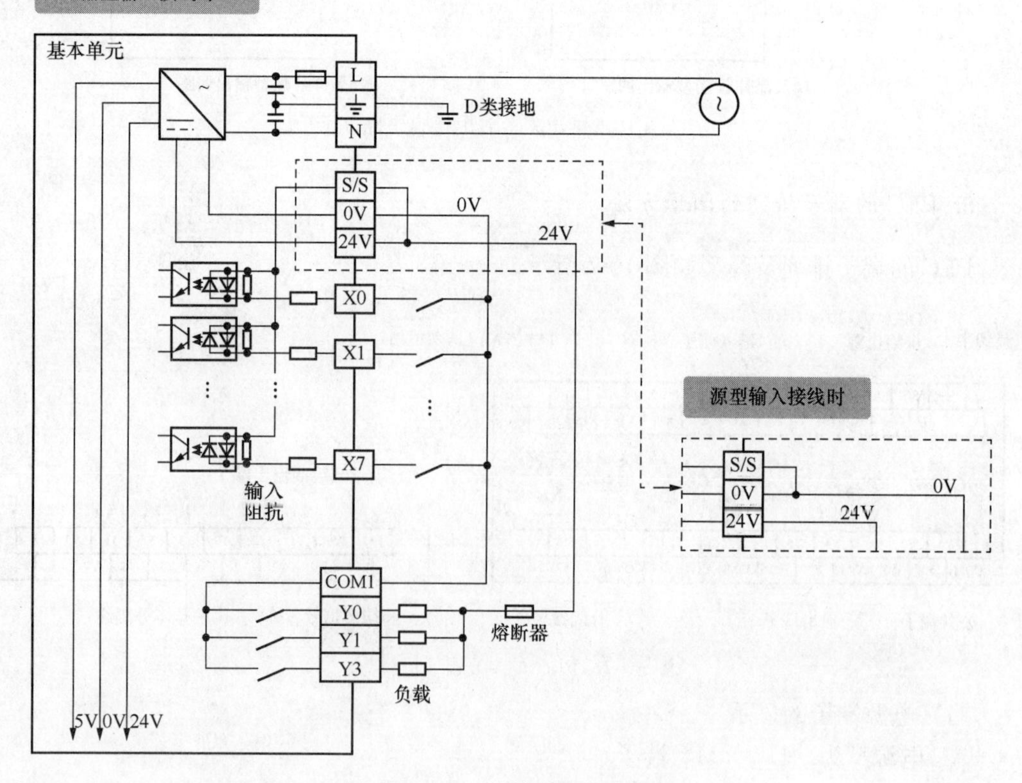

图 10-8　PLC 的端子的接线案例

实训　PLC的安装与接线

班级：________姓名：____________学号：___________同组者：____________________
工作时间：____年__月__日（第____周 星期____第____节）实训课时：____课时

工作任务单

掌握PLC的基本原理，学会PLC的安装与接线方法，学会下载实训用程序。

在完成PLC模块单元接线工作任务前，巩固已掌握的PLC的外围各功能端子的作用，掌握接线的基本原则和方法。

工作准备

认真阅读工作任务单的内容与要求，明确工作目标，做好准备，拟定工作计划。

1. 实训用器材

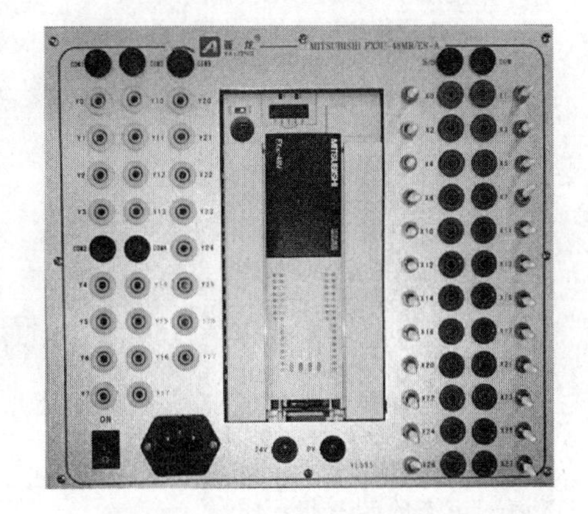

图10-9　三菱FX_{3U}PLC模块单元

（1）设备：三菱FX_{3U}PLC模块单元（见图10-9）、实训用计算机（含已编制好实训用程序）、程序下载线等。

（2）工具：一字螺钉旋具、十字螺钉旋具、尖嘴钳等工具。

（3）测量仪表：三位半数字万用表等。

（4）实训考核工作台：1台。

2. 质量检查

对所准备的实训用器材进行质量检查。

PLC模块的接线与程序下载操作技术要点

步骤	操作技术要点	操作示意图
1. 实训准备	按照实训需求准备器材、阅读资料	实训用计算机、实训用PLC模块、程序下载线、电源线等。 参考知识：可阅读本项目知识10.1.2相关内容
2. 实训考核工作台及PLC模块检查	不通电检查实训考核工作台及PLC等实训用器材	（1）实训考核工作台不通电检查（只限于考核台）。 （2）不通电观察PLC模块外观及插座、钮子开关是否有损坏、松动等现象。要特别注意进线电源插座、开关、钮子开关等部位

续表

步骤	操作技术要点	操作示意图		
3. 程序下载与运行	（1）硬件准备。 参照图 10-4，完成以下操作。 ①安放好实训用PLC模块并将PLC输入端（X端）的所有开关置于“断开”位置；②选择程序下载线的RS-422通信接口并按PLC RS-422通信接口定位插入接好；③将PLC的“RUN/STOP”开关置于“STOP”位置；④将程序下载线的RS-232通信接口按计算机RS-232通信接口定位插入接好；⑤将电源线插头插入PLC的电源插座接好，打开实训用PLC模块的电源开关（开关指示灯亮，同时PLC显示运行状态的LED指示灯亮）。 （2）软件准备。 ①在计算机主屏幕上双击PLC编程软件快捷图标进入软件主界面；②选择软件界面中工具栏“打开工程”打开已编写好的PLC程序；③打开程序后在工具栏中通信接口选择“在线”传输设置；④在“在线”传输设置界面中设置计算机通信端口；⑤下载PLC程序，然后将PLC的“RUN/STOP”开关置于“RUN”位置；⑥按程序运行要求置PLC输入端（X端）开关于“接通”位置；⑦监控PLC的显示输入/输出用的LED指示灯（或用软件）程序运行	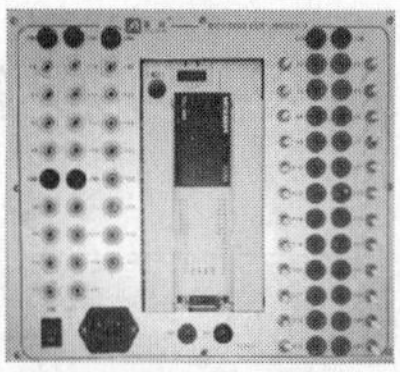	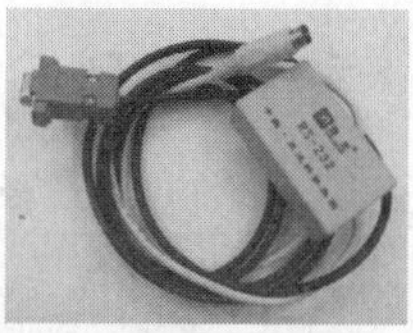	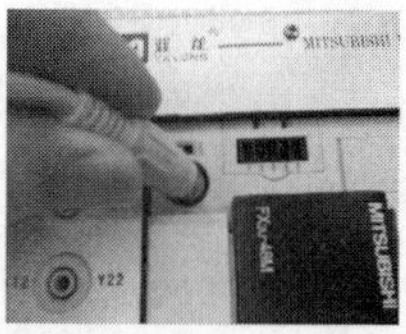
		实训用PLC模块	某型号程序下载线	连接PLC的RS-422通信接口
		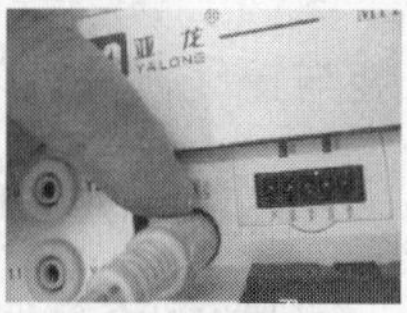	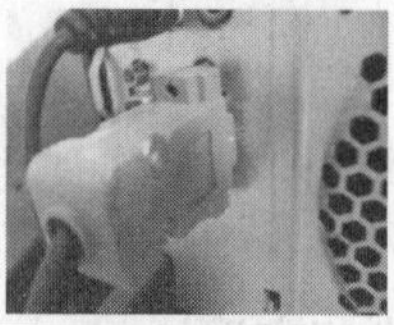	
		将选择开关置于“STOP”	连接计算机RS-232通信接口	连接PLC模块电源线
		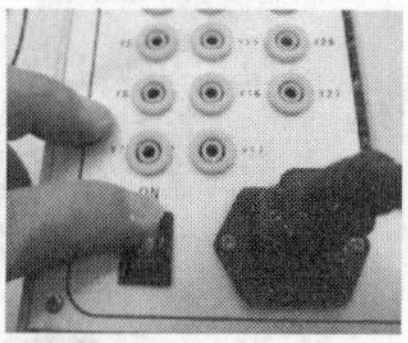		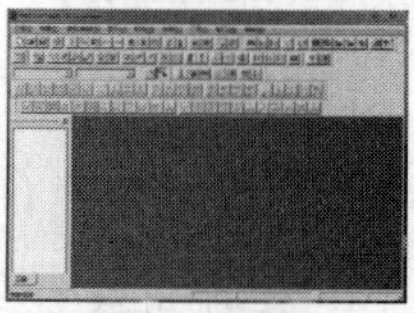
		打开电源开关	打开PLC编程软件	进入界面
		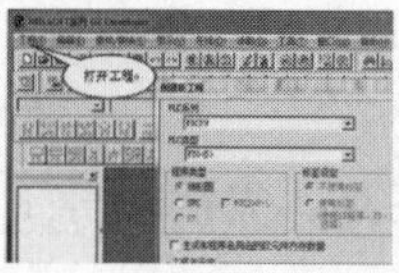	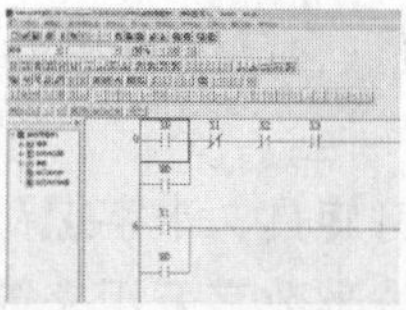	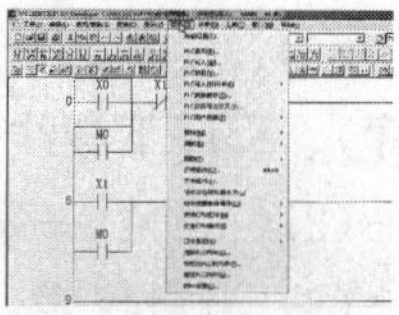
		选择“打开工程”中的程序	已打开的程序	选择“在线”传输设置
		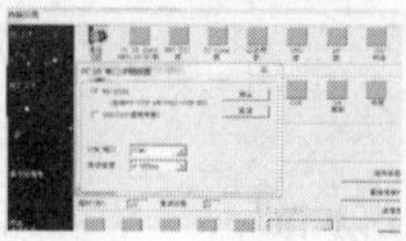	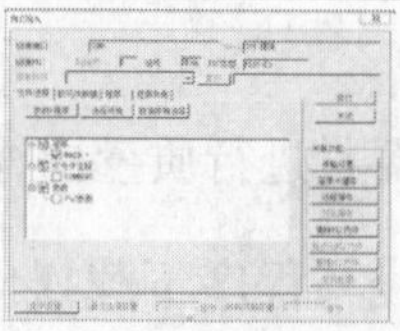	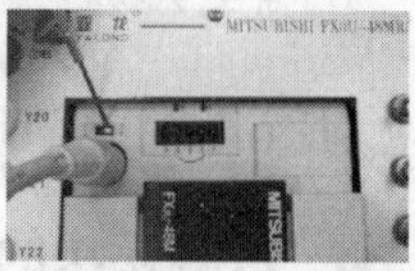
		设置通信端口	下载程序	将选择开关置于“RUN”
		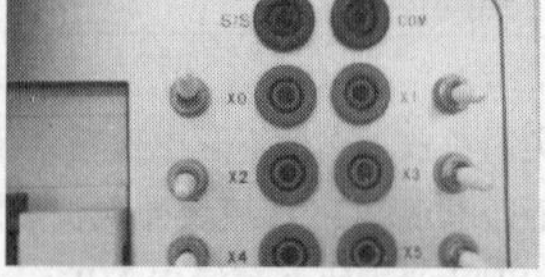	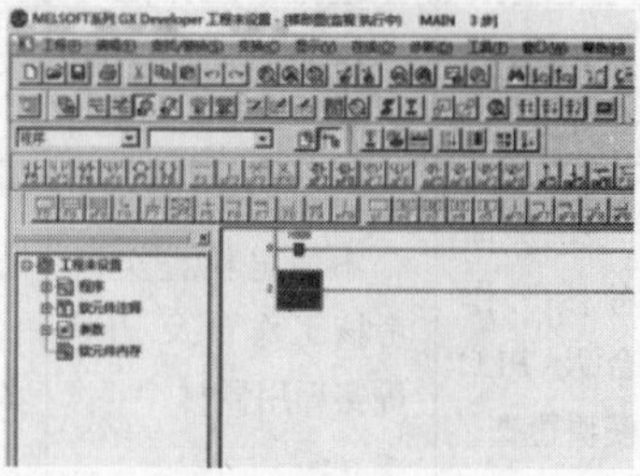	
		置相应开关，程序运行	计算机监控程序运行	

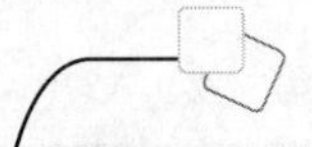

任务实施

实施步骤	计划工作内容	工作过程记录
1	任务接线图、PLC 选型手册等相关资料	
2	模块检查与记录	
3	模块接线与程序下载、操作	
4	安全与文明生产	

注意：

(1) 在指导教师的指导下，按 PLC 技术资料安装与接线。

(2) 在指导教师的指导下，可通电进行观察、操作。

(3) 严格按照指导教师的指导，以防止误操作而造成 PLC 损坏。

⚠ 安全提示

在任务实施过程中，应严格遵循安全操作规程，穿戴好工作服、绝缘鞋、安全帽；接电前必须经教师检查无误后，才能通电操作。作业过程中，要文明施工，注意工具、仪器仪表等器材应摆放有序。工位应整洁。

任务检查与评价

序号	评价内容	配分	评价标准	学生评价	老师评价
1	任务接线图、PLC 选型手册等相关资料	5	(1) 任务接线图准备的完整性 (是 □ 2 分) (2) 相关资料准备完整性 (是 □ 3 分)		
2	模块检查与记录	20	(1) 实训考核工作台不通电检查与记录 (是 □ 5 分) (2) PLC 模块不通电检查与记录 (是 □ 5 分) (3) PLC 模块外围接线与记录 (是 □ 5 分) (4) 实训考核工作台与 PLC 模块通电检查与记录 (是 □ 5 分)		
3	模块接线与程序下载、操作	70	(1) PLC 程序 1 下载 (是 □ 15 分) (2) 程序 1：I/O 分配进行操作并记录 (是 □ 20 分) (3) PLC 程序 2 下载 (是 □ 15 分) (4) 程序 2：I/O 分配进行操作并记录 (是 □ 20 分)		
4	安全与文明生产	5	(1) 环境整洁 (是 □ 1 分) (2) 相关资料摆放整齐 (是 □ 1 分) (3) 遵守安全规程 (是 □ 3 分)		
	合计	100			

议与练

议一议：

(1) 三菱 PLC 接线应注意哪些方面?

(2) 如何进行程序下载和操作?

(3) 为什么要了解 PLC 的 I/O 分配?

练一练：

PLC 接线和程序下载、操作训练。

任务 10.2　PLC 的基本程序编写

- 了解 PLC 基本指令和梯形图。
- 掌握 PLC 的简单梯形图的编写。
- 学会 PLC 与电气控制系统的安装与程序调试。

掌握 PLC 的基本编程是学习和使用 PLC 的重要环节。通过本任务的学习，掌握 PLC 的基本指令和梯形图编写的基本方法，掌握 PLC 应用的基本技能。

任务教学方式

教学步骤	时间安排	教学方式
阅读教材	课余	自学、查资料、相互讨论
知识讲解	2 课时	重点讲授 PLC 的基本指令和梯形图
知识讲解	2 课时	重点讲授 PLC 的基本指令和梯形图编写
技能操作与练习	8 课时	PLC 的基本指令、梯形图编写及控制系统安装与调试实训

学一学

知识 10.2.1　PLC 的基本指令和梯形图

1. PLC 的编程语言

1994 年，国际电工委员会（IEC）在 PLC 的标准中推荐了五种编程语言，即梯形图、助记符（指令表）、流程图、功能块图和结构文本。由于 PLC 的设计和生产至今尚无国际统一的标准，因此各厂家生产的 PLC 所用的编程语言也不同。也就是说，并不是所有的 PLC 都支持全部的五种编程语言，但梯形图和助记符语言却是几乎所有类型的 PLC 都使用的。下面就简单介绍这两种最常用的编程语言。

（1）梯形图语言（LAD）

PLC 的梯形图是从继电器梯形图演变过来的。作为一种图形语言，它不仅形象直观，还简化了符号，通过丰富的指令系统可实现许多继电器电路难以实现的功能，充分体现了微机控制的特点，而且逻辑关系清晰直观，编程容易，可读性强，容易掌握，所以很受用户欢迎，是目前使用最多的 PLC 编程语言。

首先介绍 PLC 梯形图与继电器逻辑控制图的区别。

图 10-10（a）是一个继电器的逻辑控制图（为对照方便，将继电器电路横向画），图 10-10（b）则是与之相对应的 PLC 梯形图。两者相对照可见，两种梯形图的表达思想是基本一致的，但具体的表达方式及其内涵则有所区别。

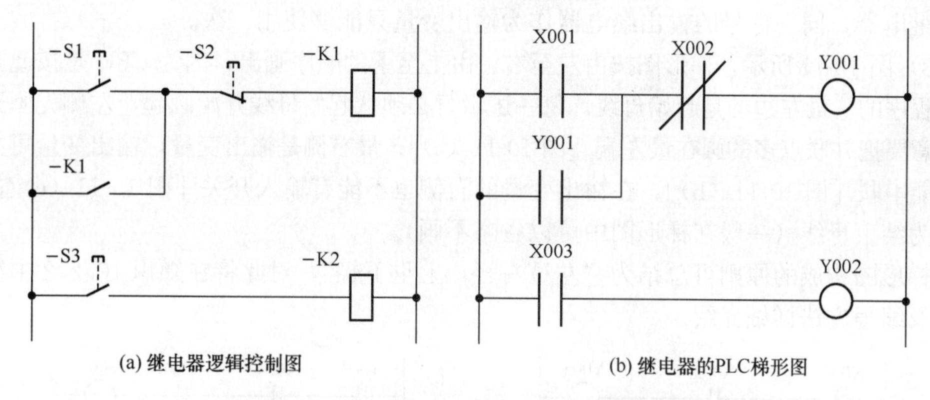

(a) 继电器逻辑控制图　　(b) 继电器的PLC梯形图

图 10-10　继电器逻辑控制图与 PLC 梯形图的对比

1）在继电器梯形图中，每个电气图形符号（见表 10-2）代表一个实际的电器或电器元件，之间的连线表示电器元件间的连接线（即“硬接线”），因此继电器梯形图表示一个实际的电路；PLC 梯形图表示的不是一个实际的电路，而是一个程序，图中的继电器并不是物理实体，它实质上是 PLC 的内部寄存器，其间的连线表示的是它们之间的逻辑关系（即“软接线”）。

表 10-2　继电器的逻辑控制图与 PLC 梯形图符号对照表

	电气简图用图形符号	PLC 梯形图符号
动合触点（常开）		
动断触点（常闭）		
线圈		或

2）继电器电气图形符号中的每一个电器的触点都是有限的，其使用寿命也是有限的；而 PLC 梯形图中的每个符号对应的是一个内部存储单元，其状态可在整个程序中

多次反复地读取，因此可认为PLC内部的“软继电器”有无数个动合和动断触点供用户编程使用（而且无使用寿命的限制），这就给设计控制程序提供了极大方便。

3）在继电器电气控制电路图中，若要改变控制功能或增减电器及其触点，就必须改变电路，即重新安装电器和接线；而对于PLC梯形图而言，改变控制功能只需要改变控制程序。

（2）PLC梯形图构成的基本规则

1）在梯形图中表示PLC“软继电器”触点的基本符号有两种：一种是动合触点，另一种是动断触点（见表10-2）。每一个触点都有一个标号（如X001、X002），以示区别。同一标号的触点可以反复多次地使用。

2）梯形图中的输出线圈也用符号表示（见表10-2），其标号如Y001、Y002，表示输出继电器，同一标号的输出继电器作为输出变量只能够使用一次。

3）图10-11所示，梯形图按由左至右、由上至下的顺序画出，因为CPU是按此顺序执行程序的。最左边的是起始母线，每一逻辑行必须从起始母线开始画起，左侧先画开关并注意要把并联点多的画在最左端［图10-11（a）］；最右侧是输出变量，输出变量可并联但不能串联［图10-11（b）］，在输出变量的右侧也不能有输入开关［图10-11（c）］；最右边为结束母线（一般在梯形图中可以省略不画）。

梯形图构成的原则可总结为“左重右轻，上重下轻”，对此将在知识10.2.2中结合指令及编程方法详细介绍。

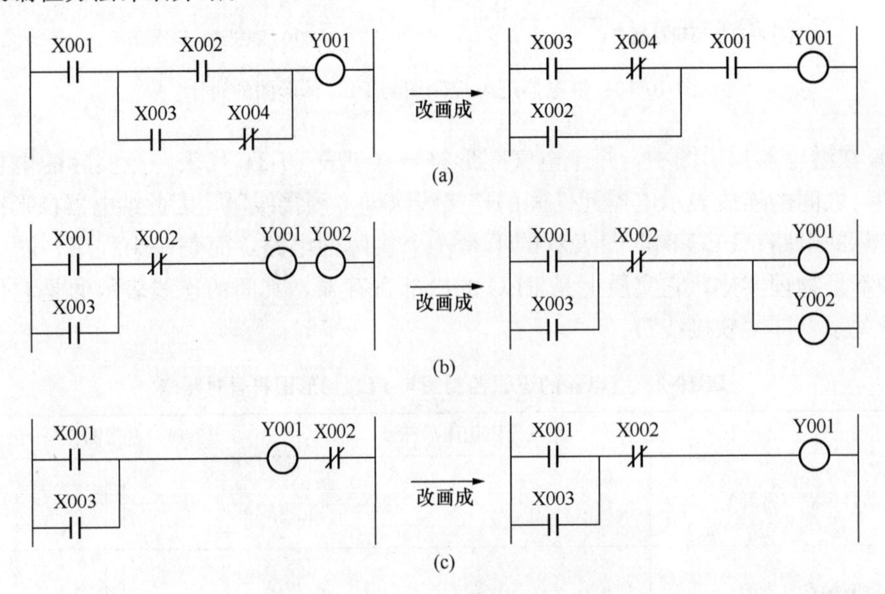

图10-11　PLC梯形图构成的规则

（3）助记符语言

助记符语言又称为指令表，如表10-3所示，它类似于计算机的汇编语言，程序的语句由操作码和操作数组成。操作码用助记符表示指令要执行的各种功能；操作数一般由标号和参数组成，标号表示操作数的类别（输入/输出继电器或内部继电器等），参数表明操作数的地址或设置值。同一厂家的 PLC 产品，其助记符语言与梯形图语言是相互对应的，可以互相转换。

表 10-3　助记符语言

梯形图	PLC 助记符语言		
	指令步号	指令符号	操作数地址
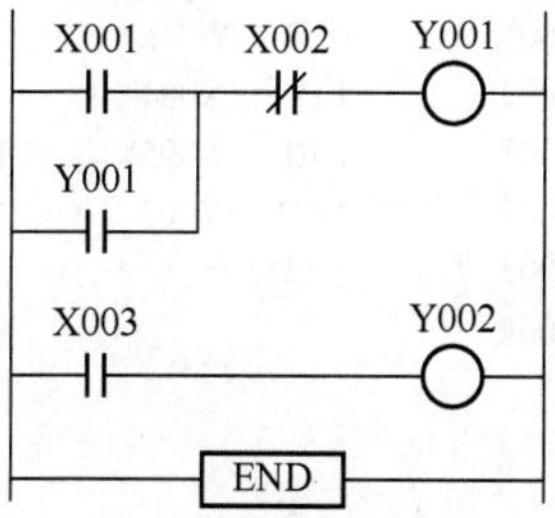 X001　X002　Y001 Y001 X003　Y002 END	0	LD	X001
	1	OR	Y001
	2	ANI	X002
	3	OUT	Y001
	4	LD	X003
	5	OUT	Y002
	6	END	

2. PLC 的基本指令

下面介绍 FX_{3U}系列 PLC 的基本指令及编程方法。基本指令是对 PLC 的内部继电器及其触点进行逻辑操作的指令，是最基本和最常用的指令。FX_{3U}系列 PLC 共有 27 条基本指令。

（1）最基本的逻辑运算指令 LD、LDI、AND、ANI、OR、ORI、OUT、END

1）初始装载指令 LD、LDI。

LD（load）：动合触点初始装载指令。功能：从起始母线开始以一个动合触点开始一个逻辑运算，或动合触点逻辑运算的起始。操作数：X、Y、M、T、C、S。

LDI（load inverse）：动断触点初始装载指令。功能：从起始母线开始，以一个动断触点为一个逻辑运算，或动断触点逻辑运算的起始。操作数：X、Y、M、T、C、S。

LD、LDI 还用于多个变量之间逻辑运算的开始，与后述的 ANB 指令、ORB 指令配合使用。

2）串/并联单个触点指令 AND、ANI、OR、ORI。

AND（and）：动合触点串联指令。功能：串联单个动合触点。操作数：X、Y、M、T、C、S。

ANI（and inverse）：动断触点串联指令。功能：串联单个动断触点。操作数：X、Y、M、T、C、S。

OR（or）：动合触点并联指令。功能：并联单个动合触点。操作数：X、Y、M、T、C、S。

ORI（or inverse）：动断触点并联指令。功能：并联单个动断触点。操作数：X、Y、M、T、C、S。

3）线圈驱动和程序结束指令 OUT、END。

OUT（out）：线圈驱动指令。功能：逻辑运算结果输出。操作数：Y、M、T、C、S。

END（end）：结束指令。功能：程序结束标示。

利用上述指令可构成最基本的控制电路，图 10-12 是上述基本的逻辑运算指令的使用说明，其中图（a）是梯形图指令，图（b）是助记符指令。

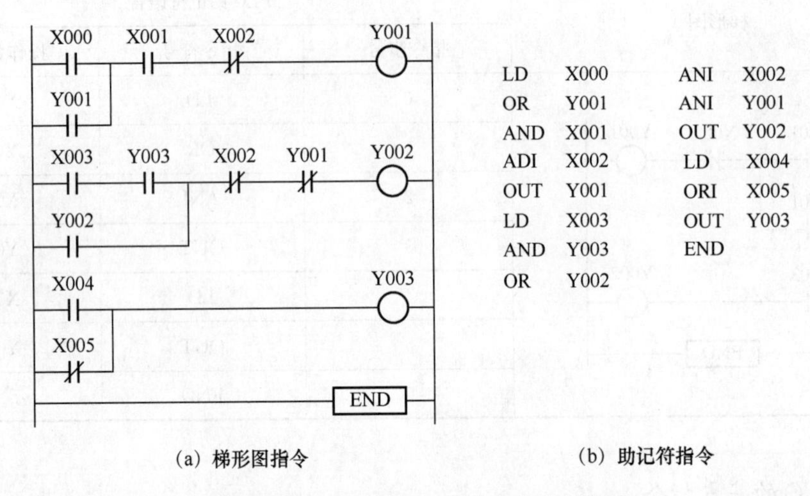

（a）梯形图指令　　（b）助记符指令

图 10-12　基本的逻辑运算指令的使用说明

从图 10-12 可以看出，最基本的逻辑运算指令可以完成继电器、接触器控制系统的简单连接（串联、并联）和线圈驱动功能。

（2）串/并联电路块指令 ANB、ORB

AND（ANI）和 OR（ORI）指令只能串/并联单个触点，当需要串/并联由多个触点构成的电路块时则必须用 ANB、ORB 指令。

ANB（and block）：串联电路块指令。功能：串联由多个触点构成的电路块。

ORB（or block）：并联电路块指令。功能：并联由多个触点构成的电路块。

ANB、ORB 指令的操作数是隐含的，其操作数由最接近 ANB 或 ORB 指令并在该指令之前的以初始装载指令引出的两个电路块构成。ANB、ORB 指令的使用说明如图 10-13 所示。

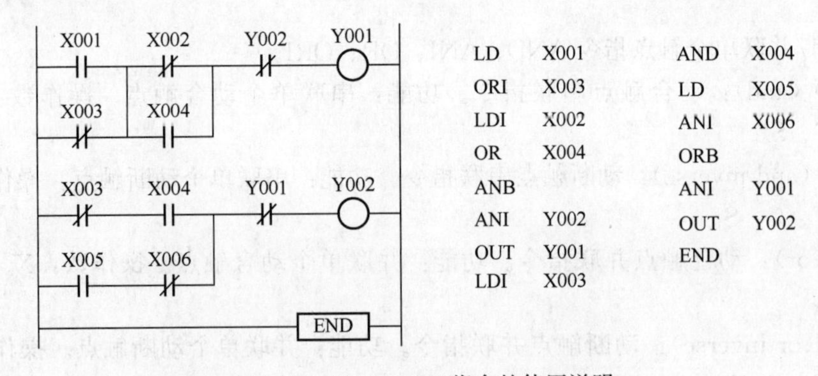

图 10-13　ANB、ORB 指令的使用说明

(3) 触点上升沿、下降沿检测指令 LDP、LDF、ANDP、ANDF、ORP、ORF

1) 触点上升沿检测指令 LDP、ANDP、ORP。

触点上升沿检测指令的功能：检测触点的上升沿（由 0 到 ON 时），使该触点在出现上升沿时仅接通一个扫描周期。相关指令的使用说明如图 10-14 所示。

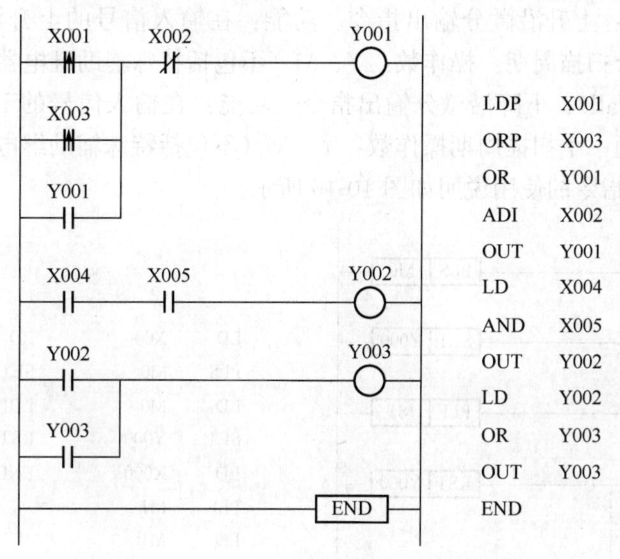

图 10-14 触点上升沿检测指令的使用说明

在 LD、AND、OR 的后面分别加上 P 就构成了相应的触点上升沿检测指令，触点的连接关系不变，触点的可操作对象（操作数）不变。

梯形图表示方法：在触点符号的中间加一个向上的箭头。

2) 触点下降沿检测指令 LDF、ANDF、ORF。

触点下降沿检测指令的功能：检测触点的下降沿（由 ON 到 OFF 时），使该触点在出现下降沿时仅接通一个扫描周期。相关指令的使用说明如图 10-15 所示。

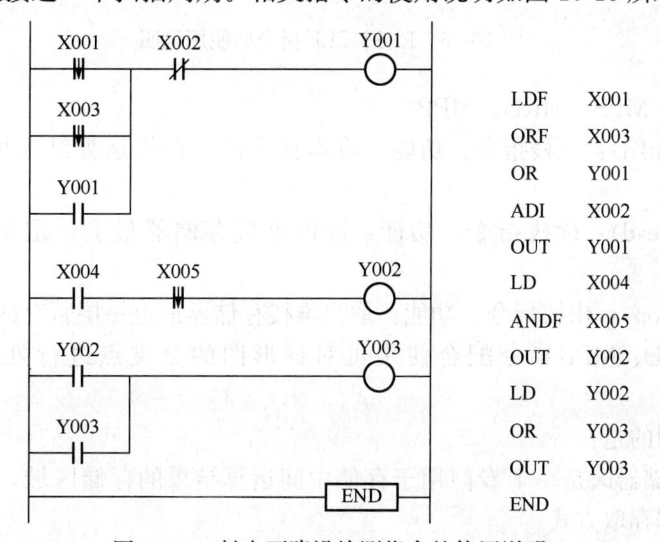

图 10-15 触点下降沿检测指令的使用说明

在 LD、AND、OR 的后面分别加上 F 就构成了相应的触点下降沿检测指令，触点的连接关系不变，触点的可操作对象（操作数）不变。

梯形图表示方法：在触点符号的中间加一个向下的箭头。

（4）微分输出指令 PLS、PLF

PLS（pulse）：上升沿微分输出指令。功能：在输入信号的上升沿产生脉冲输出，该输出仅接通一个扫描周期。操作数：Y、M（不包括特殊辅助继电器 M）。

PLF（pulse fall）：下降沿微分输出指令。功能：在输入信号的下降沿产生脉冲输出，该输出仅接通一个扫描周期操作数：Y、M（不包括特殊辅助继电器 M）。

PLS 和 PLF 指令的使用说明如图 10-16 所示。

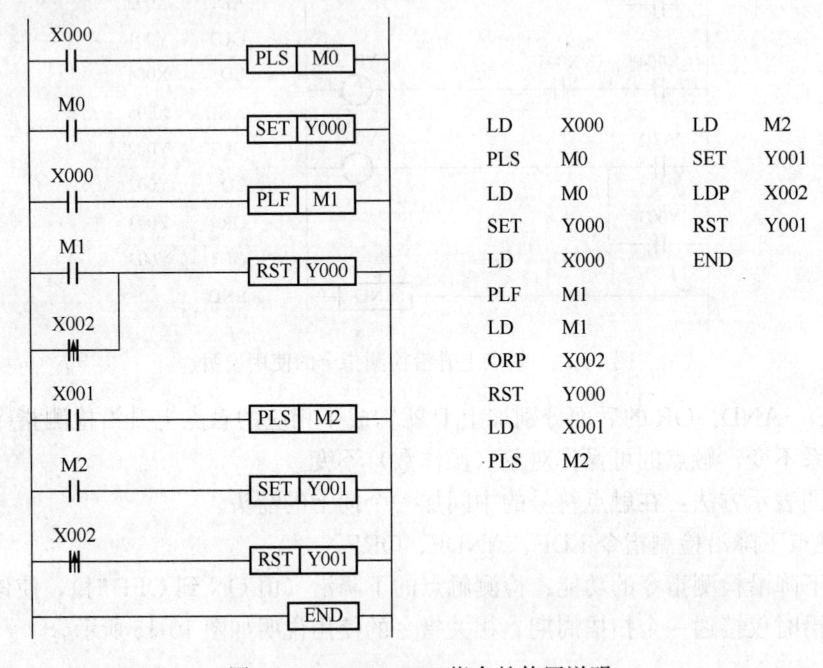

图 10-16　PLS、PLF 指令的使用说明

（5）栈指令 MPS、MRD、MPP

MPS（m-push）：入栈指令。功能：将本指令前的逻辑运算结果推入堆栈存储器暂存。

MRD（m-read）：读栈指令。功能：读取堆栈存储器最上一层暂存的逻辑运算结果。

MPP（m-pop）：出栈指令。功能：取出堆栈存储器最上一层暂存的逻辑运算结果。

MPS、MRD、MPP 指令配合使用可对梯形图的分支点进行处理，如图 10-17 所示。

必须要说明的是：

1）堆栈存储器区是一个专门用于存储中间运算结果的存储区域，采用先进后出、后进先出的数据存取方式。

2）栈指令的操作数隐含。

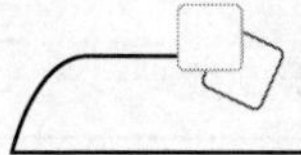

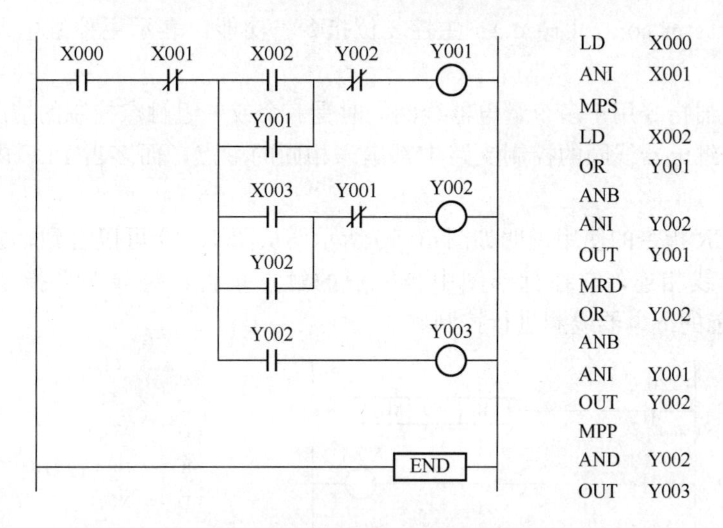

图 10-17　栈指令的使用

3）用 MPS 指令推入堆栈存储器暂存的运算结果使用完毕一定要用 MPP 指令出栈。也就是说，MPS 和 MPP 指令必须成对使用，有入必有出。在运算结果出栈前可根据需要用 MRD 指令多次读取。

图 10-17 是简单的一层栈电路（即在第二次使用进栈指令 MPS 前，已经用出栈指令 MPP 把数据取出的电路）。在复杂的分支电路中要采用多层栈电路，如图 10-18 所示。

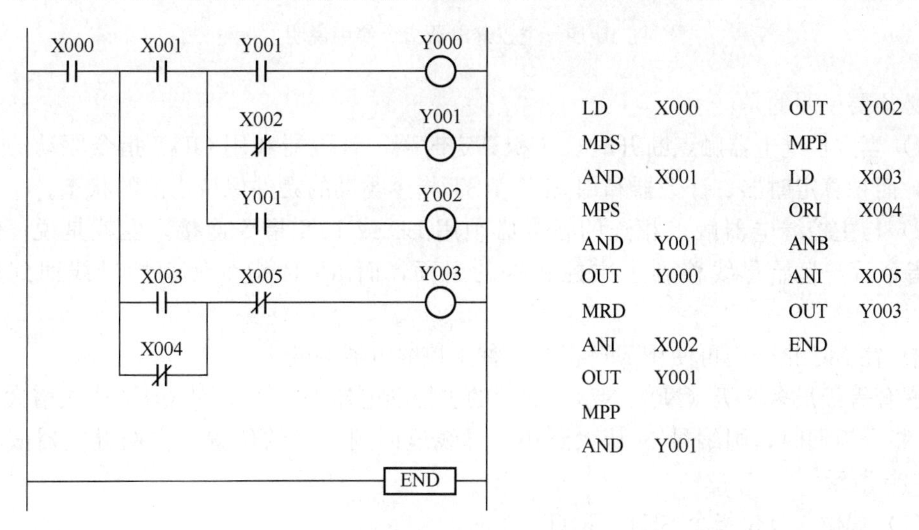

图 10-18　多层栈电路

（6）主控继电器指令 MC、MCR

MC（master control）：主控指令。功能：用主控继电器的动作控制一段程序内的各种继电器。当主控继电器的触点断开，则由主控继电器控制的非保持型继电器均断电；当主控继电器的触点接通，则受控继电器的状态由程序运行结果决定。操作数为 Y、M（不包括特殊辅助继电器 M）。

MCR（master control reset）：主控复位指令。功能：表示主控继电器控制区域的结束。

主控继电器指令用于多个继电器线圈同时受一个或一组触点控制的情况，这样就避免了因在每个继电器线圈的控制支路中都串入相同的触点，而多占 PLC 内部存储单元的情况。

MC、MCR 指令的使用说明如图 10-19 所示。从图 10-19 可以看到，主控继电器的触点与起始母线相连，它在梯形图中与一般的触点垂直，对与 MC 指令编号相同的 MCR 指令之前的继电器线圈进行控制。

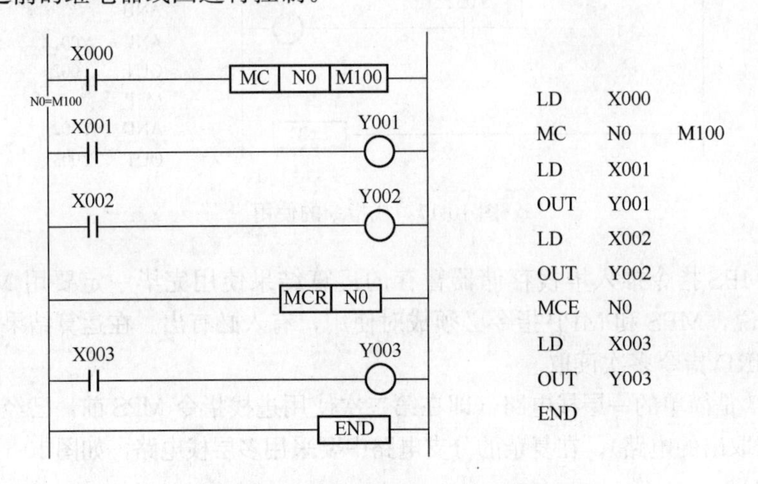

图 10-19　主控继电器指令使用说明

必须要说明的是：

1）当主控继电器触点断开时，非积算定时器、计数器和用 OUT 指令驱动的元件复位，而积算定时器、计数器和用 SET/RST 指令驱动的元件保持当前的状态。

2）与主控继电器触点相连的触点必须用 LD 或 LDI 指令连接。也就是说，使用 MC 指令后，起始母线移到了主控触点的后面，而 MCR 指令使起始母线回到原来位置。

3）在 MC 指令内再使用 MC 指令，称主控继电器嵌套。

嵌套等级最多 8 级（N0～N7），嵌套的主控继电器编号 N 须从 0～7 依次增大；用 MCR 指令返回时，则编号 N 从大到小，母线返回到原来的位置。主控继电器嵌套如图 10-20 所示。

（7）置位与复位指令 SET、RST

SET（set）：置位指令。功能：使操作对象保持 ON 状态。操作数（操作对象）：Y、M、S。

RST（reset）：复位指令。功能：使操作对象保持 OFF 状态。操作数（操作对象）：Y、M、S、D、V、Z、T、C。

置位与复位指令说明如图 10-21 所示，图 10-22 所示是用 RST 指令对定时器、计数器进行复位的使用说明。

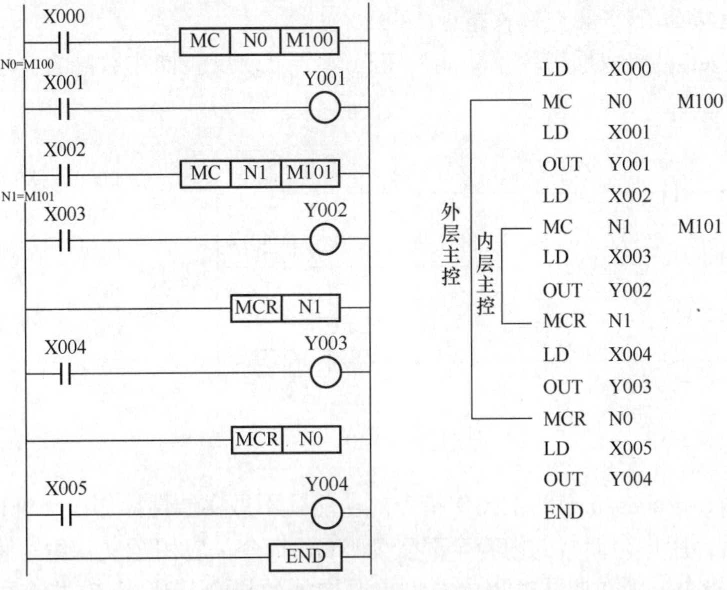

图 10-20 主控继电器嵌套

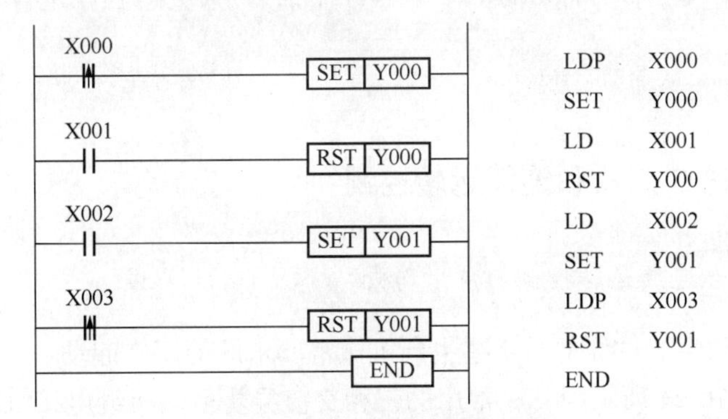

图 10-21 置位与复位指令说明

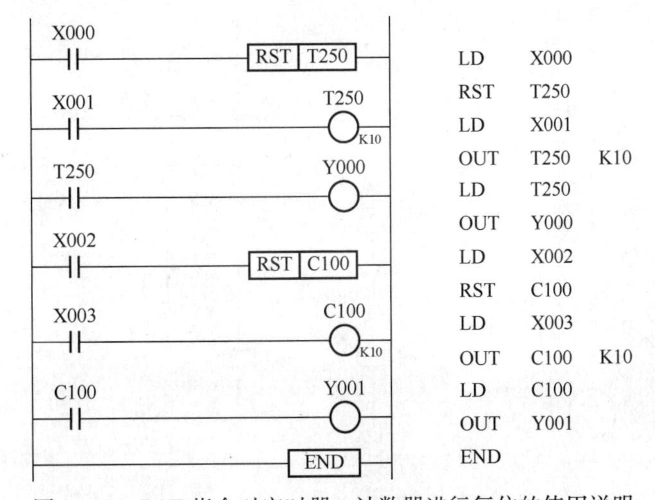

图 10-22 RST 指令对定时器、计数器进行复位的使用说明

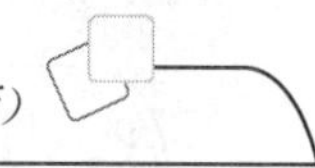

（8）取反指令 INV 和空操作指令 NOP

INV（inverse）：取反指令。功能：将运算结果取反。操作数隐含。取反指令说明如图 10-23 所示。

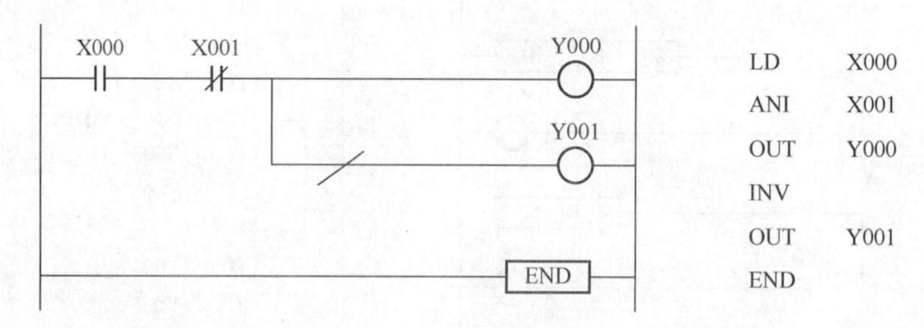

图 10-23　INV 指令说明

NOP（non processing）：空操作指令。功能：不做实质性操作。在进行清除用户存储器的操作后，用户存储器的内容全部变为 NOP 指令。应用意义在编写程序时有目的地加入 NOP 指令，则在调试过程中，将需要增加的指令替代 NOP 指令可以减少步序号的变化。此外，为了使程序易读，可在程序中插入 NOP 对程序进行分段。

知识 10.2.2　PLC 点动和连续运转控制

1. 点动控制和连续运转控制的应用场景

在实际生活和生产过程中，某些生产机械常要求既能正常起动，又能实现调整位置的点动工作。图 10-24 所示为几种常用的三相交流异步电动机继电接触器控制线路。

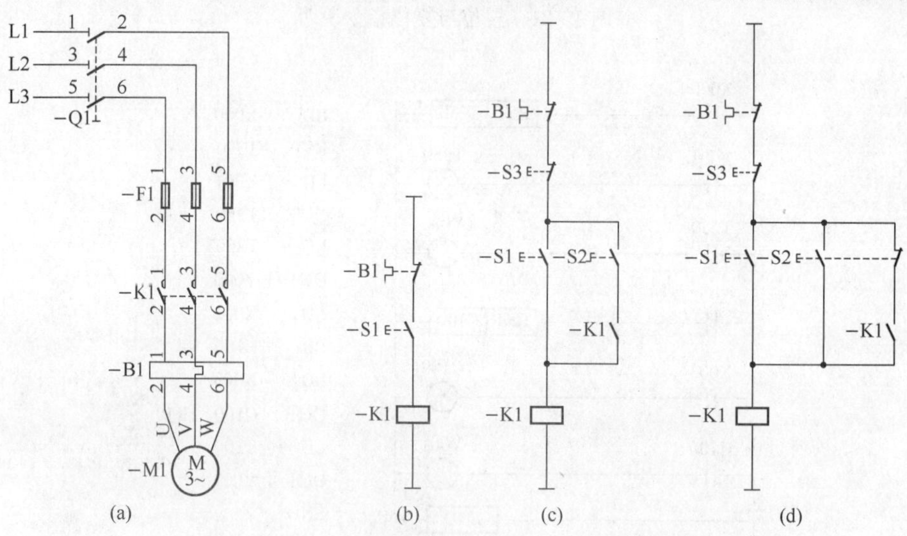

图 10-24　三相交流异步电动机控制电路图

图 10-24（a）为主电路。工作时，合上刀开关－Q1，三相交流电经过－Q1、熔断器－F1、接触器－K1 主触点、热继电器－B1 至三相交流异步电动机。

图 10-24（b）为最简单的点动控制线路。起动按钮－S1 没有并联接触器－K1 的自锁触点，按下－S1，－K1 线圈通电，电动机运转；松开按钮－S1 时，接触器－K1 线圈又失电，其主触点断开，电动机停止运转。

图 10-24（c）是带手动开关－S2 的点动控制线路。当需要点动控制时，只要把开关－S2 断开，由按钮－S1 来进行点动控制。当需要正常运行时，只要把开关－S2 合上，将－K1 的自锁触点接入，即可实现连续控制。

图 10-24（d）中增加了一个复合按钮－S2 来实现点动控制。需要点动运行时，按下－S2 点动按钮，其常闭触点先断开自锁电路，常开触点后闭合接通起动控制电路，－K1 接触器线圈得电，主触点闭合，接通三相电源，电动机起动运转。当松开点动按钮－S2 时，－K1 线圈失电，主触点断开，电动机停止运转。若需要电动机连续运转，由停止按钮－S3 及起动按钮－S1 控制，接触器－K1 的辅助触点起自锁作用。

2. 使用 PLC 设计出三相交流异步电动机控制的 I/O 分配表、PLC 控制电路连接图及梯形图

（1）参照图 10-24（b）控制电路图设计出电动机控制 I/O 分配表

1）将控制电路中所用元件根据其功能分成输入和输出信号点，并根据 PLC 的输入/输出点和对应操作数地址，写出对应的 I/O 分配表，如表 10-4 所示。

表 10-4　PLC 对电动机控制 I/O 分配表（一）

输入信号点	PLC 输入点	功能说明	输出信号点	PLC 输出点	功能说明
－S1	X0	点动信号	－K1	Y0	接触器动作
－B1	X1	过载信号			

2）实现电动机的点动及连续运行所需的元件有点动按钮－S1、交流接触器－K1、热继电器－B1 及刀开关－Q1 等。

参照如图 10-24（b）所示控制电路原理图设计出电动机 PLC 控制主电路的连接图（一），如图 10-25 所示。

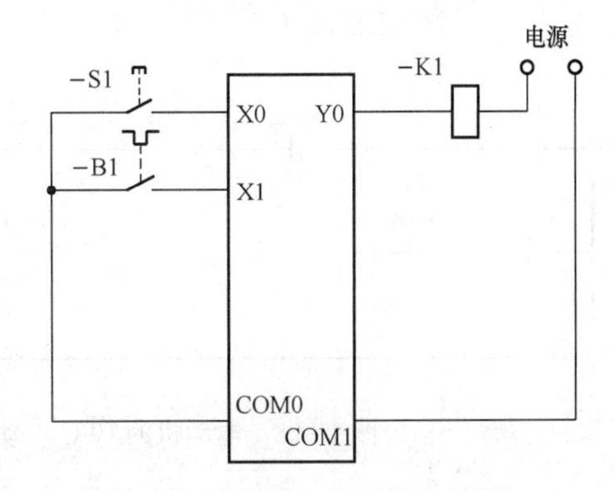

图 10-25　电动机 PLC 控制主电路的连接图（一）

3）设计电动机的 PLC 点动程序，如图 10-26 所示。

（2）参照图 10-24（c）控制电路原理图设计出电动机控制 I/O 分配表

1）将控制电路中所用元件根据其功能分成输入和输出信号点，并根据 PLC 的输入/输出点和对应操作数地址，写出对应的 I/O 分配表，如表 10-5 所示。

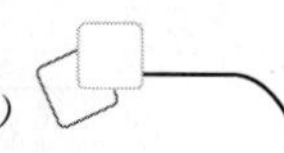

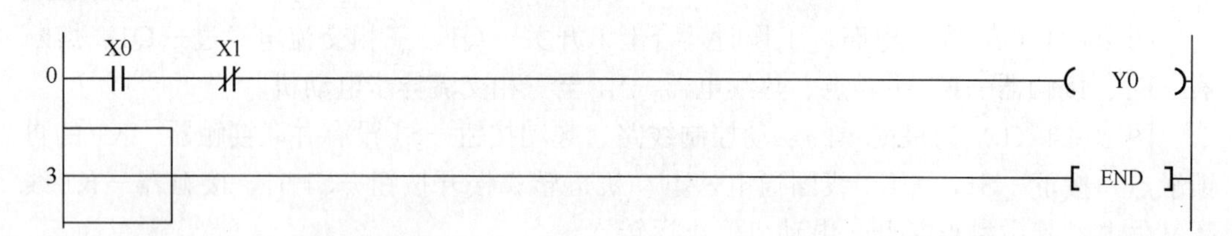

图 10-26　电动机的 PLC 点动程序（梯形图）

表 10-5　PLC 对电动机控制 I/O 分配表（二）

输入信号点	PLC 输入点	功能说明	输出信号点	PLC 输出点	功能说明
－S1	X0	点动/连续运行信号	－K1	Y0	接触器动作
－S2	X1	点动/连续运行转换信号			
－S3	X2	停止信号			
－B1	X3	过载信号			

2）实现电动机的点动及连续运行所需的元件有：点动/连续按钮－S1、点动/连续转换开关－S2、停止按钮－S3、交流接触器－K1、热继电器－B1 及刀开关－Q1 等。参照图 10-24（c）控制电路原理图设计出电动机 PLC 控制主电路的连接图（二），如图 10-27 所示。

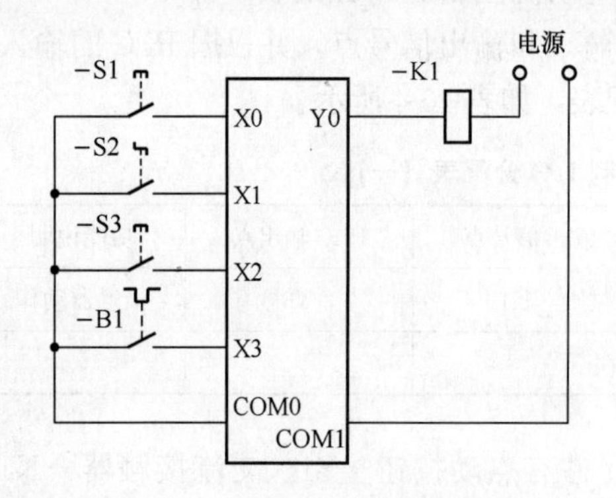

图 10-27　电动机 PLC 控制主电路的连接图（二）

3）设计电动机的 PLC 点动/连续运行程序，如图 10-28 所示。

（3）参照图 10-24（d）控制电路原理图设计出电动机控制 I/O 分配表

1）将控制电路中所用元件根据其功能分成输入和输出信号点，并根据 PLC 的输入/输出点和对应操作数地址，写出对应的 I/O 分配表，如表 10-6 所示。

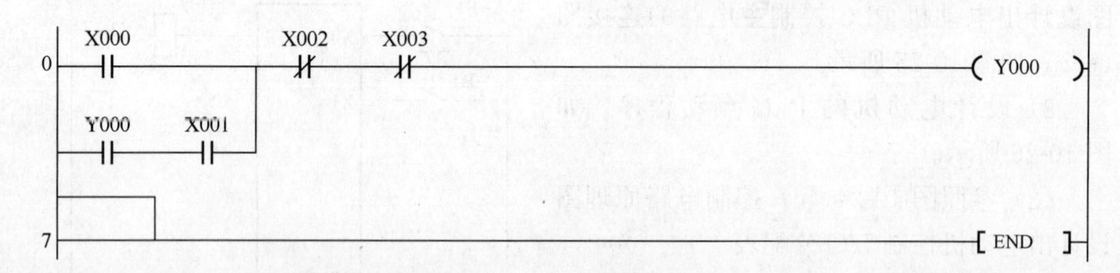

图 10-28　电动机的 PLC 点动/连续运行程序（梯形图）（一）

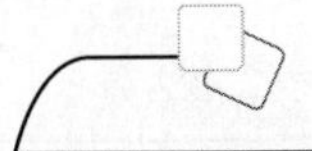

表 10-6 PLC 对电动机控制 I/O 分配表（三）

输入信号点	PLC 输入点	功能说明	输出信号点	PLC 输出点	功能说明
−S1	X0	连续运行信号	−K1	Y0	接触器动作
−S2	X1	点动信号			
−S3	X2	停止信号			
−B1	X3	过载信号			

2）实现电动机的点动及连续运行所需的元件有连续运行按钮−S1、点动按钮−S2、停止按钮−S3、交流接触器−K1，热继电器−B1 及刀开关−Q1 等。

参照如图 10-24（d）控制电路原理图设计出电动机 PLC 控制主电路的连接图（三），如图 10-29 所示。虽然图 10-24 的（c）、（d）所设计出的 PLC 控制的连接图一样，但继电器实际控制的电路原理图还是有差别的。

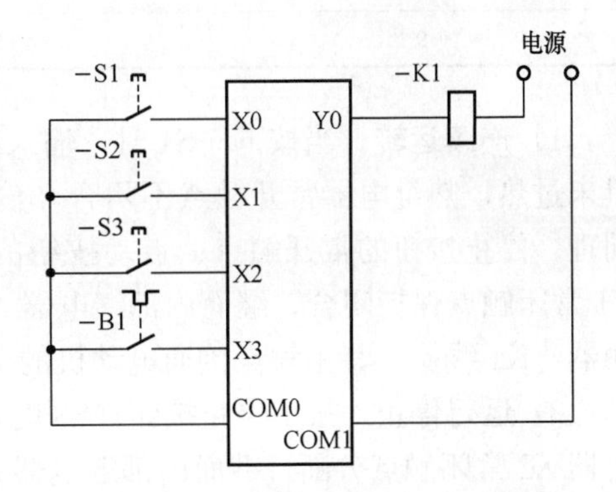

图 10-29 电动机 PLC 控制主电路的连接图（三）

由图 10-29 可知，连续运转按钮−S1 接于 X0，点动按钮−S2 接于 X1，停止按钮−S3 常开触点接于 X2，热继电器常开触点接于 X3，交流接触器−K1 线圈接于 Y0，这就是端子分配，其实质是为程序安排控制系统中的机内元件。

3）根据三相交流异步电动机控制电路图图 10-24（d），结合输入/输出接线圈，可设计出电动机点动/连续运行的梯形图，如图 10-30 所示。

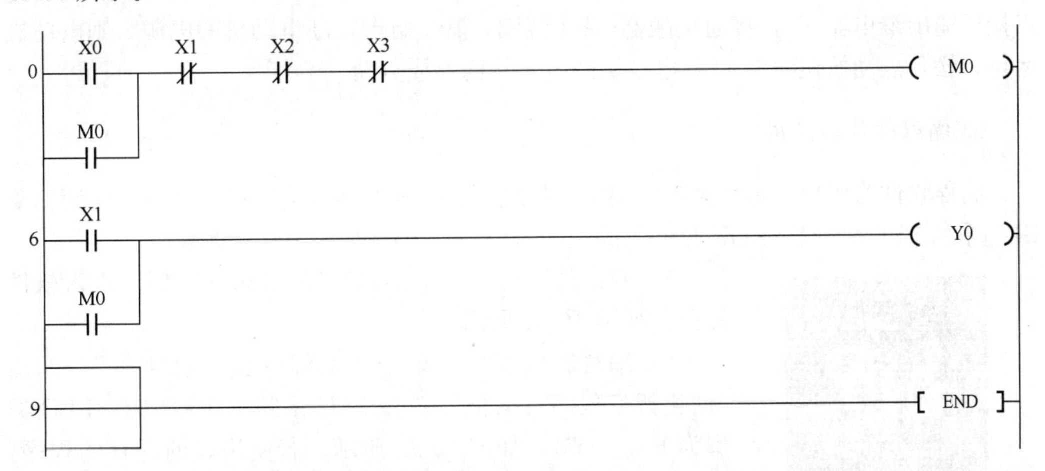

图 10-30 电动机的 PLC 点动/连续运行程序（梯形图）（二）

（4）工作过程分析

以电动机控制电路图图 10-24（d）为例分析，指令表如表 10-7 所示。

表 10-7　参照图 10-24（d）设计出电动机控制程序指令表

指令步号	指令符号	操作数地址
0	LD	X0
1	OR	M0
2	ANI	X1
3	ANI	X2
4	ANI	X3
5	OUT	M0
6	LD	X1
7	OR	M0
8	OUT	Y0
9	END	

1）连续运转。当按下－S1 时，输入继电器 X0 得电，其常开触点闭合；因为电动机未过热，热继电器常开触点不闭合，输入继电器 X3 不接通，其常闭触点保持闭合；同理，停止按钮的常开触点、点动按钮的常开触点不闭合，则对应的输入继电器 X2、X1 常闭触点保持闭合，继而内部继电器 M0 得电，其触点接通输出继电器 Y0，接通接触器－K1 线圈，其主触点接通电动机的电源，则电动机起动连续运行。

2）运行停止。按下停止按钮－S3 时，停止按钮的常开触点闭合，则对应的输入继电器 X2 常闭触点分断，继而内部继电器 M0 失电，其触点断开输出继电器 Y0，接通接触器－K1 线圈，其主触点切断电动机的电源，则电动机运行停止。

3）点动运行。按下点动按钮－S2 时，点动按钮的常开触点闭合，则对应的输入继电器 X1 常闭触点分断，常开触点闭合，继而内部继电器 M0 失电，只有 X1 的常开触点接通输出继电器 Y0，接通接触器－K1 线圈，其主触点切断电动机的电源，则电动机运行；松开点动按钮－S2 后，电动机断电，从而形成点动。

3. 编程软件的使用

编程软件为用户编辑和监控应用程序提供了良好的编程环境。在计算机中安装三菱 FX_{3U} 系列 PLC 编程软件 GX Developer。桌面上显示图标如图 10-31 所示。

图 10-31　GX Developer 图标

1）双击计算机屏幕上的 GX Developer 图标，进入软件界面，如图 10 32 所示。

2）编写新的程序。单击“工程→创建新工程”，弹出“创建新工程”对话框，选择 PLC 系列为 FXCPU，PLC 类型为 FX_{3U}（C），如图 10-33 所示。若使用以前保存的程序，则单击“工程→打开工程”，选择原有文件的路径和文件名，打开原有文件。

3）创建新工程后就可以开始编程。双击光标处，弹出

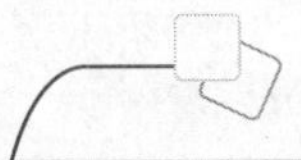

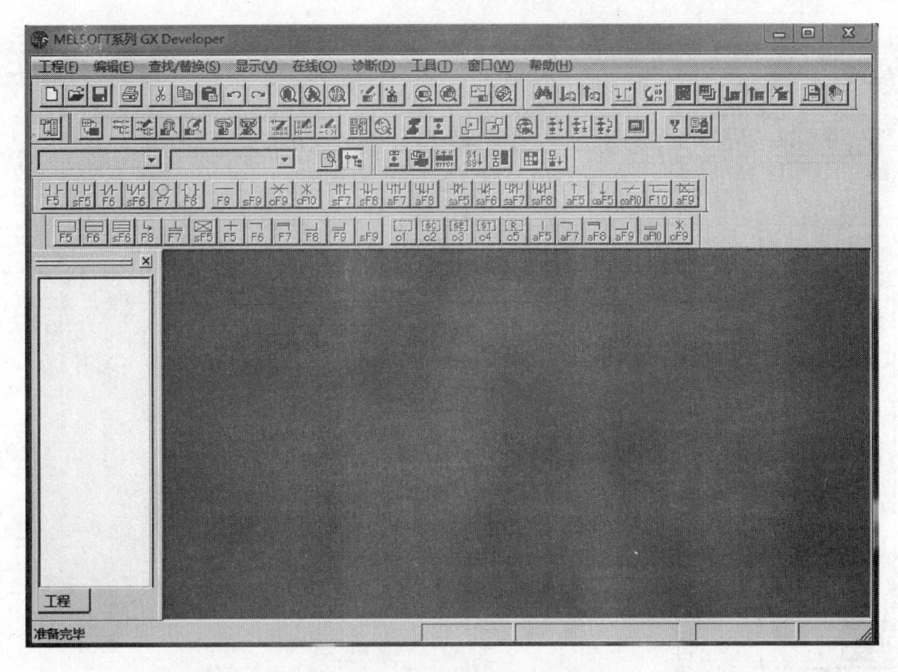

图 10-32　FX 编程软件界面

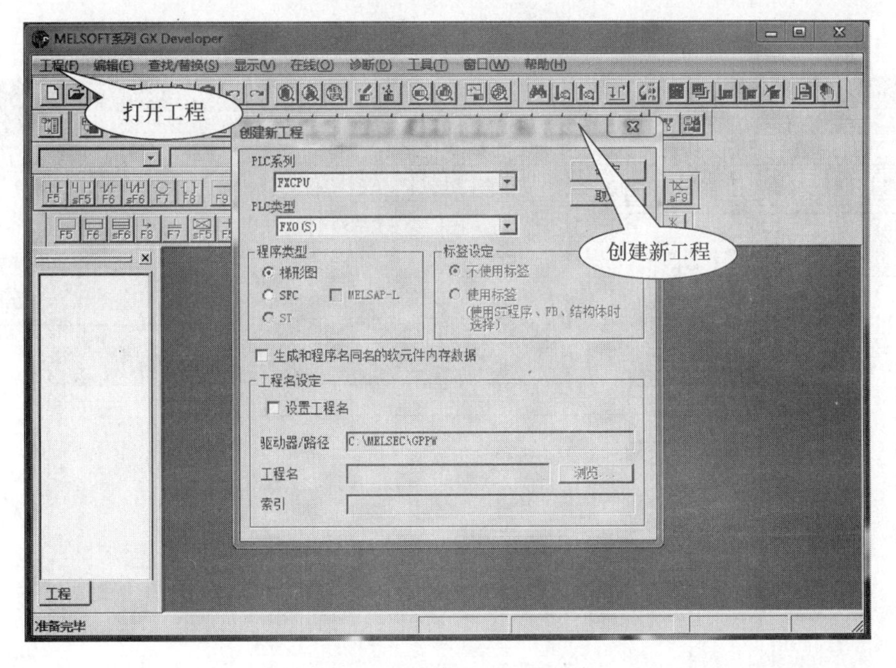

图 10-33　选择 PLC 类型

“梯形图输入”对话框，如图 10-34 所示。单击下拉菜单，选择需要输入的元件。

4）输入相应的程序，刚输入程序的区域是灰色的，如图 10-35 所示。

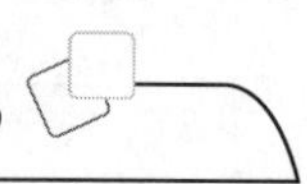

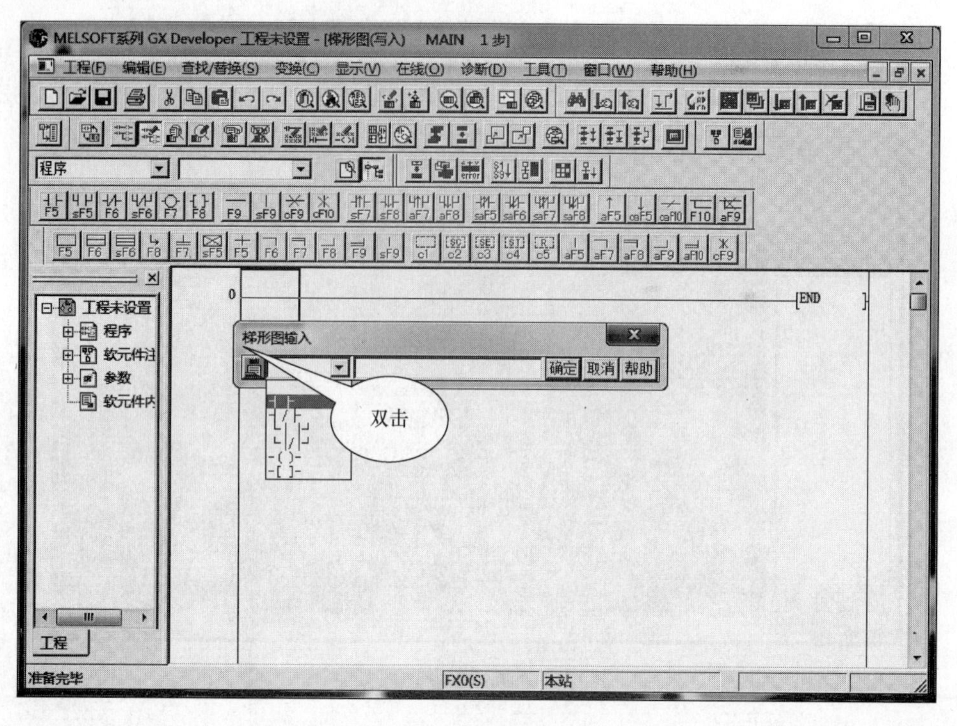

图 10-34 梯形图的编辑（一）

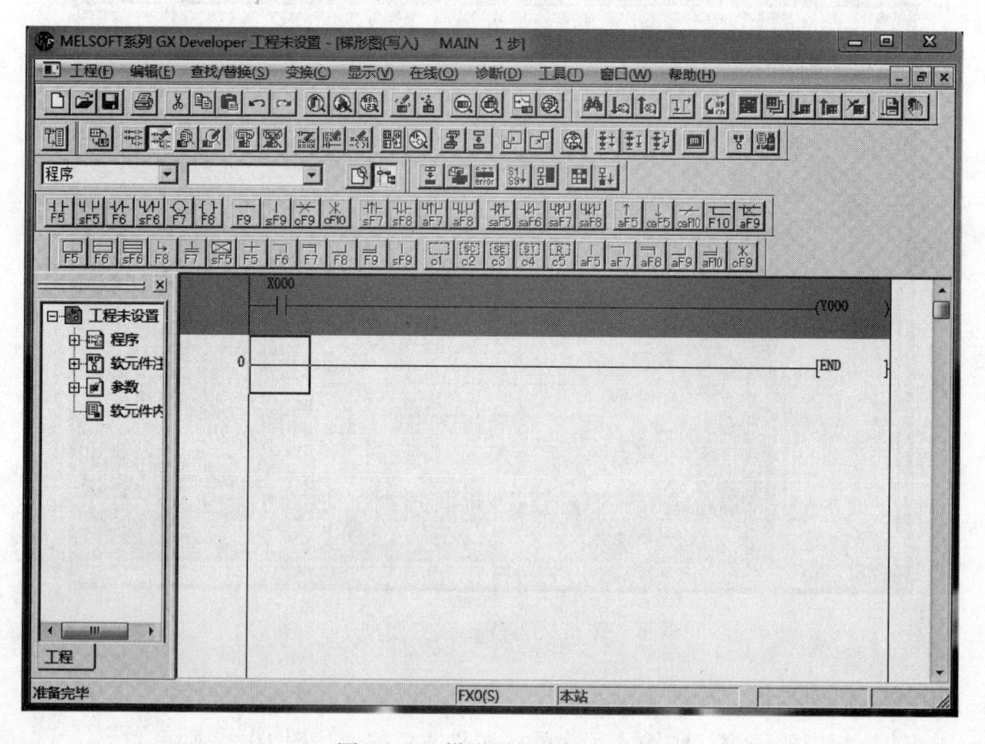

图 10-35 梯形图的编辑（二）

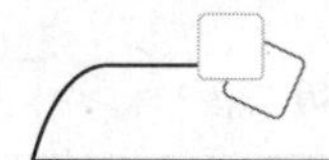

5）单击“变换→变换”或在键盘上按 F4 键，将灰色梯形图转换为白色梯形图，如图 10-36 所示。

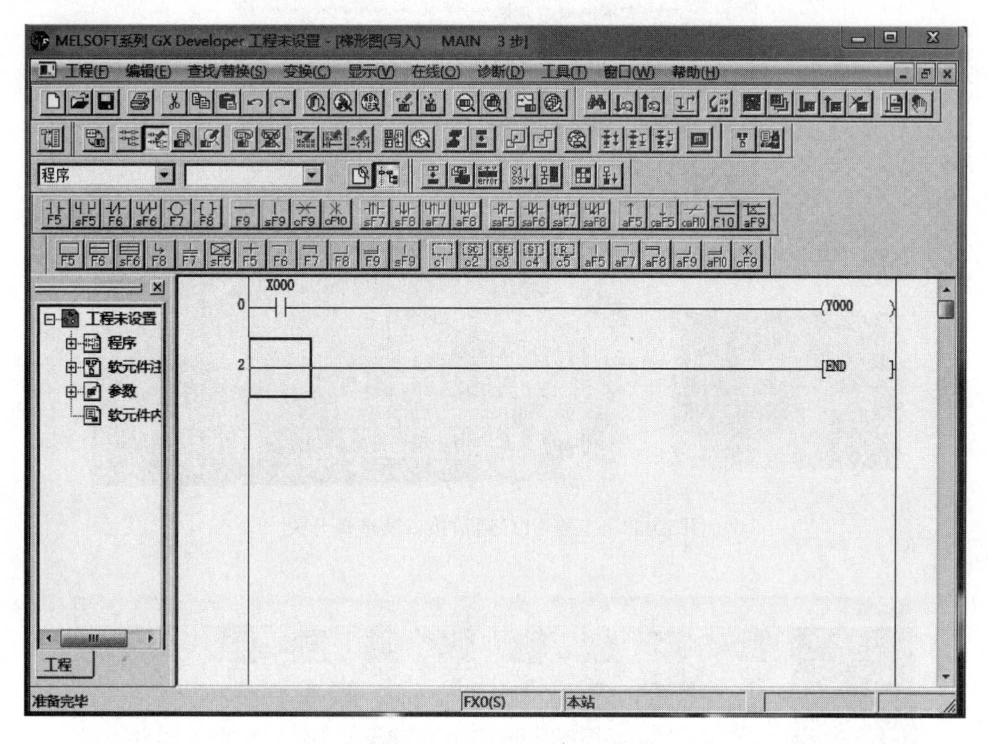

图 10-36　梯形图的编辑（三）

6）完成变换后，用三菱 PLC 编程电缆连接计算机的 RS-232 串行口与 PLC 的 RS-422 通信接口，如图 10-37 和图 10-38 所示。编辑好的程序方可下载到 PLC 中执行。

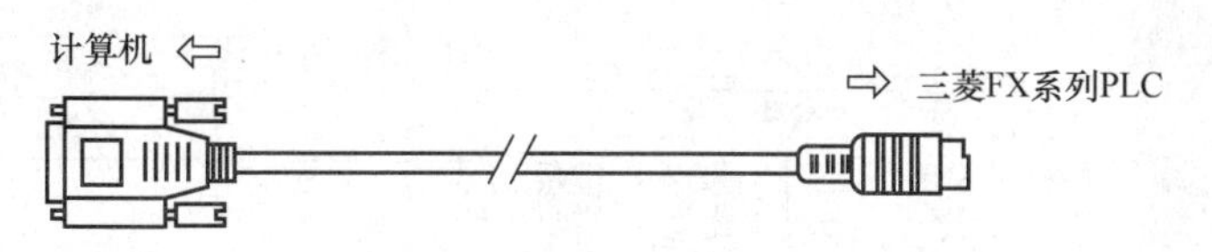

图 10-37　三菱 PLC 编程电缆

7）在下载程序前，先进行通信设置，单击“在线→传输设置”，弹出“传输设置”对话框，如图 10-39 所示。在该对话框中可以看到 COM 的端口为 COM1，传输速度为 9.6 Kb/s。如果计算机的 COM 端口为 COM2 或其他端口，应把 COM 的端口设置为相应的端口。双击“串行”图标，弹出“PC I/F 串口详细设置”对话框，如图 10-39 所示，在这可以设置 COM 端口和传输速度。设置完成后单击“确认”按钮，返回“传输设置”对话框。单击“通信测试”按钮，如弹出“与 FX_{3U}（C）CPU 连接成功了”的提示，则表示已经与 PLC 连接正常，可以开始下载程序；如果弹出“无法与 PLC 通信……”的提示，则表示连接出错，应检查 COM 端口、编程电缆有没有连接正常和 PLC 电源有没有打开等。

注意： 只在第一次进行 PLC 程序下载时需要完成通信设置。

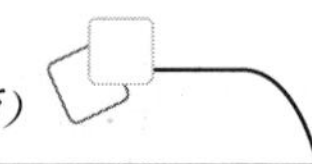

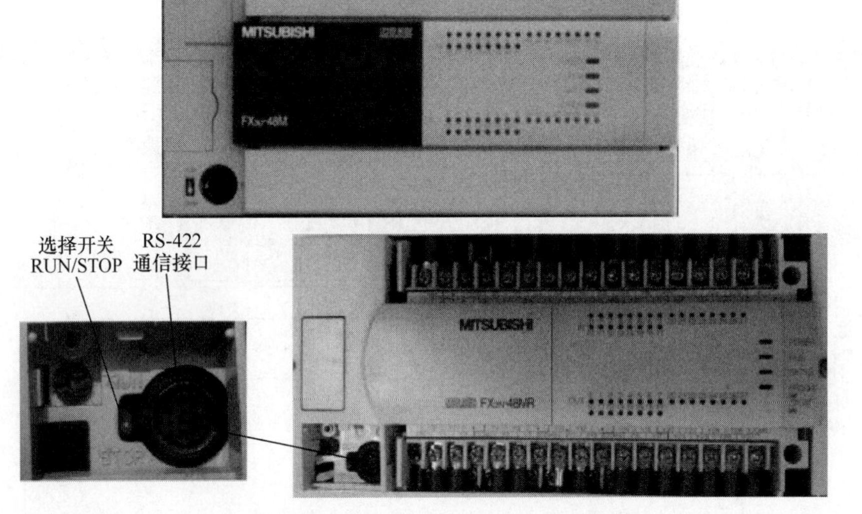

图 10-38　三菱 PLC 通信接口及选择开关

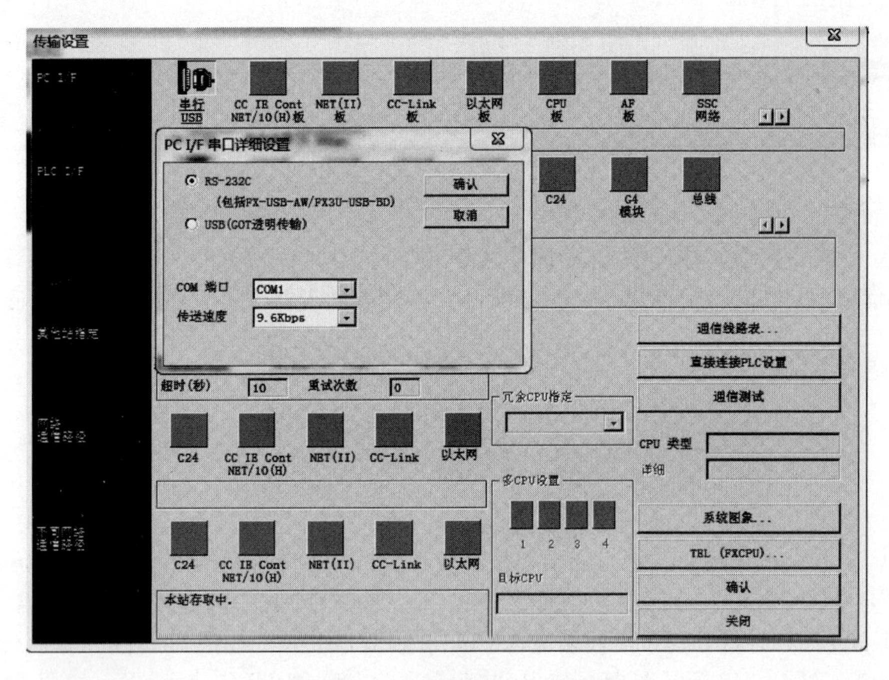

图 10-39　“传输设置”对话框

8）通信设置成功后单击“在线→PLC 写入”或单击工具栏上的按钮，弹出“PLC 写入”对话框，如图 10-40 所示。在“MAIN”前打钩，单击“执行”按钮后提示“是否执行 PLC 写入?”，单击“是”按钮，如果 PLC 在 RUN 模式下会提示“是否在执行 STOP 操作后，执行 CPU 写入?”，单击“是”按钮，当提示“已完成”时表示程序已经成功下载到 PLC 中，单击“确定”按钮。

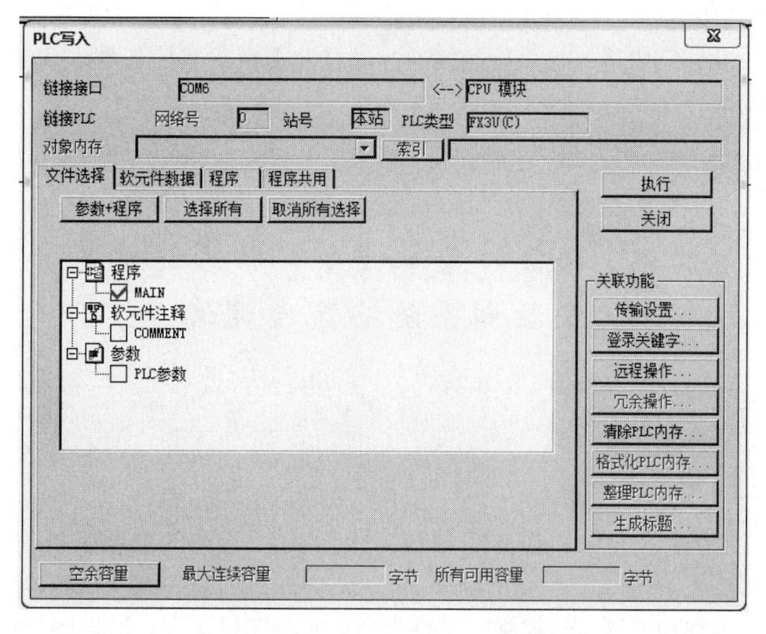

图 10-40　“PLC 写入”对话框

9）把可编程逻辑控制器面板上的“选择开关”（如图 10-38 所示）放置在“运行（RUN)”的位置上，PLC 开始运行。单击“在线→监控→监视模式”，或单击工具栏上的按钮，或按下键盘上的 F3 快捷键，三种方法中的任意一种都可以进入监视模式，如图 10-41 所示。

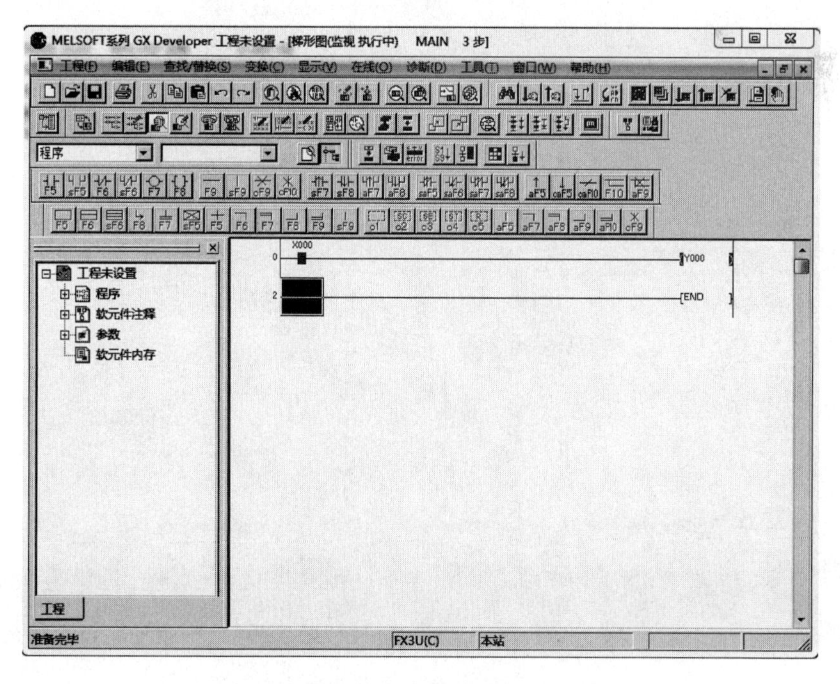

图 10-41　监视模式

当SB按钮按下时，对应的X0触点被接通，同时Y0得电，可以通过监视模式观察X0和Y0的变化，其中蓝色表示已经接通。通过监视模式监控各输入和输出的状态可以提高程序调试的效率。

做一做

实训　PLC的基本指令、梯形图编写及控制系统安装与调试

班级：________姓名：__________学号：__________同组者：__________________

工作时间：____年__月__日（第____周 星期____第____节）实训课时：____课时

工作任务单

学会PLC的基本指令和梯形图编写，学会PLC与电气控制系统的安装与程序调试。

以“点动控制和连续运转控制”电路为具体实例完成实训，原理图如图10-24（d）所示。三菱FX_{3U}PLC模块与电气控制模块如图10-42所示。

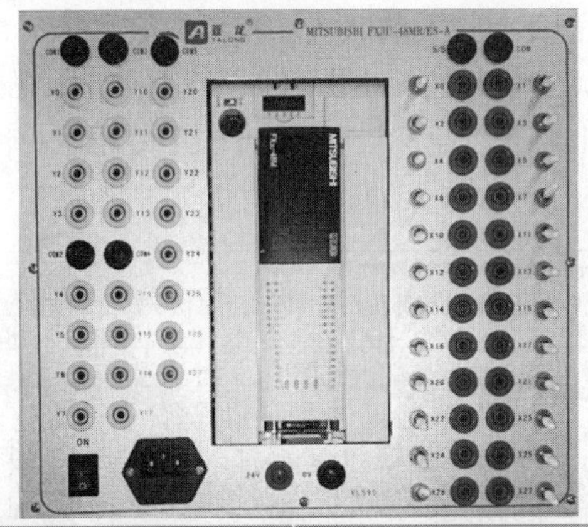

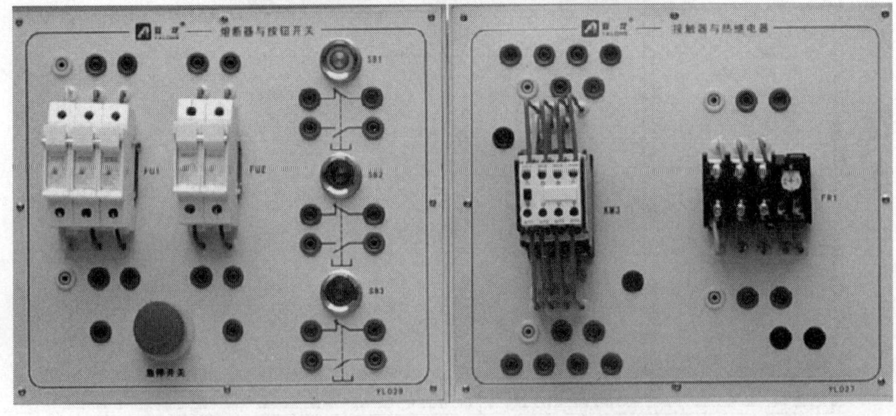

图10-42　三菱FX_{3U}PLC模块与电气控制模块

工作准备

认真阅读工作任务单的内容与要求，明确工作目标，做好准备，拟定工作计划。

1. 实训用器材

（1）设备：三菱 FX_{3U}PLC 模块单元、实训用计算机（含已编制好的实训用程序）、编程电缆、电气控制模块、导线等。

（2）工具：一字螺钉旋具、十字螺钉旋具、尖嘴钳等工具。

（3）测量仪表：三位半数字万用表等。

（4）实训考核工作台：1 台。

2. 质量检查

对所准备的实训用器材进行质量检查。

PLC 的基本指令和梯形图编写操作技术要点

PLC 的基本指令和梯形图编写操作技术要点请参照本项目任务 10.1“实训　PLC 的安装与接线”相关内容。

本实训的重点为程序编写和调试。调试就是验证程序的运行逻辑是否符合工作任务的要求。

任务实施

实施步骤	计划工作内容	工作过程记录
1	任务电气原理图、PLC 编程手册等相关资料	
2	模块检查与记录	
3	PLC 编程与运行调试操作	
4	安全与文明生产	

注意：

（1）在指导教师的指导下，按 PLC 编程等资料进行编程与安装、接线。

（2）在指导教师的指导下，可通电进行观察、操作。

（3）严格按照指导教师的指导，以防止误操作造成 PLC 损坏。

⚠ 安全提示

在任务实施过程中，应严格遵循安全操作规程，穿戴好工作服、绝缘鞋、安全帽；接电前必须经教师检查无误后，才能通电操作。作业过程中，要文明施工，注意工具、仪器仪表等器材应摆放有序。工位应整洁。

任务检查与评价

序号	评价内容	配分	评价标准	学生评价	老师评价
1	任务电气原理图、PLC 编程手册等相关资料	5	（1）任务电气原理图准备的完整性（是 □ 2 分） （2）相关资料准备完整性（是 □ 3 分）		
2	模块检查与记录	20	（1）工作台不通电检查与记录（是 □ 5 分） （2）PLC 模块不通电检查与记录（是 □ 5 分） （3）电气控制模块接线与记录（是 □ 5 分） （4）工作台与 PLC 模块通电检查与记录（是 □ 5 分）		
3	PLC 编程与运行调试操作	70	（1）I/O 分配并记录（是 □ 15 分） （2）PLC 程序编程与下载（是 □ 30 分） （3）程序运行调试与操作（是 □ 25 分）		
4	安全与文明生产	5	（1）环境整洁（是 □ 1 分） （2）相关资料摆放整齐（是 □ 1 分） （3）遵守安全规程（是 □ 3 分）		
合计		100			

议与练

议一议：

（1）三菱 PLC 编程时应注意哪些方面？

（2）如何按任务要求对 PLC 的 I/O 进行分配？

（3）如何进行 PLC 程序调试？

练一练：

单台三相交流异步电动机点动、点动与连续运转控制的 PLC 编程、下载后调试。

任务 10.3　PLC 控制交通信号灯的编程

- 掌握 PLC 控制交通信号灯的程序编写及系统的安装与调试。

PLC 的应用是通过程序编程得以实现的。通过本任务，实际完成一个控制交通信号灯的 PLC 程序，进一步掌握 PLC 在工程应用上的编程规则和方法，提高 PLC 编程的应用技能。

任务教学方式

教学步骤	时间安排	教学方式
阅读教材	课余	自学、查资料、相互讨论
知识讲解	1 课时	重点讲授 PLC 控制交通信号灯的工作原理
知识讲解	1 课时	重点讲授 PLC 控制交通信号灯的 I/O 分配表的编制过程
知识讲解	2 课时	重点讲授 PLC 控制交通信号灯接线图和程序编写
技能操作与练习	8 课时	PLC 控制交通信号灯的程序编制与系统安装与调试实训

知识 10.3.1 PLC 控制交通信号灯工作原理分析

交通信号灯常用于交叉路口，用来控制车辆的流量，提高交叉路口车辆的通行能力，减少交通事故。交通信号灯的颜色有红、黄、绿三种。当红灯亮时，表示该方向道路上的车辆或行人禁止通行；黄灯亮时，表示该方向道路上的行人禁止通行以及未过停车线的车辆停止通行，已过停车线的车辆继续通行；绿灯亮时，表示该方向道路上的车辆或行人允许通行。交通信号灯控制电路自动控制十字交叉路口两组红、黄、绿交通信号灯的状态转换，有序地指挥各种车辆和行人安全通行。

1. 交通信号灯的工作过程

我们暂且将十字路口交通信号灯分为南北方向和东西方向，每个方向都设有一组交通信号灯，两组交通信号灯是根据整个控制系统的需要进行循环顺序变化的，如图 10-43 所示。这里南北方向和东西方向均设置为直行绿灯运行 25s＋闪亮 3s、黄灯运行 2s、红灯运行 30s，基本单循环周期为 60s。当南北主干道红灯点亮时，东西主干道依次点亮主干道绿灯和主干道黄灯。反之，当东西主干道红灯点亮时，南北主干道依次点亮直行绿灯和黄灯。

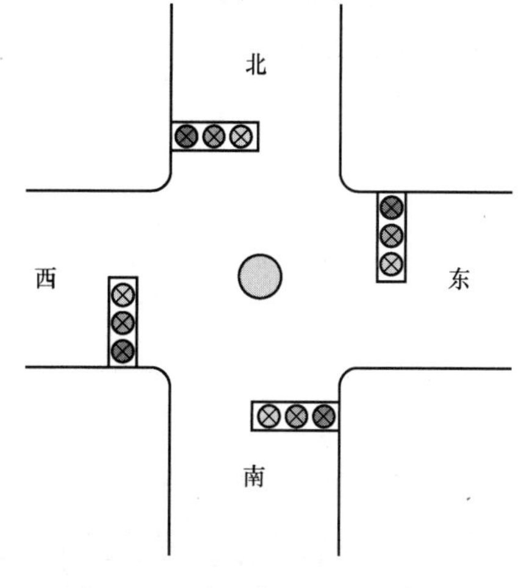

图 10-43 交通信号灯的工作过程

2. 交通信号灯主要工作顺序

交通信号灯受起动开关控制。当起动开关接通时，交通信号灯系统开始工作，先南北方向红灯亮，再东西方向绿灯亮。当起动开关断开时，所有交通信号灯都熄灭。工作顺序如表 10-8 所示。

表 10-8　十字路口交通信号灯控制表

东西主干道	信号	绿灯亮	绿灯闪烁	黄灯亮	红灯亮		
	时间	25s	3s（3 次）	2s	30s		
南北主干道	信号	红灯亮			绿灯亮	绿灯闪烁	黄灯亮
	时间	30s			25s	3s（3 次）	2s

1）南北主干道绿灯和东西主干道绿灯不能同时亮，如果同时亮则应关闭信号灯系统，并立刻报警。

2）南北主干道红灯亮维持 30s，在南北主干道红灯亮的同时东西主干道绿灯也亮，并维持 25s，到 25s 时，东西主干道绿灯闪烁 3s 后熄灭。在东西主干道绿灯熄灭时，东西主干道黄灯亮，并维持 2s。到 2s 时，东西主干道黄灯熄灭，东西主干道红灯亮，同时，南北主干道红灯熄灭，绿灯亮。

3）东西主干道红灯亮维持 30s，南北主干道绿灯亮维持 25s，然后闪亮 3s 后熄灭，同时南北主干道黄灯亮，维持 2s 后熄灭。这时南北主干道红灯亮，东西主干道绿灯亮。

4）上述动作循环进行。

注意：要求南北主干道绿灯和东西主干道绿灯不能同时亮，否则关闭系统，并立刻报警。

3. PLC 控制流程分析

通过对上述交通信号灯工作过程的分析，交通信号灯的控制系统是一个循环时间顺序控制系统，对控制系统的输入信号很少，只需要用于系统的起动和停止的信号的输入，主要是控制东、西、南、北 4 个方向各 6 个输出信号（红、黄、绿 3 种灯）时序控制，只需要将 2 个方向 3 种灯的时序关系确定，就可以通过基本逻辑指令编程，也可以用单流程步进程序进行设计；同时还可以将东西方向和南北方向各看成一条主线，同时并行执行，即用并行分支步进程序进行设计。十字路口交通信号灯控制的时序图如图 10-44 所示。

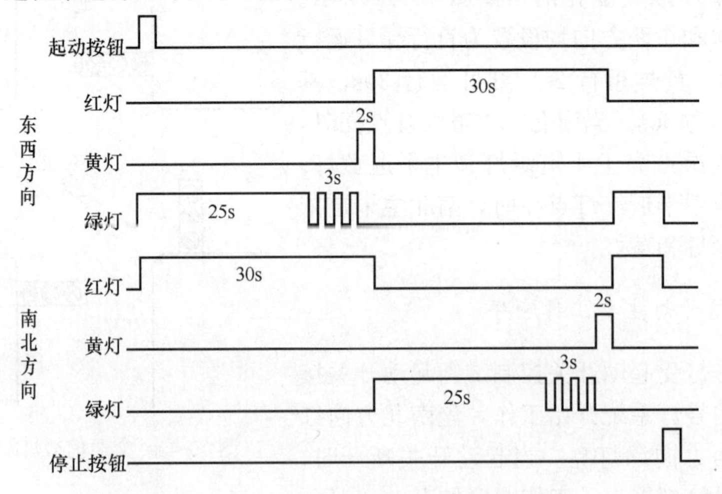

图 10-44　十字路口交通信号灯控制的时序图

知识 10.3.2 PLC 控制交通信号灯系统设计

1. 控制工艺和要求

(1) 控制工艺

东西、南北方向的十字路口，均设有红、黄、绿 3 只交通信号灯。其中，南北方向的交通信号灯同步变化；东西方向的交通信号灯也同步变化。6 只交通信号灯依一定的时序循环往复点亮。

(2) 控制要求

交通信号灯受起动及停止按钮的控制。当按下起动按钮时，交通信号灯系统开始工作，并周而复始地循环工作；当按下停止按钮时，系统将停止在初始状态，所有交通信号灯都熄灭；屏蔽按钮按下时红绿灯熄灭，黄灯闪烁。

2. PLC 控制交通信号灯程序流程图

流程图是专用于工业顺序控制设计的一种功能说明语言，能完整地描述控制系统的工作过程、功能和特性的一种图形分析方法，是分析和设计电气控制系统的重要工具。根据 PLC 控制交通信号灯的控制流程，设计程序的运行流程图并分析核对整个控制系统的逻辑，如图 10-45 所示。

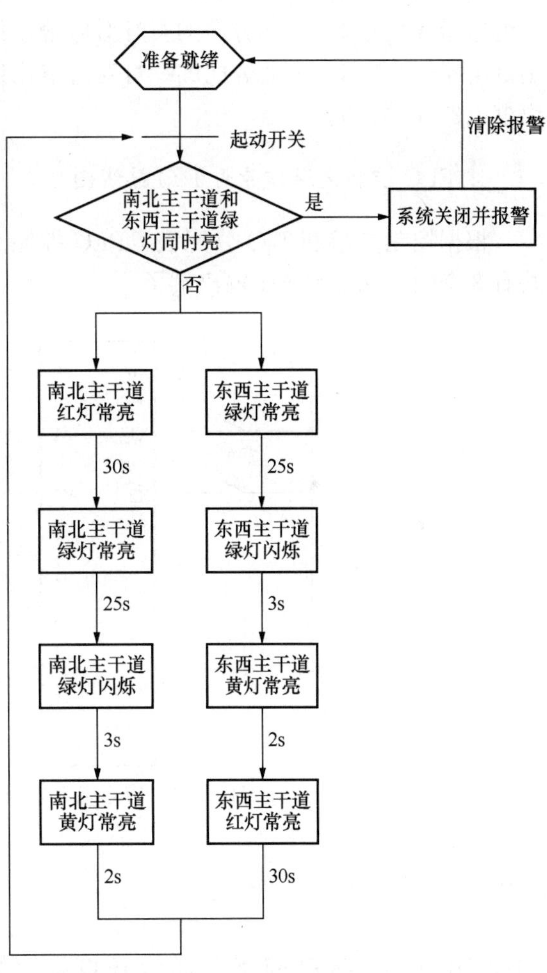

图 10-45 PLC 控制交通信号灯流程序程图

3. PLC 控制交通信号灯 I/O 分配表

根据交通信号灯的控制要求，所用到的元件有：三菱 FX_{3U} 系列 PLC、起动按钮－S1、停止按钮－S2、屏蔽按钮－S3、红黄绿三色交通信号灯各 2/4 只，I/O 端分配如表 10-9 所示。

表 10-9 PLC 控制交通信号灯 I/O 分配表

输入信号点	PLC 输入点	功能说明	输出信号点	PLC 输出点	功能说明
S1	X0	起动信号	－P1	Y0	东西红灯

续表

输入信号点	PLC 输入点	功能说明	输出信号点	PLC 输出点	功能说明
S2	X1	停止信号	－P2	Y1	东西绿灯
S3	X2	屏蔽开关	－P3	Y2	东西黄灯
			－P4	Y3	南北红灯
			－P5	Y4	南北绿灯
			－P6	Y5	南北黄灯

输入信号分配：起动按钮－S1 对应 PLC 输入继电器 X0 接口，停止按钮－S2 对应输入继电器 X1 接口，屏蔽按钮－S3 对应输入继电器 X2 接口。

输出信号分配：东西方向的红灯对应输出继电器 Y0 接口，东西方向的绿灯对应输出继电器 Y1 接口，东西方向的黄灯对应输出继电器 Y2 接口，南北方向的红灯对应输出继电器 Y3 接口，南北方向的绿灯对应输出继电器 Y4 接口，南北方向的黄灯对应输出继电器 Y5 接口。

4. PLC 控制交通信号灯 I/O 接线图

根据控制要求和 I/O 分配表，PLC 控制交通信号灯 I/O 接线图如图 10-46 所示，共有 3 个输入端子和 6 个输出端子。

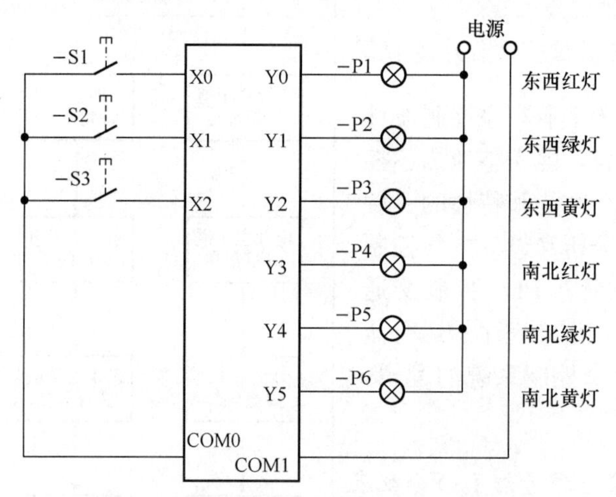

图 10-46　PLC 控制交通信号灯 I/O 接线图

知识 10.3.3　PLC 控制交通信号灯程序编写

1. 定时器的用法

1）定时器是用来延时的 PLC 内部软元件，不作为定时器使用的定时器编号也可用作数值存储的数据存储器。

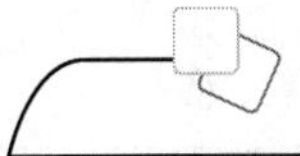

2）不同的定时器编号，其功能也不同。T0～T199 是 100ms 型的定时器，定时精度为 0.1s；T200～T245 是 10ms 型的定时器，定时精度为 0.01s；T256～T511 是 1ms 型的定时器，定时精度为 0.001s。以上定时器（T0～T245、T256～T511）为一般型定时器，即驱动定时器线圈的信号接通，定时器开始计时；若信号断开，定时器当前值变为 0；信号再次接通，定时器从 0 开始重新计时。T246～T249 为 1ms 累计型定时器，定时精度为 0.01s；T250～T255 为 100ms 累计型定时器，定时精度为 0.1s。T246～T255 为累计型定时器，即驱动定时器线圈的信号接通，定时器开始计时；若信号断开，则定时器保持当前的计数值不变；信号再次接通，定时器从前一次计数值开始继续计时。

3）定时器在编程中的指令格式。三菱 PLC 定时器在程序中包括线圈、触点、时间设定值及时间经过值。图 10-47 所示的程序中运用了定时器 T0。

T0 为定时单位 0.1s 的一般定时器。K30 表示为定时时间 T＝30×0.1s＝3s。X0 是定时器工作条件，当 X0 接通后定时器 T0 开始计时，每隔 0.1s 当定时器经过值加满到设定值 30 时，正好是 3s，此时，定时器 T1 的常开触点接通，驱动输出点 Y0 线圈接通；若定时器在计时过程中驱动信号 X0 断开，则定时器当前值被清零。

本程序的控制功能为：当外部信号 X0 接通时，Y 在 3s 后接通；若 X0 断开，则 Y0 也立即断开。

2. 特殊辅助继电器的用法

PLC 内部有系统定义的大量特殊功能辅助继电器（简称特殊继电器），不同型号的 PLC 其内部的特殊继电器也不完全相同。这些特殊继电器的范围、表示方法及功能详见各 PLC 的操作手册。下面列举几个常用的特殊辅助继电器。

M8000：运行监视器（在 PLC 运行中一直接通）；

M8001：与 M8000 相反逻辑；

M8002：初始脉冲（仅在运行开始瞬间接通）；

M8003：与 M8002 相反逻辑。

M8011、M8012、M8013 和 M8014 分别是产生 10ms、100ms、1s 和 1min 时钟脉冲的特殊继电器，如 PLC 运行后使指示灯 Y000 实现周期为 1s 的闪烁的程序如图 10-48 所示。

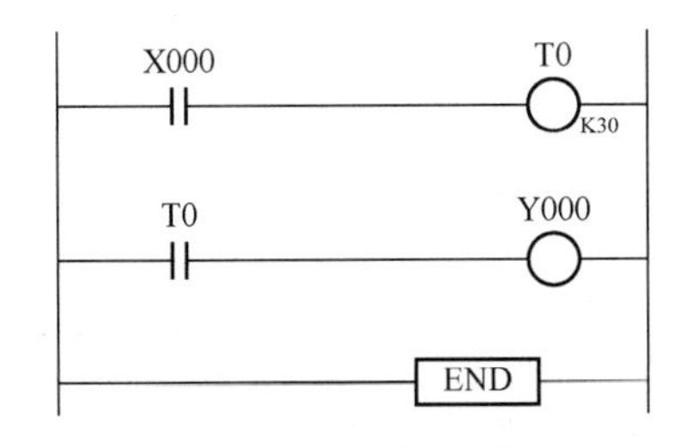

图 10-47　定时器在编程中的指令格式

注：K30 为时间继电器常数，表示设定时间为 3s。

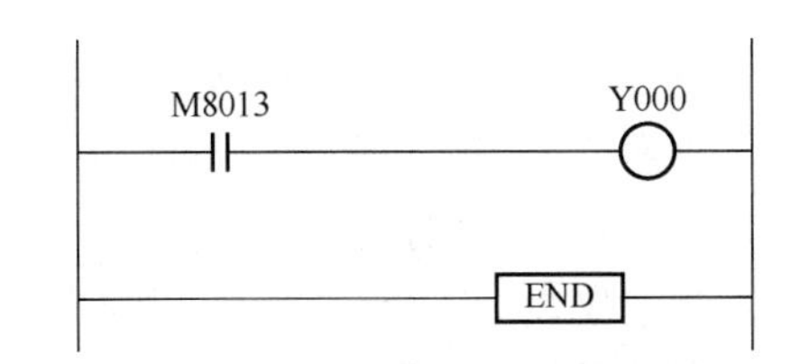

图 10-48　特殊辅助继电器的用法

因为 M8013 是特殊继电器，它不需要输出线圈，它的常开触点在 PLC 上电后就会

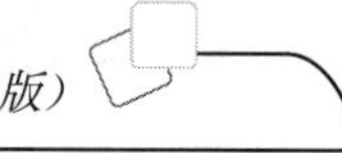

以 1s 的周期通断，因此 Y0 也会以 1s 的周期通断。

M8034：输出全部禁止。慎用。

实训　PLC 控制交通信号灯的程序编制及系统安装与调试

班级：________姓名：__________学号：__________同组者：________________

工作时间：____年__月__日（第____周 星期____第____节）实训课时：____课时

工作任务单

掌握 PLC 的基本指令和梯形图编写，掌握电路中 PLC 与电气控制系统的安装与程序调试。三菱 FX_{3U}PLC 模块与交通灯控制模块如图 10-49 所示。

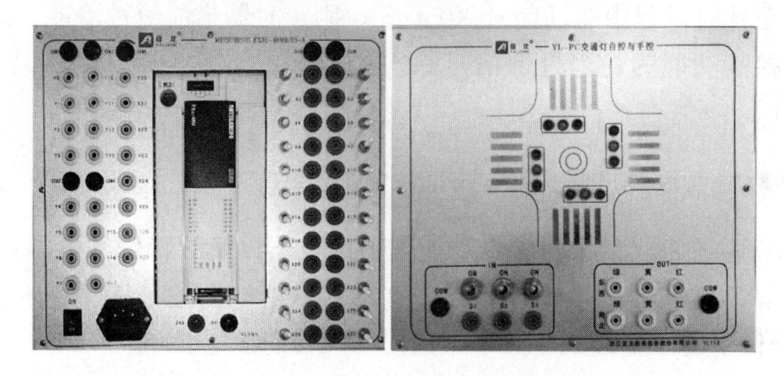

图 10-49　三菱 FX_{3U}PLC 模块与交通灯控制模块

工作准备

认真阅读工作任务单的内容与要求，明确工作目标，做好准备，拟定工作计划。

在完成 PLC 控制的交通灯编程工作任务前，阅读常用特殊指令和特殊辅助继电器的使用方法。

1. 实训用器材

（1）设备：三菱 FX_{3U} PLC 模块、实训用计算机（含已编制好的实训用程序）、编程电缆、交通灯控制模块单元、导线等。

（2）工具：一字螺钉旋具、十字螺钉旋具、尖嘴钳等工具。

（3）测量仪表：三位半数字万用表等。

（4）实训考核工作台：1 台。

2. 质量检查

对所准备的实训用器材进行质量检查。

PLC 控制交通信号灯的程序编制及系统安装与调试操作技术要点

PLC 控制交通信号灯的程序编制及系统安装调试实训操作技术要点请参照本项目任务 10.1“实训　PLC 的安装与接线”相关内容。

任务实施

实施步骤	计划工作内容	工作过程记录
1	实训用器材及相关资料	
2	模块检查与记录	
3	PLC 编程与运行调试操作	
4	安全与文明生产	

注意：

（1）在指导教师的指导下，按 PLC 技术资料安装与接线。

（2）在指导教师的指导下，可通电进行观察、操作。

（3）严格按照指导教师的指导，以防止误操作而造成 PLC 损坏。

⚠ 安全提示

在任务实施过程中，应严格遵循安全操作规程，穿戴好工作服、绝缘鞋、安全帽；接电前必须经教师检查无误后，才能通电操作。作业过程中，要文明施工，注意工具、仪器仪表等器材应摆放有序。工位应整洁。

任务检查与评价

序号	评价内容	配分	评价标准	学生评价	老师评价
1	实训用器材及相关资料	5	（1）任务器材准备的完整性（是 □ 2 分） （2）相关资料准备完整性（是 □ 3 分）		
2	模块检查与记录	20	（1）工作台不通电检查与记录（是 □ 5 分） （2）PLC 模块不通电检查与记录（是 □ 5 分） （3）电气控制模块接线与记录（是 □ 5 分） （4）工作台与 PLC 模块通电检查与记录（是 □ 5 分）		
3	PLC 编程与运行调试操作	70	（1）I/O 分配并记录（是 □ 15 分） （2）PLC 程序编程与下载（是 □ 30 分） （3）程序运行调试与操作（是 □ 25 分）		
4	安全与文明生产	5	（1）环境整洁（是 □ 1 分） （2）相关资料摆放整齐（是 □ 1 分） （3）遵守安全规程（是 □ 3 分）		
合计		100			

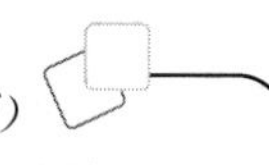

议与练

议一议：

PLC 控制交通信号灯用到了哪些特殊指令和特殊继电器？这些特殊指令和特殊继电器有什么特点？

练一练：

PLC 控制的交通信号灯编程。

思考与练习

1. PLC 是由哪几部分组成的？各部分有哪些主要作用？
2. 简述 PLC 的工作原理。
3. 编写既能点动又能连续运转的控制电路的梯形图和指令。
4. 简述 ROM 和 RAM 的不同之处。
5. 用定时器编写一个闪烁电路的指令。
6. 编写具有短路保护、过载保护、失压保护的正反转控制电路的指令。
7. 用 PLC 改造 Y-△降压起动控制电路。
8. 用 PLC 编写一台 5 人抢答器。

参考文献

全国电气信息结构、文件编制和图形符号标准化技术委员会，机械科学研究院中机生产力促进中心，2008. 电气技术用文件的编制［M］. 北京：中国标准出版社.

全国电气信息结构、文件编制和图形符号标准化技术委员会，中国标准出版社第四编辑室，2009. 电气简图用图形符号国家标准汇编［G］. 北京：中国标准出版社.

全国电气信息结构、文件编制和图形符号标准化技术委员会，中机生产力促进中心，中国建筑标准设计研究院有限公司，等，2018. 工业系统、装置与设备以及工业产品结构原则与参照代号［S］. 北京：国家市场监督管理总局，中国国家标准化管理委员会.

中国建筑标准设计研究院，工程建设标准设计强电专业专家委员会，工程建设标准设计弱电专业专家委员会，2009. 建筑电气工程设计常用图形和文字符号：09DX001［S］. 北京：中国计划出版社.

中华人民共和国人力资源和社会保障部，2018. 电工国家职业技能标准［S］. 北京：中国劳动社会保障出版社.